数学建模理论与方法

沈世云 主 编
杨春德 副主编
刘 勇 张清华 潘显兵 郑继明 编

清华大学出版社
北 京

内容简介

本书共分为12章，既详尽介绍了规划论模型、微分方程模型、差分方程模型、组合优化与随机性模型、图论模型、回归分析与时间序列方法、模糊数学建模方法、插值与拟合建模、决策分析方法、现代优化算法等与数学建模相关的理论知识，又结合典型实例全面阐述了数学建模解决实际问题的基本过程，突出了数学建模软件的应用。

本书可作为专科生、本科生、研究生的数学建模课程教材，特别适于数学建模竞赛培训使用，也可供从事应用研究的工程技术人员参考。

图书在版编目(CIP)数据

数学建模理论与方法/沈世云主编.—北京：清华大学出版社，2016（2022.8重印）
ISBN 978-7-302-42766-7

Ⅰ.①数…　Ⅱ.①沈…　Ⅲ.①数学模型　Ⅳ.①O141.4

中国版本图书馆CIP数据核字(2016)第025642号

责任编辑：陈　明
封面设计：傅瑞学
责任校对：刘玉霞
责任印制：丛怀宇

出版发行：清华大学出版社
网　　址：http://www.tup.com.cn，http://www.wqbook.com
地　　址：北京清华大学学研大厦A座　　邮　　编：100084
社 总 机：010-83470000　　邮　　购：010-62786544
投稿与读者服务：010-62776969，c-service@tup.tsinghua.edu.cn
质量反馈：010-62772015，zhiliang@tup.tsinghua.edu.cn
印 装 者：三河市金元印装有限公司
经　　销：全国新华书店
开　　本：185mm×260mm　　印　　张：17.25　　字　　数：418千字
版　　次：2016年12月第1版　　印　　次：2022年8月第6次印刷
定　　价：49.00元

产品编号：048653-03

前言

数学模型是联系实际问题与数学的桥梁，是各种应用问题严密化、精确化、科学化的途径，是发现问题、解决问题和探索新真理的工具。经典力学中的牛顿定律，电磁学中的麦克斯韦方程组，化学中的门捷列夫周期表，生物学中的孟德尔遗传定律等都是经典学科中应用数学模型的范例。目前随着计算机的迅猛发展，数学模型在生态、地质、航空、经济管理、社会管理等方面有了更加广泛和深入的应用。

从 1994 年开始，我国开始了一年一度的全国大学生数学建模竞赛。随着这项以“创新意识，团队精神，重在参与，公平竞争”为宗旨的大学生课外科技活动的蓬勃开展，全国每年数以万计的大学生积极参与这项竞赛活动。这项赛事不仅极大地激励大学生学习数学的积极性，培养其创造精神及合作意识，提高学生建立数学模型和运用计算机技术解决实际问题的综合能力，而且也大大推动大学数学教学体系、教学内容和方法的改革。

目前数学建模教学和数学建模竞赛已成为各个理工科院校的数学教学和学生科技活动一个极其重要的平台。由于数学建模是以解决实际问题和培养学生应用数学的能力为目的，因此它的教学内容和方式是多种多样的。从教材内容来看，有的强调数学方法，有的强调实际问题，有的强调分析解决问题的过程；从教学方式来看，有的以讲为主，有的以练为主，有的在数学实验室中让学生探索，有的带领学生到企事业中去合作解决真正的实际问题。因而数学建模理论和方法的传授已成为培养现代化高科技人才的重要手段。

为了进一步搞好数学建模教学，推动数学建模竞赛活动的开展，让大学生比较系统地学习数学建模的理论知识和方法，我们根据长期从事数学建模课程教学的经验，结合指导学生参加数学建模竞赛工作中遇到的问题，组织编写了这部教材。本书系统介绍了数学建模理论知识和方法，结合典型实例全面阐述了数学建模解决实际问题的基本过程，突出了数学建模软件的应用和现代优化算法的介绍，体现了理论知识、数学实际模型与数学软件及算法的有机融合。书中附有大量习题，这些习题很多都是开放性的题目，并没有标准答案，但一般可根据所在章中的方法得到问题的解。教师应该引导学生进一步思考讨论，在更合理的范围内找到问题的解决方案。本书方法讲解按照由浅入深、由简到繁的原则，适合大学本科低年级在数学建模课程中使用。书中各章自成体系，可以根据实际情况有选择地讲解有关建模理论知识，相关理论及方法适合各年级大学生在数学建模实践中使用。本书还可供有关教师作为教学参考书。

由于时间仓促，书中难免有部分纰漏，恳请读者指正。

编　者

2016年11月

目录

第 1 章 数学建模概论

数学是科学之母，科学技术离不开数学，它通过建立数学模型与数学产生紧密联系。数学以各种形式应用于科学技术各领域，它擅长处理各种复杂的依赖关系，精细刻画量的变化以及可能性的评估。它可以帮助人们探究原因、量化过程、控制风险、优化管理、合理预测。几十年来，由于计算机及科学技术的快速发展，求解各种数学问题的数值方法即计算数学也越来越多地应用于科学技术各领域，新的计算性交叉学科分支纷纷兴起，如计算力学、计算物理、计算化学、计算生物、计算经济学等。马克思曾指出："一门科学只有成功地应用了数学时，才算真正达到了完善的地步。"这一科学论断在后来的社会发展和科技进步中得以进一步的验证。美国专家道恩斯教授在浩瀚的书海中，选择了从文艺复兴到 20 世纪中期出版的 16 本自然科学和社会科学专著，并定名为"改变世界的书"，其中就有 10 本直接应用了数学。美国另一位专家在一份报告中又列举了 1900—1965 年世界范围内社会科学方面的 62 项重大成就，其中涉及数学的定量研究就占 23 项。对于数学的这些应用，华罗庚教授于 1959 年 5 月在《人民日报》上发表的题为《大哉，数学之为用》一文中做了精辟的阐释："宇宙之大，粒子之微，火箭之速，化工之巧，地球之变，生物之谜，日用之繁，大千世界，天上人间，无处不有数学的贡献。"

20 世纪 60 年代以来的数学应用的范围不仅限于天文、物理、化学、生物、医学等自然科学范畴，而且也深入经济学、政治学、历史学、语言学、军事学等人文社会科学领域以及音乐、绘画、雕塑等艺术学领域；数学还广泛应用于可靠性理论、编码理论与通信、军用技术、航空航天技术、地质勘探、经济建设中的优化控制与统筹、设计与制造、质量控制、预测与管理、信息管理、大型工程资源开发与环境保护等。数学应用最为直接的是数学结论和数学理论的应用。比如，在当代经济学研究中，要用到许多数学理论，包括线性规划、非线性规划、动态规划、不动点理论、凸集理论、测度论、矩阵论、对策论、优化理论、运筹学等。在 1969—1981 年间颁发的 13 个诺贝尔经济学奖中，就有 7 项成果都借用了现代的数学理论。

社会实际问题往往是复杂多变的，量与量之间的关系并不一定很明显，通常不是套用某个数学公式或只用某个学科、某个领域的知识就可以圆满解决的，这就要求我们有较高的数学素质，即能够从众多的事物和现象中找出共同的、本质的东西，善于抓住问题的主要矛盾，从大量数据和定量分析中寻找并发现规律，用数学的理论和数学思维方法以及相关知识解决实际问题，为社会服务。解决实际问题最重要的一个步骤就是建立相应的数学模型。由于社会生活的各个方面正在日益数量化，人们对解决各种问题的要求越来越精确，而计算机的发展为精确化提供了条件，很多无法实验或费用很大的实验问题，用数学模型进行研究是一个有效途径，因而数学模型在各个领域的应用越来越广泛。

尽管数学建模已有了很久的历史，数学建模课程却还是很年轻的一门课程。在20世纪70年代末和80年代初，英国剑桥大学专门为研究生开设了数学建模课程，几乎同时，欧美一些发达国家开始把数学建模的内容列入研究生、大学生以至中学生的教学计划中去，并于1983年开始举行两年一度的“数学建模教学和应用国际会议”进行定期交流。数学建模教学及其各种活动发展异常迅速，成为当代数学教育改革的主要方向之一。

1.1 数学模型与数学建模

1.1.1 原型与模型

原型是指人们需要分析和研究的现实世界中的事物，通常是指“系统”“人口”“环境”等。

模型就是描述现实世界原型的一个抽象，即为了特定的目的将原型所具有的本质属性的某一部分经过简化、提炼而构成的原型替代物，如航空模型。任何一个模型都可以看成一个真实系统在某一方面的理想化，如闪电实验。

模型可以分为具体模型和抽象模型。具体模型有直观模型、物理模型等，抽象模型有思维模型、符号模型、数学模型等。

1.1.2 数学模型

1. 数学模型的产生

数学模型很早就出现了，其在中国古代名著《九章算术》有着集中的体现。据考证，《九章算术》最迟在公元前1世纪已经成书了。从方法论的角度来看，《九章算术》广泛地采用了模型化方法。一般认为，近代第一个使用数学模型方法的是意大利科学家伽利略。1604年他建立了自由落体运动的数学模型：$h=\frac{1}{2}gt^2$，从而在近代科学研究中引入了数学模型法。此后不久，德国科学家开普勒在1609年建立了行星运动的数学模型，即开普勒三大定律：

(1) 行星的运动轨迹是一个椭圆，太阳位于它的一个焦点。

(2) 太阳——行星的矢径所扫过的椭圆扇形面积随时间成比例增加。

(3) 所有行星运动轨道纵轴一半的立方与转动时间平方之比，具有相同的数值。

这个数学模型是一个划时代的发现，它奠定了哥白尼日心说的理论基础，并为牛顿力学的建立开辟了道路。随后，牛顿建立了经典力学体系，并且建立了这个体系的一个数学模型——微积分，他的经典力学就是用数学模型表述出来的。

微积分后来得到了很大的发展，其中的某些理论方法，如微分方程，现在仍然是许多科学技术中最常用的数学模型之一。人们逐渐实现了这样一种转变：不只是由实际问题提炼出数学模型、运用数学模型解决原来的实际问题，而且开始对数学模型自身作深入的研究，应用研究的结果发现现实世界中的新事物。海王星、冥王星的发现就是著名的例证。随着现代数学的发展，数学模型已成为数学的一个重要分支。

2. 数学模型的概念

1) 数学模型定义

数学模型是对于现实世界的一个特定对象，为了一个特定目标，根据特有的内在规律，作出一些必要的假设，运用适当的数学工具，得到一个数学结构。简单地说，数学模型就是系统的某种特征的本质的数学表达式(或是用数学术语对部分现实世界的描述)，即用数学式子(如函数、图形、代数方程、微分方程、积分方程、差分方程等)来描述(表述、模拟)所研究的客观对象或系统在某一方面的存在规律。

特定对象是指所要研究或解决的实际问题。"特定对象"表明了数学模型的应用性，即它是为解决某个实际问题而提出的。特定目标是指所研究或解决的实际问题的某些特征，"特定目标"表明了数学模型的功能性，即当研究一个特定对象时，我们不能同时研究它的一切特征，而只能研究当时我们所关心的某些特征。

根据研究对象特有的内在规律，作出一些必需的简化假设，就是根据特定的目标将那些最本质的东西提炼出来，对非本质的东西进行简化。"根据特有的内在规律，作出一些必要的简化假设"表明了数学模型的抽象性。

不言而喻，数学工具是指已有的数学各分支的理论和方法，而数学结构是指数学公式、算法、表格、图示等。例如，力学中著名的牛顿第二定律，使用公式 $F=m\dfrac{\mathrm{d}^2x}{\mathrm{d}t^2}$ 来描述受力物体的运动规律就是一个成功的数学模型，该模型忽略了物体形状和大小，抓住了物体受力运动的主要因素。

2) 航行问题

设甲乙两地相距750km，船从甲地到乙地顺水航行需要30h，而从乙地到甲地逆水航行需要50h，问船速和水速各为多少？

假设船速和水速均为常数，并用 x 表示船速，用 y 表示水速(单位：km/h)，则可得方程组

$$\begin{cases}30(x+y)=750\\50(x-y)=750\end{cases}\tag{1.1.1}$$

解方程组(1.1.1)得 $\begin{cases}x=20\\y=5\end{cases}$，因此，船速为20km/h，水速为5km/h。

在这一航行问题中，研究的特定对象是船在相距750km的两地之间航行，特定目标是确定未知的船速和水速。必要的简化假设是船速和水速均为常数，特有的内在规律是匀速运动的距离等于时间乘以速度。数学工具是方程组理论，数学结构是两个二元一次方程式。

3. 数学模型的分类

数学模型可以按照不同的方式分类，下面介绍常用的几种。

(1) 按照模型的应用领域(或所属学科)可分为人口模型、交通模型、环境模型、生态模型、城镇规划模型、水资源模型、再生资源利用模型、污染模型等。范畴更大一些则形成许多

边缘学科,如生物数学、医学数学、地质数学、数量经济学、数学社会学等。

(2) 按照建立模型的数学方法(或所属数学分支)可分为初等数学模型、几何模型、微分方程模型、图论模型、马氏链模型、规划论模型、插值拟合模型等。

(3) 按照建模目的可分为描述模型、分析模型、预报模型、优化模型、决策模型、控制模型等。

(4) 按照对模型结构的了解程度可分为白箱模型、灰箱模型、黑箱模型。这是把研究对比喻成一只箱子里的机关,要通过建模来揭示它的奥妙。白箱主要包括用力学、热学、电学等一些机理相当清楚的学科描述的现象以及相应的工程技术问题,这方面的模型大多已经基本确定,还需深入研究的主要是优化设计和控制等问题了。灰箱主要指生态、气象、经济、交通等领域中机理尚不十分清楚的现象,在建立和改善模型方面都还不同程度地有许多工作要做。黑箱则主要指生命科学和社会科学等领域中一些机理(数量关系方面)很不清楚的现象。有些工程技术问题虽然主要基于物理、化学原理,但由于因素众多、关系复杂和观测困难等原因也常作为灰箱或黑箱模型处理。

1.1.3 数学建模

1. 数学建模的概念

数学建模是通过对实际问题进行抽象、简化,反复探索,构建一个能够刻画客观原型的本质特征的数学模型,并用来分析、研究和解决实际问题的一种创新活动过程。

数学建模完全不同于其他数学分支,它不是“学”数学,而是“学着用”数学。数学建模是把数学和客观实际问题联系起来的纽带。通过调查、收集资料和数据、观察和分析问题的固有特性及内在规律,抓住问题的主要矛盾,提出假设,经过抽象简化,建立反映实际问题的数量关系(数学模型),然后运用数学的方法和技巧创新地分析和解决问题。

数学建模在科学技术发展方面的作用日益受到数学界和工程界的普遍重视。美国在1985年,创办了首届“美国大学生数学建模”竞赛;在我国,清华大学在1983年首开数学建模课程,1989年全国举办了地区性的大学生数学建模竞赛,1992年在中国工业与应用数学学会的倡导下举办了全国八城市九赛区的数学建模联赛,之后从1993年开始,每年9月举办一次全国大学生数学建模竞赛。

2. 数学建模的一般方法

建立数学模型的方法并没有固定的模式,但一个理想的模型则要求其具有一定的可靠性和较好的适用性。数学建模的方法主要有机理分析法、测试分析法和计算机仿真等。

1) 机理分析法

机理分析就是根据对现实对象特性的认识,分析其因果关系,找出反映内部机理的规律,所建立的模型常有明确的物理或现实意义。机理分析主要包括以下几种方法:

(1) 比例分析法——建立变量之间函数关系的最基本、最常用的方法;

(2) 代数方法——求解离散问题(离散的数据,符号,图形)的主要方法;

(3) 逻辑方法——数学理论研究的一种重要方法,针对社会学和经济学等领域的实际问题,在决策论、对策论等学科中得到广泛应用;

(4) 常微分方程——研究两个变量之间的变化规律,关键是建立“瞬时变化率”的表达式;

(5) 偏微分方程——研究因变量与两个以上自变量之间的变化规律。

2) 测试分析法

测试分析法就是将研究对象视为一个“黑箱”系统，其内部机理无法直接寻求，通过测量系统的输入输出数据，并以此为基础运用统计分析方法，按照事先确定的准则在某一类模型中选出一个数据拟合得最好的模型。主要包含回归分析法和时序分析法。

回归分析法：根据函数 $y=f(x)$ 的一组观测值 $(x_i, y_i)(i=1,2,\cdots,n)$ 来确定函数的表达式，由于处理的是静态的独立数据，故称为数理统计方法。

时序分析法：处理的是动态的相关数据，又称为过程统计方法。

将这两种方法结合起来使用，即用机理分析法建立模型的结构，用测试分析法来确定模型的参数，也是常用的建模方法，在实际过程中用那一种方法建模主要是根据对研究对象的了解程度和建模目的来决定。

3) 计算机仿真

计算机仿真(模拟)，实质上是统计估计方法，包含因子试验法和人工现实法。因子试验法就是在系统上做局部试验，再根据试验结果进行不断分析、修改，求得所需的模型结构。人工现实法就是基于对系统过去行为的了解和对未来希望达到的目标，并考虑到系统有关因素的可能变化，人为地组成一个系统。

3. 数学建模的步骤

建立数学模型要经过哪些步骤没有固定的模式，与实际问题的性质、建模的目的等有关。通常，建立数学模型主要需要以下步骤。

1) 建模准备

要建立数学模型，首先要了解问题的实际背景，明确建模的目的，搜集建模必需的各种信息，尽可能地弄清对象的特征，并由此初步确定用哪一类模型，这些都属于建模前需要做的准备工作。

2) 模型假设

根据对象的特征和建模的目的，对问题进行必要的、合理的简化，用精确的语言作出假设，这可以说是建模过程中关键的一步。一般来说，一个实际问题不经过简化假设就很难翻译成数学问题，即使可能，也很难求解。不同的简化假设会得到不同的模型，如果所作的假设不合理或过分简单，会导致模型失败或部分失败。如果所作的假设过分详细，把复杂对象的各方面因素都考虑进去，可能会很难甚至无法继续下一步的工作。通常作假设的根据，一是出于对问题内在规律的认识，二是来自对数据或现象的分析，也可以是二者的综合。作假设时既需要运用与问题相关的物理、化学、生物、经济等方面的知识，又要充分发挥想象力、洞察力和判断力，善于辨别问题的主次，果断地抓住主要因素，舍弃次要因素，尽量将问题线性化、均匀化。写出假设时，语言要精确，界限要分明，要简明扼要。

3) 模型构成

根据所作的假设，分析对象的因果关系，利用对象的内在规律和适当的数学工具，构造各个量(常量和变量)之间的等式(不等式)关系或其他数学结构。这里除需要一些相关学科的专业知识外，还常常需要较广阔的应用数学方面的知识，以开拓思路。当然不能要求对数学学科门门精通，而是要知道这些学科能解决哪一类问题以及大体上怎样解决。建立数学模型时还应遵循一个原则，那就是尽可能采用简单的数学工具，因为所建立的模型总是希望能有更多的人了解和使用,而不是只供少数专家欣赏。

4) 模型求解

模型求解可以采用解方程、画图形、证明定理、逻辑运算及数值计算等各种传统的和近代的数学方法,特别是计算机软件来解决问题。

5) 模型分析

对模型的结果进行数学上的分析,有时要根据问题的性质分析变量间的依赖关系或稳定状况,有时是根据所得结果给出数学上的预报,有时则可能要给出数学上的最优决策或控制。不论哪种情况,常常需要进行误差分析、模型对数据的稳定性或灵敏性分析等。

6) 模型检验

用数学上分析的结果翻译回实际问题,并用实际的现象、数据与之比较,检验模型的合理性和适用性。这一步对于建模的成败是非常重要的,要以严肃认真的态度来对待。若模型检验的结果不符合或者部分不符合实际,问题通常出在模型的假设上,应该修改、补充假设,重新建模。有些模型需要经过几次反复、不断完善,才能达到某种程度的满意结果。

7) 模型应用

建模最终目的,是用模型来分析、研究和解决实际问题。因此,一个成功的数学模型必须能够在实践中得到成功的应用,甚至形成一套科学的理论。

上述数学建模的一般步骤如图 1.1 所示。但并不是所有建模过程都要经过这些步骤,有时各步骤之间的界限也不那么分明,建模时不要拘泥于形式上的按部就班。

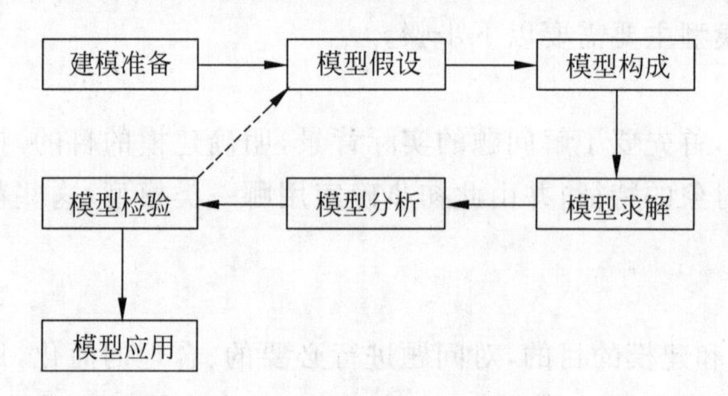

图 1.1　数学建模的基本步骤

1.2　椅子能在不平的地面上放稳吗?

本节所要讨论的问题起源于日常生活中一个普通的事实:把椅子往不平的地面上一放,通常只有三只脚着地,放不稳。然而只需稍挪动几次,就可以使四只脚同时着地,放稳了。这个看来似乎与数学无关的现象能用数学语言进行描述,并用数学工具来证实吗?让我们试试看。

1. 模型假设

(1) 椅子四条腿一样长,椅脚与地面接触处可视为一个点,四脚的连线呈正方形。

(2) 地面高度是连续变化的,沿任何方向都不会出现间断(没有像台阶那样的情况),地面可视为数学上的连续曲面。

(3) 对于椅脚的间距和椅腿的长度而言,地面是相对平坦的,使椅子在任何位置至少有三只脚同时着地。

2. 模型构成

模型构成的中心问题是用数学语言把椅子四只脚同时着地的条件和结论表示出来。

首先要用变量表示椅子的位置。注意到椅脚连线呈正方形,以中心为对称点,正方形绕中心的旋转正好代表了椅子位置的改变,于是可以用旋转角度这一变量表示椅子的位置。在图 1.2 中椅脚连线为正方形 $ABCD$,对角线 AC 在 x 轴上,椅子绕中心点 O 旋转角度 θ 后,正方形 $ABCD$ 转至 $A'B'C'D'$ 的位置,故用对角线 AC 与 x 轴的夹角 θ 表示椅子的位置。

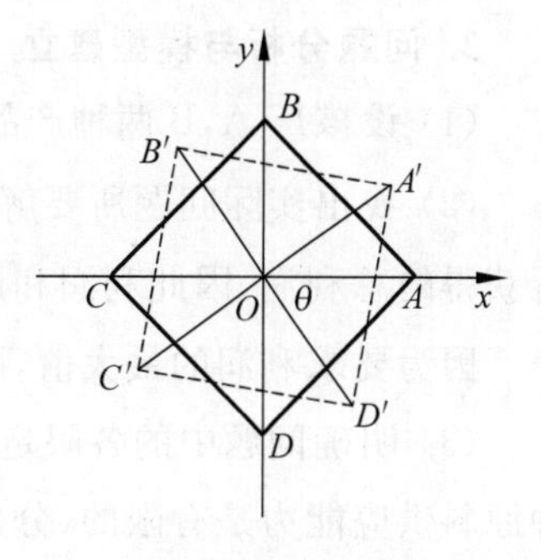

图 1.2 正方形 $ABCD$ 绕 O 点旋转的位置图

其次要把椅脚着地用数学符号表示出来。如果用某个变量表示椅脚与地面的垂直距离,那么当这个距离为零时,就是椅脚着地了。椅子在不同位置时,椅脚与地面的距离不同,所以这个距离是椅子的位置变量 θ 的函数。虽然椅子有四只脚,因而有四个距离,但是由正方形的中心对称性,只要设两个距离函数就行了。

设 $f(\theta)$为 A,C 两脚与地面距离之和,$g(\theta)$为 B,D 两脚与地面距离之和,这里 $f(\theta)$和 $g(\theta)$皆大于或等于零。由假设(2)可知,$f(\theta)$和 $g(\theta)$都是连续函数。由假设(3)可知,椅子在任何位置至少有三只脚着地,所以对于任意的 θ,$f(\theta)$和 $g(\theta)$中至少有一个为零。当 $\theta=0$ 时,不妨设 A,B,C 三点着地,即 $g(0)=0,f(0)>0$。这样,改变椅子的位置使四脚同时着地,就归结为证明如下的数学命题:

命题 已知 $f(\theta),g(\theta)$是 θ 的连续函数,对任意 θ,$f(\theta)g(\theta)=0$,且 $f(\theta),g(\theta)\geqslant 0$ 则存在 θ_0,使 $g(\theta_0)=f(\theta_0)=0$。

证明 当 $\theta=0$ 时,设 A,B,C 三点着地,即 $f(0)=0,g(0)>0$,将椅子旋转$\frac{\pi}{2}$,对角线 AC 和 BD 互换,此时 A,B,D 三点着地,即 $g\left(\frac{\pi}{2}\right)=0,f\left(\frac{\pi}{2}\right)>0$。令 $h(\theta)=g(\theta)-f(\theta)$,则 $h(0)>0,h\left(\frac{\pi}{2}\right)<0$,由 $g(\theta),f(\theta)$在闭区间$\left[0,\frac{\pi}{2}\right]$上连续,$h(\theta)$在闭区间$\left[0,\frac{\pi}{2}\right]$上连续,根据零点定理,必存在 $\theta_0\in\left(0,\frac{\pi}{2}\right)$,使 $h(\theta_0)=0$,即 $g(\theta_0)=f(\theta_0)$,又 $g(\theta_0)f(\theta_0)=0$,所以 $g(\theta_0)=f(\theta_0)=0$。

这个模型的巧妙之处在于用一元变量 θ 表示了椅子的位置,用关于 θ 的两个函数表示了椅子的四脚与地面的距离。至于利用正方形的中心对称性以及旋转$\frac{\pi}{2}$并不是本质的东西,我们可以考虑椅子的四脚连线呈长方形的情形。

1.3 生产组织问题

1. 问题的提出

某厂用甲、乙两种原料生产 A,B 两种产品,制造 A 产品 1t 需甲、乙原料分别是 1t 和

2t,制造B产品1t需甲、乙原料分别是2t和1t,甲、乙原料供应能力分别是8t和10t,生产A,B两种产品1t可分别获利4万元和3万元,问在现有原料供应条件下,如何组织生产,才能使利润最大?

2. 问题分析与模型建立

(1) 设该厂A,B两种产品的产量分别为x_1,x_2,显然$x_1\geqslant 0$,$x_2\geqslant 0$。

(2) 找出实际问题所要解决的目标是什么,并把目标列成各变量的函数,用S表示工厂所获得的总利润,因此利润和产量之间的函数关系式为$S=4x_1+3x_2$。

因为要求利润的最大值,因此用max S表示求目标函数的最大值。

(3) 明确问题中的各限定条件,建立约束方程组或不等式组。根据已知条件,甲、乙两种原料供应能力是有限的,分别是8t和10t,故有下列不等式组:

$$\begin{cases} x_1+2x_2\leqslant 8 \\ 2x_1+x_2\leqslant 10 \\ x_1\geqslant 0, \quad x_2\geqslant 0 \end{cases}$$

综上所述,我们需要建立的数学模型为

$$\max S=4x_1+3x_2$$

$$\begin{cases} x_1+2x_2\leqslant 8 \\ 2x_1+x_2\leqslant 10 \\ x_1\geqslant 0, \quad x_2\geqslant 0 \end{cases}$$

3. 模型求解

1) 模型的约束条件分析

(1) 由于$x_1\geqslant 0$,$x_2\geqslant 0$,则满足约束条件的点都会落在坐标平面的第一象限内;

(2) 不等式$x_1+2x_2\leqslant 8$表示在平面上位于直线$x_1+2x_2=8$上及其下方的半平面内;

(3) 不等式$2x_1+x_2\leqslant 10$表示在平面上位于直线$2x_1+x_2=10$上及其下方半平面内。如图1.3所示区域中的点满足约束条件,称这一区域为该问题的可行域。

2) 目标函数分析

max $S=4x_1+3x_2$对应的图像也是直线,其斜率为$-\frac{4}{3}$,可行域里能使该直线与x_2轴的纵截距达到最大的点即为最优解,其对应的S值就为最优值。

因此,我们可以把过原点且斜率为$-\frac{4}{3}$的直线作为参照直线,在可行域里进行平移,直至找到最优解。显然,在可行域里过B点的直线其纵截距最大,能使S达到最大,只需求B点坐标。

3) 求解结果

联立方程$\begin{cases} x_1+2x_2=8 \\ 2x_1+x_2=10 \end{cases}$,解得$\begin{cases} x_1=4 \\ x_2=2 \end{cases}$,即在点$B(4,2)$时,max $S=4x_1+3x_2=22$。

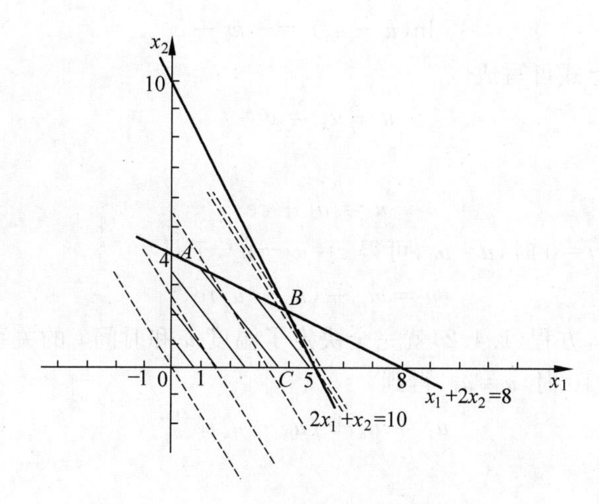

图 1.3 生产组织求解的示意图

1.4 物体冷却问题

1. 问题的提出

将物体放置于空气中，在时刻 $t=0$ 时，测量得它的温度为 $u_0=150$℃，10min 后测量得温度为 $u_1=100$℃。试求此物体的温度 u 和时间 t 的关系，并计算 20min 后物体的温度 u。这里假定空气温度保持为 $u_a=24$℃。

2. 问题分析与模型建立

为了解决上述问题，需要了解有关热力学的一些基本规律。例如，热量总是从温度高的物体向温度低的物体传导；在一定的温度范围内，一个物体的温度变化速度与这一物体的温度和其所在介质温度的差值成正比。这是已为实验证实了的牛顿冷却定律。

设物体在时刻 t 的温度为 $u=u(t)$，则温度的变化速度以 $\frac{du}{dt}$ 来表示。注意到热量总是从温度高的物体向温度低的物体传导，因而 $u>u_a$。所以温度差 $u-u_a$ 恒正；又因为物体将随时间而逐渐冷却，所以温度变化速度 $\frac{du}{dt}$ 恒负，故有

$$\frac{du}{dt}=-k(u-u_a) \tag{1.4.1}$$

这里 $k>0$ 是比例常数。方程(1.4.1)就是物体冷却过程的数学模型，它含有未知函数 u 及它的一阶导数 $\frac{du}{dt}$，这样的方程称为一阶微分方程。

3. 模型求解

为了解出物体的温度 u 和时间 t 的关系，我们要从方程(1.4.1)中解出 u。注意到 u_a 是常数，且 $u-u_a>0$，可将方程(1.4.1)改写成

$$\frac{d(u-u_a)}{u-u_a}=-k dt$$

这样 u 和 t 就被分离开了。两边积分，得到

$$\ln(u-u_a)=-kt+\tilde{c}$$

这里$\tilde{c}$是任意常数。上式可写成

$$u-u_a=e^{-kt+\tilde{c}}$$

令 $c=e^{\tilde{c}}$，则有

$$u=u_a+ce^{-kt}$$

再根据初始条件：当 $t=0$ 时，$u=u_0$，可得 $c=u_0-u_a$，于是

$$u=u_a+(u_0-u_a)e^{-kt} \tag{1.4.2}$$

如果 k 的数值确定了，方程(1.4.2)就完全决定了温度 u 和时间 t 的关系。

根据条件，当 $t=10$ 时，$u=u_1$，得到

$$u_1=u_a+(u_0-u_a)e^{-10k}$$

由此得到

$$k=\frac{1}{10}\ln\frac{u_0-u_a}{u_1-u_a}=\frac{1}{10}\ln 1.66\approx 0.051$$

从而

$$u=24+126e^{-0.051t} \tag{1.4.3}$$

故 20min 后物体的温度就是 $u_2\approx 70$℃。

由方程(1.4.3)还可得到，当 $t\to+\infty$ 时，$u\to 24$℃，这可以解释为：经过一段时间后物体的温度和空气的温度没有什么差别了。

图 1.4 就为对上述例子中的微分方程的解的直观描述。

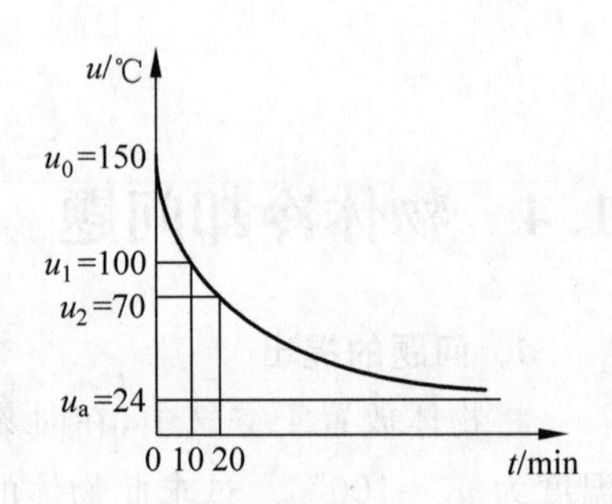

图 1.4 物体问题与实时关系图

1.5 捕鱼成本模型

1. 问题的提出

在鱼塘中捕鱼时，鱼越少捕鱼越困难，捕捞的成本也就越高，一般可以假设捕捞成本与当时池塘中的鱼量成反比。

假设当鱼塘中有 $x$kg 鱼时，捕捞成本是$\frac{2000}{10+x}$元/kg。已知鱼塘中现有鱼 10 000kg，问从鱼塘中捕捞 6000kg 鱼需花费多少成本？

2. 模型的构成与求解

根据题意，当塘中鱼量为 $x$kg 时，捕捞成本函数为

$$C(x)=\frac{2000}{10+x}\quad(x>0)$$

假设塘中现有鱼量为 Akg，需要捕捞的鱼量为 Tkg。当已经捕捞了 $x$kg 鱼之后，塘中所剩的鱼量为 $A-x$kg，此时再捕捞 Δxkg 鱼所需的成本为

$$\Delta C=C(A-x)\Delta x=\frac{2000}{10+(A-x)}\Delta x$$

$$\frac{dC}{dx}=\lim_{\Delta x\to 0}\frac{\Delta C}{\Delta x}=\frac{2000}{10+(A-x)}$$

因此，捕捞 Tkg 鱼所需成本为

$$C=\int_0^T \frac{2000}{10+(A-x)}\mathrm{d}x=-2000\ln[10+(A-x)]_{x=0}^{x=T}=2000\ln\frac{10+A}{10+(A-T)}(\text{元})$$

将已知数据 $A=10\,000$kg，$T=6000$kg 代入，可计算出总捕捞成本为

$$C=2000\ln\frac{10\,010}{4010}=1829.59(\text{元})$$

顺便可以计算出平均捕捞成本为

$$\bar{C}=\frac{1829.59}{6000}\approx 0.30(\text{元/kg})$$

习题 1

1.1　简述什么是数学模型和数学模型的分类。

1.2　简述什么是数学建模和数学建模的一般方法。

1.3　简述数学建模的步骤。

1.4　某厂准备生产 A，B，C 三种产品，它们都消耗设备和材料，如下表所示：

产品名称	耗用设备/(台时/件)	耗用材料/(kg/件)	利润/(元/件)
A	6	3	3
B	3	4	1
C	5	5	4

已知共有设备 45 台时，材料 30kg，试建立使该厂获得最大利润的产品生产计划模型。

第2章

MATLAB及其应用

MATLAB是英文Matrix Laboratory(矩阵实验室)的缩写,它是由Math Works公司开发的著名数学软件。MATLAB最初由美国的Cleve Moler博士研制,其目的是为线性代数等课程中的矩阵运算提供一种方便可行的实验手段。MATLAB是一个集数值计算、符号分析、图像显示、文字处理于一体的大型集成化软件。除具备卓越的数值计算能力外,它还提供了专业水平的符号计算、文字处理、可视化建模仿真和实时控制等功能。MATLAB的基本数据单位是矩阵,它的指令表达式与数学、工程中常用的形式十分相似。目前,MATLAB已发展成为在自动控制、生物医学工程、信号分析处理、语言处理、图像信号处理、雷达工程、统计分析、计算机技术、金融界和数学界等各行各业中都有极其广泛应用的数学软件。在国际上三十几个数学类科技应用软件中,MATLAB在数值计算方面独占鳌头。由于MATLAB的强大功能,它能将使用者从繁重的计算工作中解脱出来,把他们的精力集中于研究、设计以及基本理论的理解上,因此MATLAB已成为高校师生以及工程技术人员所喜爱的数学软件。

2.1 MATLAB基础知识简介

2.1.1 MATLAB系统界面与系统命令

启动MATLAB,单击MATLAB图标,进入到MATLAB界面(如图2.1所示),在MATLAB命令窗内,可以输入命令、编程、进行计算。

MATLAB系统中包含一些内嵌的命令,如表2.1所示。

在MATLAB系统中使用帮助方式有如下三种:

(1) 利用help指令,如果已知要找的主题(topic),则可直接输入help 〈topic〉。即使身旁没有使用手册,也可以使用help指令查询不熟悉的指令或是题主的用法。例如help sqrt。

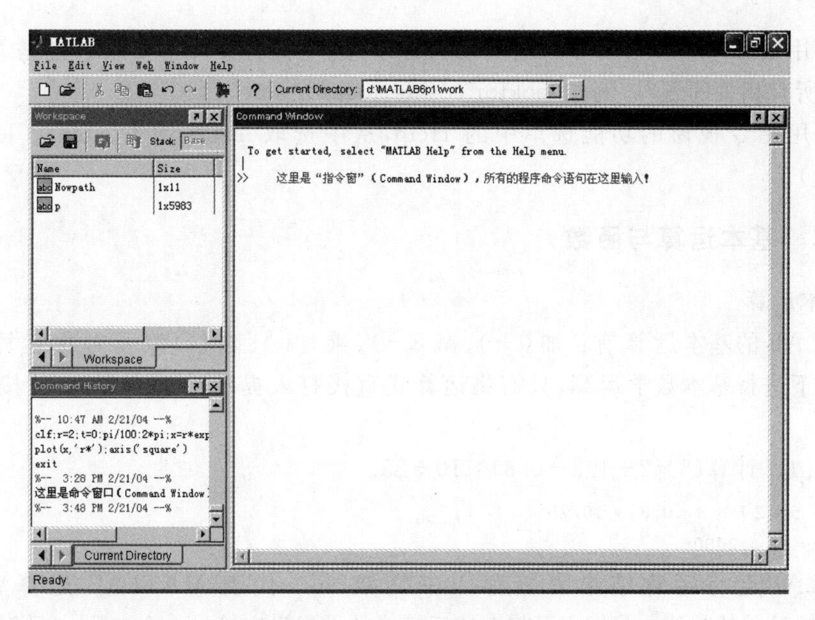

图 2.1　MATLAB 界面

表 2.1　MATLAB 系统命令

命　　令	含　　义
help	在线帮助
helpwin	在线帮助窗口
helpdesk	在线帮助工作台
demo	运行演示程序
ver	版本信息
readme	显示 README 文件
who	显示当前变量
whos	显示当前变量的详细信息
clear	清空工作间的变量和函数
pack	整理工作间的内存
load	把文件调入变量到工作间
save	把变量存入文件中
quit/exit	退出 MATLAB
what	显示指定的 MATLAB 文件
lookfor	在 HELP 里搜索关键字
which	定位函数或文件
path	获取或设置搜索路径
echo	命令回显
cd	改变当前的工作目录
pwd	显示当前的工作目录
dir	显示目录内容
unix	执行 UNIX 命令
dos	执行 DOS 命令
!	执行操作系统命令
computer	显示计算机类型

(2) 利用 lookfor 指令,可以从输入的关键字(这个关键字并不要求一定是 MATLAB 指令)列出所有相关的题材,例如 lookfor cosine,lookfor sine。

(3) 利用指令视窗的功能选单中的 Help,从中选取 Table of Contents(目录)或是 Index(索引)。

2.1.2 基本运算与函数

1) 基本运算

MATLAB 的基本运算有:加(+)、减(-)、乘(*)、除(/)以及幂次运算(^)。在 MATLAB 下进行基本数学运算,只需将运算式直接打入提示符(>>)之后,并按 Enter 键即可。

例 2.1.1 计算(5×2+1.3-0.8)×10÷25。

解
```
>>(5 * 2 + 1.3 - 0.8) * 10/25
ans = 4.2000
```

MATLAB 会将运算结果直接存入一变数 ans,代表 MATLAB 运算后的答案(Answer),并显示其数值。我们也可将上述运算式的结果设定给另一个变数 x,见例 2.1.2。

例 2.1.2 计算(5×2+1.3-0.8)×10÷25 并将运算结果赋予变量 x。

解
```
>>x = (5 * 2 + 1.3 - 0.8) * 10/25
x = 4.2000
```

若不想让 MATLAB 每次都显示运算结果,只需在运算式最后加上分号(;)即可,MATLAB 可在同时执行多个命令,只要以逗号或分号将这些命令隔开,见例 2.1.3。

例 2.1.3 计算 $10\sin^2\left(\frac{\pi}{3}\right)$。

解
```
>>x = sin(pi/3); y = x^2; z = y * 10,
z = 7.5000
```

若一个数学运算太长,可用三个句点将其延伸到下一行,见例 2.1.4。

例 2.1.4
```
>>z = 10 * sin(pi/3) * ...
>>sin(pi/3);
```

2) 常用函数

表 2.2 列出了一些常用的 MATLAB 函数。

表 2.2 常用的 MATLAB 函数

函 数	含 义
abs(x)	纯量 x 的绝对值或向量的长度
angle(z)	复数 z 的相角
sqrt(x)	开平方
real(z)	复数 z 的实部
imag(z)	复数 z 的虚部
conj(z)	复数 z 的共轭复数
round(x)	实数 x 的四舍五入至最近整数
fix(x)	无论正负,实数 x 舍去小数至最近整数

续表

函　数	含　义
floor(x)	地板函数，实数 x 舍去正小数至最近整数
ceil(x)	天花板函数，实数 x 加入正小数至最近整数
rat(x)	将实数 x 化为分数表示
rats(x)	将实数 x 化为多项分数展开
sign(x)	符号函数
rem(x,y)	求 x 除以 y 的余数
gcd(x,y)	整数 x 和 y 的最大公因数
lcm(x,y)	整数 x 和 y 的最小公倍数
exp(x)	自然指数函数 e^x
pow2(x)	指数函数 2^x
log(x)	以 e 为底的对数(自然对数) $\ln x$
log2(x)	以 2 为底的对数 $\log_2 x$
log10(x)	以 10 为底的对数 $\log_{10} x$
sin(x)	正弦函数
cos(x)	余弦函数
tan(x)	正切函数
asin(x)	反正弦函数
acos(x)	反余弦函数
atan(x)	反正切函数
atan2(x,y)	四象限的反正切函数
sinh(x)	双曲正弦函数
cosh(x)	双曲余弦函数
tanh(x)	双曲正切函数
asinh(x)	反双曲正弦函数
acosh(x)	反双曲余弦函数
atanh(x)	反双曲正切函数

3) MATLAB 中变量的命名规则

MATLAB 中变量的第一个字母必须是英文字母，字母间不可留空格，最多只能有 31 个字符。MATLAB 会忽略多余字母，并区分字母的大小写。MATLAB 中的特殊变量名如表 2.3 所示。

表 2.3　特殊变量名

变　量	含　义
i 或 j	基本虚数单位(即 $\sqrt{-1}$)
eps	系统的浮点精确度
inf	无穷大
nan 或 NaN	非数值(Not a number)
pi	圆周率

续表

变　量	含　义
realmax	系统所能表示的最大数值
realmin	系统所能表示的最小数值
nargin	函数的输入变量个数
exp	自然指数单位

4) MATLAB 中向量的常用函数

MATLAB 中向量的常用函数如表 2.4 所示。

表 2.4　向量的常用函数

函　数	含　义
min(x)	向量 **x** 的元素的最小值
max(x)	向量 **x** 的元素的最大值
mean(x)	向量 **x** 的元素的平均值
median(x)	向量 **x** 的元素的中位数
std(x)	向量 **x** 的元素的标准差
diff(x)	向量 **x** 的相邻元素的差
sort(x)	对向量 **x** 的元素进行排序
length(x)	向量 **x** 的元素个数
norm(x)	向量 **x** 的模(欧氏长度)
sum(x)	向量 **x** 的元素总和
prod(x)	向量 **x** 的元素总乘积
cumsum(x)	向量 **x** 的累计元素总和
cumprod(x)	向量 **x** 的累计元素总乘积
dot(x,y)	向量 **x** 和向量 **y** 的内积
cross(x,y)	向量 **x** 和向量 **y** 的外积

2.1.3　矩阵及其运算

MATLAB 的主要数据对象是矩阵，标量、数组、行向量、列向量都是它的特例，MATLAB 最基本的功能是进行矩阵运算。

1. 矩阵的产生

MATLAB 提供了一批产生矩阵的函数，如表 2.5 所示。

表 2.5　常用的产生矩阵的函数

zeros	产生零矩阵	diag	产生对角矩阵
ones	生成全 1 矩阵	tril	取矩阵的下三角矩阵
eye	生成单位矩阵	triu	取矩阵的上三角矩阵
magic	生成魔术方阵	pascal	生成 PASCAL 矩阵

例如，zeros([m,n])生成 $m \times n$ 全零矩阵。矩阵也可直接输入，采用按行方式输入每个元素：同一行中的元素用逗号(,)或者空格来分隔，且空格个数不限；不同的行用分号(;)或者回车分隔。所有元素处于一方括号([])内；当矩阵是多维(三维以上)的，且方括号内

的元素是较低维数的矩阵时，会有多重的方括号。

MATLAB的运算事实上是以阵列(array)及矩阵(matrix)方式进行运算。阵列强调元素对元素的运算，而矩阵则采用线性代数的运算方式。

2. 矩阵的运算

1) 加、减运算

运算符"+"和"−"分别为加、减运算符。运算规则按照线性代数中的矩阵的加、减方法进行运算，即同型矩阵按照对应元素相加、减的方式进行运算。

2) 乘法

运算符"*"按线性代数中矩阵乘法运算进行；运算符".*"对于同型矩阵按对应元素相乘的运算进行。

例 2.1.5 已知矩阵 $A=\begin{pmatrix}1 & 2 & 3\\ 4 & 5 & 6\\ 7 & 8 & 9\end{pmatrix}$，分别按运算符"*"和".*"进行矩阵运算。

解
```
>> A = [1 2 3;4 5 6;7 8 9];
>> B = A * A, C = A. * A
```

结果显示：

```
B =
 30   36   42
 66   81   96
102  126  150
C =
 1    4    9
16   25   36
49   64   81
```

3. 方阵的行列式与逆矩阵

函数 det(A)求矩阵 A 的行列式。

函数 inv(A)求矩阵 A 的逆矩阵。

函数 trace(A)求矩阵 A 的迹。

函数 rank(A)求矩阵 A 的秩。

命令[V,D]=eig(A)计算矩阵 A 的特征值对角阵 D 和特征向量 V，使 $AV=VD$ 成立。

例 2.1.6 求矩阵 $A=\begin{pmatrix}-2 & 1 & 1\\ 0 & 2 & 0\\ -4 & 1 & 3\end{pmatrix}$ 的特征值和特征向量。

解
```
>> A = [ - 2 1 1;0 2 0; - 4 1 3];
>> [V,D] = eig(A)
```

结果显示：

```
V =
    - 0.7071   - 0.2425   0.3015
           0          0   0.9045
    - 0.7071   - 0.9701   0.3015
D =
```

```
-1  0  0
 0  2  0
 0  0  2
```

2.2 MATLAB 作图

人们很难从一大堆原始的数据中发现它们的含义,而数据图形恰能使视觉感官直接感受到许多数据的本质,发现数据的内在联系。MATLAB 可以表达出数据的二维、三维甚至四维的图形。通过图形的线型、立面、色彩、光线、视角等属性的控制,可以把数据的内在特征表现得淋漓尽致。下面分别介绍绘制图形的命令。

2.2.1 MATLAB 二维绘图

1. 基本命令 plot

MATLAB 绘制二维图形的基本命令是 plot(x,y),其中 $\boldsymbol{x},\boldsymbol{y}$ 都是 $1\times n$ 矩阵。也可以用格式 plot(x1,y1,x2,y2,…)把多条曲线画在同一坐标系下。在这种格式中,每个二元对($\boldsymbol{x}_i,\boldsymbol{y}_i$)的意义都与 plot(x,y)中的意义相同,每个二元对($\boldsymbol{x}_i,\boldsymbol{y}_i$)的结构也必须符合 plot(x,y)的要求。MATLAB 的图形功能还提供了一组开关命令,关于颜色和图线形态,可用下面的方法进行控制,如表 2.6 所示。

表 2.6 plot 绘图函数的参数

字元	颜色	字元	图线形态
y	黄色	.	点
k	黑色	o	圆
w	白色	x	X形
b	蓝色	+	+
g	绿色	*	*
r	红色	—	实线
c	亮青色	:	点线
m	锰紫色	—.	点虚线
		——	虚线

例 2.2.1 画出函数 $y=\sin x, y=\cos x$ 的图形。

解 方法一

```
>> x = -2 * pi:0.01 * pi:2 * pi;
>> plot(x, sin(x), x, cos(x))
```

可显示如图 2.2 所示的图形。

方法二

```
>> x = -2 * pi:0.01 * pi:2 * pi;
>> plot(x, sin(x), 'co', x, cos(x), 'g * ')
```

可显示如图 2.3 所示的图形。

2. 二维图形的网格和标记

我们可用 axis([xmin,xmax,ymin,ymax])函数来调整图轴的范围,通过命令 axis([0,6,-1.2,1.2]),得到如图 2.4 所示的调整结果。

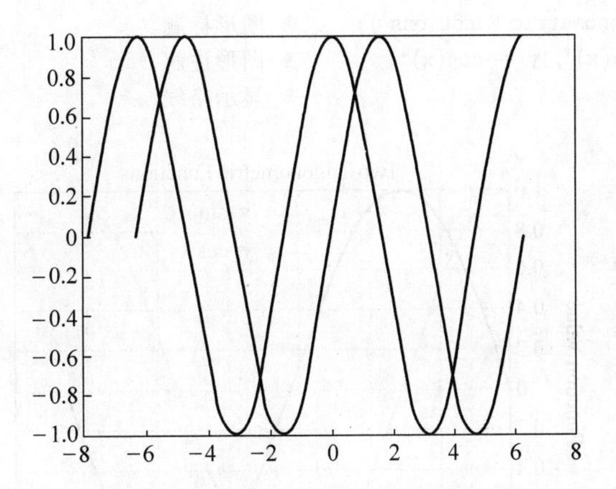

图 2.2 函数 $y=\sin x, y=\cos x$ 的图形

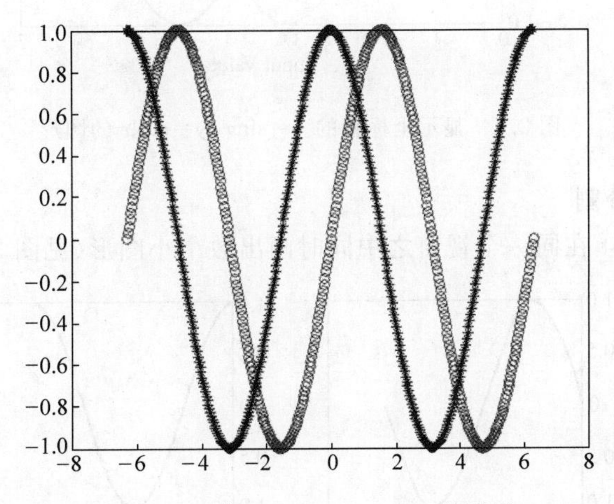

图 2.3 函数 $y=\sin x, y=\cos x$ 的图形

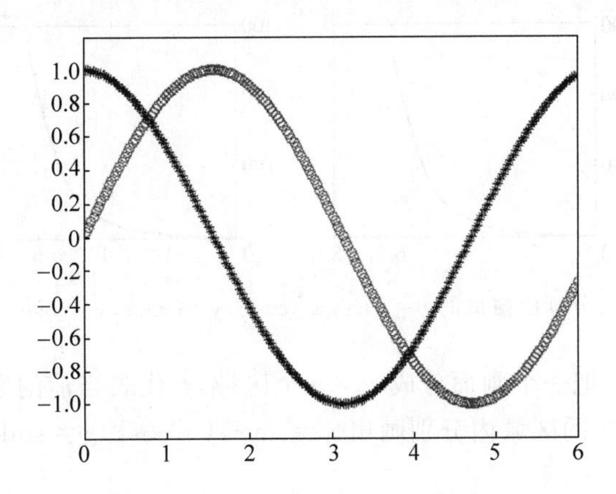

图 2.4 调整图轴范围后 $y=\sin x, y=\cos x$ 的图形

在 MATLAB 中也可对图形加上下面各种注解与效果处理,如图 2.5 所示。

```
>> xlabel('Input Value');                  % x 轴注解
>> ylabel('Function Value');               % y 轴注解
```

```
>> title('Two Trigonometric Functions');        % 图形标题
>> legend('y = sin(x)','y = cos(x)');           % 图形注解
>> grid on                                      % 显示格线
```

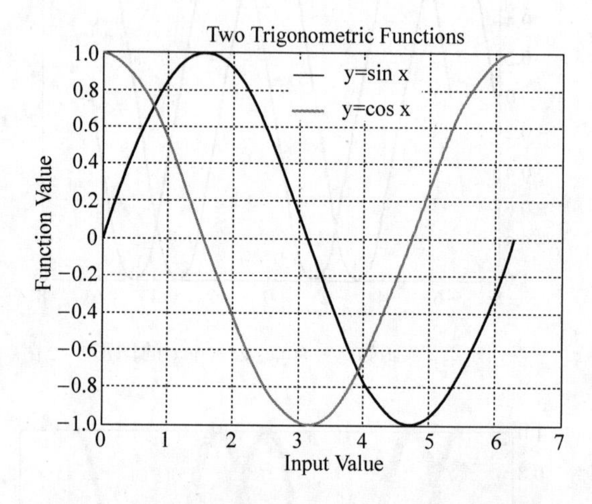

图 2.5 显示坐标轴的 $y=\sin x, y=\cos x$ 的图形

3. 画面窗口的分割

我们可用 subplot 在同一个视窗之中同时画出数个小图形(见图 2.6)。

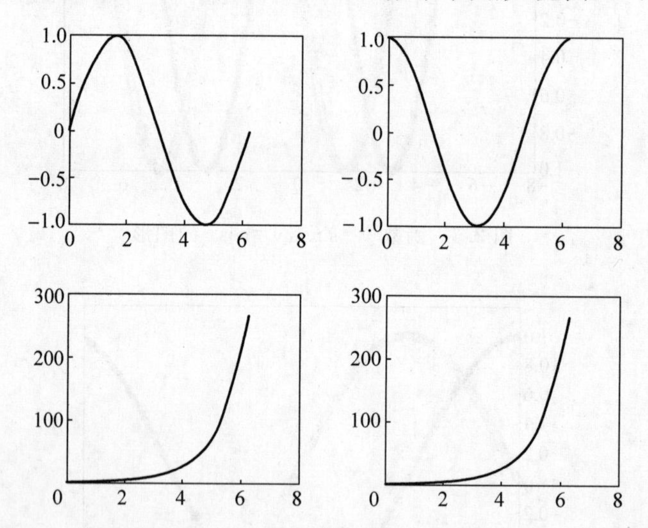

图 2.6 分画面窗口的 $y=\sin x, y=\cos x, y=\sinh x, y=\cosh x$ 的图形

subplot(m,n,p):把一个画面分成 $m\times n$ 个区域,p 代表当前的区域号。

例 2.2.2 在 2×2 的区域内分别画出 $y=\sin x, y=\cos x, y=\sinh x, y=\cosh x$ 的图形。

解

```
>> subplot(2,2,1); plot(x, sin(x));
>> subplot(2,2,2); plot(x, cos(x));
>> subplot(2,2,3); plot(x, sinh(x));
>> subplot(2,2,4); plot(x, cosh(x))
```

4. 其他命令

MATLAB 还有其他各种二维绘图函数，以适于不同的应用，详见表 2.7。

表 2.7 其他 MATLAB 二维绘图函数

bar	长条图	stairs	阶梯图
errorbar	图形加上误差范围	stem	针状图
fplot	较精确的函数图形	fill	实心图
polar	极坐标图	feather	羽毛图
hist	累计图	compass	罗盘图
rose	极坐标累计图	quiver	向量场图

下面我们针对几个函数举例。

(1) bar：画出二维垂直条形图。

bar(y) 若 $\boldsymbol{y}$ 为向量，则分别显示每个分量的高度，横坐标为 1 到 length(y)；

bar(x,y)在指定的横坐标 $\boldsymbol{x}$ 上画出 $\boldsymbol{y}$，其中 $\boldsymbol{x}$ 为元素严格单增的向量。

当数据点数量不多时，长条图是很适合的表示方式，见例 2.2.3。

例 2.2.3
```
>> close all;                           % 关闭所有的图形视窗
>> x = 1:10; y = rand(size(x));
>> bar(x,y)
```

运行结果如图 2.7 所示。

(2) errorbar：沿着一条曲线画误差棒形图。误差棒为数据的置信水平或者沿曲线的偏差。

errorbar(x,y,e) $\boldsymbol{x},\boldsymbol{y},e$ 必须为同型参量。若同为向量，则画出的误差棒长度为 $2e(i)$，对称点为曲线上点$(\boldsymbol{x}(i),\boldsymbol{y}(i))$，其中 i 表示向量中各分量的指标。

例 2.2.4
```
>> x = linspace(0,2 * pi,30); y = sin(x);
>> e = std(y) * ones(size(x)); errorbar(x,y,e)
```

运行结果如图 2.8 所示。

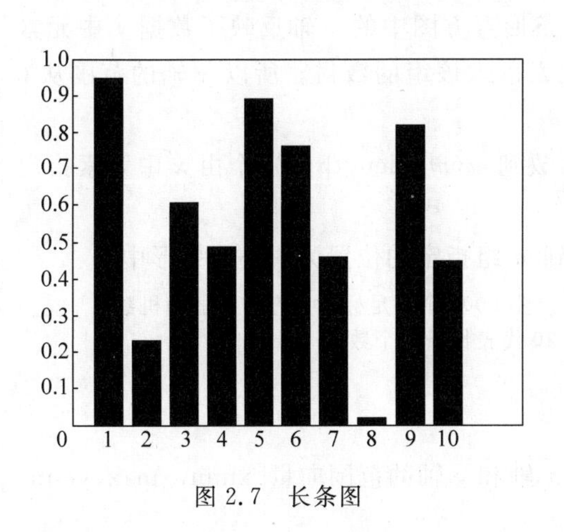

图 2.7 长条图

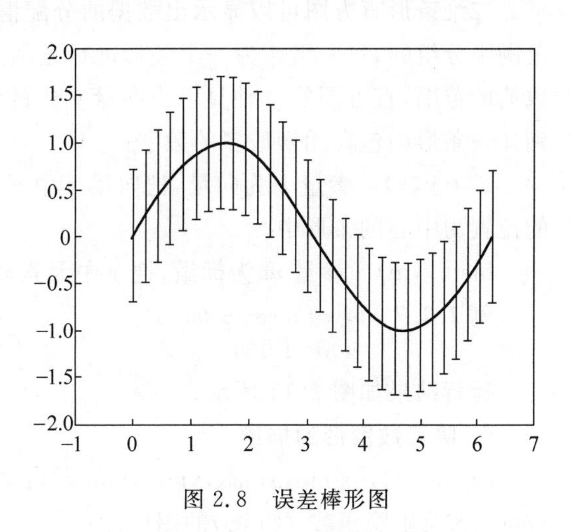

图 2.8 误差棒形图

(3) fplot：在指定的范围 limits 内画出一元函数 y=f(x)的图形。

fplot('function',limits) limits 是一个指定 x 轴范围的向量[xmin,xmax]或者是 x 轴

和 y 轴范围的向量[xmin,xmax,ymin,ymax]。

fplot 采用自适应步长控制来画出函数 function 的示意图,在函数的变化激烈的区间,采用小的步长,否则采用大的步长。总之,使计算量与时间最小,图形尽可能精确。对于变化剧烈的函数,可用 fplot 来进行较精确的绘图,对剧烈变化处进行较密集的取样,见例 2.2.5。

例 2.2.5
```
>> fplot('sin(1/x)', [0.02 0.2]);   % [0.02 0.2]是绘图范围
```

运行结果如图 2.9 所示。

(4) polar:产生极坐标图形。

polar(x,y)　x 为极角,y 为极角的函数。

例 2.2.6
```
>> theta = linspace(0, 2 * pi); r = cos(4 * theta); polar(theta, r);
```

运行结果如图 2.10 所示。

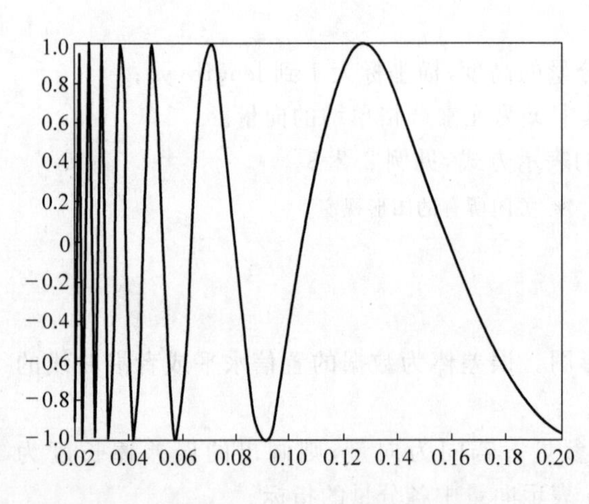

图 2.9　sin(1/x)图形

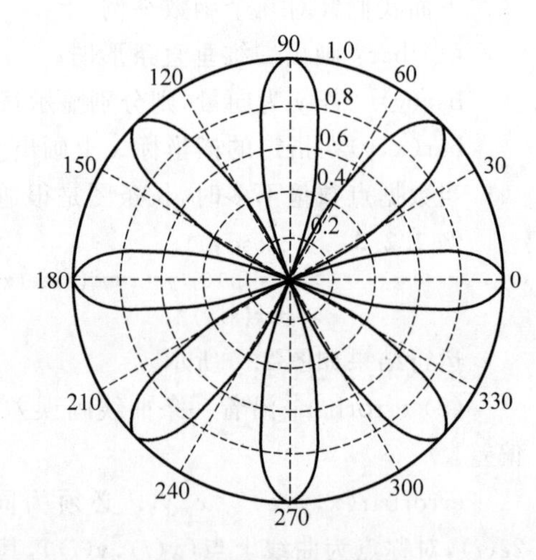

图 2.10　极坐标图形

(5) hist:产生二维条形直方图。

二维条形直方图可以显示出数据的分配情形。所有向量 $\boldsymbol{y}$ 中的元素是根据它们的数值范围来分组的,每一组作为一个条形进行显示。条形直方图中的 x 轴反映了数据 $\boldsymbol{y}$ 中元素数值的范围,直方图的 y 轴显示出参量 $\boldsymbol{y}$ 中的元素落入该组的数目。所以 y 轴的范围从 0 到任一条形中包含元素最多的数字。

hist(y,x)　参量 $\boldsymbol{x}$ 为向量,把向量 $\boldsymbol{y}$ 中元素放到 m(m=length(x))个由 $\boldsymbol{x}$ 中元素指定的位置为中心的条形中。

hist(y,m)　参量 m 为标量,把 $\boldsymbol{y}$ 中元素放到 m 组指定的位置为中心的条形中。

例 2.2.7
```
>> x = randn(5000, 1);          % 产生 5000 个满足标准正态分布的随机数
>> hist(x,20);                  % 20 代表长条的个数
```

运行结果如图 2.11 所示。

5. 隐函数图形的描绘

ezplot('f',[xmin,xmax,ymin,ymax]):在 x 轴和 y 轴的范围向量[xmin,xmax,ymin,ymax]内绘出隐函数 $f(x,y)$的图形。

例 2.2.8
```
>> ezplot('x^3 + y^3 - 5 * x * y + 1/5',[-3,3])
```

运行结果如图 2.12 所示。

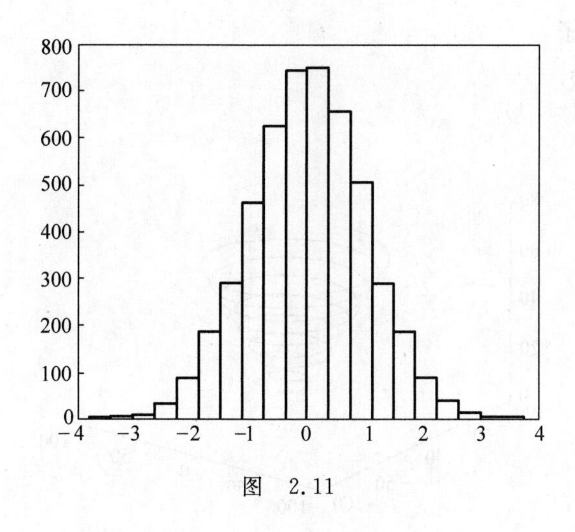

图　2.11

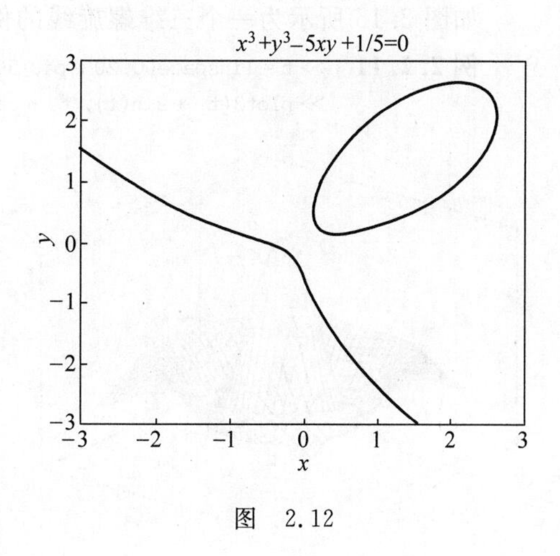

图　2.12

2.2.2　MATLAB三维绘图

1. 曲面与网格图命令

1) mesh(x,y,z,c):画出颜色由 c 指定的三维网格图,若 $\boldsymbol{x}$ 与 $\boldsymbol{y}$ 均为向量,length(x)=n,length(y)=m,而[m,n]=size(z),空间中的点($\boldsymbol{x}(i)$,$\boldsymbol{y}(j)$,$\boldsymbol{z}(i,j)$)为所画曲面网线的交点,分别地,$\boldsymbol{x}$ 对应于 $\boldsymbol{z}$ 的列,$\boldsymbol{y}$ 对应于 $\boldsymbol{z}$ 的行。

例 2.2.9

```
>>[x,y] = meshgrid(-3:0.125:3);     % 生成二维网格点
>>z = peaks(x,y);                   % 用 MATLAB 内置函数 peaks 生成空间曲面上的点
>>mesh(x,y,z);
```

运行结果如图 2.13 所示。

2) surf(x,y,z):数据 z 同时为曲面高度,也是颜色数据。x 和 y 为定义 x 坐标轴和 y 坐标轴的曲面数据。若 $\boldsymbol{x}$ 与 $\boldsymbol{y}$ 均为向量,length(x)=n,length(y)=m,而[m,n]=size(z),在这种情况下,空间曲面上的节点为($\boldsymbol{x}(i)$,$\boldsymbol{y}(j)$,$\boldsymbol{z}(i,j)$)。

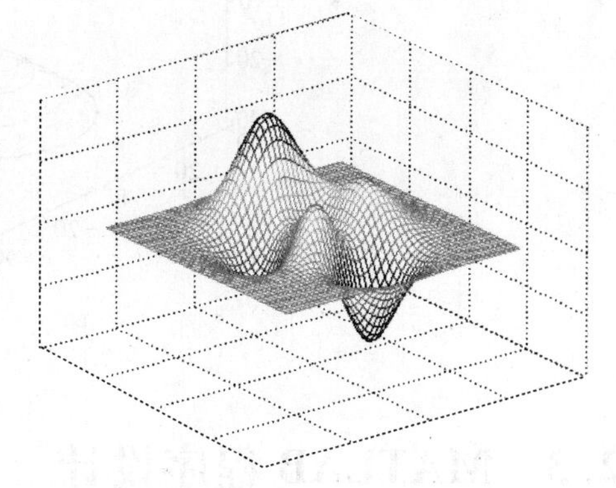

图 2.13　peaks 曲面图

例 2.2.10　作曲面 $z=\dfrac{\sin\sqrt{x^2+y^2}}{\sqrt{x^2+y^2}}$,$-7.5\leqslant x\leqslant 7.5$,$-7.5\leqslant y\leqslant 7.5$。

解

```
>>x = -7.5:0.5:7.5;y = x;
>>[X,Y] = meshgrid(x,y);              % 三维图形的 X,Y 数组
>>R = sqrt(X.^2 + Y.^2) + eps;        % +eps 是为防止出现 0/0
>>Z = sin(R)./R;mesh(X,Y,Z);          % 三维网格表面
```

运行结果如图 2.14 所示。

2. MATLAB三维曲线绘图

plot3 函数将绘制二维图形的 plot 函数的特性扩展到三维空间。函数格式除了包括第三维的信息(比如 z 方向)之外,其余都与二维函数 plot 相同。plot3(x1,y1,z1,S1,x2,y2,z2,S2,…),这里 $\boldsymbol{x}_n$,$\boldsymbol{y}_n$ 和 $\boldsymbol{z}_n$ 是向量或矩阵,S_n 是可选的字符串,用来指定颜色、标记符号和图线形态。

如图 2.15 所示为一个三维螺旋线的例子：

例 2.2.11
```
>> t = linspace(0,20 * pi, 501);
>> plot3(t. * sin(t), t. * cos(t), t);
```

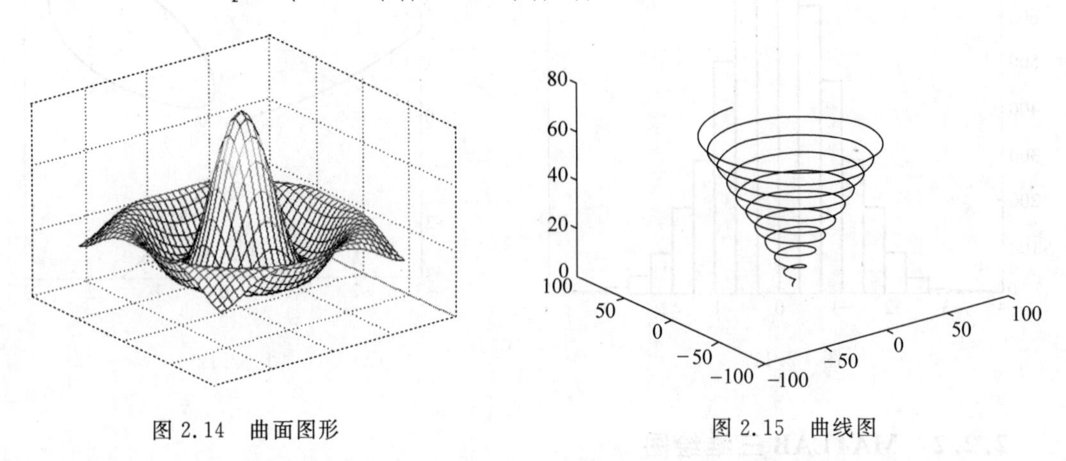

图 2.14 曲面图形

图 2.15 曲线图

plot3 亦可同时画出两条三维空间中的曲线(见图 2.16)：

```
>> t = linspace(0, 10 * pi, 501);
>> plot3(t. * sin(t), t. * cos(t), t, t. * sin(t), t. * cos(t), - t);
```

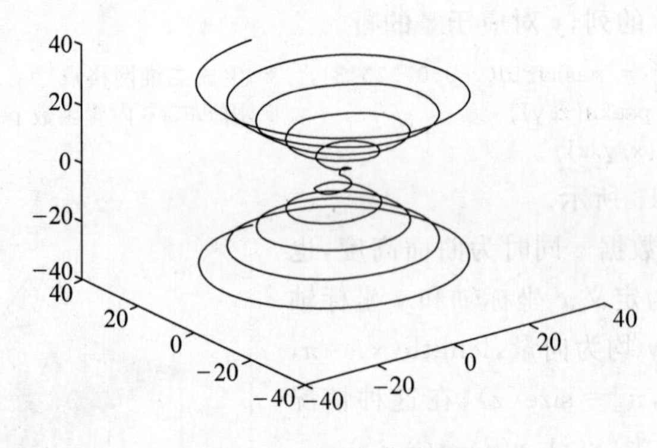

图 2.16 两条曲线图

2.3 MATLAB 程序设计

2.3.1 M 文件

前面介绍了在 MATLAB 中进行的运算，是适合于所要计算的算式不太长或是想以交互式方式做运算，如果要计算的算式有数十行或是需要一再重复执行，则之前的方式就行不通了。MATLAB 提供了所谓的 M 文件的方式，可让使用者自行将指令及算式写成程序，然后储存成一个特别的文档，其扩展名是“.m”，例如 picture.m，其中的 picture 就是文件名。

1. 编写脚本 M 文件的步骤

单击 MATLAB 指令窗工具条上的 New File 图标，就可打开如图 2.17 所示的 MATLAB 文件编辑调试器。用户可在空白窗口中编写程序。

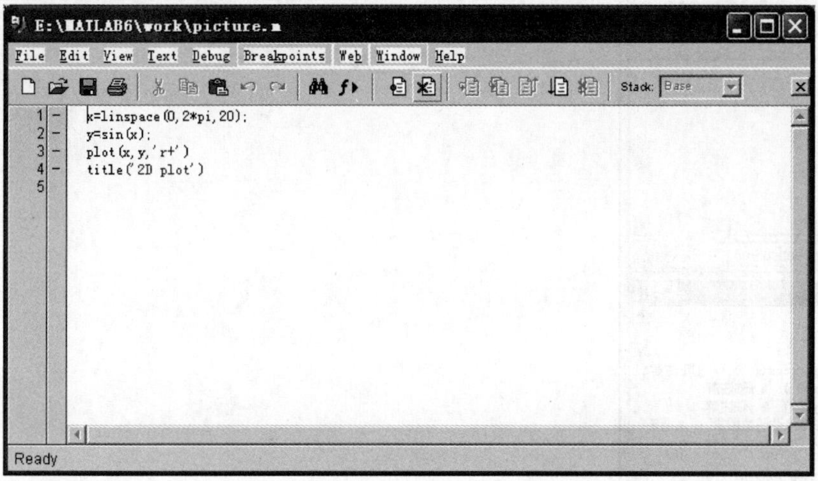

图 2.17　编辑窗口

例 2.3.1　输入如下一段程序(picture.m)：

```
x = linspace(0,2 * pi,20);
y = sin(x);
plot(x,y,'r + ')
title('2D plot')
```

单击编辑调试器工具条图标，在弹出的 Windows 标准风格的“保存为”对话框中，选择保存文件夹，输入新编文件名(如 picture)，单击“保存”按钮，就完成了文件保存。

2. 运行文件

使 picture.m 所在目录成为当前目录(系统默认路径)，或让该目录处在 MATLAB 的搜索路径上。然后在指令窗口运行以下指令，便可得到图形，如图 2.18 所示。

```
>> picture
```

3. 函数 M 文件

函数 M 文件与脚本 M 文件类似之处在于它们都是一个有“.m”扩展名的文本文件。如同脚本 M 文件一样，函数 M 文件不进入命令窗口，它是由文本编辑器所创建的外部文本文件。函数 M 文件与脚本 M 文件在通信方面是不同的。函数与 MATLAB 工作空间之间的通信，只通过传递给它的变量和通过它所创建的输出变量。在函数内中间变量不出现在 MATLAB 工作空间，或与 MATLAB 工作空间不交互。函数 M 文件的第一行把 M 文件定义为一个函数，并指定它的名字。

函数 M 文件之间可以互相调用，但函数 M 文件必须遵循以下特定的规则。

(1) 函数名和文件名必须相同。例如，函数 fliplr 存储在名为 fliplr.m 的文件中。

(2) MATLAB 首次执行一个函数 M 文件时，它打开相应的文本文件并将命令编译成

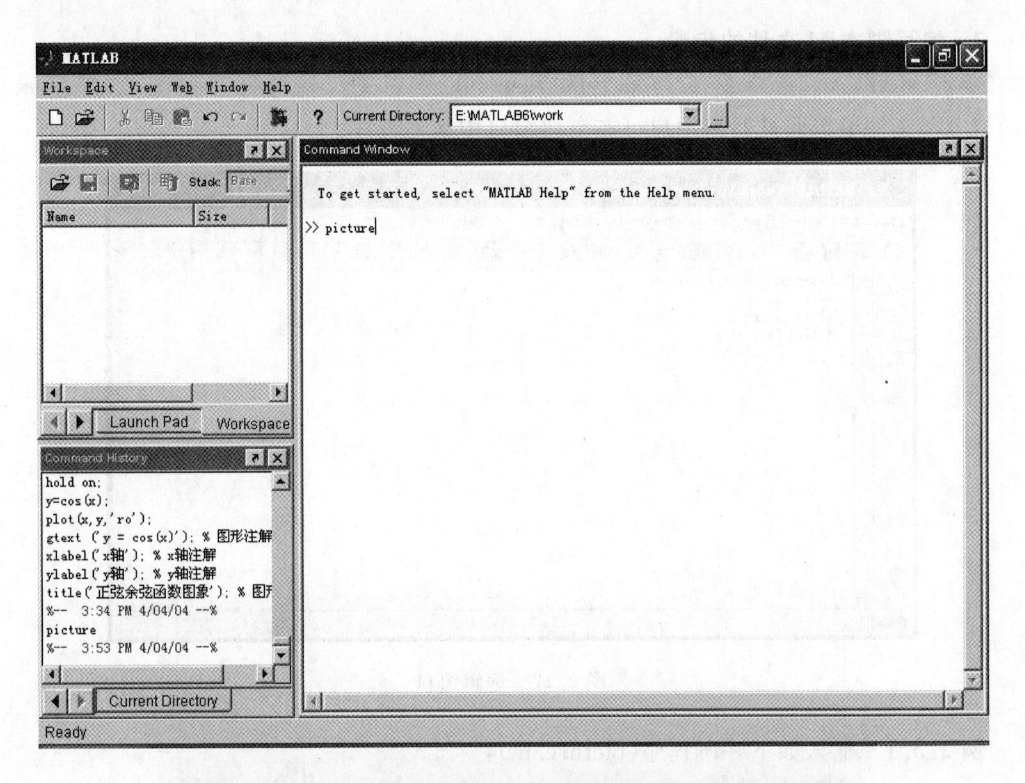

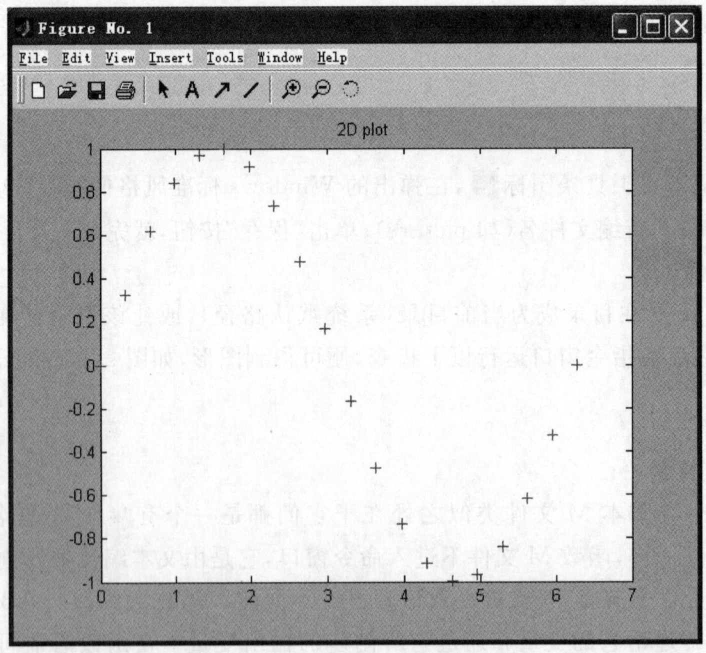

图 2.18 M 文件运行结果图

存储器的内部命令表示，以加速执行以后所有的调用。如果函数包含了对其他函数 M 文件的引用，它们也同样被编译到存储器。与之相区别的是，普通的脚本 M 文件即使是从函数 M 文件内调用也不会被编译。

(3) 在函数 M 文件中,到第一个非注释行为止的注释行是帮助文本。当需要帮助时,返回该文本。例如,help fliplr 返回上述注释。

(4) 第一行帮助行,名为 H1 行,是由 lookfor 命令搜索的行。

(5) 函数可以有零个或多个输入变量以及零个或多个输出变量。

(6) 函数可以按少于函数 M 文件中所规定的输入和输出变量进行调用,但不能使用多于函数 M 文件中所规定的输入和输出变量数目。如果输入和输出变量数目多于函数 M 文件中 function 语句开始所规定的数目,则调用时自动返回一个错误。

(7) 当函数有一个以上输出变量时,输出变量包含在括号内。例如,[V,D]=eig(A)。不要把这个句法与等号右边的[V,D]相混淆。等号右边的[V,D]是由数组 V 和 D 所组成。

(8) 当调用一个函数时,所用的输入和输出变量的数目,在函数内部是规定好的。函数工作空间变量 nargin 包含输入变量个数,函数工作空间变量 nargout 包含输出变量个数。

例 2.3.2 设 $f(x)=\dfrac{x^3-2x^2+x-6.3}{x^2+0.05x-3.14}$,计算 $f(1)f(2)+f^2(3)$。

首先建立一个函数 M 文件 fun1.m。输入以下程序:

```
function Y = fun1(x)
Y = (x^3 - 2*x^2 + x - 6.3)/(x^2 + 0.05*x - 3.14);
```

在指令窗口运行以下指令:

```
>> fun1(1) * fun1(2) + fun1(3) * fun1(3)
  ans =
  - 12.6023
```

2.3.2 MATLAB 关系运算与逻辑运算

除了传统的数学运算,MATLAB 还支持关系运算和逻辑运算。如果读者具备一些编程经验,就会对这些运算较为熟悉。这些运算可用来求解真/假命题的答案。它们的一个重要应用是控制基于真/假命题的一系列 MATLAB 命令(通常在 M 文件中)的流程或执行次序。

作为所有关系和逻辑表达式的输入,MATLAB 把任何非零数值当作真,把零当作假。而当所有关系和逻辑表达式输出时,对于真,输出为 1;对于假,输出为零。

1. 关系运算符

MATLAB 关系运算符包括所有常用的比较运算符,详见表 2.8。

表 2.8 关系运算符

关系运算符	说　明
<	小于
< =	小于或等于
>	大于
> =	大于或等于
= =	等于
~ =	不等于

MATLAB 关系运算符能用来比较两个同样大小的数组(或矩阵),或用来比较一个数组和一个标量。在后一种情况,标量和数组中的每一个元素相比较,结果生成与数组大小一

样的 0-1 矩阵或数组。下面给出几个示例。

例 2.3.3 `>>A=1:9; tf=A>4`

运行结果为

```
tf = 0  0  0  0  1  1  1  1  1
```

这就找出了 A 中大于 4 的元素。0 出现在 A 中元素小于等于 4 的地方,1 出现在 A 中元素大于 4 的地方。

2. 逻辑运算符

逻辑运算符提供了一种组合或否定关系表达式,详见表 2.9。

表 2.9 逻辑运算符

逻辑运算符	说明
&	与
|	或
~	非

MATLAB 逻辑运算符用法的例子如下:

例 2.3.4 `>>A=1:9; tf=(A>2)&(A<6)`

运行结果为

```
tf =0  0  1  1  1  0  0  0  0
```

即在 A 大于 2 与 A 小于 6 处返回 1。

例 2.3.5

```
x=linspace(0, 10, 100);          % 产生 0~10 之间的 100 个数
y=sin(x) ;                       % 对每个数计算正弦函数值
z=(y>=0). *y ;                   % 对 y 中大于或等于 0 的数保持不变,其余取 0
z=z+0.5*(y<0) ;                  % 继续对 y 中小于 0 的数加上 0.5
z=(x<=8). *z ;                   % 继续对 z 中坐标 8 以后的值取 0
plot(x, z)
xlabel('x '), ylabel('z=f(x)'), title('不连续信号')
```

运行结果如图 2.19 所示。

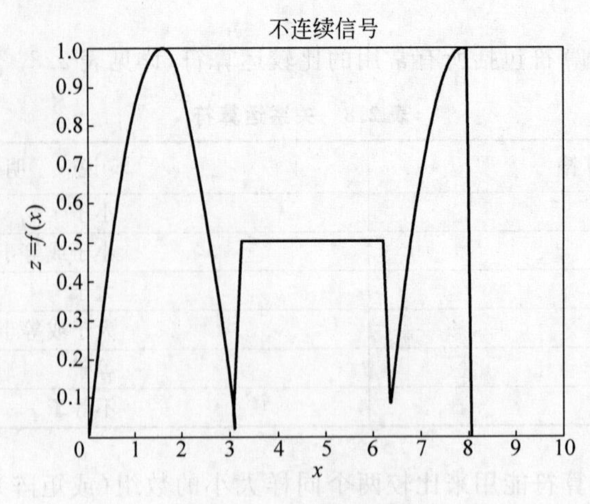

图 2.19 不连续信号

3. 关系函数与逻辑函数

除了上面的关系运算与逻辑运算，MATLAB还提供了关系函数与逻辑函数，详见表2.10。

表2.10 逻辑函数

xor(x,y)	异或运算。x或y非零(真)返回1，x和y都是零(假)或都非零(真)返回0
any(x)	如果在一个向量$\boldsymbol{x}$中，任何元素是非零，返回1；矩阵$\boldsymbol{x}$中的每一列有非零元素，返回1
all(x)	如果在一个向量$\boldsymbol{x}$中，所有元素非零，返回1；矩阵$\boldsymbol{x}$中的每一列所有元素非零，返回1

除了这些函数，MATLAB还提供了大量的函数来测试特殊值或某些条件的存在，返回逻辑值，详见表2.11。

表2.11 特殊值函数

finite	元素有限，返回真值
isempty	参量为空，返回真值
isglobal	参量是一个全局变量，返回真值
ishold	当前绘图保持状态是"ON"，返回真值
isieee	计算机执行IEEE算术运算，返回真值
isinf	元素无穷大，返回真值
isletter	元素为字母，返回真值
isnan	元素为不定值，返回真值
isreal	参量无虚部，返回真值
isspace	元素为空格字符，返回真值
isstr	参量为一个字符串，返回真值
isstudent	MATLAB为学生版，返回真值
isunix	计算机为UNIX系统，返回真值
isvms	计算机为VMS系统，返回真值

2.3.3 MATLAB控制流

1. for循环结构

for循环允许一组命令以固定的和预定的次数重复，其一般形式如下：

```
for 循环变量 = 初值:步长:终值
                    语句
end
```

在for和end之间的语句按数组中的每一列执行一次。在每一次迭代中，循环变量被指定为数组的下一列。

例2.3.6 利用for循环求$\sum_{k=1}^{100}k$。

解 MATLAB程序如下：

```
s = 0;
 for k = 1:100;
     s = s + k;
```

```
end;
  s
```

程序运行结果为

```
s = 5050
```

2. while 循环结构

与 for 循环以固定次数求一组命令的值相反，while 循环以不定的次数求一组语句的值。while 循环的一般形式如下：

```
while 关系表达式
    语句
end
```

只要在表达式里的所有元素为真，就执行 while 和 end 之间的语句。通常，表达式的求值给出一个标量值，但数组值也同样有效。在数组情况下，得到数组的所有元素必须都为真。

例 2.3.7 Fibonacci 数列的元素满足 $a_{n+2}=a_n+a_{n+1}$，$n=1,2,\cdots$，且 $a_1=a_2=1$。现在要求该数列中第一个大于 10 000 的元素。

解 MATLAB 程序如下：

```
a(1) = 1;a(2) = 1;i = 2;
while a(i)<= 10000
     a(i+1) = a(i-1) + a(i); % 当现有的元素仍小于 10000 时,求解下一个元素
     i = i+1;
end;
i,a(i),
```

程序运行结果为

```
i = 21   ans = 10946
```

3. if-else-end 分支结构

很多情况下，命令的序列必须根据关系的检验有条件地执行。在编程语言里，这种逻辑由某种 if-else-end 结构来提供。

if-end 结构是：

```
if 关系表达式
          语句
end
```

如果在表达式中的所有元素为真(非零)，那么就执行 if 和 end 之间的语句。

if-else-end 结构是：

```
if 关系表达式
 第一组命令
else
 第二组命令
end
```

在这里,如果表达式为真,则执行第一组命令;如果表达式为假,则执行第二组命令。

当有三个或更多的选择时,if-else-end 结构采用以下形式:

```
if 关系表达式 1
   关系表达式 1 为真时执行的命令
elseif 关系表达式 2
   关系表达式 2 为真时执行的命令
elseif 关系表达式 3
   ⋮
else
   前述关系表达式均不为真时执行的命令
end
```

这种形式只执行与第一个真值表达式相关的命令,接下来的关系表达式不检验,跳过其余的 if-else-end 结构。而且,最后的 else 命令也不是必需的。

例 2.3.8 用 for 循环和 if-else-end 结构来求 Fibonacci 数组中第一个大于 10 000 的元素。

解 MATLAB 程序如下:

```
n = 100;a = ones(1,n);
for i = 3:n
a(i) = a(i - 1) + a(i - 2);
if a(i)>= 10000
   a(i),
   break;                                    % 跳出所在的一级循环
end;
end, i
```

程序运行结果为

```
ans = 10946, i = 21
```

例 2.3.9 "水仙花数"是指一个三位数其各位数字立方和等于该数本身。如 153 是水仙花数,因为 $153=1^3+5^3+3^3$。求出所有的"水仙花数"。(仅要求写出源程序)

解 MATLAB 程序如下:

```
n = [ ];i = 0;
      for a = 1:9                            % a 表示百位上的数字
          for b = 0:9                        % b 表示十位上的数字
            for c = 0:9                      % c 表示个位上的数字
          if a * 100 + b * 10 + c == a ^3 + b ^3 + c ^3
                    i = i + 1;n(i) = a * 10 ^2 + b * 10 + c;       % 记录一个水仙花数
           end
        end
     end
end
n                                            % 显示出所有的水仙花数
```

程序运行结果为

```
n = 153   370   371   407
```

4. switch—case—end 分支语句

通过对某个变量真值的比较做各种不同的执行选择。

switch—case—end 形式如下：

```
switch 表达式(数字或字符串)
case 数字或字符串 1
    语句体 1;
case 数字或字符串 2
    语句体 2;
  ⋮
otherwise
    语句体 n;
end
```

例 2.3.10 这里用学生的成绩管理程序来演示 switch-case 结构的应用。

```
%划分区域：满分(100),优秀(90～99),良好(80～89),及格(60～79),不及格(<60)
clear;
%划分区域：满分(100),优秀(90～99),良好(80～89),及格(60～79),不及格(<60)
for i = 1:10;a{i} = 89 + i;b{i} = 79 + i;c{i} = 69 + i;d{i} = 59 + i;end;c = [d,c];
Name = {'Jack','Marry','Peter','Rose','Tom'};%学生名数组
Mark = {72,83,56,94,100};Rank = cell(1,5);
%创建一个含 5 个元素的构架数组 S,它有三个域
S = struct('Name',Name,'Marks',Mark,'Rank',Rank);
%根据学生的分数,求出相应的等级
for i = 1:5
    switch S(i).Marks
    case 100                                  %得分为 100 时
        S(i).Rank = '满分';                    %列为"满分"等级
    case a                                    %得分在 90 和 99 之间
        S(i).Rank = '优秀';                    %列为"优秀"等级
    case b                                    %得分在 80 和 89 之间
        S(i).Rank = '良好';                    %列为"良好"等级
    case c                                    %得分在 60 和 79 之间
        S(i).Rank = '及格';                    %列为"及格"等级
    otherwise                                 %得分低于 60
        S(i).Rank = '不及格';                  %列为"不及格"等级
    end
end
%将学生姓名,得分,登记等信息打印出来
disp(['学生姓名 ','得分 ','等级']);disp('')
for i = 1:5;
 disp([S(i).Name,blanks(6),num2str(S(i).Marks),blanks(6),S(i).Rank]);
end;
学生姓名    得分     等级
Jack        72       及格
Marry       83       良好
Peter       56       不及格
Rose        94       优秀
Tom         100      满分
```

2.3.4 MATLAB 的输入语句与输出语句

(1) 输入语句

输入数值：

```
>> x = input('please input a number:')
   please input a number:22
   x  =  22
```

输入字符串：

```
>> x = input('please input a string:','s')
   please input a string:this is a string
   x  =  this is a string
```

(2) 输出语句

输出显示命令 disp：

```
>> disp(23 + 454 - 29 * 4)
   361
>> disp([11 22 33; 44 55 66; 77 88 99])
   11 22 33
   44 55 66
   77 88 99
>> disp('this is a string')
   this is a string
```

习题 2

2.1 利用 MATLAB 表示函数 $f(x)=\begin{cases} x, & x\leqslant 1 \\ 2x-1, & 1<x<10 \\ 3x-11, & x\geqslant 10 \end{cases}$。

2.2 利用 MATLAB 计算小于 1000 的 Fibonacci 数。

2.3 编写 *MATLAB* 程序求 $\sum_{k=0}^{20} k^2$。

2.4 在矩形区域上绘制 $z=\sqrt{x^2+y^2}$ 所表示的曲面。

2.5 画出曲面 $z=\dfrac{10\sin\sqrt{x^2+y^2}}{\sqrt{1+x^2+y^2}}$，$-30\leqslant x,y\leqslant 30$。

(提示：将 meshgrid 和 mesh 命令配合使用)

2.6 (参数方程所表示的曲面的绘制)画出曲面 $\begin{cases} x=u\sin v \\ y=u\cos v \\ z=4v \end{cases}$，$-2\leqslant u\leqslant 2, 0\leqslant v\leqslant 2\pi$。

2.7 (旋转曲面的绘制)画出 $z=y^2$ 绕 z 轴旋转一周所成的曲面。

2.8 (曲线的绘制)画出曲线 $\begin{cases} x^2+y^2+z^2=1 \\ x+y=1 \end{cases}$。

第3章 规划论模型

规划论模型也可称为运筹与优化模型，在实际问题的建模中应用最为广泛，涉及面较广。随着电子计算机技术的发展，规划论模型能解决的问题越来越多。在数学上，规划论模型包括线性规划、非线性规划、整数规划、动态规划、最优控制等内容。

3.1 线性规划

线性规划是运筹学的一个重要分支，起源于工业生产组织管理的决策问题。在数学上它用来确定多变量线性函数在变量满足线性约束条件下的最优值。随着计算机理论的发展，出现了单纯形法等有效算法，它在工农业、军事、交通运输、决策管理与规划、科学实验等领域的应用日益广泛。

3.1.1 线性规划的概念及标准形

1. 引例

例 3.1.1(生产计划问题) 某机床厂生产甲、乙两种机床，每台销售后的利润分别为4千元、3千元。生产甲机床需用A,B机器加工，加工时间分别为每台2h和1h；生产乙机床需用A,B,C三种机器加工，加工时间为每台各1h。若每天可用于加工的机器时数分别为A机器10h、B机器8h和C机器7h，问该厂应生产甲、乙机床各几台，才能使总利润最大？

解 设该厂生产 x_1 台甲机床和 x_2 台乙机床时总利润最大，则该问题可表示为

$$\max z = 4x_1 + 3x_2 \tag{3.1.1}$$

$$\text{s.t.}\begin{cases}2x_1 + x_2 \leqslant 10\\ x_1 + x_2 \leqslant 8\\ x_2 \leqslant 7\\ x_1, x_2 \geqslant 0\end{cases} \tag{3.1.2}$$

这里变量 x_1, x_2 称之为决策变量，式(3.1.1)被称为问题的目标函数，式(3.1.2)中的几个不

等式是问题的约束条件。上述即为一个规划问题数学模型的三个要素。

例 3.1.2（动物饲料的配置问题） 一家公司饲养并出售一种实验动物，该公司的研究表明，这种动物的生长对饲料中的三种营养成分特别敏感，即蛋白质、矿物质和维生素。同时发现这种动物每天至少需要 70g 蛋白质、3g 矿物质和 10mg 维生素。该公司能得到 5 种饲料，每一种饲料每磅所含的营养成分如表 3.1 所示，每种饲料每磅的成本如表 3.2 所示，该公司希望找到满足动物营养需要而成本又最低的混合饲料的配置。

表 3.1 饲料每磅所含的营养成分

饲料	蛋白质/g	矿物质/g	维生素/mg
1	0.30	0.10	0.05
2	2.00	0.05	0.10
3	1.00	0.02	0.02
4	0.60	0.20	0.20
5	1.80	0.05	0.08

表 3.2 每种饲料每磅的成本

饲料	1	2	3	4	5
成本/美元	0.02	0.07	0.04	0.03	0.05

解 确定决策变量，设 $x_k(k=1,2,3,4,5)$ 为每天所需混合饲料中第 k 种饲料的磅数。

$$\min f = 0.02x_1 + 0.07x_2 + 0.04x_3 + 0.03x_4 + 0.05x_5$$

$$\text{s.t.}\begin{cases} 0.30x_1 + 2.00x_2 + 1.00x_3 + 0.60x_4 + 1.80x_5 \geqslant 70 \\ 0.10x_1 + 0.05x_2 + 0.02x_3 + 0.20x_4 + 0.05x_5 \geqslant 3 \\ 0.05x_1 + 0.10x_2 + 0.02x_3 + 0.20x_4 + 0.08x_5 \geqslant 10 \\ x_k \geqslant 0 \quad (k=1,2,3,4,5) \end{cases}$$

2. 线性规划

从以上两例可以看出，它们都属于同一类优化问题，其共同特点是：

(1) 每一个问题都用一组决策变量 $(x_1, x_2, \cdots, x_n)$ 表示某一方案，这组决策变量的值就代表一个具体的方案，一般这些变量的取值是非负的。

(2) 存在一定的约束条件，这些约束条件可以用一组线性方程或不等式表示。

(3) 都有一个要求达到的目标，它可以用决策变量的线性函数来表示，这个函数称为目标函数。按问题的不同，要求目标函数实现最大化或最小化。

所谓线性规划问题就是指目标函数是诸决策变量的线性函数，给定的条件可用诸决策变量的线性方程或不等式表示的决策问题。在解决实际问题时，把问题归结成一个线性规划模型是很重要的一步，但往往也是困难的一步，模型建立得是否恰当，直接影响到求解。而选取适当的决策变量，是建立有效模型的关键之一。

3. 线性规划模型的标准形式

$$\min c_1x_1 + \cdots + c_nx_n$$

$$\text{s.t.}\begin{cases} a_{11}x_1 + a_{12}x_2 + \cdots + a_{1n}x_n = b_1 \\ a_{21}x_1 + a_{22}x_2 + \cdots + a_{2n}x_n = b_2 \\ \vdots \\ a_{m1}x_1 + a_{m2}x_2 + \cdots + a_{mn}x_n = b_m \\ x_k \geqslant 0 \quad (k=1,2,\cdots,n) \end{cases}$$

设 $\boldsymbol{X}=(x_1,x_2,\cdots,x_n)^{\mathrm{T}}\in\mathbf{R}^n$，$\boldsymbol{C}=(c_1,c_2,\cdots,c_n)^{\mathrm{T}}\in\mathbf{R}^n$，$\boldsymbol{b}=(b_1,b_2,\cdots,b_m)^{\mathrm{T}}\in\mathbf{R}^m$，

$$\boldsymbol{A}=\begin{bmatrix} a_{11} & a_{12} & \cdots & a_{1n} \\ a_{21} & a_{22} & \cdots & a_{2n} \\ \vdots & \vdots & & \vdots \\ a_{m1} & a_{m2} & \cdots & a_{mn} \end{bmatrix}=(\boldsymbol{P}_1,\boldsymbol{P}_2,\cdots,\boldsymbol{P}_n)$$

则线性规划问题标准的矩阵表达形式为

$$\min \quad \boldsymbol{C}^{\mathrm{T}}\boldsymbol{X}$$
$$\text{s. t.}\begin{cases}\boldsymbol{AX}=\boldsymbol{b}\\ \boldsymbol{X}\geqslant \boldsymbol{0}\end{cases}$$

一般地，要求 $\mathrm{r}(\boldsymbol{A})=m(m<n)$，$\boldsymbol{P}_j(j=1,2,\cdots,n)$表示约束条件的系数矩阵 $\boldsymbol{A}=(a_{ij})_{m\times n}$ 的列向量。

3.1.2 线性规划的图解法

图解法简单直观，有助于了解线性规划问题求解的基本原理。下面应用图解法来求解例 3.1.1 中的线性规划模型。

$$\max z=4x_1+3x_2$$
$$\text{s. t.}\begin{cases}2x_1+x_2\leqslant 10\\ x_1+x_2\leqslant 8\\ x_2\leqslant 7\\ x_1,x_2\geqslant 0\end{cases}$$

首先根据模型的约束条件画出线性规划问题的可行域 R（即图 3.1 中的阴影区域）。

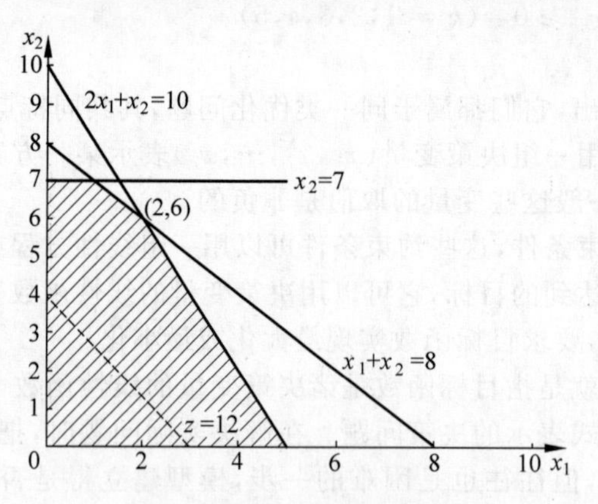

图 3.1 线性规划的图解法

对于每一固定的值 z，使目标函数值等于 z 的点构成的直线称为目标函数等位线，当 z 变动时，得到一族平行直线。让等位线沿目标函数值增加的方向移动，直到等位线与可行域有交点的最后位置，此时的交点（一个或多个）即为线性规划的最优解。显然等位线越趋于右上方，其上的点具有越大的目标函数值。不难看出，本例的最优解为 $\boldsymbol{x}^*=(2,6)^{\mathrm{T}}$，最优目标值 $z^*=26$。

从上面的图解过程可以看出：

(1) 可行域 R 可能会出现多种情况。R 既可能是空集，也可能是非空集合。当 R 非空时，它必定是若干个半平面的交集(除非遇到空间维数的退化)。R 既可能是有界区域，也可能是无界区域。

(2) 当 R 非空时，线性规划既可能存在有限个最优解，也可能不存在有限个最优解(其目标函数值无界)。

(3) 当 R 非空且线性规划存在有限个最优解时，最优解既可能是唯一的，也可能有无穷多个。

(4) 若线性规划存在有限个最优解，则必可找到具有最优目标函数值的可行域 R 的"顶点"。

3.1.3　线性规划问题的标准化

前面提到，线性规划问题标准的矩阵表达形式为

$$\min \boldsymbol{C}^{\mathrm{T}}\boldsymbol{X}$$

$$\text{s.t.}\begin{cases}\boldsymbol{AX}=\boldsymbol{b}\\ \boldsymbol{X}\geqslant \boldsymbol{0}\end{cases}$$

如果一些线性规划问题不是上面的标准形式，则可以将其化为标准形。

(1) 约束条件的标准化

假设约束条件中有不等式约束

$$a_{j1}x_1+a_{j2}x_2+\cdots+a_{jn}x_n\leqslant b_j$$

$$a_{i1}x_1+a_{i2}x_2+\cdots+a_{in}x_n\geqslant b_i$$

为了将上述不等式约束化为等式约束，引入非负变量 x_{n+1}，x_{n+2}，则上述不等式可化为

$$a_{j1}x_1+a_{j2}x_2+\cdots+a_{jn}x_n+x_{n+1}=b_j,\quad x_{n+1}\geqslant 0$$

$$a_{i1}x_1+a_{i2}x_2+\cdots+a_{in}x_n-x_{n+2}=b_i,\quad x_{n+2}\geqslant 0$$

其中变量 x_{n+1}，x_{n+2} 称为松弛变量。

(2) 自由变量的标准化

标准形中要求每个决策变量均为非负数，但有些线性规划问题中的部分变量没有非负数的限制，称这类决策变量为自由变量。如果 x_{k+1} 为自由变量，引入新的决策变量 $x'_{k+1}\geqslant 0$，$x''_{k+1}\geqslant 0$，令 $x_{k+1}=x'_{k+1}-x''_{k+1}$ 即可满足标准形中决策变量非负的要求。

(3) 目标函数的标准化

有些线性规划问题要使目标函数取最大值，即

$$\max f=c_1x_1+c_2x_2+\cdots+c_nx_n$$

则可依照标准形中的形式化为

$$\min -f=-(c_1x_1+c_2x_2+\cdots+c_nx_n)$$

例 3.1.3　将下列线性规划问题化为标准形：

$$\max f=5x_1+x_2+x_3$$

$$\text{s.t.}\begin{cases}3x_1+x_2-x_3\leqslant 70\\ x_1-2x_2+4x_3\geqslant 60\\ x_2+3x_3=100\\ x_1\geqslant 0,\quad x_2\geqslant 0\end{cases}$$

解 由于 x_3 为自由变量,故令 $x_3=x_4-x_5$,$x_4\geqslant 0$,$x_5\geqslant 0$,再引入松弛变量 $x_6\geqslant 0$,$x_7\geqslant 0$,则原问题的标准形为

$$\min -f=-5x_1-x_2-x_4+x_5$$

$$\text{s.t.}\begin{cases}3x_1+x_2-x_4+x_5+x_6=70\\ x_1-2x_2+4x_4-4x_5-x_7=60\\ x_2+3x_4-3x_5=100\\ x_i\geqslant 0\quad (i=1,2,4,5,6,7)\end{cases}$$

3.1.4 线性规划的若干概念

下面介绍线性规划中的若干概念术语,供后面章节使用。

1. 凸集

前面介绍的图解法只适用于求 n 维空间中的线性规划问题。在一般的 n 维空间中,满足线性方程 $\sum_{i=1}^{n}a_ix_i=b$ 的点集称为一个超平面,而满足线性不等式 $\sum_{i=1}^{n}a_ix_i\leqslant b$(或 $\sum_{i=1}^{n}a_ix_i\geqslant b$)的点集称为一个半空间,其中 $(a_1,a_2,\cdots,a_n)$ 为 n 维行向量,b 为实数。有限个半空间的交集称为多胞形,有界的多胞形称为多面体。易见,线性规划的可行域必为多胞形(为统一起见,空集 $\varnothing$ 也视为多胞形)。

在一般的 n 维空间中,要直接得出多胞形"顶点"概念还有一些困难。二维空间中的顶点可以看成边界直线的交点,但这一几何概念的推广在一般 n 维空间中的几何意义并不直观。为此,我们将采用另一途径来给出定义。

定义 3.1.1 给定 n 维空间中的区域 R,若 $\forall x^{(1)},x^{(2)}\in R$,$\lambda\in(0,1)$,都有 $\lambda x^{(1)}+(1-\lambda)x^{(2)}\in R$,则称 R 为一凸集。

定义 3.1.2 设 R 为 n 维空间中的一个凸集,R 中的点 x 称为 R 的一个极点,若不存在 $x^{(1)},x^{(2)}\in R$ 及 $\lambda\in(0,1)$,使得 $x=\lambda x^{(1)}+(1-\lambda)x^{(2)}$。

定义 3.1.1 说明凸集中任意两点的连线必在此凸集中;而定义 3.1.2 说明,若 x 是凸集 R 的一个极点,则 x 不能位于 R 中任意两点的连线上。不难证明,多胞形必为凸集。同样可以证明,二维空间中可行域 R 的顶点均为 R 的极点(R 也没有其他的极点)。

2. 可行解或可行点

称满足全部约束条件 $\text{s.t.}\begin{cases}\boldsymbol{AX}=\boldsymbol{b}\\ \boldsymbol{X}\geqslant \boldsymbol{0}\end{cases}$ 的决策向量 $\boldsymbol{X}\in\mathbf{R}^n$ 为可行解。

全部可行解的集合称为可行域或可行集。

3. 最优解

使目标函数 $\boldsymbol{C}^{\mathrm{T}}\boldsymbol{X}$ 达到最小值(并且有界)的可行解称为最优解。

4. 无界解

若目标函数 $\boldsymbol{C}^{\mathrm{T}}\boldsymbol{X}$ 在可行域中无下界,则对应解为无界解。

5. 基、基列和非基列

如果矩阵 $\boldsymbol{A}$ 的某 m 列所构成的方阵 $\boldsymbol{B}$ 是满秩的,则称 $\boldsymbol{B}$ 是线性规划问题的一个基;构成基的每一列向量 $\boldsymbol{P}_j$ 称为基列;矩阵 $\boldsymbol{A}$ 中其余的 $n-m$ 个列向量称为非基列。在例 3.1.3

中,$\boldsymbol{A}$,$\boldsymbol{B}$分别为

$$\boldsymbol{A}=\begin{pmatrix}3 & 1 & -1 & 1 & 1 & 0\\ 1 & -2 & 4 & -4 & 0 & -1\\ 0 & 1 & 3 & -3 & 0 & 0\end{pmatrix},\quad \boldsymbol{B}=\begin{pmatrix}1 & 1 & 0\\ -4 & 0 & -1\\ -3 & 0 & 0\end{pmatrix}$$

与基列相对应的变量称为基变量;与非基列相对应的变量称为非基变量。

令非基变量为零,由方程 $\boldsymbol{AX}=\boldsymbol{b}$ 解出的解称为线性规划问题相应于基 $\boldsymbol{B}$ 的基解(显然基解的个数至多为 C_n^m)。基解不一定满足条件 $\boldsymbol{X}\geqslant\boldsymbol{0}$,称满足条件 $\boldsymbol{X}\geqslant\boldsymbol{0}$ 的基解为基可行解;称不满足条件 $\boldsymbol{X}\geqslant\boldsymbol{0}$ 的基解为非基可行解。显然,基解的集合与可行解的集合的交集即为基可行解集合。

如果可行域是空集,则线性规划问题无解;但如果可行域无界,则线性规划问题可能无解,也可能有解。线性规划问题的可行域一般是凸多面体,若线性规划问题存在最优解,则最优解一般在可行域的某个顶点取得,这就是下面的定理。

定理 3.1.1 若线性规划问题存在最优解,则最优解必定在作为可行域的凸多面体的某个顶点取得。

求线性规划问题的解,一般先求出其全部基可行解,再比较这些基可行解对应点处的目标函数的值,即可得该问题的最优解。若线性规划问题的两个基可行解 $\boldsymbol{X}_1$,$\boldsymbol{X}_2$ 都是最优解,则其凸组合 $\boldsymbol{X}=\lambda\boldsymbol{X}_1+(1-\lambda)\boldsymbol{X}_2$ 也是最优解。

3.1.5 单纯形法

单纯形法由 George Dantzig 于 1947 年提出,近 70 年来,虽有许多改进,但基本思想相同。我们知道,若线性规划问题有有限个最优解,则一定有某个最优解是可行域的一个极点。单纯形法的基本思路就是:先找出可行域的一个极点,根据一定规则判断其是否最优;若不是,则转换到与之相邻的另一极点,并使目标函数值更优;如此下去,直到找到某一最优解为止。这里不再详细介绍单纯形法,有兴趣的读者可以参看其他线性规划书籍。下面以例子来进行分析说明。

例 3.1.4 求解线性规划问题:

$$\max f = 7x_1 + 12x_2$$

$$\text{s.t.}\begin{cases}9x_1 + 5x_2 \leqslant 360\\ 4x_1 + 5x_2 \leqslant 200\\ 3x_1 + 10x_2 \leqslant 300\\ x_1 \geqslant 0,\quad x_2 \geqslant 0\end{cases}$$

解 引入松弛变量 x_3,x_4,x_5,并将该问题化为如下标准形:

$$\min f^* = -7x_1 - 12x_2$$

$$\text{s.t.}\begin{cases}9x_1 + 5x_2 + x_3 = 360\\ 4x_1 + 5x_2 + x_4 = 200\\ 3x_1 + 10x_2 + x_5 = 300\\ x_j \geqslant 0\quad (j = 1,2,3,4,5)\end{cases}$$

$\boldsymbol{A}=\begin{pmatrix}9 & 5 & 1 & 0 & 0\\4 & 5 & 0 & 1 & 0\\3 & 10 & 0 & 0 & 1\end{pmatrix}$，$\boldsymbol{B}=\begin{pmatrix}1 & 0 & 0\\0 & 1 & 0\\0 & 0 & 1\end{pmatrix}$为基矩阵，$x_3$，$x_4$，$x_5$ 为基变量，满足

$\begin{cases}x_3=360-9x_1-5x_2\\x_4=200-4x_1-5x_2\\x_5=300-3x_1-10x_2\end{cases}$。令非基变量 $x_1=0,x_2=0$，得基可行解 $\boldsymbol{X}_1=(0,0,360,200,300)$，目标函数值为 $f_1^*=0$。

从目标函数可知，当变量 x_1,x_2 增加时，f^* 减少，而 x_2 增加对 f^* 减少的影响最大，但 x_2 增加不超过 $\frac{300}{10}=30$，选 x_2 代替 x_5 为基变量，得$\begin{cases}x_2=30-\frac{3}{10}x_1-\frac{1}{10}x_5\\x_3=210-\frac{15}{2}x_1+\frac{1}{2}x_5\\x_4=50-\frac{5}{2}x_1+\frac{1}{2}x_5\end{cases}$，令非基变量 $x_1=0,x_5=0$，得基可行解 $\boldsymbol{X}_2=(0,30,210,50,0)$，目标函数值为 $f_2^*=-7\times0-12\times30=-360$。

当 x_1 增加时，也使得 f^* 减少，但 x_1 增加不超过 $50\times\frac{2}{5}=20$，选 x_1 代替 x_5 为基变量，得$\begin{cases}x_1=20-\frac{2}{5}x_4+\frac{1}{5}x_5\\x_2=24+\frac{3}{25}x_4-\frac{4}{25}x_5\\x_3=60-3x_4-x_5\end{cases}$，令非基变量 $x_4=0,x_5=0$，得基可行解 $\boldsymbol{X}_3=(20,24,60,0,0)$，目标函数值为 $f_3^*=-7\times20-12\times24=-428$。

所以，当 $x_1=20,x_2=24$ 时，原问题目标函数有最大值 $f=428$。

3.1.6 用 MATLAB 优化工具箱解线性规划

1. 模型 1

$$\min \boldsymbol{C}^{\mathrm{T}}\boldsymbol{X}$$
$$\text{s.t.}\begin{cases}\boldsymbol{AX}=\boldsymbol{b}\\\boldsymbol{X}\geqslant\boldsymbol{0}\end{cases}$$

命令：x=linprog(c^{T},A,b)

2. 模型 2

$$\min z=\boldsymbol{C}^{\mathrm{T}}\boldsymbol{X}$$
$$\text{s.t.}\begin{cases}\boldsymbol{AX}\leqslant\boldsymbol{b}\\\mathrm{Aeq}\boldsymbol{X}=\mathrm{beq}\end{cases}$$

命令：x=linprog(c^{T},A,b,Aeq,beq)

注意，若没有不等式 $\boldsymbol{AX}\leqslant\boldsymbol{b}$ 存在，则令 A=[],b=[]；若没有等式约束，则令 Aeq=[],beq=[]。

3. 模型 3

$$\min z = \boldsymbol{C}^{\mathrm{T}}\boldsymbol{X}$$

$$\text{s. t.}\begin{cases}\boldsymbol{AX} \leqslant \boldsymbol{b}\\ \mathrm{Aeq}\boldsymbol{X} = \mathrm{beq}\\ \mathrm{vlb} \leqslant \boldsymbol{X} \leqslant \mathrm{vub}\end{cases}$$

命令：(1) x=linprog(c^{T},A,b,Aeq,beq,vlb,vub)

(2) x=linprog(c^{T},A,b,Aeq,beq,vlb,vub,x0)

注意,命令(1)中若没有等式约束,则令 Aeq=[],beq=[]; 命令(2)中 x0 表示初始点。

例 3.1.5 利用 MATLAB 求解线性规划问题：

$$\max z = 0.4x_1 + 0.28x_2 + 0.32x_3 + 0.72x_4 + 0.64x_5 + 0.6x_6$$

$$\text{s. t.}\begin{cases}0.01x_1 + 0.01x_2 + 0.01x_3 + 0.03x_4 + 0.03x_5 + 0.03x_6 \leqslant 850\\ 0.02x_1 + 0.05x_4 \leqslant 700\\ 0.02x_2 + 0.05x_5 \leqslant 100\\ 0.03x_3 + 0.08x_6 \leqslant 900\\ x_j \geqslant 0 \quad (j = 1,2,\cdots,6)\end{cases}$$

解 编写 M 文件 xxgh1.m 如下：

```
c = [ - 0.4  - 0.28  - 0.32  - 0.72  - 0.64  - 0.6];
A = [0.01 0.01 0.01 0.03 0.03 0.03;0.02 0 0 0.05 0 0;0 0.02 0 0 0.05 0;0 0 0.03 0 0 0.08];
 b = [850;700;100;900];
Aeq = []; beq = [];
vlb = [0;0;0;0;0;0]; vub = [];
[x,fval] = linprog(c,A,b,Aeq,beq,vlb,vub)
```

运行 xxgh1.m,得到

```
x =
  1.0e + 004 *
    3.5000
    0.5000
    3.0000
    0.0000
    0.0000
    0.0000
fval =
   - 2.5000e + 004
```

例 3.1.6 利用 MATLAB 求解线性规划问题：

$$\min z = 6x_1 + 3x_2 + 4x_3$$

$$\text{s. t.}\begin{cases}x_1 + x_2 + x_3 = 120\\ x_1 \geqslant 30\\ 0 \leqslant x_2 \leqslant 50\\ x_3 \geqslant 20\end{cases}$$

解 编写 M 文件 xxgh2.m 如下：

```
c = [6 3 4];
A = [0 1 0];
b = [50];
Aeq = [1 1 1];
beq = [120];
vlb = [30,0,20];
vub = [];
[x,fval] = linprog(c,A,b,Aeq,beq,vlb,vub)
```

运行 xxgh2.m，得到

```
x =
   30.0000
   50.0000
   40.0000
fval =
    490.0000
```

即，当 $x_1=30, x_2=50, x_3=40$ 时，目标函数有最小值 $z=490$。

3.1.7 线性规划案例——投资的收益和风险(1998年全国大学生数学建模竞赛试题)

1. 问题的提出

市场上有 n 种资产(如股票、债券等)$S_i(i=1,2,\cdots,n)$供投资者选择，某公司有数额为 M 的一笔相当大的资金可用作一个时期的投资。公司财务分析人员对这 n 种资产进行了评估，结果估算出在这一时期内购买 S_i 的平均收益率为 r_i，并预测出购买 S_i 的风险损失率为 q_i。考虑到投资越分散，总体风险越小，公司决定，当用这笔资金购买这几种资产中的若干种时，总体风险可用所购买的 S_i 中最大的一个风险来度量。

购买 S_i 要付交易费，费率为 p_i，并且当购买额不超过给定值 u_i 时，交易费按购买 u_i 计算(不买当然无须付费)。另外，假定同期银行存款利率是 $r_0=5\%$，且既无交易费又无风险。

已知 $n=4$ 时的相关数据如下：

S_i	r_i/%	q_i/%	p_i/%	u_i/元
S_1	28	2.5	1	103
S_2	21	1.5	2	198
S_3	23	5.5	4.5	52
S_4	25	2.6	6.5	40

试给该公司设计一种投资组合方案，即用给定的资金 M，有选择地购买这 n 种资产中的若干种资产或存银行生息，使净收益尽可能大，而总体风险尽可能小。

2. 基本假设和符号规定

基本假设：

(1) 投资数额 M 相当大，为了便于计算，假设 $M=1$；

(2) 投资越分散，总的风险越小；

(3) 总体风险用投资项目 S_i 中最大的一个风险来度量；

(4) n 种资产 S_i 之间是相互独立的；

(5) 在投资的这一时期内，r_i，p_i，q_i，r_0 为定值，不受意外因素影响；

(6) 净收益和总体风险只受 r_i，p_i，q_i 影响，不受其他因素干扰。

符号规定：

设购买 S_i 的金额为 $x_i(i=1,2,\cdots,n)$，x_0 为银行存款。

下面来分析每种资产的交易费、净收益、投资风险及资金约束的表达式。

设购买 S_i 的金额为 x_i，所需的交易费 $C_i(x_i)$，银行存款无交易费，即 $C_0(x_0)=0$。

$$C_i(x_i)=\begin{cases}p_iu_i, & 0\leqslant x_i\leqslant u_i\\ p_ix_i, & u_i<x_i\end{cases},\quad i=1,2,\cdots,n \tag{3.1.3}$$

对 S_i 的投资的净收益为

$$R_i(x_i)=r_ix_i-C_i(x_i)$$

对 S_i 的投资的风险为

$$Q_i(x_i)=q_ix_i$$

投资 S_i 所需资金(购买时支付交易费)为

$$F_i(x_i)=x_i+C_i(x_i)$$

投资组合的净收益总额为

$$R(x)=\sum_{i=0}^{n}R_i(x_i)$$

整体风险为

$$Q(x)=\max_{1\leqslant i\leqslant n}Q_i(x_i)=\max_{1\leqslant i\leqslant n}q_ix_i$$

资金约束为

$$F(x)=\sum_{i=0}^{n}F_i(x_i)$$

3. 模型建立

原问题为多目标优化问题：

模型 0
$$\min\left\{\begin{pmatrix}Q(x)\\-R(x)\end{pmatrix}\middle|\,F(x)=M,x\geqslant 0\right\}$$

对于多目标优化模型求解比价复杂化，我们针对两个目标函数，从以下三个方面来分析考虑：一是固定风险，求净收益最大的优化模型；二是固定净收益，求风险最小的优化模型；三是综合考虑净收益和风险，将其化为单目标优化模型。

(1) 固定风险水平 $\bar{q}$，记 $k=\bar{q}M$，即限定风险来求净收益最大，得到如下模型：

模型 1
$$\max R(x)$$
$$\text{s.t.}\begin{cases}q_ix_i\leqslant k & (i=1,2,\cdots,n)\\ F(x)=M\\ x_i\geqslant 0 & (i=0,1,2,\cdots,n)\end{cases}$$

(2) 固定净收益水平 $\bar{r}$，记 $h=\bar{r}M$，限定净收益来求风险最小，得到如下模型：

模型 2
$$\min Q(x)$$

$$\text{s.t.}\begin{cases}R(x)\geqslant k\\F(x)=M\\x_i\geqslant 0\quad(i=0,1,2,\cdots,n)\end{cases}$$

(3) 确定投资者对风险—收益的相对偏好参数 $\rho>0$,得到如下模型:

模型 3
$$\min \rho Q(x)-(1-\rho)R(x)$$
$$\text{s.t.}\begin{cases}F(x)=M\\x_i\geqslant 0\quad(i=0,1,2,\cdots,n)\end{cases}$$

4. 模型简化

因为 M 相当大,所以总可使对每个 S_i 的投资超过 u_i,式(3.1.3)可简化为 $C_i(x_i)=p_ix_i$,并且作具体计算时可设 $M=1$,于是 $x_i+p_ix_i$ 视为投资 S_i 的比例。

(1) 对模型 1 可以简化为线性规划模型:

模型 1′
$$\max R(x)=\sum_{i=0}^{n}(r_i-p_i)x_i$$
$$\text{s.t.}\begin{cases}q_ix_i\leqslant k\quad(i=1,2,\cdots,n)\\\sum_{i=0}^{n}(1+p_i)x_i=1\\x_i\geqslant 0\quad(i=0,1,2,\cdots,n)\end{cases}$$

(2) 令 $x_{n+1}=\max\limits_{1\leqslant i\leqslant n}q_ix_i$,模型 2 可以化为

模型 2′
$$\min x_{n+1}$$
$$\text{s.t.}\begin{cases}\sum_{i=0}^{n}(r_i-p_i)x_i\geqslant k\\\sum_{i=0}^{n}(1+p_i)x_i=1\\q_ix_i\leqslant x_{n+1}\quad(i=1,2,\cdots,n)\\x_i\geqslant 0\quad(i=0,1,2,\cdots,n)\end{cases}$$

(3) 令 $x_{n+1}=\max\limits_{1\leqslant i\leqslant n}q_ix_i$,模型 3 可化为

模型 3′
$$\min \rho x_{n+1}-(1-\rho)\sum_{i=0}^{n}(r_i-p_i)x_i$$
$$\text{s.t.}\begin{cases}\sum_{i=0}^{n}(1+p_i)=1\\q_ix_i\leqslant x_{n+1}\quad(i=1,2,\cdots,n)\\x_i\geqslant 0\quad(i=0,1,2,\cdots,n)\end{cases}$$

5. 模型求解与分析

(1) 对模型 1′求解

由于 $k=a$ 是任意给定的风险度,到底怎样给定没有一个准则,不同的投资者有不同的风险度。我们从 $a=0$ 开始,以步长 $\Delta a=0.001$ 进行循环搜索,编制程序如下:

```
a = 0;
while(1.1 - a)> 1
     c = [ - 0.05  - 0.27  - 0.19  - 0.185  - 0.185];
    Aeq = [1 1.01 1.02 1.045 1.065]; beq = [1];
    A = [0 0.025 0 0 0;0 0 0.015 0 0;0 0 0 0.055 0;0 0 0 0 0.026];
    b = [a;a;a;a];
    vlb = [0,0,0,0,0];vub = [];
    [x,val] = linprog(c,A,b,Aeq,beq,vlb,vub);
    a
    x = x'
    Q = - val
    plot(a,Q,'.'),axis([0 0.1 0 0.5]),hold on
    a = a + 0.001;
end
xlabel('a'),ylabel('Q')
```

运行结果如图 3.2 所示。

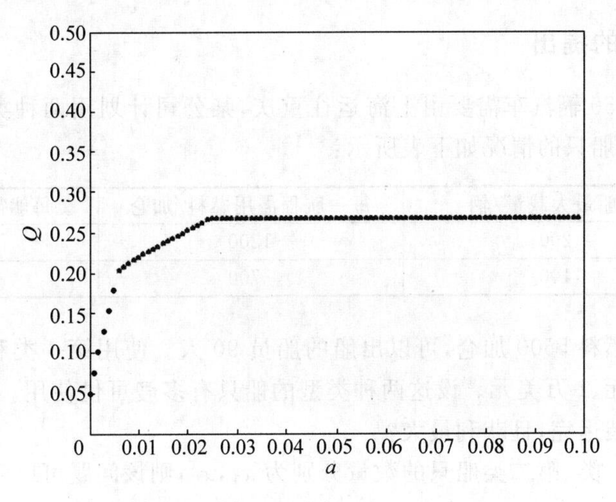

图 3.2 不同风险度 a 下的最大收益图

(2) 对模型 1′的结果分析

风险大时，收益也大；当投资越分散时，投资者承担的风险越小，这与题意一致。即冒险的投资者会出现集中投资的情况，保守的投资者则尽量分散投资；曲线上的任一点都表示该风险水平的最大可能收益和该收益要求的最小风险。对于不同风险的承受能力，选择该风险水平下的最优投资组合。在 $a=0.6\%$附近有一个转折点，在这一点左边，风险增加很少时，利润增长很快。在这一点右边，风险增加很大时，利润增长很缓慢，所以对于风险和收益没有特殊偏好的投资者来说，应该选择曲线的拐点作为最优投资组合。

取 $a^{*}=0.6\%$，$Q^{*}=20\%$，所对应投资方案如下：

风险度	收益	x_0	x_1	x_2	x_3	x_4
0.006	0.2019	0	0.240	0.40	0.1092	0.228

(3) 对模型 3′也可以利用 MATLAB 求解，得到的一组结果如下($n=4$ 的情形，$M=1$)：

ρ	x_0	x_1	x_2	x_3	x_4	$R(x)$	$Q(x)$
0.7	0	1	0	0	0	0.080	0.025
0.8	0	0.369	0.631	0	0	0.434	0.009
0.9	0	0.237	0.400	0.125	0.238	0.153	0.006

3.2 整数规划

线性规划的决策变量取值可以是任意非负实数，但在许多实际问题中，只有当决策变量的取值为整数时才有意义。如产品的件数、机器的台数、装货的车数、完成工作的人数等，取分数或小数显然是不合理的。要求全部或部分决策变量的取值为整数的线性规划问题称为整数线性规划，简称整数规划。若全部决策变量的取值都为整数，则称为全整数规划；若仅要求部分决策变量的取值为整数，则称为混合整数规划；若要求决策变量只能取值 0 或 1，则称为 0-1 型整数规划。

3.2.1 问题的提出

例 3.2.1 有 750 辆汽车需要由上海运往重庆，某公司计划用两种类型的船只来运载这批汽车，两种类型船只的情况如下表所示：

	每船最大载量/辆	每一航程需用燃料/加仑	每船需要船员人数/人
第一类	200	1200	25
第二类	100	700	10

现在总共只有燃料 5500 加仑，可以出船的船员 90 人。使用第一类和第二类船只每艘可分别获利 2 万美元、1 万美元。设这两种类型的船只有多艘可供使用。应如何安排运输，才能把 750 辆汽车装运完，且获利最大？

解 设利用第一类、第二类船只的数量分别为 x_1, x_2，则该问题可以表述如下：

$$\max f = 20\,000x_1 + 10\,000x_2$$

$$\text{s.t.}\begin{cases}200x_1 + 100x_2 \geqslant 750\\ 1200x_1 + 700x_2 \leqslant 5500\\ 25x_1 + 10x_2 \leqslant 90\\ x_1, x_2 \in \mathbf{Z}^+\end{cases}$$

例 3.2.2 某工厂利用资源 A，B 制造甲、乙两种产品，资源耗费、利润、资源拥有量如下表所示：

资源	产品		现有量
	甲	乙	
A	2	1	9
B	5	7	35
单台利润	6	3	

问如何安排甲、乙两产品的产量，使利润为最大？

解 设 x_1,x_2 分别表示甲、乙两种产品的产量(单位：台)，f 表示利润(单位：万元)。则本问题可表示为

$$\max f = 6x_1 + 3x_2$$
$$\text{s.t.}\begin{cases}2x_1 + x_2 \leqslant 9\\5x_1 + 7x_2 \leqslant 35\\x_1,x_2 \in \mathbf{Z}^+\end{cases} \tag{3.2.1}$$

3.2.2 整数规划的求解方法

整数规划的一般形式如下：

$$\min f = \boldsymbol{c}^{\mathrm{T}}\boldsymbol{x}$$
$$\text{s.t.}\begin{cases}\boldsymbol{Ax} = \boldsymbol{b}\\\boldsymbol{x} \geqslant \boldsymbol{0}\\x_i \in \mathbf{N} \quad (i = 1,2,\cdots,n)\end{cases} \tag{3.2.2}$$

式(3.2.2)中除去 $\boldsymbol{x}=(x_1,x_2,\cdots,x_n)$ 为整数向量这一约束后，就得到对应的标准线性规划问题

$$\min f = \boldsymbol{c}^{\mathrm{T}}\boldsymbol{x}$$
$$\text{s.t.}\begin{cases}\boldsymbol{Ax} = \boldsymbol{b}\\\boldsymbol{x} \geqslant \boldsymbol{0}\end{cases} \tag{3.2.3}$$

称式(3.2.3)为式(3.2.2)的松弛问题。如果式(3.2.3)对应的标准线性规划问题的最优解是整数，则它也是整数规划(3.2.2)的最优解。对于标准线性规划问题，已有有效的算法。

整数规划的解法主要有穷举法(变量维数较高时不可行)、舍入凑整法、分支定界法(比较可行)、割平面法(比较可行)等。下面重点介绍舍入凑整法和分支定界法。

1. 舍入凑整法

(1) 将整数规划问题(3.2.2)的整数条件不考虑，求解松弛问题(3.2.3)对应的标准线性规划问题的最优解 $\boldsymbol{x}^* =(x_1^*,x_2^*,\cdots,x_n^*)$。

(2) 分析与最优解 $\boldsymbol{x}^* =(x_1^*,x_2^*,\cdots,x_n^*)$ 相邻的整数解，理论上与非整数最优解相邻的整数解有 2^n 个，对于这些相邻的整数解，判别找出所有在可行域内的有效整数解。

(3) 比较这些在可行域内的有效整数解相应的目标函数值，最优的目标函数值所对应的解就是整数规划的最优解。

该方法主要应用于只有两个决策变量和可行的整数解较少的情形。

例 3.2.3 利用舍入凑整法求解例 3.2.2。

解 不考虑整数约束，式(3.2.1)可以变为如下线性规划问题：

$$\max f = 6x_1 + 3x_2$$
$$\text{s.t.}\begin{cases}2x_1 + x_2 \leqslant 9\\5x_1 + 7x_2 \leqslant 35\\x_1 \geqslant 0, \quad x_2 \geqslant 0\end{cases} \tag{3.2.4}$$

其最优解为 $x_1^* =\dfrac{28}{9},x_2^* =\dfrac{25}{9}$，最优值为 $f=27$。

采用舍入凑整法，得到满足式(3.2.4)的整数解为 $\boldsymbol{X}_1=(x_1,x_2)=(3,2)$，$\boldsymbol{X}_2=(x_1,x_2)=(4,1)$，其最优的目标函数值分别为 $f(\boldsymbol{X}_1)=24$，$f(\boldsymbol{X}_2)=27$，最优解为 $x_1=4$，$x_2=1$，最优的目标函数值为 $f=27$。

2. 分支定界法

1) 基本思想：先求出整数规划相应的线性规划(即不考虑整数限制)的最优解，若求得的最优解符合整数要求，则是原整数规划的最优解；若不满足整数条件，则任选一个不满足整数条件的变量来构造新的约束，在原可行域中剔除部分非整数解。然后，再在缩小的可行域中求解新构造的线性规划的最优解，这样通过求解一系列线性规划问题，最终得到原整数规划的最优解。

2) 定界的含义：整数规划是在相应的线性规划的基础上增加变量为整数的约束条件，整数规划的最优解不会优于相应线性规划的最优解。对极大化问题来说，相应线性规划的目标函数最优值是原整数规划目标函数值的上界；对极小化问题来说，相应线性规划的目标函数的最优值是原整数规划目标函数值的下界。

3) 主要步骤

(1) 不考虑变量为整数的约束条件，将其看作线性规划问题(问题1)来求解，其最优目标函数值为 z_1；如求出的最优解恰为整数解，则停止，否则进行第二步。

(2) 定界。对极大化问题来说，相应线性规划的目标函数的最优值是原整数规划目标函数值的上界；对极小化问题来说，相应线性规划的目标函数的最优值是原整数规划目标函数值的下界。

(3) 对最优解中的非整数变量增加约束，对问题进行分支，对分支问题利用线性规划方法求解；如果获得整数解比其他分支好，则分支停止，否则进行(4)。

(4) 如果未获得整数解的目标函数值比同层的分支差，则该支停止分支；如果其他分支的整数解比这一支的最优目标函数值好，这支不再分支，否则继续分支。

(5) 最终得到最优整数解。

例 3.2.4 用分支定界法求解例 3.2.1。

解 第一步，不考虑变量的整数约束，求相应的线性规划问题(问题1)的最优解：

问题1

$$\max f = 20000x_1 + 10000x_2$$

$$\text{s.t.}\begin{cases}200x_1 + 100x_2 \geqslant 750 \\ 1200x_1 + 700x_2 \leqslant 5500 \\ 25x_1 + 10x_2 \leqslant 90 \\ x_1 \geqslant 0, \quad x_2 \geqslant 0\end{cases}$$

得到问题1的最优解 $x_1=1.456$，$x_2=5.36$，最优目标函数值为 $f_1=8272$。

第二步，定界过程。这个解不满足整数约束，这时目标函数值 $f_1=8272$ 是整数规划的目标上界。

第三步，分支过程。

(1) 将不满足整数约束的变量 $x_1=1.456$ 进行分支，x_1 称为分支变量，分别将 $x_1\leqslant1$，$x_1\geqslant2$ 作为新的约束条件添加到问题1的约束条件中，分别得到问题2(1)、问题2(2)以及相应的解。

问题 2(1)

$$\max f=2000x_1+1000x_2$$

$$\text{s.t.}\begin{cases}200x_1+100x_2\geqslant 750\\1200x_1+700x_2\leqslant 5500\\25x_1+10x_2\leqslant 90\\x_1\leqslant 1\\x_1\geqslant 0,\quad x_2\geqslant 0\end{cases}$$

$x_1=1,\quad x_2=6.14,\quad f_{2(1)}=8140$

问题 2(2)

$$\max f=2000x_1+1000x_2$$

$$\text{s.t.}\begin{cases}200x_1+100x_2\geqslant 750\\1200x_1+700x_2\leqslant 5500\\25x_1+10x_2\leqslant 90\\x_1\geqslant 2\\x_1\geqslant 0,\quad x_2\geqslant 0\end{cases}$$

$x_1=2,\quad x_2=4,\quad f_{2(2)}=8000$

(2) 将不满足整数约束的变量 $x_2=6.14$ 进行分支,x_2 称为分支变量,分别将 $x_2\leqslant 6$,$x_2\geqslant 7$ 作为新的约束条件添加到问题 2(1)的约束条件中,分别得到问题 3(1)、问题 3(2)。

问题 3(1)

$$\max f=2000x_1+1000x_2$$

$$\text{s.t.}\begin{cases}200x_1+100x_2\geqslant 750\\1200x_1+700x_2\leqslant 5500\\25x_1+10x_2\leqslant 90\\x_1\leqslant 1\\x_2\leqslant 6\\x_1\geqslant 0,\quad x_2\geqslant 0\end{cases}$$

$x_1=1,\quad x_2=6,\quad f_{3(1)}=8000$

问题 3(2)

$$\max f=2000x_1+1000x_2$$

$$\text{s.t.}\begin{cases}200x_1+100x_2\geqslant 750\\1200x_1+700x_2\leqslant 5500\\25x_1+10x_2\leqslant 90\\x_1\leqslant 1\\x_2\geqslant 7\\x_1\geqslant 0,\quad x_2\geqslant 0\end{cases}$$

$x_1=0.5,\quad x_2=7,\quad f_{3(2)}=8000$

对于问题 3(2),由于其非整数解的最优目标函数值与同层的问题 3(1)的整数解相同,就不用再分支了。因此,最优解为问题 1 的最优解 $x_1=1,x_2=6$ 或 $x_1=2,x_2=4$,最优目标函数值为 $f=8000$。

3.2.3 0-1 型整数规划

1. 引例及 0-1 型整数规划问题

例 3.2.5 某公司拟在东、西、南三区建立门市部,有 7 个位置(点)$A_i(i=1,2,\cdots,7)$可供选择。规定在东区 A_1,A_2,A_3 三个点中至多选两个,在西区 A_4,A_5 两个点中至少选一个,在南区 A_6,A_7 两个点中至少选一个。设选用 A_i 点,设备投资估计为 b_i 元,每年可获利润估计为 c_i 元,但投资总额不能超过 B 元。问应选择哪几个点可使年利润达到最大?

解 令 $x_i=\begin{cases}1, & \text{若 } A_i \text{ 点被选中}\\0, & \text{若 } A_i \text{ 点没被选中}\end{cases}$,$i=1,2,\cdots,7$,于是问题可以写成

$$\max z=\sum_{i=1}^{7}c_ix_i$$

$$\text{s.t.}\begin{cases}\sum_{i=1}^{7}b_ix_i\leqslant B\\x_1+x_2+x_3\leqslant 2\\x_4+x_5\geqslant 1\\x_6+x_7\geqslant 1\\x_i=0,1\quad(i=1,2,\cdots,7)\end{cases}$$

例 3.2.5 中的规划问题称为 0-1 型整数规划，它是整数规划中的特殊情形，其变量 x_j 仅取值 0 或 1，称为 0-1 变量。x_j 仅取值 0 或 1 这个条件可由下述约束条件：

$$0 \leqslant x_j \leqslant 1, \quad x_j \text{ 为整数}$$

所代替，这样就和一般整数规划的约束条件形式一致了。在实际问题中，如果引入 0-1 变量，就可以把有各种情况需要分别讨论的线性规划问题统一在一个问题中讨论了。

2. 0-1 型整数规划解法——隐枚举法

解 0-1 型整数规划最容易想到的方法，和一般整数规划的情形一样，就是穷举法，即检查变量取值为 0 或 1 的每一种组合，比较目标函数值以求得最优解，这就需要检查变量取值的 2^n 个组合。对于变量个数 n 较大(例如 $n>10$)的情形，这几乎是不可能的。因此常设计一些方法，只检查变量取值的组合的一部分，就能得到问题的最优解。这样的方法称为隐枚举法。3.2.2 节介绍的分支定界法就是一种隐枚举法。当然，对有些问题隐枚举法并不适用，所以有时穷举法还是必要的。

下面举例说明解 0-1 型整数规划的隐枚举法。

例 3.2.6 求解下列 0-1 型整数规划：

$$\max z = 3x_1 - 2x_2 + 5x_3$$

$$\text{s.t.} \begin{cases} x_1 + 2x_2 - x_3 \leqslant 2 \\ x_1 + 4x_2 + x_3 \leqslant 4 \\ x_1 + x_2 \leqslant 3 \\ 4x_2 + x_3 \leqslant 6 \\ x_1, x_2, x_3 = 0, 1 \end{cases}$$

解 求解思路如下：

(1) 先试求一个可行解，易看出 $(x_1, x_2, x_3) = (1, 0, 0)$ 满足约束条件，故为一个可行解，且相应的目标函数值为 $z=3$。

(2) 因为是求极大值问题，故求最优解时，凡是目标值 $z<3$ 的解肯定不是最优解，不必检验是否满足约束条件即可删除。于是应增加一个约束条件(目标值下界)

$$3x_1 - 2x_2 + 5_3 \geqslant 3$$

称该条件为过滤条件。从而原问题等价于

$$\max z = 3x_1 - 2x_2 + 5x_3$$

$$\text{s.t.} \begin{cases} 3x_1 - 2x_2 + 5x_3 \geqslant 3 & \text{(a)} \\ x_1 + 2x_2 - x_3 \leqslant 2 & \text{(b)} \\ x_1 + 4x_2 + x_3 \leqslant 4 & \text{(c)} \\ x_1 + x_2 \leqslant 3 & \text{(d)} \\ 4x_2 + x_3 \leqslant 6 & \text{(e)} \\ x_1, x_2, x_3 = 0, 1 & \text{(f)} \end{cases}$$

若用穷举法，3 个变量共有 8 种可能的组合，我们对这 8 种组合依次检验其是否满足条件(a)～(e)。对某个组合，若它不满足(a)，即不满足过滤条件，则可行性条件(b)～(e)不必再检验；若它满足(a)～(e)且相应的目标值严格大于 3，则进行(3)。

(3) 改进过滤条件。

(4) 由于对每个组合首先计算目标值以验证过滤条件,故应优先计算目标值 z 大的组合,这样可以提前抬高过滤门槛,以减少计算量。

按上述思路,求解过程可由下表来表示。

(x_1,x_2,x_3)	目标值	约束条件					过滤条件
		(a)	(b)	(c)	(d)	(e)	
(0,0,0)	0	×					
(1,0,0)	3	√	√	√	√	√	$3x_1-2x_2+5x_3\geqslant 3$
(0,1,0)	−2	×					
(0,0,1)	5	√	√	√	√	√	$3x_1-2x_2+5x_3\geqslant 5$
(1,1,0)	1	×					
(1,0,1)	8	√	√	√	√	√	$3x_1-2x_2+5x_3\geqslant 8$
(1,1,1)	6	×					
(0,1,1)	3	×					

从而得最优解$(x_1^*,x_2^*,x_3^*)=(1,0,1)$,最优目标值 $z^*=8$。

3.2.4 整数规划的 MATLAB 解法

对于一般的整数规划问题,无法直接利用 MATLAB 函数求解,必须利用 MATLAB 编程实现分支定界法和割平面法。但对于指派问题等特殊的 0-1 型整数规划问题或约束矩阵 **A** 是幺模矩阵的规划问题,有时可以直接利用 MATLAB 函数 linprog 求解。

例 3.2.7 求解下列指派问题,已知指派矩阵为

$$\begin{pmatrix} 3 & 8 & 2 & 10 & 3 \\ 8 & 7 & 2 & 9 & 7 \\ 6 & 4 & 2 & 7 & 5 \\ 8 & 4 & 2 & 3 & 5 \\ 9 & 10 & 6 & 9 & 10 \end{pmatrix}$$

解 编写 MATLAB 程序如下:

```
c = [3 8 2 10 3;8 7 2 9 7;6 4 2 7 5
    8 4 2 3 5;9 10 6 9 10];
c = c(:);
a = zeros(10,25);
for i = 1:5
    a(i,(i-1)*5+1:5*i) = 1;
    a(5+i,i:5:25) = 1;
end
b = ones(10,1);
[x,y] = linprog(c,[],[],a,b,zeros(25,1),ones(25,1))
```

求得最优指派方案为 $x_{15}=x_{23}=x_{32}=x_{44}=x_{51}=1$,最优目标函数值为 21。

3.3 非线性规划

非线性规划的理论是在线性规划的基础上发展起来的。1951 年，库恩(Kuhn)和塔克(Tucker)等人提出了非线性规划的最优性条件(库恩-塔克条件)，为它的发展奠定了基础。以后随着电子计算机的普遍使用，非线性规划的理论和方法有了很大的发展，其应用的领域也越来越广泛，特别是在军事、经济、管理、生产过程自动化、工程设计和产品优化设计等方面都有着重要的应用。

一般来说，求解非线性规划问题要比求解线性规划问题困难得多，而且也不像线性规划那样有统一的数学模型及通用解法。非线性规划的各种算法大都有自己特定的适用范围，且都有一定的局限性，到目前为止还没有适合于各种非线性规划问题的一般算法。这正是需要人们进一步研究的课题。

3.3.1 非线性规划的实例及数学模型

例 3.3.1(投资问题) 假定国家的下一个五年计划内用于发展某种工业的总投资为 b 亿元，可供选择兴建的项目共有 n 个。已知第 j 个项目的投资为 a_j 亿元，可得收益为 c_j 亿元($j=1,2,\cdots,n$)，问应如何进行投资，才能使盈利率(即单位投资的收益)最高？

解 令决策变量为 x_j，则 x_j 应满足条件 $x_j(x_j-1)=0$，同时还应满足约束条件 $\sum\limits_{j=1}^{n} a_j x_j \leqslant b$。最优目标函数是要求盈利率 $f(x_1,x_2,\cdots,x_n)=\dfrac{\sum\limits_{j=1}^{n} c_j x_j}{\sum\limits_{j=1}^{n} a_j x_j}$ 最大。

例 3.3.2(场址选择问题) 设有 n 个市场，第 j 个市场位置为(p_j,q_j)，它对某种货物的需要量为 $b_j(j=1,2,\cdots,n)$。现计划建立 m 个仓库，第 i 个仓库的存储容量为 $a_i(i=1,2,\cdots,m)$。试确定仓库的位置，使各仓库对各市场的运输量与路程乘积之和为最小。

解 设第 i 个仓库的位置为$(x_i,y_i)(i=1,2,\cdots,m)$，第 i 个仓库到第 j 个市场的货物供应量为 $z_{ij}(i=1,2,\cdots,m,j=1,2,\cdots,n)$，则第 i 个仓库到第 j 个市场的距离为

$$d_{ij}=\sqrt{(x_i-p_j)^2+(y_i-q_j)^2}$$

目标函数为

$$\sum_{i=1}^{m}\sum_{j=1}^{n} z_{ij}d_{ij}=\sum_{i=1}^{m}\sum_{j=1}^{n} z_{ij}\sqrt{(x_i-p_j)^2+(y_i-q_j)^2}$$

约束条件如下：

(1) 每个仓库向各市场提供的货物量之和不能超过它的存储容量；

(2) 每个市场从各仓库得到的货物量之和应等于它的需要量；

(3) 运输量不能为负数。

因此，这一问题的数学模型为

$$\min \sum_{i=1}^{m}\sum_{j=1}^{n} z_{ij}\sqrt{(x_i-p_j)^2+(y_i-q_j)^2}$$

$$\text{s.t.}\begin{cases}\sum_{j=1}^{n} z_{ij} \leqslant a_i & (i=1,2,\cdots,m)\\ \sum_{i=1}^{m} z_{ij} \leqslant b_j & (j=1,2,\cdots,n)\\ z_{ij} \geqslant 0 & (i=1,2,\cdots,m, j=1,2,\cdots,n)\end{cases}$$

一般非线性规划的数学模型可表示为

$$\min f(\boldsymbol{X})$$

$$\text{s.t.}\begin{cases}g_i(\boldsymbol{X}) \geqslant 0, & i=1,2,\cdots,m\\ h_j(\boldsymbol{X}) \geqslant 0, & j=1,2,\cdots,n\end{cases}$$

其中 $\boldsymbol{X}=(x_1,x_2,\cdots,x_n)^{\mathrm{T}}\in\mathbf{R}^n$ 是 n 维向量，$f,g_i(i=1,2,\cdots,m),h_j(j=1,2,\cdots,n)$ 都是 $\mathbf{R}^n\to\mathbf{R}$ 的映射（即自变量是 n 维向量，因变量是实数的函数关系），且其中至少存在一个非线性映射。

与线性规划类似，把满足约束条件的解称为可行解。若记

$$\chi=\{\boldsymbol{X}\mid g_i(\boldsymbol{X})\geqslant 0, i=1,2,\cdots,m; h_j(\boldsymbol{X})=0, j=1,2,\cdots,n\}$$

则称 χ 为可行域。因此上述模型可简记为

$$\min f(\boldsymbol{X})$$

$$\text{s.t. } \boldsymbol{X}\in\chi$$

当一个非线性规划问题的自变量 X 没有任何约束，或者说可行域是整个 n 维向量空间，即 $\chi=\mathbf{R}^n$ 时，则称这样的非线性规划问题为无约束问题，记为

$$\min f(X) \quad \text{或} \quad \min_{X\in\mathbf{R}^n} f(X)$$

有约束问题与无约束问题是非线性规划的两大类问题，它们在处理方法上有明显的不同。

3.3.2　无约束非线性规划问题

1. 无约束极值条件

对于二阶可微的一元函数 $f(x)$，如果 x^* 是局部极小点，则 $f'(x^*)=0$，并且 $f''(x^*)>0$；反之，如果 $f'(x^*)=0$，则 $f''(x^*)<0$，则 x^* 是局部极大点。关于多元函数，也有类似的结果，这就是下述的各定理。

以下考虑无约束极值问题

$$\min f(\boldsymbol{x}), \quad \boldsymbol{x}\in\mathbf{R}^n \tag{3.3.1}$$

定理 3.3.1（必要条件）　设 $f(\boldsymbol{x})$ 是 n 元可微实函数，如果 $\boldsymbol{x}^*$ 是无约束极值问题(3.3.1)的局部极小解，则 $\nabla f(\boldsymbol{x}^*)=0$。

定理 3.3.2（充分条件）　设 $f(\boldsymbol{x})$ 是 n 元二次可微实函数，如果 $\boldsymbol{x}^*$ 是无约束极值问题(3.3.1)的局部极小解，则 $\nabla f(\boldsymbol{x}^*)=0$，$\nabla^2 f(\boldsymbol{x}^*)$ 半正定；反之，如果在 $\boldsymbol{x}^*$ 点有 $\nabla f(\boldsymbol{x}^*)=0$，$\nabla^2 f(\boldsymbol{x}^*)$ 正定，则 $\boldsymbol{x}^*$ 为严格局部极小解。

定理 3.3.3　设 $f(\boldsymbol{x})$ 是 n 元可微凸函数，如果 $\nabla f(\boldsymbol{x}^*)=0$，则 $\boldsymbol{x}^*$ 是无约束极值问题(3.3.1)的最小解。

例 3.3.3 试求二元函数 $f(x_1,x_2)=2x_1^2-8x_1+2x_2^2-4x_2+20$ 的极小点。

解 由极值存在的必要条件求出稳定点,有

$$\frac{\partial f}{\partial x_1}=4x_1-8,\quad \frac{\partial f}{\partial x_2}=4x_2-4$$

则由 $\nabla f(x_1,x_2)=0$ 得 $x_1=2,x_2=1$。

再用充分条件进行检验,有

$$\frac{\partial^2 f}{\partial x_1^2}=4,\quad \frac{\partial^2 f}{\partial x_2^2}=4,\quad \frac{\partial^2 f}{\partial x_1\partial x_2}=\frac{\partial^2 f}{\partial x_2\partial x_1}=0$$

则由 $\nabla^2 f(x_1,x_2)=\begin{pmatrix}4&0\\0&4\end{pmatrix}$ 为正定矩阵,得极小点为 $\boldsymbol{x}^*=(2,1)^{\mathrm{T}}$。

2. 无约束极值问题的解法

求解无约束极值问题(3.3.1)的迭代法大体上分为两种:一是用到函数的一阶导数或二阶导数,称为解析法;二是仅用到函数值,称为直接法。

1) 梯度法(最速下降法)

对基本迭代格式

$$\boldsymbol{x}^{k+1}=\boldsymbol{x}^k+t_k\boldsymbol{p}^k \tag{3.3.2}$$

我们总是考虑从点 $\boldsymbol{x}^k$ 出发沿哪一个方向 $\boldsymbol{p}^k$,使目标函数 f 下降得最快。微积分的知识告诉我们,点 $\boldsymbol{x}^k$ 的负梯度方向

$$\boldsymbol{p}^k=-\nabla f(\boldsymbol{x}^k)$$

是从点 $\boldsymbol{x}^k$ 出发使 f 下降最快的方向。为此,称负梯度方向 $-\nabla f(\boldsymbol{x}^k)$ 为 f 在点 $\boldsymbol{x}^k$ 处的最速下降方向。

按基本迭代格式(3.3.2),每一轮从点 $\boldsymbol{x}^k$ 出发沿最速下降方向 $-\nabla f(\boldsymbol{x}^k)$ 作一维搜索,来建立求解无约束极值问题的方法,称为最速下降法。

最速下降法的特点是,每轮的搜索方向都是目标函数在当前点下降最快的方向。同时,用 $\nabla f(\boldsymbol{x}^k)=0$ 或 $\|\nabla f(\boldsymbol{x}^k)\|\leqslant\varepsilon$ 作为停止条件。其具体步骤如下:

(1) 选取初始数据。选取初始点 $\boldsymbol{x}^0$,给定终止误差,令 $k:=0$。

(2) 求梯度向量。计算 $\nabla f(\boldsymbol{x}^k)$,若 $\|\nabla f(\boldsymbol{x}^k)\|\leqslant\varepsilon$,停止迭代,输出 $\boldsymbol{x}^k$。否则,进行(3)。

(3) 构造负梯度方向。取 $\boldsymbol{p}^k=-\nabla f(\boldsymbol{x}^k)$。

(4) 进行一维搜索。求 t_k,使得

$$f(\boldsymbol{x}^k+t_k\boldsymbol{p}^k)=\min_{t\geqslant 0} f(\boldsymbol{x}^k+t\boldsymbol{p}^k)$$

令 $\boldsymbol{x}^{k+1}=\boldsymbol{x}^k+t_k\boldsymbol{p}^k,k:=k+1$,转(2)。

例 3.3.4 用最速下降法求解无约束非线性规划问题

$$\min f(\boldsymbol{x})=x_1^2+25x_2^2$$

其中 $\boldsymbol{x}=(x_1,x_2)^{\mathrm{T}}$,要求选取初始点 $\boldsymbol{x}^0=(2,2)^{\mathrm{T}}$,终止误差 $\varepsilon=10^{-6}$。

解 (1) $\nabla f(\boldsymbol{x})=(2x_1,50x_2)^{\mathrm{T}}$,编写 M 文件 detaf.m 如下:

```
function [f,df] = detaf(x);
f = x(1)^2 + 25 * x(2)^2;
df(1) = 2 * x(1);
df(2) = 50 * x(2);
```

(2) 最速下降过程。编写 M 文件 zuisu.m 如下。

```
clc
x = [2;2];
[f0,g] = detaf(x);
while norm(g)> 0.000001
   p= - g'/norm(g);
   t = 1.0;f = detaf(x + t * p);
   while f > f0
      t = t/2;f = detaf(x + t * p);
   end
x = x + t * p
[f0,g] = detaf(x)
end
```

2) Newton 法

考虑目标函数 f 在点 $\boldsymbol{x}^k$ 处的二次逼近式

$$f(\boldsymbol{x}) \approx Q(\boldsymbol{x}) = f(\boldsymbol{x}^k) + \nabla f(\boldsymbol{x}^k)^{\mathrm{T}}(\boldsymbol{x} - \boldsymbol{x}^k) + \frac{1}{2}(\boldsymbol{x} - \boldsymbol{x}^k)^{\mathrm{T}} \nabla^2 f(\boldsymbol{x}^k)(\boldsymbol{x} - \boldsymbol{x}^k)$$

假定 Hesse 矩阵

$$\nabla^2 f(\boldsymbol{x}^k) = \begin{bmatrix} \dfrac{\partial^2 f(\boldsymbol{x}^k)}{\partial x_1^2} & \cdots & \dfrac{\partial^2 f(\boldsymbol{x}^k)}{\partial x_1 \partial x_n} \\ \vdots & & \vdots \\ \dfrac{\partial^2 f(\boldsymbol{x}^k)}{\partial x_n \partial x_1} & \cdots & \dfrac{\partial^2 f(\boldsymbol{x}^k)}{\partial x_n^2} \end{bmatrix}$$

正定。

由于$\nabla^2 f(\boldsymbol{x}^k)$正定，函数 Q 的稳定点 $\boldsymbol{x}^{k+1}$ 是 $Q(\boldsymbol{x})$的最小点。为求此最小点，令

$$\nabla Q(\boldsymbol{x}^{k+1}) = \nabla f(\boldsymbol{x}^k) + \nabla^2 f(\boldsymbol{x}^k)(\boldsymbol{x}^{k+1} - \boldsymbol{x}^k) = 0$$

即可解得

$$\boldsymbol{x}^{k+1} = \boldsymbol{x}^k - [\nabla^2 f(\boldsymbol{x}^k)]^{-1} \nabla f(\boldsymbol{x}^k)$$

对照基本迭代格式(3.3.2)，可知从点 $\boldsymbol{x}^k$ 出发沿搜索方向

$$\boldsymbol{p}^k = -[\nabla^2 f(\boldsymbol{x}^k)]^{-1} \nabla f(\boldsymbol{x}^k)$$

并取步长 $t_k=1$ 即可得 $Q(\boldsymbol{x})$的最小点 $\boldsymbol{x}^{k+1}$。通常，把方向 $\boldsymbol{p}^k$ 叫做从点 $\boldsymbol{x}^k$ 出发的 Newton 方向。从一初始点开始，每一轮从当前迭代点出发，沿 Newton 方向并取步长为 1 的求解方法，称为 Newton 法。其具体步骤如下：

(1) 选取初始数据。选取初始点 $\boldsymbol{x}^0$，给定终止误差 $\varepsilon>0$，令 $k:=0$。

(2) 求梯度向量。计算$\nabla f(\boldsymbol{x}^k)$，若 $\|\nabla f(\boldsymbol{x}^k)\| \leqslant \varepsilon$，停止迭代，输出 $\boldsymbol{x}^k$。否则，进行(3)。

(3) 构造 Newton 方向。计算$[\nabla^2 f(\boldsymbol{x}^k)]^{-1}$，取 $\boldsymbol{p}^k = -[\nabla^2 f(\boldsymbol{x}^k)]^{-1} \nabla f(\boldsymbol{x}^k)$。

(4) 求下一迭代点。令 $\boldsymbol{x}^{k+1} = \boldsymbol{x}^k + \boldsymbol{p}^k$，$k:=k+1$，转(2)。

例 3.3.5　用 Newton 法求解

$$\min\ f(\boldsymbol{x}) = x_1^4 + 25x_2^4 + x_1^2 x_2^2$$

选取 $\boldsymbol{x}^0=(2,2)^{\mathrm{T}}$，$\varepsilon=10^{-6}$。

解　(1) $\nabla f(\boldsymbol{x}) = [4x_1^3 + 2x_1 x_2^2 \quad 100x_2^3 + 2x_1^2 x_2]^{\mathrm{T}}$

$$\nabla^2 f(\boldsymbol{x})=\begin{bmatrix}12x_1^2+2x_2^2 & 4x_1x_2\\ 4x_1x_2 & 300x_2^2+2x_1^2\end{bmatrix}$$

编写 M 文件 nwfun.m 如下：

```
function [f,df,d2f] = nwfun(x);
f = x(1)^4 + 25 * x(2)^4 + x(1)^2 * x(2)^2;
df(1) = 4 * x(1)^3 + 2 * x(1) * x(2)^2;
df(2) = 100 * x(2)^3 + 2 * x(1)^2 * x(2);
d2f(1,1) = 12 * x(1)^2 + 2 * x(2)^2;
d2f(1,2) = 4 * x(1) * x(2);
d2f(2,1) = d2f(1,2);
d2f(2,2) = 300 * x(2)^2 + 2 * x(1) * x(2);
```

再编写主 M 文件如下：

```
clc
x = [2;2];
[f0,g1,g2] = nwfun(x)
while norm(g1)> 0.00001                          % dead loop,for i = 1:3
   p = - inv(g2) * g1',p = p/norm(p)
   t = 1.0,f = detaf(x + t * p)
   while f > f0
       t = t/2,f = detaf(x + t * p),
end
x = x + t * p
[f0,g1,g2] = nwfun(x)
end
```

3.3.3 约束极值问题

带有约束条件的极值问题称为约束极值问题，也称约束规划问题。求解约束极值问题要比无约束极值问题困难得多，一般可采用以下方法：将约束问题化为无约束问题；将非线性规划问题化为线性规划问题，以及能将复杂问题变换为较简单问题的其他方法。库恩-塔克条件是非线性规划领域中最重要的理论成果之一，是确定某点为最优点的必要条件，但一般说它并不是充分条件(对于凸规划，它既是最优点存在的必要条件，同时也是充分条件)。

1. 二次规划

若非线性规划的目标函数为自变量 x 的二次函数，约束条件又全是线性的，则称这种规划为二次规划。

MATLAB 中二次规划的数学模型可表述如下：

$$\min \frac{1}{2}\boldsymbol{x}^{\mathrm{T}}\boldsymbol{H}\boldsymbol{x}+\boldsymbol{f}^{\mathrm{T}}\boldsymbol{x}$$
$$\text{s.t. } \boldsymbol{A}\boldsymbol{x}\leqslant \boldsymbol{b}$$

这里 $\boldsymbol{H}$ 是实对称矩阵，$\boldsymbol{f}$，$\boldsymbol{b}$ 是列向量，$\boldsymbol{A}$ 是相应维数的矩阵。

MATLAB 中求解二次规划的命令是

```
[X,FVAL] = QUADPROG(H,f,A,b,Aeq,beq,LB,UB,X0,OPTIONS)
```

X 的返回值是向量 $\boldsymbol{x}$，FVAL 的返回值是目标函数在 $\boldsymbol{x}$ 处的值(具体细节可以参看在

MATLAB 指令中运行 help quadprog 后的帮助)。

例 3.3.6 求解二次规划

$$\begin{cases}\min f(\boldsymbol{x}) = 2x_1^2 - 4x_1x_2 + 4x_2^2 - 6x_1 - 3x_2 \\ x_1 + x_2 \leqslant 3 \\ 4x_1 + x_2 \leqslant 9 \\ x_1, \quad x_2 \geqslant 0\end{cases}$$

解 编写如下 M 文件:

```
h=[4,-4;-4,8];
f=[-6;-3];
a=[1,1;4,1];
b=[3;9];
[x,value]=quadprog(h,f,a,b,[],[],zeros(2,1))
```

求得

$$\boldsymbol{x} = \begin{pmatrix}1.9500 \\ 1.0500\end{pmatrix}, \quad \min f(\boldsymbol{x}) = -11.0250$$

2. 罚函数法

利用下面介绍的罚函数法,可将求解非线性规划问题转化为求解一系列无约束极值问题,因而也称这种方法为序列无约束最小化技术。罚函数法求解非线性规划问题的思想是,利用问题中的约束函数作出适当的罚函数,由此构造出含参数的增广目标函数,从而把问题转化为无约束非线性规划问题。罚函数法主要有两种形式:一种叫做外罚函数法,另一种叫做内罚函数法,下面介绍外罚函数法。

考虑约束极值问题

$$\min f(\boldsymbol{x})$$

$$\text{s. t.} \begin{cases} g_i(\boldsymbol{x}) \leqslant 0, & i = 1,2,\cdots,r \\ h_i(\boldsymbol{x}) \geqslant 0, & i = 1,2,\cdots,s \\ k_i(\boldsymbol{x}) = 0, & i = 1,2,\cdots,t \end{cases}$$

取一个充分大的数 $M>0$,构造函数

$$P(\boldsymbol{x},M) = f(\boldsymbol{x}) + M\sum_{i=1}^{r}\max\{g_i(\boldsymbol{x}),0\} - M\sum_{i=1}^{s}\min\{h_i(\boldsymbol{x}),0\} + M\sum_{i=1}^{t} \mid k_i(\boldsymbol{x}) \mid$$

或

$$P(\boldsymbol{x},M) = f(\boldsymbol{x}) + \boldsymbol{M}_1\max\{\boldsymbol{G}(\boldsymbol{x}),0\} + \boldsymbol{M}_2\min\{\boldsymbol{H}(\boldsymbol{x}),0\} + \boldsymbol{M}_3 \parallel \boldsymbol{K}(\boldsymbol{x}) \parallel$$

这里 $\boldsymbol{G}(\boldsymbol{x}) = \begin{bmatrix} g_1(\boldsymbol{x}) \\ \vdots \\ g_r(\boldsymbol{x}) \end{bmatrix}$,$\boldsymbol{H}(\boldsymbol{x}) = \begin{bmatrix} h_1(\boldsymbol{x}) \\ \vdots \\ h_s(\boldsymbol{x}) \end{bmatrix}$,$\boldsymbol{K}(\boldsymbol{x}) = \begin{bmatrix} k_1(\boldsymbol{x}) \\ \vdots \\ k_t(\boldsymbol{x}) \end{bmatrix}$,$\boldsymbol{M}_1,\boldsymbol{M}_2,\boldsymbol{M}_3$ 为适当的行向量,MATLAB 中可以直接利用 max 和 min 函数。则以增广目标函数 $P(\boldsymbol{x},M)$ 为目标函数的无约束极值问题

$$\min P(\boldsymbol{x},M)$$

的最优解 $\boldsymbol{x}$ 也是原问题的最优解。

例 3.3.7 求下列非线性规划:

$$\min f(\boldsymbol{x}) = x_1^2 + x_2^2 + 8$$

$$\text{s. t.}\begin{cases}x_1^2-x_2\geqslant 0\\ -x_1-x_2^2+2=0\\ x_1,x_2\geqslant 0\end{cases}$$

解 (1) 编写 M 文件 test. m 如下：

```
function g = test(x);
M = 50000;
f = x(1)^2 + x(2)^2 + 8;
g = f - M * min(x(1),0) - M * min(x(2),0) - M * min(x(1)^2 - x(2),0)
   + M * abs( - x(1) - x(2)^2 + 2);
```

(2) 在 MATLAB 命令窗口输入

```
>>[x,y] = fminunc('test',rand(2,1))
```

即可求得问题的解。

3.3.4 非线性规划建模案例——飞行管理问题

1. 问题的提出

在约 10 000m 高空的某边长为 160km 的正方形区域内，经常有若干架飞机作水平飞行。区域内每架飞机的位置和速度均由计算机记录其数据，以便进行飞行管理。当一架欲进入该区域的飞机到达区域边缘时，记录其数据后，要立即计算并判断是否会与区域内的飞机发生碰撞。如果会碰撞，则应计算如何调整各架(包括新进入的)飞机飞行的方向角，以避免碰撞。现假定条件如下：

(1) 不碰撞的标准为任意两架飞机的距离大于 8km；

(2) 飞机飞行方向角调整的幅度不应超过 30°；

(3) 所有飞机飞行速度均为 800km/h；

(4) 进入该区域的飞机在到达区域边缘时，与区域内飞机的距离应在 60km 以上；

(5) 最多需考虑 6 架飞机；

(6) 不必考虑飞机离开此区域后的状况。

试对这个避免碰撞的飞行管理问题建立数学模型，列出计算步骤，对以下数据进行计算(方向角误差不超过 0.01°)，要求飞机飞行方向角调整的幅度尽量小。

设该区域 4 个顶点的坐标为(0,0)，(160,0)，(160,160)，(0,160)。记录的数据如表 3.3 所示。

表 3.3 飞行管理问题的记录数据

飞机编号	横坐标 x/km	纵坐标 y/km	方向角/(°)
1	150	140	243
2	85	85	236
3	150	155	220.5
4	145	50	159
5	130	150	230
新进入	0	0	52

注：方向角指飞行方向与 x 轴正向的夹角。

2. 模型假设

(1) 飞机用几何上的点代表,不考虑其尺寸,位置由坐标(x,y)给出;

(2) 已在区域内的飞机,按给定方向角飞行,一定不会碰撞;

(3) 飞机调整方向角的过程可以在瞬间完成,即可在保持位置不变的情况下完成方向角的调整。

3. 模型建立

设初始时刻为新飞机到达区域边缘的时刻。记(x_i^0,y_i^0)和θ_i^0分别为初始时刻第i架飞机的坐标和方向角,θ_i为初始时刻第i架飞机瞬间调整后的方向角,$i=1,2,\cdots,6$。令$d_{ij}(\theta_i,\theta_j)$为第$i,j$两架飞机分别以方向角$\theta_i,\theta_j$飞行时在区域内的最短距离。则问题的非线性规划模型为

$$\min z = \sum_{i=1}^{6} |\theta_i - \theta_i^0| \tag{3.3.3}$$

$$\text{s.t.}\begin{cases} |\theta_i - \theta_i^0| \leqslant \dfrac{\pi}{6}, & i=1,2,\cdots,6 \\ d_{ij}(\theta_i,\theta_j) > 8, & i,j=1,2,\cdots,6, i\neq j \end{cases} \tag{3.3.4}$$

其中第二个约束条件仅限于区域内。

$d_{ij}(\theta_i,\theta_j)$的数学描述如下:

记飞机速度为$v=800\text{km/h}$,T_i,T_j分别为第i,j架飞机以方向角θ_i,θ_j飞行在区域内的时间,且$T_{ij}=\min\{T_i,T_j\}$,则

$$d_{ij}^2(\theta_i,\theta_j) = \min_{0\leqslant t\leqslant T_{ij}} \{[(x_i^0-x_j^0)+vt(\cos\theta_i-\cos\theta_j)]^2+[(y_i^0-y_j^0)+vt(\sin\theta_i-\sin\theta_j)]^2\}$$

$$T_i=\begin{cases} \min\left\{\dfrac{160-x_i^0}{v\cos\theta_i},\dfrac{160-y_i^0}{v\sin\theta_i}\right\}, & 0\leqslant\theta_i\leqslant\dfrac{\pi}{2} \\ \min\left\{\dfrac{-x_i^0}{v\cos\theta_i},\dfrac{160-y_i^0}{v\sin\theta_i}\right\}, & \dfrac{\pi}{2}<\theta_i\leqslant\pi \\ \min\left\{\dfrac{-x_i^0}{v\cos\theta_i},\dfrac{-y_i^0}{v\sin\theta_i}\right\}, & \pi<\theta_i\leqslant\dfrac{3\pi}{2} \\ \min\left\{\dfrac{160-x_i^0}{v\cos\theta_i},\dfrac{-y_i^0}{v\sin\theta_i}\right\}, & \dfrac{3\pi}{2}<\theta_i<2\pi \end{cases} \tag{3.3.5}$$

令

$$\begin{cases} a=v^2[(\cos\theta_i-\cos\theta_j)^2+(\sin\theta_i-\sin\theta_j)^2] \\ b=v[(x_i^0-x_j^0)(\cos\theta_i-\cos\theta_j)+(y_i^0-y_j^0)(\sin\theta_i-\sin\theta_j)] \\ c=(x_i^0-x_j^0)^2+(y_i^0-y_j^0)^2 \end{cases}$$

则

$$d_{ij}^2 = \min_{0\leqslant t\leqslant T_{ij}}(at^2+2bt+c)=\begin{cases} c, & b\geqslant 0 \\ c-\dfrac{b^2}{a}, & 0<-b<aT_{ij} \\ aT_{ij}^2+2bT_{ij}+c, & -b\geqslant aT_{ij} \end{cases} \tag{3.3.6}$$

4. 模型求解

求解非线性规划的算法种类繁多,但一般只适用于某些特定类型的问题。本模型可以

考虑用计算机编程直接搜索求解或计算碰撞方向角的上下界分析求解。

(1) 直接搜索

将允许调整的方向角范围$\left[\theta_i^0-\dfrac{\pi}{6},\theta_i^0+\dfrac{\pi}{6}\right]$进行 $2M$ 等分，令端点及分点为 $\theta_i^k(k=1,2,\cdots,2M+1)$，对允许调整方向的不同组合$\{\theta_1^{k_1},\theta_2^{k_2},\cdots,\theta_6^{k_6}\}(k_j=1,2,\cdots,2M+1,j=1,2,\cdots,6)$进行搜索，在满足式(3.3.4)中第二个条件的情况下，寻求式(3.3.3)的最优解。

为达到允许误差给出的精度要求，需采用较小的搜索步长，这样计算量会很大，应采用一些减少计算量的方法。具体做法如下：

① 先采用较大步长，求得近似解。据此缩小搜索范围，再在小范围内用较小步长进一步搜索。

② 按方向角调整幅度由小到大的次序进行搜索，这样第一次得到的可行解即为最优解。

③ 计算中，一旦发现第 i,j 架飞机的某对方向角 $\theta_i^{\overline{k}_i},\theta_j^{\overline{k}_j}$ 对约束条件中的第二个条件不成立，则对第 s 架飞机$(s\neq i,j)$的任意方向角 $\theta_s^{k_s}$，都不必再对$\{\theta_i^{\overline{k}_i},\theta_j^{\overline{k}_j},\theta_s^{k_s}\}$进行搜索。

(2) 计算碰撞方向角的上下界

已知第 i,j 架飞机的初始位置及第 i 架飞机的方向角，设法求出会与第 i 架飞机发生碰撞的第 j 架飞机的方向角的上下界。具体算法如下：

设 l 为 i,j 两架飞机的共同飞行距离。由于两架飞机初始距离大于 60km，所以若相撞必发生在其距离恰为 8km 时。于是，相撞时必有

$$[(x_i^0-x_j^0)+l(\cos\theta_i-\cos\theta_j)]^2+[(y_i^0-y_j^0)+l(\sin\theta_i-\sin\theta_j)]^2=64$$

即

$$al^2+2bl+c=0\quad(l\text{ 有正根})$$

上式等价于 $b^2-ac\geqslant 0$，且 $b<0$，其中

$$\begin{cases}a=(\cos\theta_i-\cos\theta_j)^2+(\sin\theta_i-\sin\theta_j)^2\\ b=(x_i^0-x_j^0)(\cos\theta_i-\cos\theta_j)+(y_i^0-y_j^0)(\sin\theta_i-\sin\theta_j)\\ c=(x_i^0-x_j^0)^2+(y_i^0-y_j^0)^2-64\end{cases}\tag{3.3.7}$$

注意，在以上分析中，只关心相撞发生在区域内的情形。

由于不等式组(3.3.4)和不等式组(3.3.5)可以解析地或数值地得到 θ_j 的上下界 θ_j',θ_j''。若 $\theta_j'\leqslant\theta_j\leqslant\theta_j''$，则 i,j 两架飞机必相撞(注意还要考虑是否在区域内)；若 $\theta_j<\theta_j'$或 $\theta_j>\theta_j''$，则两架飞机必不相撞。此结果可直接用于搜索最优解或作为判定相撞与否的条件。

5. 计算结果

(1) 直接搜索的结果

首先用 1°为步长搜索，发现只需调整新进入的飞机(初始坐标(0,0)，方向角 52°)和编号 3 的飞机(初始坐标(150,155)，方向角 220.5°)，调整的结果是：方向角分别为 53°和 223.5°，调整幅度之和为 4°。

再用 0.1°为步长，从调整幅度之和为 2°开始向上搜索，得最佳方案为：二机方向角分别调整为 52.8°和 223.4°，调整幅度之和为 3.7°。

最后用 0.01°为步长，从调整幅度之和为 3.5°开始向上搜索，得最佳方案为：二机方向角分别调整为 52.8°和 223.33°，调整幅度之和为 3.63°。

需说明的是，最佳方案并不唯一，从(52.80°,223.33°)到(53.07°,223.06°)都是可行的，且调整幅度之和均为3.63°。

(2) 计算碰撞方向角上下界的结果。

由于区域内的飞机必不会相撞，因此只需考虑新进入飞机对区域内各架飞机碰撞方向角的上下界。

用式(3.3.5)、式(3.3.7)计算的新进入飞机对区域内各飞机碰撞方向角的上下界如表3.4所示。

表3.4　各架飞机碰撞方向角的上下界

飞机编号	上界(θ')	下界(θ'')
1	18.581°	27.519°
2	26.368°	41.632°
3	47.127°	55.629°
4	53.072°	65.031°
5	43.552°	52.791°

可以看出，对于初始方向角为52°的新飞机，必将与第3架和第5架飞机相撞(至于是否在区域内相撞，容易从图形或分析得出)。

以上计算结果精确到0.001°，为避免碰撞，在0.01°误差下，可将下界的小数点后第3位数字舍弃，而将上界的小数点后第3位舍弃后在第2位数字上加1。如为使新进入飞机不与第5架飞机相撞，应调整方向角为52.80°,52.81°,…。而要避免与第4架飞机相撞，方向角又必须为53.06°,153.07°，即其调整范围为[52.80°,53.07°]。又因新进入的飞机的方向角在此范围内无法避免与第3架飞机相撞。故必须调整第3架飞机的方向角。经计算，对以52.80°方向角进入的飞机(初始位置(0,0))，第3架飞机碰撞方向角的上下界分别为214.827°,223.392°。于是只需将第3架飞机方向角由220.5°调整为223.33°。这个结果与搜索法得到的结果相同。当然，第3架飞机方向角调整之后，还应检验确认它不会与第1、2、4、5架飞机相撞。

3.3.5　非线性规划的MATLAB求解

1) 非线性规划模型

$$\min F(\boldsymbol{X})$$

$$\text{s.t.}\begin{cases}\boldsymbol{G}(\boldsymbol{X})\leqslant \boldsymbol{0}\\ \text{Ceq}(\boldsymbol{X})=\boldsymbol{0}\\ \boldsymbol{Ax}\leqslant \boldsymbol{b}\\ \text{Aeq}\boldsymbol{X}=\text{beq}\\ \text{VLB}\leqslant \boldsymbol{X}\leqslant \text{VUB}\end{cases}$$

其中$\boldsymbol{X}$为n维向量，$\boldsymbol{G}(\boldsymbol{X})$与Ceq($\boldsymbol{X}$)均为非线性函数组成的向量。

2) 用MATLAB求解上述问题

基本步骤分三步：

(1) 首先建立M文件fun.m，定义目标函数$F(\boldsymbol{X})$：

```
function f = fun(X);
```

```
f = F(X);
```

(2) 若约束条件中有非线性约束：$\boldsymbol{G}(\boldsymbol{X})\leqslant 0$ 或 $\mathrm{Ceq}(\boldsymbol{X})=0$，则建立 M 文件 nonlcon. m，定义函数 $\boldsymbol{G}(\boldsymbol{X})$ 与 $\mathrm{Ceq}(\boldsymbol{X})$：

```
function [G,Ceq] = nonlcon(X)
G = …
Ceq = …
```

(3) 建立主程序。非线性规划求解的函数是 fmincon，命令的基本格式如下：

① x = fmincon("fun",X0,A,b)

② x = fmincon("fun",X0,A,b,Aeq,beq)

③ x = fmincon("fun",X0,A,b,Aeq,beq,VLB,VUB)

④ x = fmincon("fun",X0,A,b,Aeq,beq,VLB,VUB,'nonlcon')

⑤ x = fmincon("fun",X0,A,b,Aeq,beq,VLB,VUB,'nonlcon',options)

其中 x 输出极值点，'fun'为 M 文件，X0 为迭代初值，VLB、VUB 为变量上下限，options 为参数说明。

⑥ [x,fval] = fmincon(…)

注意，fmincon 函数可能会给出局部最优解，这与初值 X0 的选取有关。

例 3.3.8 求下列非线性规划问题：

$$\min f(\boldsymbol{x})=x_1^2+x_2^2+8$$

$$\text{s. t.}\begin{cases}x_1^2-x_2^2\geqslant 0\\-x_1-x_2^2+2=0\\x_1,x_2\geqslant 0\end{cases}$$

解 (1) 编写 M 文件 fun1. m

```
function f = fun1(x);
f = x(1)^2 + x(2)^2 + 8;
```

和 M 文件 fun2. m：

```
function [g,h] = fun2(x);
g = - x(1)^2 + x(2);
h = - x(1) - x(2)^2 + 2;                              % 等式约束
```

(2) 在 MATLAB 的命令窗口依次输入

```
options = optimset;
[x,y] = fmincon('fun1',rand(2,1),[],[],[],[],zeros(2,1),[],'fun2',options)
```

就可以求得当 $x_1=1,x_2=1$ 时，最小值为 $y=10$。

例 3.3.9 求解下列非线性规划问题：

$$\min f(\boldsymbol{x})=\mathrm{e}^{x_1}(4x_1^2+2x_2^2+4x_1x_2+2x_2+1)$$

$$\text{s. t.}\begin{cases}x_1+x_2=0\\1.5+x_1x_2-x_1\leqslant 0\\-x_1x_2-10\leqslant 0\end{cases}$$

解 写成标准形式：

$$\min f(\boldsymbol{x}) = e^{x_1}(4x_1^2 + 2x_2^2 + 4x_1x_2 + 2x_2 + 1)$$

$$\text{s.t.} \begin{cases} (1 \quad 1)\begin{pmatrix} x_1 \\ x_2 \end{pmatrix} = 0 \\ \begin{pmatrix} 1.5 + x_1x_2 - x_1 - x_2 \\ -x_1x_2 - 10 \end{pmatrix} \leqslant \begin{pmatrix} 0 \\ 0 \end{pmatrix} \end{cases}$$

1) 建立 M 文件 fun.m，定义目标函数

```
function f = fun(x);
f = exp(x(1)) * (4 * x(1)^2 + 2 * x(2)^2 + 4 * x(1) * x(2) + 2 * x(2) + 1);
```

2) 再建立 M 文件 mycon.m，定义非线性约束

```
function [g,ceq] = mycon(x)
g = [1.5 + x(1) * x(2) - x(1) - x(2); - x(1) * x(2) - 10];
ceq = x(1) + x(2);
```

3) 建立主程序 youh.m

```
x0 = [ - 1;1];
A = [ ];b = [ ];
Aeq = [1 1];beq = [0];
VLB = [ ];VUB = [ ];
[x,fval] = fmincon('fun',x0,A,b,Aeq,beq,VLB,VUB,'mycon')
```

4) 运行主程序得出结果(请读者自行写出结果)

3.4 动态规划

动态规划是解决多阶段决策过程最优化的一种方法。这种方法把困难的多阶段决策问题转化为一系列互相联系比较容易的单阶段问题，解决了这一系列比较容易的单阶段问题，也就解决了这个困难的多阶段决策问题。这里所指的多阶段决策问题，是指这样一类活动的过程，在它的每个阶段都需要作出决策，并且一个阶段的决策确定以后，常影响下一个阶段的决策，从而影响整个过程决策的效果。多阶段决策问题就是要在允许的各阶段的决策范围内，选择一个最优决策，使整个系统在预定的标准下达到最佳的效果。

有时阶段可以用时间表示，在各个时间段，采用不同决策，它随时间而变动，这就有了"动态"的含义。动态规划就是要在时间的推移过程中，在每个时间段选择适当的决策，以便整个系统达到最优。

用动态规划可以解决工业生产与管理中的最短路问题、装载问题、库存问题、资源分配问题以及生产过程最优化问题。近几十年来，动态规划在理论、方法和应用等方面取得了突出的进展，并在工程技术、经济、工业生产与管理、军事工程等领域得到广泛的应用。下面先看一个简单的例子。

3.4.1 引例

例 3.4.1(最短线路问题) 如图 3.3 所示，从 A_0 要铺设一条管道到 A_6，中间必须经过

5个中间站。第1站可以在 A_1,B_1 两点中任选一个,类似地,第2、3、4、5站可供选择的点分别是 $\{A_2,B_2,C_2,D_2\}$,$\{A_3,B_3,C_3\}$,$\{A_4,B_4,C_4\}$,$\{A_5,B_5\}$。连接两点间的管道距离用图3.3中的数字表示,两点间没有连线则不能铺设管道,现要选择一条从 $A_0\sim A_6$ 的铺管线路,使总距离最短。

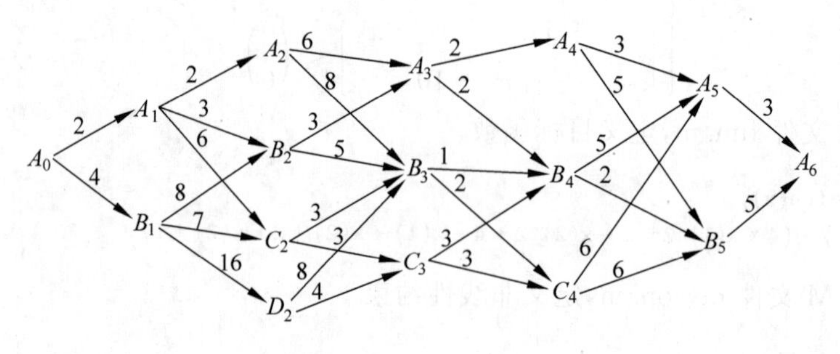

图 3.3

解 最短线路问题有一个特性,如果最短线路在第 k 站通过 p_k,则这一线路在由 p_k 出发到达终点的所有可能选择的不同线路之中,必定也是距离最短的。最短线路的这一特性启发我们从最后一段开始,用从后向前逐渐递推的方法,求出各点到 A_6 的最短线路,最后求得从 $A_0\sim A_6$ 的最短线路。

我们将从 $A_0\sim A_6$ 选择路径的过程分为6个阶段,设 $f_k(A_{k-1})$ 表示从点 A_{k-1} 到终点 A_6 的最短距离,$k=1,2,\cdots,6$。

$k=6$ 时,$f_6(A_5)$ 表示 $A_5\sim A_6$ 的最短距离,$f_6(B_5)$ 表示 $B_5\sim A_6$ 的最短距离,显然 $f_6(A_5)=3$,$f_6(B_5)=5$。

$k=5$ 时,分以下几种情形:

(1) 从 A_4 出发,有两种选择,到 A_5 或 B_5,$f_5(A_4)$ 表示 $A_4\sim A_6$ 的最短距离,$d_5(A_4,A_5)$ 表示 $A_4\sim A_5$ 的距离,$u_5(A_4)$ 表示相应的选择或决策,则

$$f_5(A_4)=\min\begin{Bmatrix}d_5(A_4,A_5)+f_6(A_5)\\ d_5(A_4,B_5)+f_6(B_5)\end{Bmatrix}=\min\begin{Bmatrix}3+3\\ 5+5\end{Bmatrix}=6$$

$u_5(A_4)=A_5$,最短线路是 $A_4\to A_5\to A_6$。

(2) 从 B_4 出发,则

$$f_5(B_4)=\min\begin{Bmatrix}d_5(B_4,A_5)+f_6(A_5)\\ d_5(B_4,B_5)+f_6(B_5)\end{Bmatrix}=\min\begin{Bmatrix}5+3\\ 2+5\end{Bmatrix}=7$$

$u_5(B_4)=B_5$,最短线路是 $B_4\to B_5\to A_6$。

(3) 从 C_4 出发,则

$$f_5(C_4)=\min\begin{Bmatrix}d_5(C_4,A_5)+f_6(A_5)\\ d_5(C_4,B_5)+f_6(B_5)\end{Bmatrix}=\min\begin{Bmatrix}6+3\\ 6+5\end{Bmatrix}=9$$

$u_5(C_4)=A_5$,最短线路是 $C_4\to A_5\to A_6$。

$k=4$ 时,分别以 A_3,B_3,C_3 为出发点计算,得

$$f_4(A_3)=\min\begin{Bmatrix}d_4(A_3,A_4)+f_5(A_4)\\ d_4(A_3,B_4)+f_5(B_4)\end{Bmatrix}=\min\begin{Bmatrix}2+6\\ 2+7\end{Bmatrix}=8$$

$u_4(A_3)=A_4$,最短线路是 $A_3 \to A_4 \to A_5 \to A_6$。

$$f_4(B_3)=\min\begin{Bmatrix} d_4(B_3,B_4)+f_5(B_4) \\ d_4(B_3,C_4)+f_5(C_4) \end{Bmatrix}=\min\begin{Bmatrix} 1+7 \\ 2+9 \end{Bmatrix}=8$$

$u_4(B_3)=B_4$,最短线路是 $B_3 \to B_4 \to B_5 \to A_6$。

$$f_3(C_3)=\min\begin{Bmatrix} d_4(C_3,B_4)+f_5(B_4) \\ d_4(C_3,C_4)+f_5(C_4) \end{Bmatrix}=\min\begin{Bmatrix} 3+7 \\ 3+9 \end{Bmatrix}=10$$

$u_4(C_3)=B_4$,最短线路是 $C_3 \to B_4 \to B_5 \to A_6$。

$k=3$ 时,分别以 A_2,B_2,C_2,D_2 为出发点计算,得

$$f_3(A_2)=\min\begin{Bmatrix} d_3(A_2,A_3)+f_4(A_3) \\ d_3(A_2,B_3)+f_4(B_3) \end{Bmatrix}=14$$

$u_3(A_2)=A_3$,最短线路是 $A_2 \to A_3 \to A_4 \to A_5 \to A_6$。

$$f_3(B_2)=\min\begin{Bmatrix} d_3(B_2,A_3)+f_4(A_3) \\ d_3(B_2,B_3)+f_4(B_3) \end{Bmatrix}=11$$

$u_3(B_2)=A_3$,最短线路是 $B_2 \to A_3 \to A_4 \to A_5 \to A_6$。

$$f_3(C_2)=\min\begin{Bmatrix} d_3(C_2,B_3)+f_4(B_3) \\ d_3(C_2,C_3)+f_4(C_3) \end{Bmatrix}=11$$

$u_3(C_2)=B_3$,最短线路是 $C_2 \to B_3 \to B_4 \to B_5 \to A_6$。

$$f_3(D_2)=\min\begin{Bmatrix} d_3(D_2,B_3)+f_4(B_3) \\ d_3(D_2,C_3)+f_4(C_3) \end{Bmatrix}=14$$

$u_3(D_2)=C_3$,最短线路是 $D_2 \to C_3 \to B_4 \to B_5 \to A_6$。

$k=2$ 时,分别以 A_1,B_1 为出发点计算,得

$$f_2(A_1)=\min\begin{Bmatrix} d_2(A_1,A_2)+f_3(A_2) \\ d_2(A_1,B_2)+f_3(B_2) \\ d_2(A_1,C_2)+f_3(C_2) \end{Bmatrix}=14$$

$u_2(A_1)=B_2$,最短线路是 $A_1 \to B_2 \to A_3 \to A_4 \to A_5 \to A_6$。

$$f_2(B_1)=\min\begin{Bmatrix} d_2(B_1,B_2)+f_3(B_2) \\ d_2(B_1,C_2)+f_3(C_2) \\ d_2(B_1,D_2)+f_3(D_2) \end{Bmatrix}=18$$

$u_2(B_1)=C_2$,最短线路是 $B_1 \to C_2 \to B_3 \to B_4 \to B_5 \to A_6$。

$k=1$ 时,出发点只有 A_0,则

$$f_1(A_0)=\min\begin{Bmatrix} d_1(A_0,A_1)+f_2(A_1) \\ d_1(A_0,B_1)+f_2(B_1) \end{Bmatrix}=16$$

$u_1(A_0)=A_1$,最短线路是 $A_0 \to A_1 \to B_2 \to A_3 \to A_4 \to A_5 \to A_6$,最短距离为 16。

3.4.2 数学描述

讨论动态规划中最优目标函数的建立,一般要用到下列术语和步骤。

1. 阶段

用动态规划求解多阶段决策问题时，要根据具体情况，将系统适当分成若干个阶段，以便分阶段求解。一般是根据时间与空间的自然特征去划分阶段，描述阶段的变量称为阶段变量。上面引例分 6 个阶段，是一个 6 阶段的决策过程。引例中由系统的最后阶段向初始阶段求最优解的过程称为动态规划的逆推解法。

2. 状态

状态表示系统在某一阶段开始时所处的自然状况或客观条件。上例中第一阶段有一个状态，即$\{A_0\}$；第二阶段有两个状态，即$\{A_1, B_1\}$；……过程的状态可用状态变量来描述，某个阶段所有可能状态的全体可用状态集合来描述，如 $s_1=\{A_0\}, s_2=\{A_1, B_1\}, s_3=\{A_2, B_2, C_2, D_2\}, \cdots$。

3. 决策

某一阶段的状态确定以后，从该状态演变到下一阶段某一状态所作的选择称为决策。第 n 阶段的决策与第 n 阶段的状态有关，通常用 $u_n(x_n)$表示第 n 阶段处于 x_n 状态时的决策变量，而这个决策又决定了第 $n+1$ 阶段的状态。如引例中在第 k 阶段用$u_k(x_k)$表示处于状态 x_k 时的决策变量。决策变量限制的范围称为允许决策集合。用 $D_k(x_k)$表示第 k 阶段从 x_k 出发的决策集合。

4. 策略

由每阶段的决策 $u_i(x_i)(i=1,2,\cdots,n)$组成的决策函数序列称为全过程策略，简称策略，用 p 表示，即

$$p(x_1)=\{u_1(x_1), u_2(x_2), \cdots, u_n(x_n)\}$$

由系统的第 k 阶段开始到终点的决策过程称为全过程的后部子过程，相应的策略称为后部子过程策略。用 $p_k(x_k)$表示 k 子过程策略，即

$$p_k(x_k)=\{u_k(x_k), u_{k+1}(x_{k+1}), \cdots, u_n(x_n)\}$$

对于每一个实际的多阶段决策过程，可供选取的策略有一定的范围限制，这个范围称为允许策略集合。允许策略集合中达到最优效果的策略称为最优策略。

5. 状态转移

某一阶段的状态变量及决策变量取定后，下一阶段的状态就随之而定。设第 k 阶段的状态变量为 x_k，决策变量为 $u_k(x_k)$，第 $k+1$ 阶段的状态变量为 x_{k+1}，用 $x_{k+1}=T_k(x_k, u_k)$表示从第 k 阶段到第 $k+1$ 阶段的状态转移规律，称它为状态转移方程。

6. 阶段效益

系统第 k 阶段的状态一经确定，执行第 k 阶段决策所得的效益 y_k 称为阶段效益，它是整个系统效益的一部分，是第 k 阶段状态 x_k 和第 k 阶段决策 u_k 的函数，记为 $y_k(x_k, u_k)$。

7. 指标函数

指标函数是衡量全过程策略或子过程策略优劣的数量指标。根据不同的实际，系统用某一策略而产生的效益可以是利润、距离、产量或资源的消耗量等。指标函数可以定义在全过程上也可以定义在后部子过程上，其形式往往是各阶段效益的某种和式，取最优策略时的指标函数称为最优指标函数，如引例中 $f_5(A_4)$表示从 A_4 出发到终点 A_6 的最优指标函数。

引例中的 $f_6(A_6)$显然为零，称它为边值条件。而动态规划的求解就是对 k 分别取 $n, n-1, \cdots, 1$ 逐渐求出最优指标函数的过程。

3.4.3 基本方程

对于 n 阶段的动态规划问题，在求子过程上的最优指标函数时，k 子过程与 $k+1$ 子过程有如下递推关系：

$$\begin{cases} f_k(s_k) = \min\{r_k(s_k, x_k) + f_{k+1}(x_{k+1})\}, k = n, n-1, \cdots, 2, 1 \\ f_{n+1}(x_{n+1}) = 0 \end{cases}$$

其中第一个式子里的求最小值是指在 s_k 的状态下，在所有作出的决策 x_k 中，取一个第 k 阶段的指标值 $r_k(s_k, x_k)$ 与以 x_k 为第 $k+1$ 阶段的状态的 $k+1$ 子过程的最优指标函数值之和中的最小值。对于求指标函数最大的动态规划问题的基本方程，把 min 改为 max 就行了。

3.4.4 最优化原理

整个过程的最优策略具有如下的性质：不管在此最优策略上的某个状态以前的状态和决策如何，对该状态来说，以后的所有决策必定构成最优子策略。也就是说，最优策略的任一子策略都是最优的。对最短路问题来说，即为从最短路上的任一点到终点的部分道路（最短路上的子路）也一定是从该点到终点的最短路（最短子路）。

3.4.5 动态规划应用

例 3.4.2（机器负荷分配问题） 某机器可以在高、低两种不同的负荷下进行生产。在高负荷下生产时，产品年产量 $s_1 = 8u_1$，其中 u_1 为投入生产的机器数量，机器的年折损率为 $a=0.7$，即年初完好的机器数量为 u_1，年终就只剩下 $0.7u_1$ 台是完好的，其余均需维修或报废。在低负荷下生产时，产品年产量 $s_2 = 5u_2$，其中 u_2 为投入生产的机器数量，机器的年折损率为 0.9。第 1 年初机器数量为 $x_1 = 1000$ 台。要求制订一个五年计划，在每年开始时决定如何重新分配好机器在两种不同负荷下工作的数量，使产品五年的总产量最高。

解 设阶段变量 k 表示年度，状态变量 x_k 是第 k 年初拥有的完好机器数量。$k>0$ 时它也是 $k-1$ 年度末的完好机器数量，决策变量 u_k 规定为第 k 年度中分配在高负荷下生产的机器数量。于是 $x_k - u_k$ 是该年度分配在低负荷下生产的机器数量。这里与前面几个例子不同的是 x_k, u_k 的非整数值可以这样来理解：例如，$x_k = 0.6$ 表示一台机器在该年度正常工作时间只占 60%；$u_k = 0.3$ 表示一台机器在该年度的 $\frac{3}{10}$ 时间里在高负荷下工作。此时状态转移方程为

$$x_{k+1} = 0.7u_k + 0.9(x_k - u_k), \quad k = 1, 2, \cdots, 5$$

k 阶段的允许决策集合为

$$D_k(x_k) = \{u_k \mid 0 \leqslant u_k \leqslant x_k\}$$

第 k 年度产品产量为

$$v_k(x_k, u_k) = 8u_k + 5(x_k - u_k)$$

指数函数为

$$V_k = \sum_{j=k}^{5} [8u_j + 5(x_j - u_j)]$$

最优指标函数 $f_k(x_k)$ 为第 k 年初从 x_k 出发到第 5 年度结束产品产量的最大值。根据最优

化原理得递推关系为

$$f_k(x_k)=\max_{u_k\in D_k(x_k)}\{8u_k+5(x_k-u_k)+f_{k+1}[0.7u_k+0.9(x_k-u_k)]\}$$

边界条件是 $f_6(x_6)=0$，计算过程如下：

$k=5$ 时，

$$\begin{aligned}f_5(x_5)&=\max_{0\leqslant u_5\leqslant x_5}\{8u_5+5(x_5-u_5)+f_6[0.7u_5+0.9(x_5-u_5)]\}\\&=\max_{0\leqslant u_5\leqslant x_5}\{8u_5+5(x_5-u_5)\}\\&=\max_{0\leqslant u_5\leqslant x_5}\{3u_5+5x_5\}\end{aligned}$$

因为 f_5 是 u_5 的单调函数，所以最优决策 $u_5^*=x_5$，$f_5(x_5)=8x_5$；

$k=4$ 时，

$$\begin{aligned}f_4(x_4)&=\max_{0\leqslant u_4\leqslant x_4}\{8u_4+5(x_4-u_4)+f_5[0.7u_4+0.9(x_4-u_4)]\}\\&=\max_{0\leqslant u_4\leqslant x_4}\{8u_4+5(x_4-u_4)+8[0.7u_4+0.9(x_4-u_4)]\}\\&=\max_{0\leqslant u_4\leqslant x_4}\{1.4u_4+12.2x_4\}\end{aligned}$$

同理，最优决策 $u_4^*=x_4$，$f_4(x_4)=13.6x_4$；依次可得 $u_3^*=x_3$，$f_3(x_3)=17.6x_3$；$u_2^*=0$，$f_2(x_2)=20.8x_2$；$u_1^*=0$，$f_1(x_1)=23.7x_1$。因为 $x_1=1000$，所以 $f_1(x_1)=23\,700$ 台。

从上面的计算可知，最优策略是前两年将全部机器投入低负荷生产，后 3 年将全部机器投入高负荷生产，最高产量是 23 700 台。

在一般情况下，如果计划是 n 年度，在高、低负荷下生产的产量函数分别是 $s_1=cu_1$，$s_2=du_2$，$c>0$，$d>0$，$c>d$，年折损率分别为 a 和 b，$0<a<b<1$，则应用与求解例 3.4.2 相似的办法可以求出最优策略是前若干年全部投入低负荷下生产。由此还可看出，应用动态规划可以在不求出数量值解的情况下确定最优策略的结构。

对于例 3.4.2 而言，若改为终端状态固定的情形，如要求在第 5 年末完好机器的数量是 500 台，即 $x_6=500$，则由状态转移方程得

$$x_6=0.7u_6+0.9(x_5-u_5)=500,\quad 即\ u_5=4.5x_5-2500$$

这时允许决策集合 $D_5(x_5)$ 退化为一个点，第 5 年度投入高负荷生产的机器数只能作出一种决策，所以

$$\begin{aligned}f_5(x_5)&=\max_{0\leqslant u_5\leqslant x_5}\{8u_5+5(x_5-u_5)\}=\max_{0\leqslant u_5\leqslant x_5}\{3u_5+5x_5\}\\&=3(4.5x_5-2500)+5x_5=18.5x_5-7500\end{aligned}$$

利用递推关系，$k=4$ 时，有

$$\begin{aligned}f_4(x_4)&=\max_{0\leqslant u_4\leqslant x_4}\{8u_4+5(x_4-u_4)+f_5(x_5)\}\\&=\max_{0\leqslant u_4\leqslant x_4}\{8u_4+5(x_4-u_4)+18.5[0.7u_4+0.9(x_4-u_4)]-7500\}\\&=\max_{0\leqslant u_4\leqslant x_4}\{21.654x_4-0.7u_4-7500\}\end{aligned}$$

显然有最优策略

$$u_4^*=0,\quad f_4(x_4)=21.65x_4-7500\approx 21.7x_4-7500$$

依次可得

$$u_3^* = 0,\quad f_3(x_3) = 24.5x_3 - 7500$$
$$u_2^* = 0,\quad f_2(x_2) = 27.1x_2 - 7500$$
$$u_1^* = 0,\quad f_1(x_1) = 29.4x_1 - 7500$$

$u_3^*=0$，$f_3(x_3)=24.5x_3-7500$；$u_2^*=0$，$f_2(x_2)=27.1x_2-7500$；$u_1^*=0$，$f_1(x_1)=29.4x_1-7500$。

由此可见，为满足第5年末完好机器的数量为500台的要求，而又要使产品产量最高，则前4年均应全部在低负荷下生产，而在第5年又将部分机器投入高负荷生产。经过计算得到 $x_5=656$，$u_5^*=452$，$x_5-u_5^*=204$，即第5年只能有452台机器投入高负荷生产，204台机器投入低负荷生产，最高产量是 $f_1(x_1)=29.4x_1-7500=29\,400-7500=21\,900$（台）。

例 3.4.3（资源分配问题） 有资金4万元，投资A,B,C三个项目，每个项目的投资效益与投入该项目的资金有关。三个项目A,B,C的投资效益（单位：万吨）和投入资金（单位：万元）的关系见下表：

投入资金/万元	投资效益/万吨		
	A	B	C
1	15	13	11
2	28	29	30
3	40	43	45
4	51	55	58

求对三个项目的最优投资分配，使总投资效益最大。

解 把投资A,B,C三个项目分别视为三个阶段。

阶段 k：每投资一个项目作为一个阶段；

状态变量 x_k：投资前 k 个项目的资金数；

$f_k(y)$：投资前 k 个项目的资金数为 y 时的最大收益；

$g_k(x_k)$：投资第 k 个项目的资金数为 x_k 时的收益；

同时规定，$g_k(0)=0(k=1,2,3)$，于是得到在A,B,C三个项目分别投资 x_k 时的收益如下表所示：

收益/万吨	投入资金 x_k/万元				
	0	1	2	3	4
$g_1(x_k)$	0	15	28	40	51
$g_2(x_k)$	0	13	29	43	55
$g_3(x_k)$	0	11	30	45	58

决策变量 x_k：第 k 个项目的投资；

决策允许集合：$0\leqslant x_k\leqslant y$；

状态转移方程：$x=y-x_k$（其中 x 表示前 $k-1$ 个项目投资总和）；

最优指标函数递推方程：$f_k(y)=\max\limits_{0\leqslant x_k\leqslant y}(f_{k-1}(y-x_k)+g_k(x_k))$。

显然 $f_1(x_1)=g_1(x_1)(y=0,1,2,3,4)$，于是得到下表：

收益/万吨	投入资金 x_1/万元				
	0	1	2	3	4
$f_1(x_1)$	0	15	28	40	51

由于

$$f_2(y)=\max_{0\leqslant x_2\leqslant y}(f_1(y-x_2)+g_2(x_2))$$

$$f_2(4)=\max_{0\leqslant x_2\leqslant 4}\{f_1(4-x_2)+g_2(x_2)\}=\max\begin{Bmatrix}f_1(4)+g_2(0)\\f_1(3)+g_2(1)\\f_1(2)+g_2(2)\\f_1(1)+g_2(3)\\f_1(0)+g_2(4)\end{Bmatrix}=\max\begin{Bmatrix}51+0\\40+13\\28+29\\15+43\\0+55\end{Bmatrix}=58$$

即当 $x_1=1,x_2=3$ 时，$f_2(4)=58$。

同理可以求出，当 $x_1=1,x_2=2$ 时，$f_2(3)=44$；当 $x_1=0,x_2=2$ 时，$f_2(2)=29$；当 $x_1=1,x_2=0$ 时，$f_2(1)=15$；当 $x_1=0,x_2=0$ 时，$f_2(0)=0$。于是得到下表：

投入资金 y/万元	投资效益/万吨	投资方案/万元
	$f_2(y)$	(x_1,x_2)
0	0	(0,0)
1	15	(1,0)
2	29	(0,2)
3	44	(1,2)
4	58	(1,3)

$$f_3(4)=\max_{0\leqslant x_3\leqslant 4}\{f_2(4-x_3)+g_3(x_3)\}=\max\begin{Bmatrix}f_2(4)+g_3(0)\\f_2(3)+g_3(1)\\f_2(2)+g_3(2)\\f_2(1)+g_3(3)\\f_2(0)+g_3(4)\end{Bmatrix}=\max\begin{Bmatrix}58+0\\44+11\\29+30\\15+45\\0+58\end{Bmatrix}=60$$

当 $x_1=1,x_2=0,x_3=3$ 时，$f_3(4)=60$，即项目 A 投资 1 万元，项目 B 投资 0 万元，项目 C 投资 3 万元，最大效益为 60 万吨。

例 3.4.4（背包问题） 设有 n 种物品，每种物品数量无限。第 i 种物品每件重量为 $w_i$kg，价值为 c_i 元。现有一只可装载重量为 $w$kg 的背包，求每种物品应各取多少件放入背包，才能使背包中物品的价值最高。

解 设第 i 种物品取 x_i 件（x_i 为非负整数，$i=1,2,\cdots,n$），背包中物品的价值为 z，则这个问题可以用整数规划模型来描述如下：

$$\max z=c_1x_1+c_2x_2+\cdots+c_nx_n$$

$$\text{s.t.}\begin{cases}w_1x_1+w_2x_2+\cdots+w_nx_n\leqslant w\\x_1,x_2,\cdots,x_n\geqslant 0\\x_1,x_2,\cdots,x_n\in\mathbf{Z}^+\end{cases}$$

可以建立下述动态规划模型。

阶段 k：第 k 次装载第 k 种物品($k=1,2,\cdots,n$)；

状态变量 x_k：第 k 次装载时背包还可以装载的重量；

决策变量 d_k：第 k 次装载第 k 种物品的件数；

决策允许集合：$D_k(x_k)=\left\{d_k \middle| 0\leqslant d_k\leqslant \frac{x_k}{w_k}, d_k \text{ 为整数}\right\}$；

状态转移方程：$x_{k+1}=x_k-w_kd_k$；

阶段指标：$v_k=c_kd_k$；

递推方程：$f_k(x_k)=\max\{c_kd_k+f_{k+1}(x_{k+1})\}=\max\{c_kd_k+f_{k+1}(x_k-w_kd_k)\}$；

初始条件：$f_1(x_1)=c_1\left[\frac{x_1}{w_1}\right]$。

习题 3

3.1 某工厂生产两种标准件，A 种每个可获利 0.3 元，B 种每个可获利益 0.15 元。若该厂仅生产 A 种标准件 800 个或 B 种标准件 1200 个，但 A 种标准件还需某种特殊处理，每天最多处理 600 个，A，B 标准件最多每天包装 1000 个。问该厂应该如何安排生产计划，才能使每天获利最大。

3.2 将长度为 500cm 的线材截成长度为 78cm 的坯料至少 1000 根，98cm 的坯料至少 2000 根，若原料充分多，在完成任务的前提下，应如何截切，使得留下的余料数的和达到最小？

3.3 用图解法求解线性规划问题

$$\max f=-x_1+2x_2$$
$$\text{s.t.}\begin{cases}x_1+x_2\leqslant 5\\2x_1+x_2\geqslant 3\\x_1,x_2\geqslant 0\end{cases}$$

3.4 求解线性规划问题

$$\max f=5x_1+4x_2+8x_3$$
$$\text{s.t.}\begin{cases}x_1+2x_2+x_3=6\\-2x_1+x_2\geqslant -4\\5x_1+3x_2\leqslant 15\\x_1,x_2,x_3\geqslant 0\end{cases}$$

3.5(生产组织与计划问题) 某工厂计划生产甲、乙两种产品，主要材料有钢材 3600kg、专用设备能力 3000 台时。材料与设备能力的消耗定额以及单位产品所获利润如下表所示，问如何安排生产，才能使该厂所获利润最大(只需建立数学模型)。

材料与设备	单位产品消耗定额产品		
	甲/件	乙/件	现有材料与设备能力/台时
钢材/kg	9	4	3600
铜材/kg	4	5	2000
设备能力/台时	3	10	3000
单位产品的利润/元	70	120	

3.6 有四个工人，要指派他们分别完成4项工作，每人做各项工作所消耗的时间如下表所示：

工人	工作量/h			
	A	B	C	D
甲	15	18	21	24
乙	19	23	22	18
丙	26	17	16	19
丁	19	21	23	17

问指派哪个工人去完成哪项工作，可使总的消耗时间最少？试利用动态规划方法求解此问题。

3.7 某战略轰炸机群奉命摧毁敌人军事目标。已知该目标有四个要害部位，只要摧毁其中之一即可达到目的。完成此项任务的汽油消耗量限制为48 000L、重型炸弹48枚、轻型炸弹32枚。飞机携带重型炸弹时每升汽油可飞行2km，携带轻型炸弹时每升汽油可飞行3km。又知每架飞机每次只能装载一枚炸弹，每出发轰炸一次除来回路程汽油消耗(空载时每升汽油可飞行4km)外，起飞和降落每次各消耗汽油100L。有关数据如下表所示：

要害部位	离机场距离/km	摧毁可能性	
		每枚重型弹	每枚轻型弹
1	450	0.10	0.08
2	480	0.20	0.16
3	540	0.15	0.12
4	600	0.25	0.20

为了使摧毁敌方军事目标的可能性最大，应如何安排飞机轰炸的方案？要求建立这个问题的线性规划模型并求解。

3.8 用分支定界法求解：

$$\max z = x_1 + x_2$$
$$\text{s.t.} \begin{cases} x_1 + \dfrac{9}{14}x_2 \leqslant \dfrac{51}{14} \\ -2x_1 + x_2 \leqslant \dfrac{1}{3} \\ x_1, x_2 \in \mathbf{N} \end{cases}$$

3.9 某钻井队要从以下10个可供选择的井位中确定5个钻井探油，使总的钻探费用最小。若10个井位的代号为$s_1, s_2, \cdots, s_{10}$，相应的钻探费用为$c_1, c_2, \cdots, c_{10}$，并且井位选择上要满足下列限制条件：

(1) 或者选择s_1和s_7，或者选择s_9；

(2) 选了s_3或s_4就不能选s_5，反之亦然；

(3) 在s_5, s_6, s_7, s_8中最多只能选两个。

试建立这个问题的整数规划模型。

3.10　设某工厂有1000台机器，生产A，B两种产品，若投入 y 台机器生产A产品，则纯收入为 $5y$，若投入 y 台机器生产B产品，则纯收入为 $4y$。机器生产A产品的年折损率为20%，生产B产品的年折损率为10%。问在5年内如何安排各年度的生产计划，才能使总收入最高？

3.11　为保证某一设备的正常运转，需备有三种不同的零件 E_1,E_2,E_3。若增加备用零件的数量，可提高设备正常运转的可靠性，但同时增加了费用，而投资额限制为8000元。已知备用零件数与它的可靠性和费用的关系如下表所示：

备件数	增加的可靠性			设备的费用/10^3 元		
	E_1	E_2	E_3	E_1	E_2	E_3
1	0.3	0.2	0.1	1	3	2
2	0.4	0.5	0.2	2	5	3
3	0.5	0.9	0.7	3	6	4

现要求既不超出投资额的限制，又能尽量提高设备运转的可靠性，问各种零件的备件数量应是多少？

3.12　某工厂现有一台使用了3年的机床，已知这种机床最多可再使用4年，下表给出该种机床每年的检修费及年度末的价值。已知一台新机床的售价为20 000元，试制订该厂在未来4年内对该机床的更新计划。

年　　限	1	2	3	4
年末检修费/元	7000	5000	9000	—
年末价值/元	10 000	8000	2000	0

第 4 章

微分方程模型

微分方程是研究函数变化规律的有力工具，在科技、工程、经济管理、生态、环境、人口、交通等领域中有着广泛的应用。建立微分方程模型只是解决问题的第一步，通常需要求出方程的解来说明实际现象，并加以检验。如果能得到解析形式的解固然便于分析和应用，但大多数微分方程是求不出解析解的，因此研究其稳定性和数值解法就十分重要。

4.1 微分方程模型引例

函数是事物的内部联系在数量方面的反映，如何寻找变量之间的函数关系，在实际应用中具有重要意义。在许多实际问题中，往往不能直接找出变量之间的函数关系，但是根据问题所提供的条件，有时可以列出含有要找的函数及其导数的关系式，这就是所谓的微分方程。

在找到了变量之间所满足的微分方程后，还需要找出代表所考虑的问题的初始状态的条件，这就是所谓的初始条件。求一个微分方程满足一定的初始条件的解的问题，称为微分方程的初值问题。

例 4.1.1 容器漏水问题

有高为 1m 的半球形容器，水从它的底部小孔流出。小孔的横截面积为 1cm^2，开始时容器内盛满了水，求水从小孔流出时容器内水面高度 h 随时间 t 的变化规律。

解 由流体力学知识知道，水从孔口流出的流量 Q 可用公式

$$Q=\frac{\mathrm{d}V}{\mathrm{d}t}=0.62S\sqrt{2gh}$$

计算，其中 0.62 为流量系数，S 为孔口的横截面积(单位：cm^2)，现在 $S=1$，所以

$$\frac{\mathrm{d}V}{\mathrm{d}t}=0.62\sqrt{2gh}$$

另一方面，设在微小的时间间隔$[t,t+\mathrm{d}t]$内，水面高度由 h 降至 $h+\mathrm{d}h$，如图 4.1 所示，由此可得 $\mathrm{d}V=-\pi r^2\mathrm{d}h$，其中 r 是 t 时刻的水面半径，右端置负号是由于 $\mathrm{d}h<0$。

又因为 $r=\sqrt{100^2-(100-h)^2}=\sqrt{200h-h^2}$，于是 $\mathrm{d}V=-\pi(200h-h^2)\mathrm{d}h$，

$$0.62\sqrt{2gh}\,\mathrm{d}t=-\pi(200h-h^2)\mathrm{d}h$$

解得

$$t=\frac{\pi}{4.65\sqrt{2g}}(7\times10^5-10^3h^{\frac{3}{2}}+3h^{\frac{3}{2}})$$

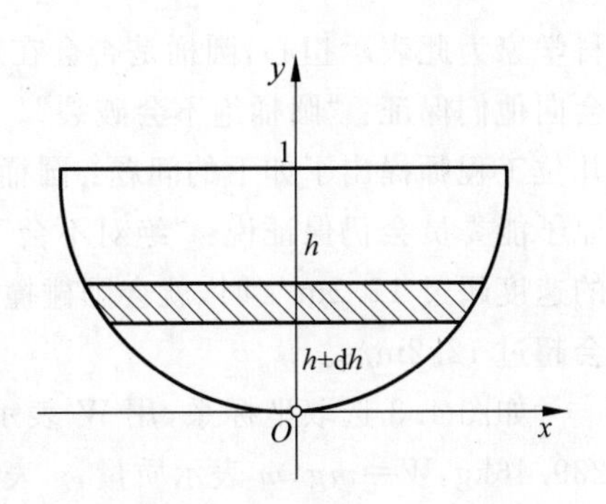

图 4.1 液面高度变化图

例 4.1.2（导弹追踪问题） 设位于坐标原点的甲舰向位于 x 轴上点 $A(1,0)$ 处的乙舰发射导弹，导弹头始终对准乙舰，如果乙舰以最大速度 v_0（v_0 是常数）沿平行于 y 轴的直线行驶，导弹的速度是 $5v_0$，求：

(1) 导弹运行的曲线方程；(2) 乙舰航行多远时，导弹将它击中？

解 假设导弹在 t 时刻的位置为 $P(x(t),y(t))$，乙舰位于 $Q(1,v_0t)$。

由于导弹头始终对准乙舰，故此时直线 PQ 就是导弹的轨迹曲线弧 OP 在点 P 处的切线，如图 4.2 所示，则有 $y'=\frac{v_0t-y}{1-x}$，即

$$v_0t=(1-x)y'+y \tag{4.1.1}$$

又根据题意，弧 OP 的长度为 $|AQ|$ 的 5 倍，则

$$\int_0^x\sqrt{1+y'^2}\,\mathrm{d}x=5v_0t \tag{4.1.2}$$

由式(4.1.1)、式(4.1.2)消去 t 整理得模型

$$(1-x)y''=\frac{1}{5}\sqrt{1+y'^2}$$

初值条件为

$$y(0)=0,\quad y'(0)=0$$

解得导弹的运行轨迹为

$$y=-\frac{5}{8}(1-x)^{\frac{4}{5}}+\frac{5}{12}(1-x)^{\frac{6}{5}}+\frac{5}{24}$$

当 $x=1$ 时，$y=\frac{5}{24}$，即当乙舰航行到点 $\left(1,\frac{5}{24}\right)$ 处时被导弹击中。被击中时间为 $t=\frac{y}{v_0}=\frac{5}{24v_0}$，若 $v_0=1$，则大约在 $t=0.21$ 时被击中。

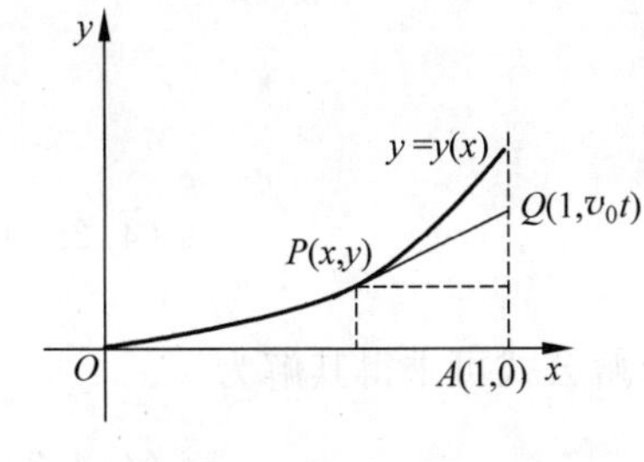

图 4.2 导弹坐标示意图

4.2 放射性废物处理模型

环境污染是人类面临的一大公害，放射性污染对人类生命安全和地球上生物的生存造成严重的威胁，所以特别为人们所关注。和平利用原子能，为人类造福不浅，但是核废物处置不当，就会产生放射性污染。

核废物如何处理，必须进行科学论证。曾经有一段时间，美国原子能委员会为了处理浓缩的放射性废物，把废物装入密封的圆桶，然后扔到水深 91.5m 的海里。一些生态学家和

科学家为此表示担心，圆桶是否会在运输过程中破裂而造成放射性污染？美国原子能委员会向他们保证："圆桶绝不会破裂"。并做了多种实验证明他们的说法是正确的。然而又有几位工程师提出了如下的问题：圆桶扔到海洋中时是否会因与海底碰撞而发生破裂？美国原子能委员会仍保证说："绝对不会"。这几个工程师进行了大量的实验以后发现：当圆桶的速度超过 12.2m/s 时，就会因碰撞而破裂。下面我们计算圆桶同海底碰撞时的速度是否会超过 12.2m/s。

如图 4.3 选取坐标系，用 W 表示圆桶所受重力，使圆桶向下，$m=239.46\text{kg}$，$W=mg$，m 表示质量，g 表示重力加速度，$g=9.8\text{m/s}^2$。

B 表示水作用在圆桶上的浮力，推圆桶向上。美国原子能委员会使用的是容积为 250.25L 的圆桶，体积为 0.208m^3，1m^3 海水重量为 1026.52kg，所以 $B=1026.52\times0.208=213.5\text{kg}$。

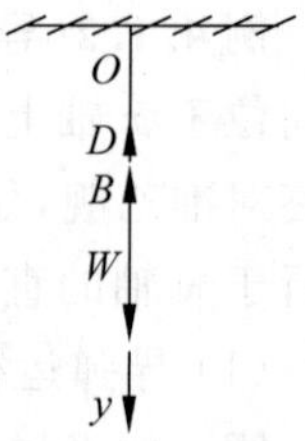

D 表示水作用在圆桶上的阻力，它阻碍圆桶在水中的运动，与圆桶运动方向相反，阻力大小通常与速度 v 成正比，即 $D=cv$，$c>0$ 为常数。通过大量实验得出如下结论：圆桶方位对于阻力影响甚小，可以忽略不计，且 $c=0.119\text{kg}\cdot\text{s/m}$。则作用在圆桶上的力为

图 4.3 圆桶受力示意图

$$F=W-B-cv$$

由牛顿第二定律，物体的加速度同作用在它上面的合力 F 成正比，即 $F=ma$，而 $a=\frac{\mathrm{d}^2y}{\mathrm{d}t^2}$。于是得

$$\frac{\mathrm{d}^2y}{\mathrm{d}t^2}=\frac{1}{m}(W-B-cv)=\frac{g}{W}(W-B-cv) \tag{4.2.1}$$

这是二阶常微分方程，作代换

$$v=\frac{\mathrm{d}y}{\mathrm{d}t}\quad \frac{\mathrm{d}^2y}{\mathrm{d}t^2}=\frac{\mathrm{d}v}{\mathrm{d}t}$$

则式(4.2.1)变为

$$\begin{cases}\dfrac{\mathrm{d}v}{\mathrm{d}t}+\dfrac{cg}{W}v=\dfrac{g}{W}(W-B)\\ v(0)=0\end{cases} \tag{4.2.2}$$

这是初值为 0 的一阶线性非齐次微分方程，利用微分方程求解公式可求得其解为

$$v(t)=\frac{W-B}{c}\left(1-\mathrm{e}^{-\frac{cgt}{w}}\right) \tag{4.2.3}$$

由式(4.2.3)知，圆桶的速度为时间 t 的函数，要确定圆桶同海底的碰撞速度，就必须算出圆桶下降到海底所需的时间 t。遗憾的是，t 不可能作为 y 的显函数求出，所以不能用方程(4.2.1)来求圆桶同海底的碰撞速度表达式。但从方程(4.2.3)可以得到圆桶的极限速度 v_T，当 $t\to+\infty$ 时，$v_T=\frac{W-B}{c}$。

显然有 $v(t)\leqslant v_T$，如果极限速度小于 12.2m/s，那么圆桶就不可能因同海底碰撞而破裂。然而

$$\frac{W-B}{c}=\frac{239.46-213.5}{0.119}=218.15\text{m/s}$$

这个数值太大了，但还不能断定 $v(t)$ 究竟是否能超过 12.2m/s。

下面转而把速度 v 作为位置 y 的函数 $v(y)$ 来考虑。

我们有 $v(t)=v[y(t)]$，由复合函数微分法，得

$$\frac{\mathrm{d}v}{\mathrm{d}t}=\frac{\mathrm{d}v}{\mathrm{d}y}\cdot\frac{\mathrm{d}y}{\mathrm{d}t}=v\frac{\mathrm{d}v}{\mathrm{d}y}$$

代入式(4.2.1)，得

$$\frac{W}{g}v\frac{\mathrm{d}v}{\mathrm{d}y}=W-B-cv$$

初始条件为 $v(0)=0$。

为了得到速度 v 与位置 y 之间的一个关系式，采用如下方法：

$$\int_0^v\frac{r\mathrm{d}r}{W-B-cr}=\int_0^y\frac{g}{W}\mathrm{d}s=\frac{g}{W}y$$

而左端

$$\begin{aligned}\int_0^v\frac{r\mathrm{d}r}{W-B-cr}&=-\frac{1}{c}\int_0^v\frac{-cr+W-B}{W-B-cr}\mathrm{d}r+\frac{W-B}{c}\int_0^v\frac{\mathrm{d}r}{W-B-cr}\\&=-\frac{1}{c}\int_0^v\mathrm{d}r+\frac{W-B}{c}\int_0^v\frac{\mathrm{d}r}{W-B-cr}\\&=-\frac{v}{c}-\frac{W-B}{c^2}\ln\frac{|W-B-cv|}{W-B}\end{aligned}$$

前面已讨论 $\frac{W-B}{c}$ 是极限速度，$v\leqslant\frac{W-B}{c}$，因而 $W-B-cv>0$，于是

$$\frac{gy}{W}=-\frac{v}{c}-\frac{W-B}{c^2}\ln\frac{W-B-cv}{W-B}\tag{4.2.4}$$

注意到从式(4.2.4)中不能解出 v 与 y 的显函数关系，因此要利用 $v(y)$ 来判别是否有 $v(91.5)>12.2\mathrm{m/s}$ 是不可能的。但利用微分方程数值解法，借助于计算机很容易解得 $v(91.5)>13.75\mathrm{m/s}$。

另外，我们还可以用其他方法得到 $v(91.5)$ 的一个很好的近似值，具体过程如下。

圆桶的速度 $v(y)$ 满足初值问题

$$\begin{cases}\frac{W}{g}v\frac{\mathrm{d}v}{\mathrm{d}y}=W-B-cv\\v(0)=0\end{cases}\tag{4.2.5}$$

在式(4.2.5)中令 $c=0$（即不考虑水的阻力），并用 u 代替 v，以示区别，得

$$\begin{cases}\frac{W}{g}u\frac{\mathrm{d}u}{\mathrm{d}y}=W-B\\u(0)=0\end{cases}\tag{4.2.6}$$

直接积分式(4.2.6)，得

$$\frac{Wu^2}{2g}=(W-B)y\quad\text{或}\quad u=\sqrt{\frac{2g}{W}(W-B)y}$$

由此可得

$$u(91.5)=\sqrt{\frac{2\times9.8\times25.96\times91.5}{239.46}}\approx\sqrt{194.42}\approx13.95(\mathrm{m/s})$$

这里 $u(91.5)$ 就是 $v(91.5)$ 的一个很好的近似，其理由如下：

(1) 当不存在与运动方向相反的阻力时，圆桶的速度总会大一些，因此 $v(91.5)<$

$u(91.5)$。

(2) 当 y 增加时,速度 v 增加,所以对于 $y\leqslant 91.5$,有 $v(y)\leqslant v(91.5)$。由此可以得出水作用在圆桶上的阻力 D 总是小于 $0.119\cdot u(91.5)\approx 1.66\text{N}$。

然而,使圆桶向下的合力 $W-B$ 近似为 25.9N,比 D 大得多,因而忽略 D 无关大局。所以可以认为 $u(y)$ 就是 $v(y)$ 的一个很好的近似。实际上正是如此,用数值解法算出的 $v(91.5)=13.75\text{m/s}$ 与 $u(91.5)=13.95\text{m/s}$ 是比较接近的。因而圆桶能够因与海底碰撞而破裂,工程师们的担心是有道理的。

这一模型科学地论证了美国原子能委员会过去处理核废料的方法是错误的。现在美国原子能委员会条例明确禁止把低浓度的放射性废物抛到海里,改为在一些废弃的煤矿中修建放置核废料的深井。这一模型也为世界其他国家科学处理核废料提供了宝贵的经验。

4.3 传染病模型

随着卫生设施的改善、医疗水平的提高以及人类文明的不断发展,诸如霍乱、天花等曾经肆虐全球的传染性疾病已经得到有效的控制。但一些新的、不断变异着的传染病毒却悄悄向人类袭来。20 世纪 80 年代,十分险恶的艾滋病病毒开始肆虐全球,至今仍在蔓延;2003 年春,来历不明的 SARS 病毒突袭人间,给人们的生命财产带来极大的危害。长期以来,建立传染病的数学模型来描述传染病的传播过程,分析受感染的人数变化规律,探索制止传染病蔓延的有效手段等,一直是各国有关专家和官员关注的课题。不同类型传染病的传播过程有其各自不同的特点,弄清这些特点需要相当多的病理专业知识,这里不可能从医学角度一一分析各种传染病的传播,而是按照一般的传播机理建立几种模型。

传染病传播所涉及的因素很多,如传染病人的多少、易受传染者的多少、传染率的大小、排除率的大小以及人口的出生和死亡等。如果还要考虑人员的迁入与迁出,潜伏期的长短以及预防疾病的传播等因素的影响,那么传染病的传播机理就变得非常复杂。

如果一开始就把所有的因素考虑在内,那么将陷入多如乱麻的头绪中不能自拔,倒不如舍去众多的次要因素,抓住主要因素,把问题简化,建立相应的数学模型。将所得结果与实际比较,找出问题,修改原有假设,再建立一个与实际比较吻合的模型。下面由简单到复杂将建模的思考过程作一示范,读者可以从中得到很好的启发。

1. 模型 1(指数模型)

模型假设:(1) 一人得病后,久治不愈,人在传染期内不会死亡;

(2) 单位时间内每个病人传染人数为常数 k。

模型建立与求解:用 $i(t)$ 表示 t 时刻病人的数量,则 $i(t+\Delta t)-i(t)=ki(t)\Delta t$。于是有

$$\begin{cases}\dfrac{\mathrm{d}i(t)}{\mathrm{d}t}=ki(t)\\ i(0)=i_0\end{cases}$$

求解上面的微分方程得

$$i(t)=i_0\mathrm{e}^{kt}$$

从上式可知,当 $t\to+\infty$ 时,$i(t)\to+\infty$,即随着时间的推移,得病的人数将无限增加,这与实际情况不符,因为在不考虑传染病期间的出生、死亡和迁移时,一个地区的总人数可视

为常数。进一步的分析发现，k 应为时间 t 的函数。在传染病流行初期，k 较大，随着病人的增多，健康人数减少，被传染的机会也减少，于是 k 将变小，故应对模型进行修改。

2. 模型 2(SI 模型)

模型假设：(1) t 时刻健康人数为 $s(t)$，总人数为 n，$i(t)+s(t)=n$；

(2) 一人得病后，久治不愈，人在传染期内不会死亡；

(3) 一个病人在单位时间内传染的人数与当时健康的人数成正比，比例系数为 k(称为传染强度)。

模型建立与求解：由假设可得方程

$$\begin{cases} \dfrac{\mathrm{d}i(t)}{\mathrm{d}t} = ks(t)i(t) \\ i(0) = i_0 \end{cases}$$

将假设(1)代入即得

$$\begin{cases} \dfrac{\mathrm{d}i(t)}{\mathrm{d}t} = ki(t)(n - i(t)) \\ i(0) = i_0 \end{cases}$$

解得

$$i(t) = \frac{n}{1 + \left(\dfrac{n}{i_0} - 1\right)\mathrm{e}^{-knt}} \tag{4.3.1}$$

$i(t)$ 及 $\dfrac{\mathrm{d}i}{\mathrm{d}t}$ 的曲线如图 4.4 和图 4.5 所示，它们分别表示传染病人数与时间 t 的关系以及传染病人数的变化率与时间 t 的关系。

对式(4.3.1)求导，并令 $\dfrac{\mathrm{d}^2 i}{\mathrm{d}t^2}=0$，得 $t_0 = \dfrac{\ln\left(\dfrac{n}{i_0}-1\right)}{kn}$。

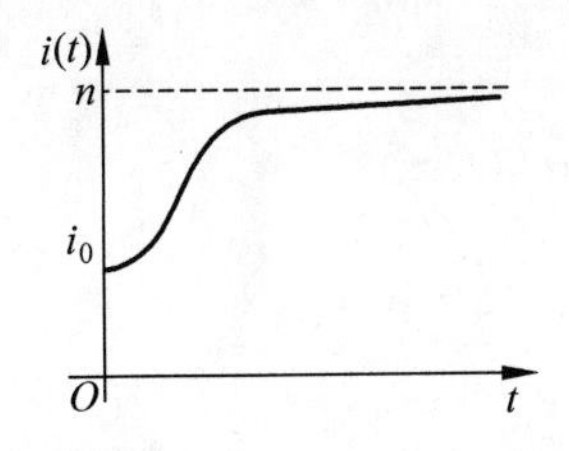

图 4.4　传染病人数与时间 t 的关系

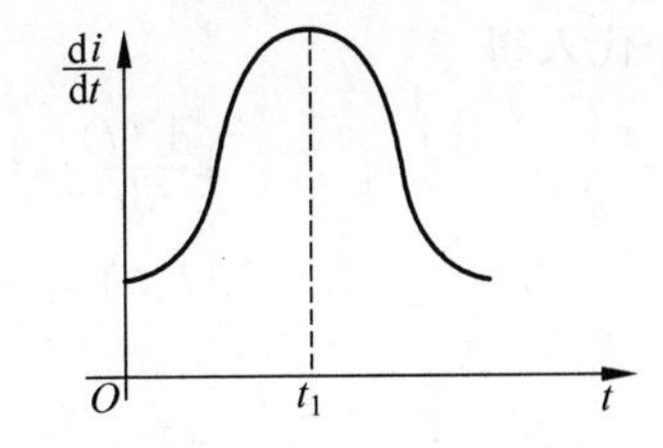

图 4.5　传染病人数的变化率与时间 t 的关系

模型 2 可以用来预报传染较快的疾病前期传染病高峰到来的时间。医学上称曲线 $i(t)$ 为传染病曲线，它表示传染病人数增加与时间 t 的关系，如图 4.4 所示。由(4.3.1)式可得

$$\frac{\mathrm{d}i}{\mathrm{d}t} = \frac{kn^2\left(\dfrac{n}{i_0} - 1\right)\mathrm{e}^{-knt}}{\left[1 + \left(\dfrac{n}{i_0} - 1\right)\mathrm{e}^{-knt}\right]^2} \tag{4.3.2}$$

令 $\dfrac{\mathrm{d}^2 i(t)}{\mathrm{d}t^2}=0$，得极大点为

$$t_1 = \frac{\ln\left(\dfrac{n}{i_0} - 1\right)}{kn}$$

由此可见,当传染强度 k 或总人数 n 增加时,t_1 都将变小,即传染病高峰来得快,这与实际情况吻合。同时,如果知道了传染强度 k(k 由统计数据得出),即可预报传染病高峰到来的时间 t_1,这对于防治传染病是有益处的。

模型 2 的缺点是:当 $t\to+\infty$时,由式(4.3.1)可知,$i(t)\to n$,即最后人人都要生病,这显然是不符合实际情况的。造成这一问题的原因是模型假设 2 中假设了人得病后久治不愈。

为了与实际问题更加吻合,对上面的数学模型再进一步修改,这就要考虑人得了病后有的会死亡;另外不是每个人被传染后都会传染别人,因为其中一部分会被隔离,还要考虑人得了传染病后由于医治和自身抵抗力会痊愈,并非像前面假设的那样,人得病后久治不愈。为此作出新的假设,建立新的模型。

3. 模型 3(SIS 模型)

对于某些传染病(如痢疾),病人治愈后免疫力很低,还有可能再次被传染。

模型假设:(1) 健康者和病人在总人数中所占的比例分别为 $s(t)$,$i(t)$,$s(t)+i(t)=1$;

(2) 一个病人在单位时间内传染的人数与当时健康的人数成正比,比例系数为 k;

(3) 每天治愈的病人人数与病人总数成正比,比例系数为 μ,称为日治愈率,病人治愈后成为仍可被传染的健康者,称$\frac{1}{\mu}$为传染病的平均传染期$\left(\text{如病人数为 10 人,每天治愈 2 人},\mu=\frac{1}{5},\text{则每位病人平均生病时间为}\frac{1}{\mu}=5\text{ 天}\right)$。

模型建立与求解:由假设(2)和假设(3)可得

$$\begin{cases}\dfrac{\mathrm{d}i(t)}{\mathrm{d}t}=ks(t)i(t)-\mu i(t)\\ i(0)=i_0\end{cases}$$

将假设(1)代入得

$$\begin{cases}\dfrac{\mathrm{d}i(t)}{\mathrm{d}t}=ki(t)(1-i(t))-\mu i(t)\\ i(0)=i_0\end{cases}$$

解得

$$i(t)=\begin{cases}\left[\mathrm{e}^{-(k-\mu)t}\left(\dfrac{1}{i_0}-\dfrac{k}{k-\mu}\right)+\dfrac{k}{k-\mu}\right]^{-1}, & k\neq\mu\\ \left(kt+\dfrac{1}{i_0}\right)^{-1}, & k=\mu\end{cases}\tag{4.3.3}$$

上式中,记 $\sigma=\frac{k}{\mu}$,表示一个病人在平均传染期内传染的人数与当时健康人数的比例系数,则有

$$\lim_{t\to+\infty}i(t)=\begin{cases}1-\dfrac{1}{\sigma}, & \sigma>1\\ 0, & \sigma\leqslant 1\end{cases}$$

根据式(4.3.3)可以看出,$\sigma=1$ 是一个阈值。当 $\sigma\leqslant1$ 时,病人在总人数中所占的比例 $i(t)$越来越小,最终趋于零。这可以从 σ 的含义上得到一个直观的解释,就是传染期内被传

染的人数不超过健康的人数。当 $\sigma>1$ 时，$i(t)$ 的变化趋势取决于 i_0 的大小，最终以 $1-\frac{1}{\sigma}$ 为极限。当 σ 增大时，$i(t)$ 也增大，这是因为随着传染期内被传染人数与当时健康人数的比例增加，病人所占的比例也随之上升。

4.4 捕鱼业的持续收获模型

渔业资源是一种再生资源，再生资源要适度开发，应在持续稳产的前提下追求产量或最优经济效益。

考察一个渔场，其中的鱼量在天然环境下按一定规律增长，如果捕捞量恰好等于增长量，那么渔场鱼量将保持不变，这个捕捞量就可以持续。本节要建立在持续捕捞情况下渔场鱼量所服从的方程，分析渔场鱼量稳定的条件，并且在稳定的条件下讨论如何控制捕捞强度使持续产量或经济效益达到最大。最后研究捕捞过度的问题。

4.4.1 产量模型

记时刻 t 渔场中鱼量为 $x(t)$，关于 $x(t)$ 的自然增长和人工捕捞作出假设。

模型假设：(1) 在无捕捞条件下 $x(t)$ 的增长服从 Logistic 规律，即

$$x'(t) = f(x) = rx\left(1-\frac{x}{N}\right)$$

其中 r 是固有增长率，N 是环境容许的最大鱼量，$f(x)$ 表示单位时间的增长量。

(2) 单位时间的捕捞量(即产量)与渔场鱼量 $x(t)$ 成正比，比例常数 k 表示单位时间的捕捞率，k 可进一步分解成 $k=qE$，E 称为捕捞强度，用可以控制的参数(如出海渔船数量)来度量；q 称为捕捞系数，表示单位强度下的捕捞率。为方便起见，可以选择合适的捕捞强度单位，使 $q=1$，于是单位时间的捕捞量为 $h(x)=kx=Ex$。记 $F(x)=f(x)-h(x)$，得到持续捕捞情况下渔场鱼量所满足的方程为

$$x'(t) = F(x) = rx\left(1-\frac{x}{N}\right)-Ex$$

令 $F(x)=rx\left(1-\frac{x}{N}\right)-Ex=0$，得到两个平衡点

$$x_0 = 0,\quad x_1 = N\left(1-\frac{E}{r}\right)$$

由于 $F'(x_0)=r-E$，$F'(x_1)=E-r$，所以若 $E>r$，则有 $F'(x_0)<0$，x_0 点稳定；$F'(x_1)>0$，x_1 点不稳定；若 $E>r$，则结论正好相反。

由于 E 是捕捞率($E=k$)，r 是最大的增长率，上述分析表明，只要捕捞适度($E<r$)，就可使渔场鱼量稳定在 x_1，从而获得持续产量 $h(x_1)=Ex_1$；而当捕捞过度($E>r$)时，渔场鱼量将减至 $x_0=0$，当然谈不上获得持续产量了。

进一步讨论渔场鱼量稳定在 x_1 的前提下，如何控制捕捞强度 E 使持续产量达到最大的问题。用图解法可以非常简单地得到结果。由图 4.6 可知，当 $h_2=Ex$ 与 $h_1=f(x)$ 在抛物线顶点相交时，可获得最大持续产量，此时稳定平衡点为 $x_0^*=\frac{N}{2}$，且单位时间的最大持续

产量为 $h_{\mathrm{m}}=\frac{rN}{4}$。不难算出保持渔场鱼量稳定在 x_0^* 的捕捞强度为 $E^*=\frac{r}{2}$。

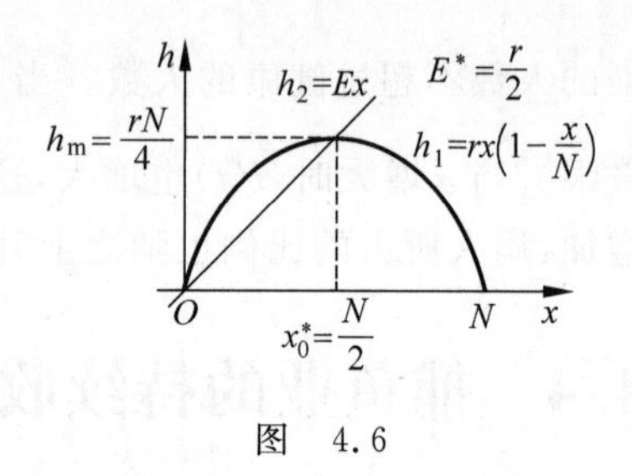

图 4.6

综上所述,产量模型的结论是将捕捞强度控制在 E^*,或者说使渔场鱼量保持在最大鱼量 N 的一半时,可以获得最大持续产量。

4.4.2 效益模型

从经济学角度看,人们不应追求产量最大而应考虑经济效益最佳,如果经济效益用捕捞所得的收入中扣除开支后的利润来衡量,并且简单地假设:鱼的销售单价为常数 p,单位捕捞强度(如每条出海渔船)的费用为常数 C,那么单位时间的收入 T 和支出 S 分别为

$$T=ph(x)=pEx,\quad S=CE$$

单位时间的利润为

$$R=T-S=pEx-CE$$

在稳定条件下($x=x_1$),有

$$R(E)=T(E)-S(E)=pNE\left(1-\frac{E}{r}\right)-CE$$

用微分法容易求出使利润 R 达到最大的捕捞强度为

$$E_R=\frac{r}{2}\left(1-\frac{C}{pN}\right)$$

在最大利润下的渔场稳定鱼量 x_R 及单位时间的持续产量 h_R 为

$$x_R=\frac{N}{2}+\frac{C}{2p},\quad h_R=rx_R\left(1-\frac{x_R}{N}\right)=\frac{rN}{4}\left(1-\frac{C^2}{p^2N^2}\right)$$

可以看出,在最佳经济效益原则下,捕捞强度和持续产量均有所减少,而渔场稳定鱼量有所增加,并且减少或增加的比例随着捕捞成本 C 的增长而变大,随着销售单价 p 的增长而变小。这显然是符合实际情况的。

4.4.3 捕捞过度模型

上面的效益模型是以计划捕捞(或称封闭式捕捞)为基础的,即渔场由单独的经营者管理并进行有计划地捕捞,可以追求最大利润。如果渔场向众多盲目的经营者开放,那么即使只有微薄的利润,经营者也会去捕捞。这种情况称为盲目捕捞,这将导致捕捞过度。

对利润与捕捞强度的关系 $R(E)$,令 $R(E)=0$ 的解为 E_{S},则

$$E_{\mathrm{S}}=r\left(1-\frac{C}{pN}\right)\tag{4.4.1}$$

当 $E<E_{\mathrm{S}}$ 时,利润 $R(E)>0$,盲目的经营者会加大捕捞强度;若 $E>E_{\mathrm{S}}$,利润 $R(E)<0$,他们当然要减小捕捞强度。所以 E_{S} 是盲目捕捞下的临界捕捞强度。

E_{S} 也可以用图解法得到。容易知道 E_{S} 存在的必要条件是 $p>\frac{C}{N}$,即销售单价大于(相对于总量而言)成本价。由式(4.4.1)可知成本价越低,销售单价越高,则 E_{S} 越大。

在盲目捕捞下的渔场稳定鱼量为 $x_S=\frac{C}{p}$，这里 x_S 完全由成本与价格之比决定，随着价格的上升和成本的下降，x_S 将迅速减少，出现捕捞过度。可知 $E_S=2E_R$，即盲目捕捞强度比最佳经济效益下的捕捞强度大一倍。

还可以看出，当$\frac{c}{N}<p<2\frac{c}{N}$时，$(E_R<)E_S<E^*$，称为经济学捕捞过度；当 $p>2\frac{c}{N}$时，$E_S>E^*$，称为生态学捕捞过度。

4.5　战争模型

4.5.1　问题的提出

两军对垒，红军有 m 个士兵，蓝军有 n 个士兵，试计算战斗过程中双方的死亡情况以及最后哪一方失败。

这个问题提得很模糊，因为战争是一个很复杂的问题，涉及因素很多，如兵员的多少、武器的先进与落后、两军所处地理位置的有利与不利、士气的高低等，另外还受到指挥员的指挥艺术、后勤供应状况、气候条件等诸多因素影响。因此，如果把战争所涉及的因素都考虑进去，这样的模型是难以建立的。但是对于一个通常情况下的局部战争，在合理的假设下建立一个战争数学模型，得出的结论是具有普遍意义的。

在第一次世界大战期间，兰彻斯特(Lanchester)投身于作战模型的研究，他建立了一些可以从中得到交战结果的数学模型，并得到了一个很重要的“兰彻斯特平方定律”：作战部队的实力同投入战斗的士兵人数的平方成正比。

对于一个局部战争，有些因素可以不考虑，如气候、后勤供应、士气等，而有些因素可以对双方看成是相同的，如武器配备、指挥艺术等。还可简单地认为两军的战斗力完全取决于两军的士兵人数。两军士兵都处于对方火力范围内，由于战斗短暂紧迫，也不用考虑支援部队。

4.5.2　正规战模型

令 $x(t)$表示 t 时刻红军士兵人数，$y(t)$表示 t 时刻蓝军士兵人数；显然红军士兵人数的减员率与蓝军士兵人数成正比，同样蓝军士兵人数的减员率与红军士兵人数成正比。于是可得正规部队对正规部队的作战模型为

$$\begin{cases}\frac{\mathrm{d}x}{\mathrm{d}t}=-ay\\ \frac{\mathrm{d}y}{\mathrm{d}t}=-bx\end{cases}$$

其中 $a>0,b>0$ 均为常数，将上两式相除，化为可分离变量方程 $ay\mathrm{d}y=bx\mathrm{d}x$，积分得

$$ay^2-bx^2=ay_0^2-bx_0^2=c \tag{4.5.1}$$

这就是“兰彻斯特平方定律”，式(4.5.1)在 xOy 平面上是一族双曲线，如图 4.7 所示，双曲线上的箭头表示战斗力随着时间而变化的方向。

由图 4.7 可知，蓝军要想获胜，必须使不等式 $ay_0^2>bx_0^2$ 成立。可采用两种方式，一是增

加 a,即配备更先进的武器;二是增加最初投入战斗的人数 y_0。但是,a 增大两倍会使 ay_0^2 也增大两倍,而 y_0 增大两倍则会使 ay_0^2 增大四倍。这正是两军摆开战场进行正规作战时兰彻斯特平方定律的意义,说明增加最初投入的士兵人数将比增加战斗力更为重要。

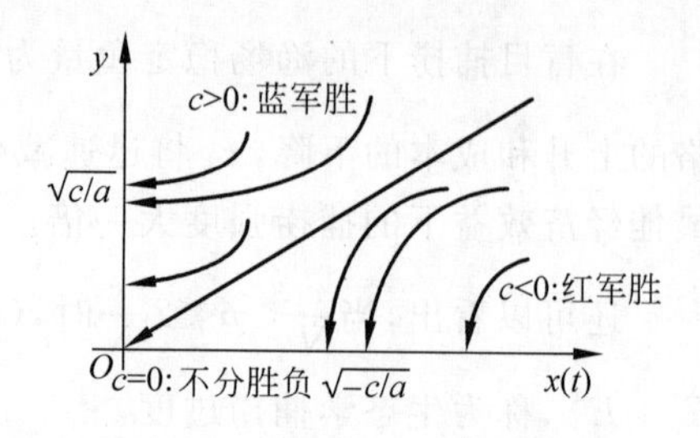

图 4.7 正规战解的示意图

如果考虑两军作战时有增援,令 $f(t)$ 和 $g(t)$ 分别表示红军和蓝军 t 时刻的增援率,即增援士兵投入战斗或士兵撤离战斗的速率。此时正规部队对正规部队的作战模型为

$$\begin{cases}\dfrac{dx}{dt}=-ay+f(t)\\ \dfrac{dy}{dt}=-bx+g(t)\end{cases}$$

现在来回答开始时提出的问题,设红军士兵人数为 $x=100$ 人,蓝军士兵人数为 $y=50$ 人,两军装备性能相同,即 $\frac{a}{b}=1$,没有援军,上面的方程变为

$$y^2-\frac{b}{a}x^2=\frac{c}{a},\quad y^2-x^2=\frac{c}{a}$$

将 $x=100,y=50$ 代入上式得 $\frac{c}{a}=-7500$,故 $x^2-y^2=7500$。

战斗结束一方人数为零,显然这里会是蓝军 $y=0$,代入得 $x\approx87$,即红军士兵战死 13 人,剩下 87 人,蓝军士兵 50 人全部被消灭。

4.5.3 混合战模型

如果红军是游击队,蓝军是正规部队,由于游击队对当地地形熟,常常位于不易发现的有利位置。设游击队占据区域 R,由于蓝军不清楚红军的具体位置,只好向区域 R 胡乱射击,但并不知道杀伤情况。我们作如下假设:游击队队员人数的战斗减员率应当与队员人数 $x(t)$ 成正比,因为 $x(t)$ 越大,目标越大,被敌方子弹击中的可能性越大;同时,游击队的战斗减员率还与 $y(t)$ 成正比,因为 $y(t)$ 越大,火力越强,游击队的伤亡人数也就越大,故游击队的战斗减员率等于 $cx(t)y(t)$,常数 c 称为敌方的战斗有效系数。如果 $f(t)$ 和 $g(t)$ 分别为游击队和正规部队增援率,则游击队和正规部队的作战模型为

$$\begin{cases}\dfrac{dx}{dt}=-cxy+f(t)\\ \dfrac{dy}{dt}=-dx+g(t)\end{cases}$$

若无增援,即 $f(t)=0$ 和 $g(t)=0$,则上式为

$$\begin{cases}\dfrac{dx}{dt}=-cxy\\ \dfrac{dy}{dt}=-dx\end{cases}$$

得

$$cy^2-2dx=cy_0^2-2dx_0=M$$

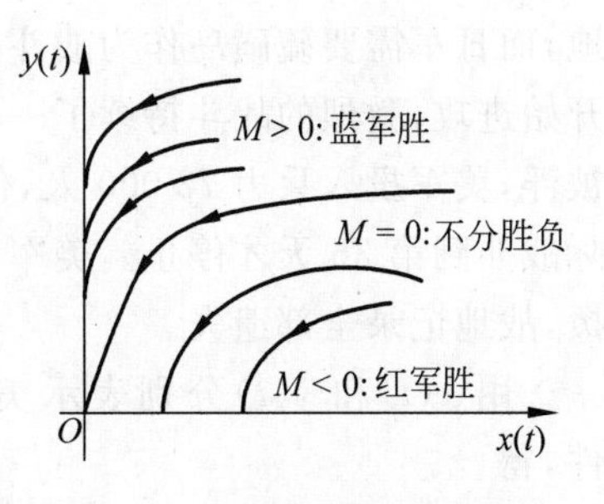

图 4.8　混合战解的示意图

该式在 xOy 平面上定义了一族抛物线，如图 4.8 所示。如果 $M>0$，则正规部队获胜，因为当 $y(t)$ 减小到 $\sqrt{M/c}$ 时，部队 x 已经被消灭。同样，如果 $M<0$，则游击队获胜。

4.5.4　游击战模型

若红蓝双方都是游击部队，则双方都隐蔽在对方不易发现的区域内。由混合战模型的分析，不难得出游击战的作战模型为

$$\begin{cases}\dfrac{\mathrm{d}x}{\mathrm{d}t}=-cxy+f(t)\\[2ex]\dfrac{\mathrm{d}y}{\mathrm{d}t}=-dxy+g(t)\end{cases}\tag{4.5.2}$$

其中 $f(t)$ 和 $g(t)$ 分别是红军和蓝军的增援率，常数 c 是蓝军的战斗有效系数，常数 d 是红军的战斗有效系数。

如果红蓝双方增援率均为零，则游击战作战模型为

$$\begin{cases}\dfrac{\mathrm{d}x}{\mathrm{d}t}=-cxy\\[2ex]\dfrac{\mathrm{d}y}{\mathrm{d}t}=-dxy\\[2ex]x(0)=x_0,\quad y(0)=y_0\end{cases}\tag{4.5.3}$$

方程(4.5.3)的解为

$$cy-dx=cy_0-dx_0=L\tag{4.5.4}$$

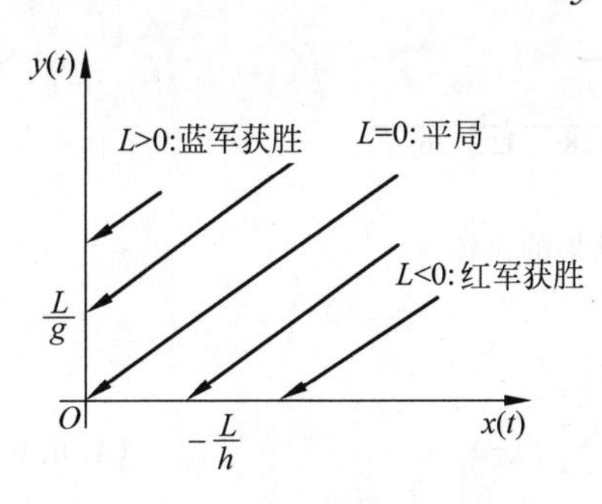

图 4.9　游击战解的示意图

方程(4.5.4)在 xOy 平面上定义了一族直线，如图 4.9 所示。如果 $L>0$，则蓝军获胜；如果 $L<0$，则红军获胜；如 $L=0$，则红蓝双方战平。

说明：

事前确定系数 a,b,c,d 的数值通常是不可能的，但是如果对已有的战役资料来确定 a,b（或者 c,d）的数值，那么对于其他同样条件下进行的战斗，a,b（或 c,d）这些系数就可以认为是已知的了。

因此，在以上意义下，兰彻斯特作战模型仍然具有普遍意义。恩格尔(Engel)将第二次世界大战时美军和日军为争夺硫磺岛所进行的战斗资料进行分析，发现与兰彻斯特作战数学模型非常吻合，这就说明了兰彻斯特作战数学模型是能够用来描述实际战争的。

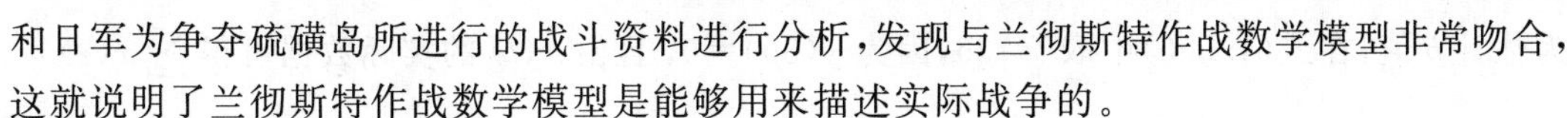

4.5.5　硫磺岛战役

硫磺岛战役是“二战”时期著名的战役。硫磺岛位于东京以南 1062km，面积仅有 20.7km^2，是日军的重要军事基地。美军想要夺取硫磺岛作为轰炸日本本土时的轰炸机基

地，而日军需要硫磺岛作为战斗机基地，以便攻击美国的轰炸机。美军从1945年2月19日开始进攻，激烈的战斗持续了一个多月，双方伤亡十分惨重，日方守军21 500人全部阵亡或被俘，美军投入兵力73 000人，伤亡20 265人，战争进行到第28天时美军宣布占领该岛，实际战斗到第36天才停止。美军有按天统计的战斗减员和增援情况的战地记录，日军没有后援，战地记录全部遗失。

用$x(t)$和$y(t)$分别表示美军和日军在第t天的人数，在正规战模型中加上初始条件，得

$$\begin{cases}\dfrac{\mathrm{d}x}{\mathrm{d}t}=-ay+f(t)\\ \dfrac{\mathrm{d}y}{\mathrm{d}t}=-bx\\ x(0)=0,\quad y(0)=21\,500\end{cases}\tag{4.5.5}$$

其中

$$f(t)=\begin{cases}54\,000, & 0\leqslant t<1\\ 6000, & 2\leqslant t<3\\ 13\,000, & 5\leqslant t<6\\ 0, & 6\leqslant t<36\end{cases}$$

由增援率和每天的伤亡人数可算出$x(t)$，$t=1,2,\cdots,36$（见图4.10中虚线），将已有数据代入式(4.5.5)，计算出$x(t)$的理论值并与实际值作一比较。

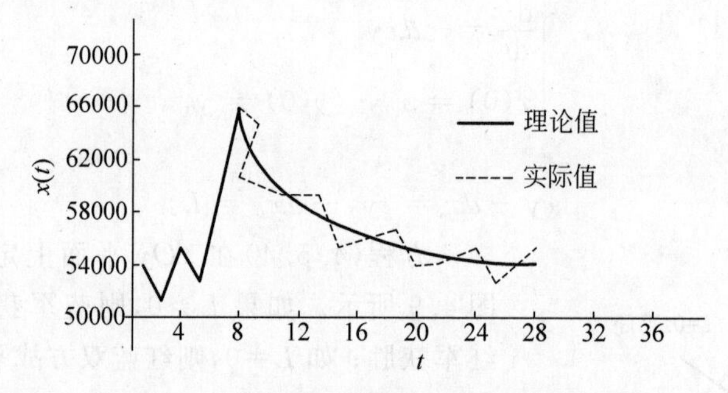

图4.10 美军兵力实际数与理论结果的比较

对方程(4.5.5)用求和代替积分得

$$x(t)=x(0)-a\sum_{\tau=1}^{t}y(\tau)+\sum_{\tau=1}^{t}f(\tau)\tag{4.5.6}$$

$$y(t)=y(0)-b\sum_{\tau=1}^{t}x(\tau)\tag{4.5.7}$$

为估计b值，在式(4.5.6)中取$t=36$，因为$y(36)=0$，且由$x(t)$的实际数据可得$\sum\limits_{\tau=1}^{36}x(\tau)=2\,037\,000$，于是从式(4.5.6)估计出$b=\dfrac{21\,500}{2\,037\,000}=0.0106$，再把这个值代入式(4.5.7)即可算出$y(t)$，$t=1,2,\cdots,36$。

由式(4.5.6)估计a值，令$t=36$，得

$$a=\frac{\sum_{\tau=1}^{36}f(\tau)-x(36)}{\sum_{\tau=1}^{36}y(\tau)} \tag{4.5.8}$$

其中分子为美军总的伤亡人数 20 265 人，可由式(4.5.7)算出 $y(t)$从而得到分母，再由式(4.4.8)可解出 $a=\frac{20\ 265}{372\ 500}=0.0544$，将 a 值代入式(4.5.6)得

$$x(t)=-0.0544\sum_{\tau=1}^{t}y(\tau)+\sum_{\tau=1}^{t}f(\tau) \tag{4.5.9}$$

由式(4.5.9)可算出美军人数 $x(t)$的理论值。

4.6　微分方程的数值解

科学研究和工程技术中的问题往往归结为求某个常微分方程的定解问题。常微分方程理论指出，很多方程的定解问题虽然存在，但往往很复杂且大多情形求不出解析解，因而在生产和科研实际中所处理的微分方程，常常需要求其满足精度要求的近似解。常微分方程数值解法常用来求近似解，由于它提供的算法能通过计算机便捷地实现，因此近年来得到迅速的发展和应用。常微分方程数值解法的过程是，先对求解区间进行划分，然后把微分方程离散成在节点上的近似公式或近似方程，最后结合定解条件求出近似解。

4.6.1　欧拉方法

考察一阶微分方程的初值问题

$$\begin{cases} y'=f(x,y) \\ y(x_0)=y_0 \end{cases} \tag{4.6.1}$$

其中函数 $f(x,y)$关于 y 满足 Lipschitz 条件，保证式(4.6.1)解的存在且唯一。

解此问题的最简单而直观的数值方法是欧拉方法，在精度要求不高时适用，下面给出具体推导。

初值问题(4.6.1)中第一式含有导数项 $y'(x)$，这是微分方程的本质特征，也正是它难以求解的症结所在。数值解法的第一步就是设法消除其导数项，这个过程称为离散化。由于差分是微分的近似运算，实现离散化的基本途径是用差商替代导数。比如，若在点 x_n 处，根据式(4.6.1)列出方程

$$y'(x_n)=f(x_n,y(x_n))$$

并用差商$\frac{y(x_{n+1})-y(x_n)}{h}$替代其中的导数项 $y'(x_n)$，结果有

$$y(x_{n+1})\approx y(x_n)+hf(x_n,y(x_n))$$

用 $y(x_n)$的近似值 y_n 代入上式右端，记所得结果为 y_{n+1}，就导出计算公式

$$y_{n+1}=y_n+hf(x_n,y_n),\quad n=0,1,2,\cdots \tag{4.6.2}$$

这就是**欧拉格式**。若初值 y_0 已知，则根据式(4.6.2)可逐步求出 $y_1,y_2,\cdots$。

4.6.2 梯形方法

将方程 $y'=f(x,y)$ 的两端从 x_n 到 x_{n+1} 积分得

$$y(x_{n+1}) = y(x_n) + \int_{x_n}^{x_{n+1}} f(x,y(x))\mathrm{d}x$$

要得到 $y(x_{n+1})$ 的近似值，只要近似地算出其中的积分项即可，用梯形方法来计算积分项得

$$\int_{x_n}^{x_{n+1}} f(x,y(x))\mathrm{d}x \approx \frac{h}{2}[f(x_n,y(x_n)) + f(x_{n+1},y(x_{n+1}))]$$

将式中的 $y(x_n)$，$y(x_{n+1})$ 分别用 y_n，y_{n+1} 替代得

$$y_{n+1} = y_n + \frac{h}{2}[f(x_n,y_n) + f(x_{n+1},y_{n+1})] \tag{4.6.3}$$

这一差分格式称为**梯形格式**。

欧拉方法是一种显式算法，其计算量小，但精度很低；梯形方法虽提高了精度，但它是一种隐式算法，需要迭代求解，计算量大。综合使用这两种方法，先用欧拉方法求得一个初步的近似值 $\bar{y}_{n+1}$，称为预报值；用它代替式(4.6.3)右端的 y_{n+1}，再直接计算得到式(4.6.3)左端的校正值 y_{n+1}。这样就建立了预报-校正系统：

$$\text{预报}\quad \bar{y}_{n+1} = y_n + hf(x_n,y_n)$$

$$\text{校正}\quad y_{n+1} = y_n + \frac{h}{2}[f(x_n,y_n) + f(x_{n+1},\bar{y}_{n+1})]$$

称为梯形公式的**预报-校正格式**。

4.6.3 龙格-库塔方法

1. 基本思想

考察差商 $\dfrac{y(x_{n+1})-y(x_n)}{h}$，根据微分中值定理，存在 $\xi\in(x_n,x_{n+1})$，使得

$$\frac{y(x_{n+1}) - y(x_n)}{h} = y'(\xi)$$

从而利用所给方程 $y'=f(x,y)$ 得

$$y(x_{n+1}) = y(x_n) + hf(\xi,y(\xi)) \tag{4.6.4}$$

设 $K^*=f(\xi,y(\xi))$，称为区间 $[x_n,x_{n+1}]$ 上的平均斜率。只要对平均斜率提供一种算法，由式(4.6.4)便可以相应地导出一种计算格式。

考察欧拉格式 $y_{n+1}=y_n+hf(x_n,y_n)$，$n=0,1,2,\cdots$。不难看出，它简单地取点 x_n 的斜率值 $K_1=f(x_n,y_n)$ 作为平均斜率 K^*，因而精度自然很低。

再考察式(4.6.3)，它也可以写成

$$\begin{cases} y_{n+1} = y_n + \dfrac{h}{2}(K_1 + K_2) \\ K_1 = f(x_n,y_n) \\ K_2 = f(x_{n+1},y_n + hK_1) \end{cases}$$

这可以理解为：用 x_n 与 x_{n+1} 两个点的斜率值 K_1 和 K_2 取算术平均作为平均斜率 K^*，而 x_{n+1} 处的斜率 K_2 则利用欧拉方法来预报。

上面处理过程启示我们,如果设法在$[x_n,x_{n+1}]$内多预报几个点的斜率值,然后将它们取加权平均作为平均斜率,则有可能构造出具有较高精度的计算格式,这就是龙格-库塔方法的基本思想。

2. 二阶龙格-库塔方法

考察区间$[x_n,x_{n+1}]$内一点$x_{n+p}=x_n+ph(0<p\leqslant 1)$,用$x_n$和$x_{n+p}$两个点的斜率值$K_1$和$K_2$加权平均得到平均斜率$K^*$,即令

$$y_{n+1}=y_n+h[(1-\lambda)K_1+\lambda K_2]$$

式中的λ为待定系数。仍取$K_1=f(x_n,y_n)$,问题在于如何预报x_{n+p}处的斜率值K_2?先用欧拉方法提供$y(x_{n+p})$的预报值$y_{n+p}=y_n+phK_1$,然后用y_{n+p}通过计算产生斜率值$K_2=f(x_{n+p},y_{n+p})$。这样设计出的计算格式具有如下形式:

$$\begin{cases}y_{n+1}=y_n+h[(1-\lambda)K_1+\lambda K_2]\\K_1=f(x_n,y_n)\\K_2=f(x_n+ph,y_n+phK_1)\end{cases}\tag{4.6.5}$$

其中含两个待定参数λ,p,适当选取这些参数的值,使得格式(4.6.5)具有较高的精度。

假定$y_n=f(x_n)$,分别将K_1,K_2作泰勒展开,有

$$\begin{aligned}K_1&=f(x_n,y_n)=y(x_n)\\K_2&=f(x_{n+p},y_n+phK_1)\\&=f(x_n,y_n)+ph[f_x(x_n,y_n)+f(x_n,y_n)f_y(x_n,y_n)]+o(h^2)\\&=y'(x_n)+phy''(x_n)+o(h^2)\end{aligned}$$

代入式(4.6.5)知

$$y_{n+1}=y(x_n)+hy'(x_n)+\lambda ph^2y''(x_n)+o(h^3)$$

和二阶泰勒展开式

$$y_{n+1}=y(x_n)+hy'(x_n)+\frac{h^2}{2}y''(x_n)+o(h^3)$$

比较系数即可发现,欲使式(4.6.5)的截断误差为$o(h^3)$,只要$\lambda p=\frac{1}{2}$。满足这一条件的一族格式统称为**二阶龙格-库塔格式**。特别当$p=1,\lambda=\frac{1}{2}$时,龙格-库塔格式(4.6.5)就是梯形公式的预报-校正格式。

3. 四阶龙格-库塔方法

用类似的方法可以确定三阶和四阶龙格-库塔方法的参数,构造出三阶和四阶龙格-库塔方法。常用的是四阶龙格-库塔方法,其形式不止一种,下面给出最常用的经典的四阶龙格-库塔公式。

$$\begin{cases}y_{n+1}=y_n+\frac{h}{6}(K_1+2K_2+2K_3+K_4)\\K_1=f(x_n,y_n)\\K_2=f\left(x_n+\frac{h}{2},y_n+\frac{h}{2}K_1\right)\\K_3=f\left(x_n+\frac{h}{2},y_n+\frac{h}{2}K_2\right)\\K_4=f(x_n+h,y_n+hK_3)\end{cases}\tag{4.6.6}$$

例 4.6.1 用经典的四阶龙格-库塔方法计算

$$\begin{cases} y' = y - \dfrac{2x}{y}, \quad 0 \leqslant x \leqslant 1 \\ y_0 = 1 \end{cases}$$

取步长为 0.2,并与准确值比较。

解 由式(4.6.6)得

$$\begin{cases} y_{n+1} = y_n + \dfrac{0.2}{6}(K_1 + 2K_2 + 2K_3 + K_4) \\ K_1 = y_n - \dfrac{2x_n}{y_n} \\ K_2 = y_n + 0.1K_1 - 2\,\dfrac{x_n + 0.1}{y_n + 0.1K_1} \\ K_3 = y_n + 0.1K_2 - 2\,\dfrac{x_n + 0.1}{y_n + 0.1K_2} \\ K_4 = y_n + 0.1K_3 - 2\,\dfrac{x_n + 0.1}{y_n + 0.1K_3} \end{cases}$$

计算结果列表如下:

x_n	y_n	$y(x_n)$
0	1	1
0.2	1.183 229	1.183 216
0.4	1.341 667	1.341 641
0.6	1.483 281	1.483 240
0.8	1.612 514	1.612 452
1.0	1.732 142	1.732 051

可见,即使用 $h=0.2$ 计算,也比一阶和二阶方法精度高得多。

4.7 用 MATLAB 求解微分方程

4.7.1 微分方程的解析解

求微分方程组的解析解命令为

```
dsolve('方程 1','方程 2',…,'方程 n','初始条件','自变量')
```

注意,在表达微分方程时,用字母 D 表示求导数,D2,D3 分别表示二阶、三阶导数,等等。任何 D 后所跟的字母为因变量,自变量可以指定或由系统规则选定为缺省。例如,微分方程 $\dfrac{\mathrm{d}^2 y}{\mathrm{d}x^2}=0$ 应表达为 D2y=0。

例 4.7.1 求 $\dfrac{\mathrm{d}u}{\mathrm{d}t}=(1+u^2)t$ 的通解。

解 输入命令:

```
>> u = dsolve('Du = (1 + u^2) * t','t')
```

运行结果为 u =tan(1/2 * t ^2+C1)，即该方程的通解为 $u=\tan\left(\frac{1}{2}t^2+C_1\right)$。

例 4.7.2　求微分方程的特解：

$$\begin{cases}\frac{\mathrm{d}^2 y}{\mathrm{d}x^2}+4\frac{\mathrm{d}y}{\mathrm{d}x}+13y=0\\ y(0)=0,\quad y'(0)=15\end{cases}$$

解　输入命令

```
>> y = dsolve('D2y + 4 * Dy + 13 * y = 0','y(0) = 0,Dy(0) = 15','x')
```

运行结果为 y=5 * exp(−2 * x) * sin(3 * x)，即方程的特解为 $y=5\mathrm{e}^{-2x}\sin(3x)$。

例 4.7.3　求微分方程组的通解：

$$\begin{cases}\frac{\mathrm{d}x}{\mathrm{d}t}=2x-3y+3z\\ \frac{\mathrm{d}y}{\mathrm{d}t}=4x-5y+3z\\ \frac{\mathrm{d}z}{\mathrm{d}t}=4x-4y+2z\end{cases}$$

解　输入命令

```
>>[x,y,z] = dsolve('Dx = 2 * x - 3 * y + 3 * z','Dy = 4 * x - 5 * y + 3 * z','Dz = 4 * x - 4 * y + 2 * z', 't');
>> x = simple(x)                                    % 将 x 化简
>> y = simple(y)
>> z = simple(z)
```

运行结果为

```
x = - ( - C1 - C2 * exp( - 3 * t) + C2 - C3 + C3 * exp( - 3 * t)) * exp(2 * t)
y = - (C1 * exp( - 4 * t) - C1 - C2 * exp( - 4 * t) - C2 * exp( - 3 * t) + C2 - C3 + C3 * exp( - 3 * t))
* exp(2 * t)
z = ( - C1 + exp(4 * t) * C1 - C2 * exp(4 * t) + C2 + exp(4 * t) * C3) * exp( - 2 * t)
```

4.7.2　用 MATLAB 求常微分方程的数值解

利用 MATLAB 求常微分方程的数值解的函数见图 4.11。

注　(1) 在解 n 个未知函数的方程组时，$\boldsymbol{x}_0$ 和 $\boldsymbol{x}$ 均为 n 维向量，M 文件中的待解方程组应以 $\boldsymbol{x}$ 的分量形式写成。

(2) 使用 MATLAB 求数值解时，高阶微分方程必须等价地变换成一阶微分方程组。

例 4.7.4　利用 MATLAB 求解初值问题

$$\begin{cases}\frac{\mathrm{d}^2 x}{\mathrm{d}t^2}-1000(1-x^2)\frac{\mathrm{d}x}{\mathrm{d}t}-x=0\\ x(0)=2,\quad x'(0)=0\end{cases}$$

解　令 $y_1=x y_2=y_1'$，化为一阶微分方程组

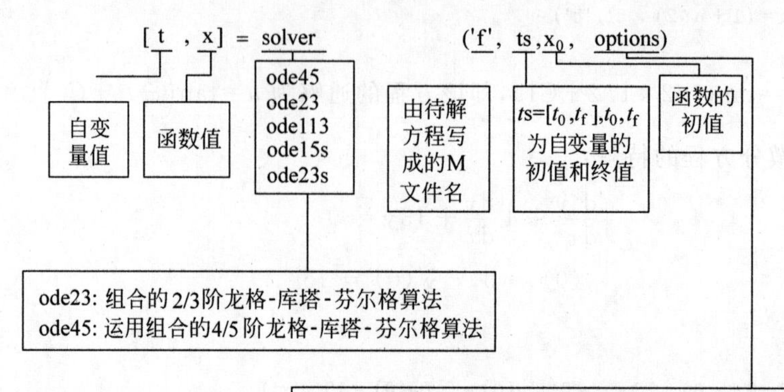

图 4.11　求常微分方程的数值解的函数

$$
\begin{cases}
y_1' = y_2 \\
y_2' = 1000(1-y_1^2)y_2 - y_1 \\
y_1(0) = 2, y_2(0) = 0
\end{cases}
$$

建立 M 文件 vdp1000.m 如下：

```
function dy = vdp1000(t,y)
dy = zeros(2,1);
dy(1) = y(2);
dy(2) = 1000 * (1 - y(1)^2) * y(2) - y(1);
```

取 $t_0=0$，$t_f=3000$，输入命令

```
>>[T,Y] = ode15s('vdp1000',[0 3000],[2 0]);
>> plot(T,Y(:,1),'-')
```

结果如图 4.12 所示。

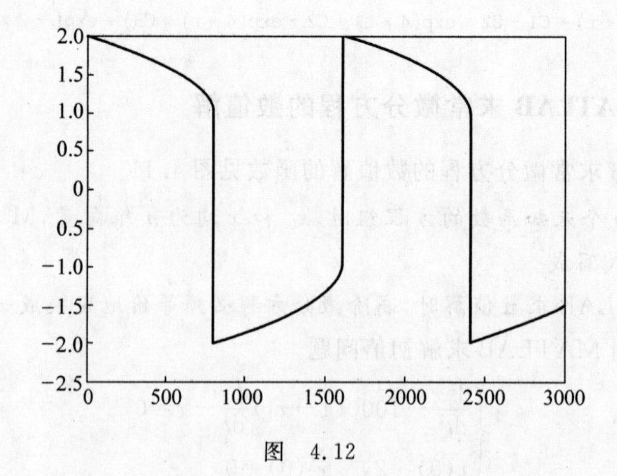

图　4.12

例 4.7.5 解微分方程组

$$\begin{cases} y_1' = y_2 y_3 \\ y_2' = -y_1 y_3 \\ y_3' = -0.51 y_1 y_2 \\ y_1(0) = 0, \quad y_2(0) = 1, \quad y_3(0) = 1 \end{cases}$$

解 建立 M 文件 rigid.m 如下：

```
function dy = rigid(t,y)
dy = zeros(3,1);
dy(1) = y(2) * y(3);
dy(2) = - y(1) * y(3);
dy(3) = - 0.51 * y(1) * y(2);
```

取 $t_0=0, t_f=12$，输入命令

```
>>[T,Y] = ode45('rigid',[0 12],[0 1 1]);
>> plot(T,Y(:,1),'-',T,Y(:,2),'*',T,Y(:,3),'+')
```

结果如图 4.13 所示。

在图 4.13 中，y_1 的图形为实线，y_2 的图形为"*"线，y_3 的图形为"+"线。

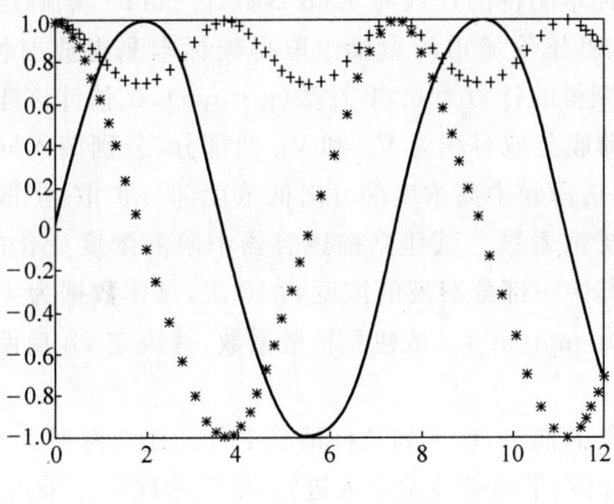

图 4.13 例 4.7.5 的解

习题 4

4.1 某人每天由饮食获取 10 467J 热量，其中 5038J 用于新陈代谢，此外每千克体重需支付 69J 热量作为运动消耗，其余热量则转化为脂肪，已知以脂肪形式储存的热量利用率为 100%，每公斤脂肪含热量 41 868J，问此人的体重如何随时间而变化？

4.2 生活在阿拉斯加海滨的鲑鱼服从 Malthus 增长模型

$$\frac{dp(t)}{dt} = 0.003p(t)$$

其中 t 以分钟计。在 $t=0$ 时一群鲨鱼来到此水域定居，开始捕杀鲑鱼。鲨鱼捕杀鲑鱼的速率是 $0.001p^2(t)$，其中 $p(t)$是 t 时刻鲑鱼总数。此外，由于在它们周围出现意外情况，平均每分钟有 0.002 条鲑鱼离开此水域。

(1) 考虑到两种因素,试修正 Malthus 模型。

(2) 假设在 $t=0$ 时存在 100 万条鲑鱼,试求鲑鱼总数 $p(t)$,并问 $t\to+\infty$ 时会发生什么情况?

4.3 根据罗瑟福的放射性衰变定律,放射性物质衰变的速度与现存的放射性物质的原子数成正比,比例系数称为衰变系数,试建立放射性物质衰变的数学模型。若已知某放射性物质经时间 $T_{\frac{1}{2}}$,放射性物质的原子数下降至原来的一半($T_{\frac{1}{2}}$称为该物质的半衰期),试决定其衰变系数。

4.4 用具有放射性的^{14}C测量古生物年代的原理是:宇宙线轰击大气层产生中子,中子与氮结合产生^{14}C。植物吸收二氧化碳时吸收了^{14}C,动物食用植物后从植物中得到^{14}C。在活体组织中^{14}C的吸收速率恰好与^{14}C的衰变速率平衡。但一旦动植物死亡,就停止吸收^{14}C,于是^{14}C的浓度随衰变而降低。由于宇宙射线轰击大气层的速度可视为常数,即动物刚死亡时^{14}C的衰变速率与现在取的活体组织样本的衰变速率是相同的。若测得古生物标本现在^{14}C的衰变速率,由于^{14}C的衰变系数已知,即可决定古生物的死亡时间。试建立用^{14}C测量古生物年代的数学模型(^{14}C的半衰期为 5568 年)。

4.5 试用上题建立的数学模型,确定下述古迹的年代:

(1) 1950 年从法国 Lascaux 古洞中绘画作品上取出的碳测得放射性计数率为 0.97 计数(g · min),而活树木样本测得的计数为 6.68 计数(g · min),试确定该洞中绘画的年代;

(2) 1950 年从某古巴比伦城市的屋梁中取得碳标本测得放射性计数率为 4.09 计数(g · min),活树木样本测得的计数为 6.68 计数(g · min),试估计该建筑的年代。

4.6 某容器用一薄膜分成容积为 V_A 和 V_B 两部分,分别装入同一物质不同浓度的溶液。设该物质分子能穿透薄膜由高浓度部分向低浓度部分扩散,扩散速度与两部分浓度差成正比,比例系数称为扩散系数。试建立描述容器中溶液浓度变化的数学模型。设 $V_A=V_B=l$,每隔 100s 测量其中一部分溶液的浓度共 10 次,具体数据为 454,499,535,565,590,610,626,650,659(单位: mol/m^3)。试建立扩散系数,并决定 2h 后两部分中溶液的浓度各为多少。

4.7 对于技术革新的推广,在下列几种情况下分别建立模型:

(1) 推广工作通过已经采用新技术的人进行,推广速度与已采用新技术的人数成正比,推广是无限的。

(2) 总人数有限,因而推广速度随着尚未采用新技术的人数的减少而降低。

(3) 在(2)的前提下还要考虑广告等媒介的传播作用。

4.8 某种细菌的增长率未知,但假设其为常数,试验开始时大约有 11 500 个细菌,1h 后有 2000 个,问 4h 后大约有多少细菌?

4.9 只考虑人口的自然增长,不考虑人口的迁移和其他因素,纽约市人口满足方程

$$\frac{dN}{dt}=\frac{1}{25}N-\frac{1}{25\times10^6}N^2$$

若每年迁入人口数为 6000 人,而每年约有 4000 人死亡,试求出纽约市的未来人口数,并讨论长时间后纽约市的人口状况。

4.10 某地有一池塘,其水面面积约为 $100\times100m^2$,用来养殖某种鱼类。在如下的假设下,设计能获取较大利润的三年养鱼方案。

(1) 鱼的存活空间为 1kg/m^2；

(2) 每 1kg 鱼每天需要的饲料为 0.05kg，市场上鱼饲料的价格为 0.2 元/kg；

(3) 鱼苗的价格忽略不计，每 1kg 鱼苗大约有 500 条；

(4) 鱼可四季生长，每天的生长重量与鱼的自重成正比，365 天长为成鱼，成鱼的重量为 2kg；

(5) 池塘内鱼的繁殖与死亡均忽略；

(6) 若 q 为鱼重，则此种鱼的售价为

$$Q=\begin{cases}0\text{ 元/kg}, & q<0.2\\ 6\text{ 元/kg}, & 0.2\leqslant q<0.75\\ 8\text{ 元/kg}, & 0.75\leqslant q<1.5\\ 10\text{ 元/kg}, & 1.5\leqslant q\leqslant 2\end{cases}$$

(7) 该池塘内只能投放鱼苗。

4.11　在许多情况下，掠夺者攻击的对象主要是成年的被掠夺者，而未成年者或者因为体积小或者因为生活在不同地点而受到较好的保护。设 x_1 是成年的被掠夺者的个数，x_2 是未成年的被掠夺者的个数，y 是掠夺者的个数，试建立数学模型并求其平衡解。

4.12　在马来西亚的某岛上栖居着巨大的食肉爬虫和一些哺乳动物，又生长着丰富的岛生植物。食肉爬虫吃哺乳动物，哺乳动物吃植物。假设食肉爬虫对于植物没有直接影响，植物本身存在着生存竞争，试建立数学模型并求其平衡点。

4.13　在加拿大草原地带有许多兔子，同时还有许多大山猫，大山猫吃兔子。不考虑其他动物的干扰，试建立大山猫和兔子相互作用的数学模型。

4.14　方程组 $\begin{cases}x'=-ay\\ y'=-by-cxy\end{cases}$ 是正规部队对游击队作战的一个兰彻斯特数学模型，其中游击队 y 的非战斗减员率与 $y(t)$ 成正比。

(1) 求方程组的轨线；

(2) 试问哪一方胜利。

(注：作战部队的非战斗减员率是指非战斗的原因(如开小差、疾病等)减员)

第 5 章 差分方程模型

在经济管理以及其他实际问题中，许多数据都是以等间隔时间周期统计的。例如，银行中的定期存款是按所设定的时间等间隔计息，外贸出口额按月统计，国民收入按年统计，产品的产量按月统计，等等。这些量是变量，通常称这类变量为离散型变量。描述离散型变量之间的关系的数学模型成为离散模型。对取值是离散化的经济变量，差分方程是研究它们之间变化规律的有效方法。

本章介绍差分方程的基本概念、解的基本定理及其解法，与微分方程的基本概念、解的基本定理及其解法非常类似，可对照微分方程的知识学习本章内容。

5.1 差分方程及其解的性质

5.1.1 差分方程及其解

设有未知序列$\{x_n\}$，称

$$F(n;\ x_n, x_{n+1}, \cdots, x_{n+k}) = 0 \tag{5.1.1}$$

为k阶差分方程。

若有$x_n=x(n)$，满足$F(n;\ x(n), x(n+1), \cdots, x(n+k))=0$，则称$x_n=x(n)$是差分方程(5.1.1)的解，包含$k$个任意常数的解称为方程(5.1.1)的通解，$x_0, x_1, \cdots, x_{k-1}$为已知时，称其为方程(5.1.1)的初始条件，通解中的任意常数都由初始条件确定后的解称为(5.1.1)的特解。

形如

$$x_{n+k} + a_1(n)x_{n+k-1} + \cdots + a_k(n)x_n = f(n) \tag{5.1.2}$$

的差分方程，称为k阶线性差分方程。$a_i(n)(i=1,2,\cdots,k)$为已知系数，且$a_k(n)\neq 0$。

若差分方程(5.1.2)中的$f(n)=0$，则称差分方程(5.1.2)为k阶齐次线性差分方程，否则称为k阶非齐次线性差分方程。

若有常数 α 是差分方程(5.1.1)的解，即 $F(n;\alpha,\alpha,\cdots,\alpha)=0$，则称 α 是差分方程(5.1.1)的平衡点，又对差分方程(5.1.1)的任意由初始条件确定的解 $x_n=x(n)$，都有 $x_n\to\alpha(n\to\infty)$，则称平衡点 α 是稳定的。

若 $x_0,x_1,\cdots,x_{k-1}$ 已知，则形如 $x_{n+k}=g(n;x_n,x_{n+1},\cdots,x_{n+k-1})$ 的差分方程的解可以在计算机上实现。

5.1.2　线性差分方程解的基本定理

现在来讨论线性差分方程解的基本定理，将以二阶线性差分方程为例，任意阶线性差分方程都有类似结论。

二阶线性差分方程的一般形式为

$$x_{n+2}+a(n)x_{n+1}+b(n)x_n=f(n) \tag{5.1.3}$$

其中 $a(n)$，$b(n)$ 和 $f(n)$ 均为 n 的已知函数，且 $b(n)\neq 0$。若 $f(n)\neq 0$，则式(5.1.3)称为二阶非齐次线性差分方程；若 $f(n)\equiv 0$，则式(5.1.3)变为

$$x_{n+2}+a(n)x_{n+1}+b(n)x_n=0 \tag{5.1.4}$$

定理 5.1.1　若函数 $x_1(n)$，$x_2(n)$ 是二阶齐次线性差分方程(5.1.4)的解，则 $(n)=C_1x_1(n)+C_2x_2(n)$ 是方程(5.1.4)的解，其中 C_1，C_2 是任意常数。

定理 5.1.2(齐次线性差分方程解的结构定理)　若函数 $x_1(n)$，$x_2(n)$ 是二阶齐次线性差分方程(5.1.4)的两个线性无关解，则 $\bar{x}(n)=C_1x_1(n)+C_2x_2(n)$ 是该方程的通解，其中 C_1，C_2 是任意常数。

定理 5.1.3(非齐次线性差分方程解的结构定理)　若 $x^*(n)$ 是二阶非齐次线性差分方程(5.1.3)的一个特解，$\bar{x}(n)$ 是齐次线性差分方程(5.1.4)的通解，则差分方程(5.1.3)的通解为

$$x(n)=\bar{x}(n)+x^*(n)$$

定理 5.1.4(解的叠加原理)　若函数 $x_1^*(n)$，$x_2^*(n)$ 分别是二阶非齐次线性差分方程 $x_{n+2}+a(n)x_{n+1}+b(n)x_n=f_1(n)$ 与 $x_{n+2}+a(n)x_{n+1}+b(n)x_n=f_2(n)$ 的特解，则 $x_1^*(n)+x_2^*(n)$ 是差分方程 $x_{n+2}+a(n)x_{n+1}+b(n)x_n=f_1(n)+f_2(n)$ 的特解。

在方程(5.1.3)中可以根据函数 $f(n)$ 的几种常见形式用待定系数法求它的特解。按下表确定特解的形式，比较方程两端的系数，可得到特解 $x^*(n)$。

<table>
<tr><th>$f(n)$的形式</th><th colspan="2">确定待定特解的条件</th><th colspan="2">待定特解的形式</th></tr>
<tr><td rowspan="2">$\rho^nP_m(n)$ $(\rho>0)$
$P_m(n)$是 m 次多项式</td><td colspan="2">ρ 不是特征根</td><td>$\rho^nQ_m(n)$</td><td rowspan="2">$Q_m(n)$是 m 次多项式</td></tr>
<tr><td colspan="2">ρ 是特征根</td><td>$n\rho^nQ_m(n)$</td></tr>
<tr><td rowspan="2">$\rho^n(a\cos n\theta+b\sin n\theta)$</td><td rowspan="2">令 $\delta=\rho(\cos n\theta+i\sin n\theta)$</td><td>$\delta$ 不是特征根</td><td colspan="2">$\rho^n(A\cos n\theta+B\sin n\theta)$</td></tr>
<tr><td>δ 是特征根</td><td colspan="2">$n\rho^n(A\cos n\theta+B\sin n\theta)$</td></tr>
</table>

注：当 $f(n)=\rho^n(a\cos n\theta+b\sin n\theta)$ 时，因 ρ 和 θ 为已知，令 $\delta=\rho(\cos n\theta+i\sin n\theta)$，则可计算出 δ。

5.1.3　一阶常系数线性差分方程的解

一阶常系数线性差分方程的一般形式为

$$x_{n+1} + ax_n = f(n) \tag{5.1.5}$$

其中常数 $a\neq 0$，$f(n)$为 n 的已知函数，当 $f(n)$不恒为零时，式(5.1.5)称为一阶非齐次差分方程；当 $f(t)\equiv 0$ 时，差分方程

$$x_{n+1} + ax_n = 0 \tag{5.1.6}$$

称为一阶非齐次线性差分方程对应的一阶齐次差分方程。

下面给出差分方程(5.1.6)的迭代解法。

把方程(5.1.6)写作 $x_{n+1}=-ax_n$，假设 $x_0=C$ 时，有

$$\begin{aligned} x_1 &= -ax_0 = C(-a) \\ x_2 &= -ax_1 = C(-a)^2 \\ &\vdots \\ x_n &= -ax_{n-1} = C(-a)^n, \quad n = 0,1,2,\cdots \end{aligned}$$

最后一式就是齐次差分方程(5.1.6)的通解。特别地，当 $a=-1$ 时，齐次差分方程(5.1.6)的通解为 $x_n=C$，$n=0,1,2,\cdots$。

一阶常系数线性差分方程

$$x_{n+1} + ax_n = b \tag{5.1.7}$$

(其中 a，b 为常数，且 $a\neq -1,0$)的通解为

$$x_n = C(-a)^n + \frac{b}{a+1} \tag{5.1.8}$$

由式(5.1.8)知，当且仅当$|a|<1$ 时，$\dfrac{b}{a+1}$是方程(5.1.7)稳定的平衡点。

例 5.1.1 求差分方程 $x_{n+1}+x_n=3+2n$ 的通解。

解 特征方程为$\lambda+1=0$，特征根$\lambda=-1$。齐次差分方程的通解为$\bar{x}_n=C(-1)^n$，由于$f(n)=3+2n=\rho^n P_1(n)$，$\rho=1$ 不是特征根。因此非齐次差分方程的特解为

$$x^*(n)=B_0+B_1 n$$

将其代入已知差分方程得

$$2B_0+B_1+2B_1 n=3+2n$$

比较该方程的两端关于 n 的同次幂的系数，可解得 $B_0=B_1=1$，故 $x^*(n)=n+1$。

于是，所求通解为 $x_n=\bar{x}_n+x^*(n)=C(-1)^n+n+1$，$C$ 为任意常数。

5.1.4 二阶常系数线性差分方程的解

二阶常系数线性差分方程的一般形式为

$$x_{n+2} + ax_{n+1} + bx_n = f(n) \tag{5.1.9}$$

其中 a，b 为已知常数，且 $b\neq 0$，$f(n)$为已知函数。与方程(5.1.9)相对应的二阶齐次线性差分方程为

$$x_{n+2} + ax_{n+1} + bx_n = 0 \tag{5.1.10}$$

为了求出二阶齐次差分方程(5.1.10)的通解，首先要求出两个线性无关的特解。设方程(5.1.10)有特解 $x_n=\lambda^n$，其中 λ 是非零待定常数。将其代入方程(5.1.10)有 $\lambda^n(\lambda^2+a\lambda+b)=0$。因为 $\lambda\neq 0$，所以 $x_n=\lambda^n$ 是方程(5.1.10)的解的充要条件是

$$\lambda^2 + a\lambda + b = 0 \tag{5.1.11}$$

称二次代数方程(5.1.11)为差分方程(5.1.9)或差分方程(5.1.10)的特征方程，对应的根称为特征根。

(1) 若特征方程(5.1.11)有相异实根 λ_1 与 λ_2，则齐次差分方程(5.1.10)有两个特解 $x_1(n)=\lambda_1^n$ 和 $x_2(n)=\lambda_2^n$，且它们线性无关，于是，其通解为 $x_C(n)=C_1\lambda_1^n+C_2\lambda_2^n$，其中 C_1,C_2 为任意常数。

(2) 若特征方程(5.1.11)有相同的实根 $\lambda_1=\lambda_2$，这时齐次差分方程(5.1.10)有一个特解 $x_1(n)=\lambda_1^n$，直接验证可知 $x_2(n)=n\lambda_1^n$ 也是齐次差分方程(5.1.10)的特解。显然，$x_1(n)$ 与 $x_2(n)$ 线性无关。于是，齐次差分方程(5.1.10)的通解为 $x_C(n)=(C_1+C_2n)\lambda_1^n$，其中 C_1，C_2 为任意常数。

(3) 若特征方程(5.1.11)有共轭复根 $\alpha\pm i\beta$，此时，直接验证可知，齐次差分方程(5.1.10)有两个线性无关的特解 $x_1(n)=\rho^n\cos n\theta$，$x_2(n)=\rho^n\sin n\theta$，其中 $\rho=\sqrt{\alpha^2+\beta^2}$，$\theta$ 为 $\alpha\pm i\beta$ 确定的辐角，$\theta\in(0,\pi)$。于是，齐次差分方程(5.1.10)的通解为 $x_C(n)=\rho^n(C_1\cos n\theta+C_2\sin n\theta)$，其中 C_1,C_2 为任意常数。

例 5.1.2　在信道上传输仅用三个字母 a,b,c 且长度为 n 的词，规定有两个 a 连续出现的词不能传输，试确定这个信道容许传输的词的个数。

解　令 $h(n)$ 表示容许传输且长度为 n 的词的个数，$n=1,2,\cdots$，通过简单计算可求得 $h(1)=3$，$h(2)=8$。当 $n\geqslant 3$ 时，若词的第一个字母是 b 或 c，则词可按 $h(n-1)$ 种方式完成；若词的第一个字母是 a，则第二个字母是 b 或 c，该词剩下的部分可按 $h(n-2)$ 种方式完成。于是，得差分方程

$$h(n)=2h(n-1)+2h(n-2),\quad n=3,4,\cdots$$

其特征方程为

$$\lambda^2-2\lambda-2=0$$

特征根为

$$\lambda_1=1+\sqrt{3},\quad \lambda_2=1-\sqrt{3}$$

求得通解为

$$h(n)=C_1(1+\sqrt{3})^n+C_2(1-\sqrt{3})^n,\quad n=3,4,\cdots$$

利用条件 $h(1)=3$，$h(2)=8$，求得

$$h(n)=\frac{2+\sqrt{3}}{2\sqrt{3}}(1+\sqrt{3})^n+\frac{-2+\sqrt{3}}{2\sqrt{3}}(1-\sqrt{3})^n,\quad n=1,2,\cdots$$

例 5.1.3　求差分方程 $x_{n+2}-6y_{n+1}+9y_n=3^n$ 的通解。

解　其特征方程为 $\lambda^2-6\lambda+9=0$，特征根为 $\lambda_1=\lambda_2=3$。$f(n)=3^n=\rho^n$，其中 $\rho=3$。因 $\rho=3$ 为二重根，应设特解为 $x^*(n)=Bn^2 3^n$。将其代入差分方程，可解得 $B=\frac{1}{18}$，特解为 $x^*(n)=\frac{1}{18}n^2 3^n$，其通解为

$$x_n=\bar{x}_C(n)+x^*(n)=(C_1+C_2n)3^n+\frac{1}{18}n^2 3^n$$

其中 C_1,C_2 为任意常数。

5.2 金融问题中的差分方程模型

5.2.1 贷款模型

1. 问题提出 现有一笔 p 万元的商业贷款，如果贷款期是 n 年，月利率是 r，今采用月等额还款的方式逐月偿还，建立数学模型计算每月的还款数是多少。

2. 模型分析 在整个还款过程中，每月还款数是固定的，而待还款数是变化的，找出这个变量的变化规律是解决问题的关键。

3. 模型假设 设贷款后第 k 个月后的欠款金额为 A_k 元，每月还款为 m 元，月贷款利率为 r。

4. 模型建立 关于离散变量 A_k，考虑差分关系

$$A_{k+1}=(1+r)A_k-m \tag{5.2.1}$$

满足 $A_0=p, A_{12n}=0$。

5. 模型求解 令 $B_k=A_k-A_{k-1}$，则 $B_k=B_{k-1}(1+r)=B_1(1+r)^{k-1}$，故

$$\begin{aligned}A_k&=A_0+B_1+B_2+\cdots+B_k=A_0+B_1[1+(1+r)+\cdots+(1+r)^{k-1}]\\&=A_0+\frac{B_1}{r}[(1+r)^k-1]=A_0(1+r)^k-\frac{m}{r}[(1+r)^k-1],\quad k=0,1,2,\cdots\end{aligned}$$

这就是方程(5.2.1)的解。把已知数据 A_0, r 代入 $A_{12n}=0$ 中，可以求出月还款额 m。例如，当 $A_0=10\,000, r=0.005\,212\,5, n=2$ 时，可以求出 $m=444.356$ 元。

5.2.2 养老保险模型

1. 问题提出 养老保险是保险中的一种重要险种，保险公司将提供不同的保险方案供选择，分析保险品种的实际投资价值。也就是说，如果已知所交保费和保险收入，分析按年或按月计算实际的利率是多少。或者说，保险公司需要用保费实际获得至少多少利润才能保证兑现客户的保险收益。

2. 模型举例分析 假设每月交费 200 元，60 岁开始领取养老金。男性若 25 岁起投保，届时养老金每月 2282 元；如 35 岁起投保，届时养老金每月 1056 元。试求出保险公司为了兑现保险责任，每月至少应有多少投资收益率？这也就是投保人的实际收益率。

3. 模型假设 这是一个过程分析模型问题。过程的结果在条件一定时是确定的。因为交费是按月进行的。所以整个过程可以按月进行划分。假设投保人到第 k 月为止所交保费及收益的累计总额为 F_k，每月收益率为 r，用 p, q 分别表示 60 岁之前和 60 岁之后每月交费数和领取数，N 表示停交保费的月份，M 表示停领养老金的月份。

4. 模型建立 在整个过程中，离散变量 F_k 的变化规律满足

$$\begin{cases}F_{k+1}=F_k(1+r)+p, & k=0,1,\cdots,N-1\\[2ex] F_{k+1}=F_k(1+r)-q, & k=N,\cdots,M\end{cases}$$

这里 F_k 实际上表示从保险人开始交纳保费以后，保险人账户上的资金数值，我们关心的是，在第 M 个月时，F_M能否为非负数？如果为正，则表明保险公司获得收益；如果为负，则表明保险公司出现亏损。当为零时，表明保险公司最后一无所有，所有的收益全归保险人，

把它作为保险人的实际收益。从这个分析来看，引入变量 F_k 能很好地刻画整个过程中资金的变化关系，特别是引入收益率 r，虽然它不是我们所求的保险人的收益率，但是从问题系统环境中来看，必然要考虑引入另一对象——保险公司的经营效益，以此作为整个过程中各种量变化的表现基础。

5. 模型结果分析　以男性25岁起投保为例来分析计算该模型，假设男性平均寿命为75岁，则有 $p=20, q=2282; N=420, M=600$，初始值为 $F_0=0$，得到

$$F_k = F_0(1+r)^k + \frac{p}{r}[(1+r)^k - 1],\quad k=0,1,2,\cdots,N$$

$$F_k = F_N(1+r)^{k-N} - \frac{q}{r}[(1+r)^{k-N} - 1],\quad k=N+1,\cdots,M$$

在上两式中，分别取 $k=N$ 和 $k=M$，利用 $F_M=0$ 可以求出

$$(1+r)^M - \left(1+\frac{q}{p}\right)(1+r)^{M-N} + \frac{q}{p} = 0$$

再利用牛顿法通过软件编程求出方程的根为 $r=0.004\,85$。同样方法可以求出男性35岁和45岁起投保的月利率分别为 $r=0.004\,61$ 和 $r=0.004\,13$。

5.3　市场经济中的蛛网模型

5.3.1　问题提出

在自由竞争的社会中，很多领域会出现循环波动的现象。在经济领域中，可以从自由集市上某种商品的价格变化看到如下现象：在某一时期，商品的上市量大于需求，引起价格下跌，生产者觉得该商品无利可图，转而经营其他商品；一段时间之后，随着产量的下降，带来的供不应求又会导致价格上升，又有很多生产商会进行该商品的生产；随之而来的，又会出现商品过剩，价格下跌。在没有外界干扰的情况下，这种现象将会反复出现。那么，如何从数学的角度来描述上述现象呢？

5.3.2　模型假设

(1) 设 k 时段商品数量为 x_k，其价格为 y_k。这里将时间离散化为时段，一个时期相当于商品的一个生产周期。

(2) 同一时段的商品价格取决于该时段商品的数量，将

$$y_k = f(x_k) \tag{5.3.1}$$

称为需求函数。出于对自由经济的理解，商品的数量越多，其价格就越低，故可以假设需求函数为单调下降函数。

(3) 下一个时段商品的数量由上一个时段的商品价格决定，将

$$x_{k+1} = g(y_k) \tag{5.3.2}$$

称为供应函数。由于价格越高可以导致产量越大，故可假设供应函数是单调上升函数。

5.3.3　模型求解

在同一个坐标系中，作出需求函数与供应函数的图像，设两条曲线相交于点 $P_0(x_0, y_0)$，

则 P_0 为平衡点。因为此时 $x_0=g(y_0)$，$y_0=f(x_0)$，若对于某个 k，有 $x_k=x_0$，则可推出

$$y_l=y_0,\quad x_l=x_0,\quad l=k,k+1,\cdots$$

即商品的数量保持在 x_0，价格保持在 y_0。不妨设 $x_1\neq x_0$，下面考虑 x_k，y_k 在图上的变化($k=1,2,\cdots$)。如图 5.1 所示，当 x_1 给定后，价格 y_1 由 f 上的 P_1 点决定，下一时段的数量 x_2 由 g 上的 P_2 点决定，y_2 又可由 f 上的 P_3 点决定。依此类推，可得一系列的点 $P_1(x_1,y_1)$，$P_2(x_2,y_1)$，$P_3(x_2,y_2)$，$P_4(x_3,y_2)$，图上的箭头表示求出 P_k 的次序，由图知 $\lim\limits_{k\to\infty}P_k(x,y)=P_0(x_0,y_0)$，即市场经济将趋于稳定。

并不是所有的需求函数和供应函数都趋于稳定，若给定的 f 与 g 的图形如图 5.2 所示，得出的 P_1，P_2，…就不趋于 P_0，此时，市场经济趋于不稳定。

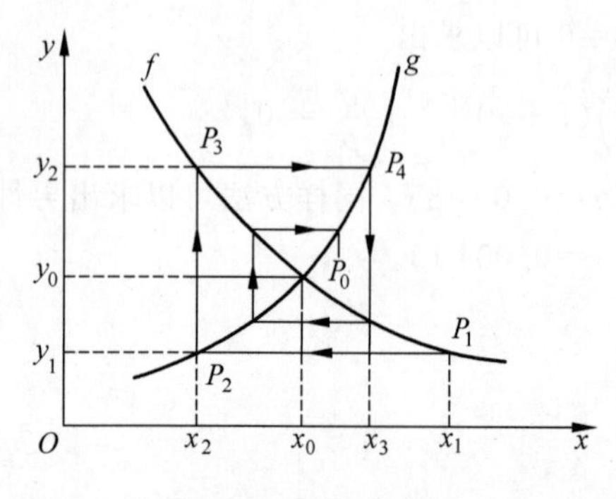

图 5.1　稳定的 P_0

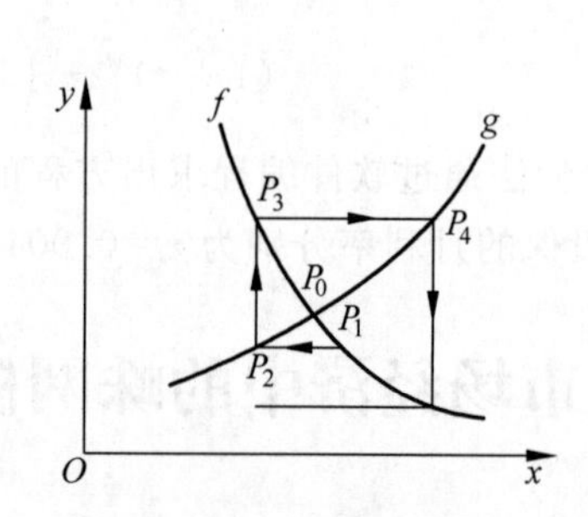

图 5.2　不稳定的 P_0

图 5.1 和图 5.2 中的折线 P_1P_2，P_2P_3，P_3P_4，…形似蛛网，故把这种模型称为蛛网模型。在进行市场经济分析中，f 取决于消费者对某种商品的需要程度及其消费水平，g 取决于生产者的生产、管理等能力。

当已经知道需求函数和供应函数之后，可以根据 f 和 g 的性质判断平衡点 P_0 的稳定性。利用结论：当 $|x_1-x_0|$ 较小时，P_0 点的稳定性取决于 f 与 g 在 P_0 点的斜率，当

$$|f'(x_0)|<|g'(y_0)| \tag{5.3.3}$$

时 P_0 点稳定；当

$$|f'(x_0)|>|g'(y_0)| \tag{5.3.4}$$

时，P_0 点不稳定。

这一结论的直观解释是：需求曲线越平，供应曲线越陡，越有利于市场经济稳定。

设 $\alpha=|f'(x_0)|$，$\dfrac{1}{\beta}=|g'(y_0)|$，在 P_0 点附近取 f 与 g 的线性近似，由式(5.3.1)、式(5.3.2)得

$$y_k-y_0=-\alpha(x_k-x_0) \tag{5.3.5}$$

$$x_{k+1}-x_0=\beta(y_k-y_0) \tag{5.3.6}$$

在式(5.3.5)和式(5.3.6)中消去 y_k，得

$$x_{k+1}=-\alpha\beta x_k+(1+\alpha\beta)x_0 \tag{5.3.7}$$

式(5.3.7)对 $k=1,2,\cdots$ 均成立，于是有

$$x_{k+1}=-\alpha\beta x_k+(1+\alpha\beta)x_0$$

$$(-\alpha\beta)x_k=(-\alpha\beta)^2x_{k-1}+(-\alpha\beta)(1+\alpha\beta)x_0$$

$$(-\alpha\beta)^2 x_{k-1} = (-\alpha\beta)^3 x_{k-2} + (-\alpha\beta)^2(1+\alpha\beta)x_0$$
$$\vdots$$
$$(-\alpha\beta)^{k-2} x_3 = (-\alpha\beta)^{k-1} x_2 + (-\alpha\beta)^{k-2}(1+\alpha\beta)x_0$$
$$(-\alpha\beta)^{k-1} x_2 = (-\alpha\beta)^{k} x_1 + (-\alpha\beta)^{k-1}(1+\alpha\beta)x_0$$

以上 k 个式子相加,得

$$\begin{aligned} x_k &= (-\alpha\beta)^k x_1 + (1+\alpha\beta)x_0[1+(-\alpha\beta)+\cdots+(-\alpha\beta)^{k-1}] \\ &= (-\alpha\beta)^k x_1 + [1-(-\alpha\beta)^k]x_0 \end{aligned} \tag{5.3.8}$$

此为式(5.3.7)的解。

若 P_0 是稳定点,则应有

$$\lim_{k\to\infty} x_{k+1} = x_0$$

结合式(5.3.8)考虑,P_0 点稳定的条件是

$$\alpha\beta < 1, \quad 即 \quad \alpha < \frac{1}{\beta} \tag{5.3.9}$$

同理,P_0 点不稳定的条件是

$$\alpha\beta > 1, \quad 即 \quad \alpha > \frac{1}{\beta} \tag{5.3.10}$$

此时,$\lim\limits_{k\to\infty} x_{k+1} = +\infty$。这与式(5.3.3)、式(5.3.4)是一致的。

下面讨论蛛网模型的实际意义。

首先考察参数 α,β 的含义,需求函数 f 的斜率 α(取绝对值)表示商品供应量减少1个单位时价格的上涨幅度;供应函数 g 的斜率 β 表示价格上涨1个单位时(下一时期)商品供应增加量。所以 α 的数值反映消费者对商品需求的敏感程度。如果这种商品是生活必需品,消费者处于持币待购状态,商品数量稍缺,人们立即蜂拥抢购,那么 α 会比较大;反之,若这种商品非必需品,消费者购物心理稳定,或者消费水平低下,则 α 较小。β 的数值反映生产经营者对商品价格的敏感程度,如果他们目光短浅,热衷于追逐一时的高利润,价格稍有上涨立即大量增加生产,那么 β 会比较大;反之,若他们深谋远虑,有长远的生产计划,则 β 较小。

根据 α,β 的意义很容易对市场经济稳定与否的条件作出解释。当供应函数 g,即 β 固定时,α 越小,需求曲线越平,表明消费者对商品需求的敏感程度越小,越利于经济稳定。当需求函数 f,即 α 固定时,β 越小,供应曲线越陡,表明生产者对价格的敏感程度越小,越利于经济稳定。反之,当 α,β 较大,表明消费者对商品的需求和生产者对商品的价格都很敏感,则会导致经济不稳定。

当市场经济趋向不稳定时,政府有两种干预办法:一种办法是控制价格,无论商品数量多少,强令价格不得改变,于是 $\alpha=0$,不管曲线 g 如何,总是稳定的;另一种办法是控制市场上的商品数量,当上市量小于需求时,政府从外地收购或调拨商品投入市场,当上市量多于需求时,政府收购过剩部分,于是 $\beta=0$,不管曲线 f 如何,也总是稳定的。

5.3.4 模型的修正

在上面的模型假设(3)中引进了供应函数,并且知道 g 取决于生产者的生产、管理水平。如果生产者的管理水平更高一些,他们在决定该商品生产数量 x_{k+1} 时,不仅考虑了前

一时期的价格 y_k，而且也考虑了价格 y_{k-1}。为了简化起见，不妨设 x_{k+1} 由 $\frac{1}{2}(y_k+y_{k-1})$ 决定，则供应函数可写成

$$x_{k+1}-x_0=\beta\left(\frac{y_k+y_{k-1}}{2}-y_0\right),\quad \beta>0 \tag{5.3.11}$$

又设需求函数仍由式(5.3.1)表示，则由式(5.3.1)、式(5.3.11)得到

$$2x_{k+2}+\alpha\beta x_{k+1}+\alpha\beta x_k=(1+\alpha\beta)x_0,\quad n=1,2,\cdots \tag{5.3.12}$$

式(5.3.12)是二阶线性差分方程。P_0 点稳定的条件可由其特征方程

$$2\lambda^2+\alpha\beta\lambda+\alpha\beta=0$$

的根 $\lambda_{1,2}=\frac{-\alpha\beta\pm\sqrt{(\alpha\beta)^2-8\alpha\beta}}{4}$ 确定。

当 $\alpha\beta>8$ 时，显然有

$$\lambda_2=\frac{-\alpha\beta-\sqrt{(\alpha\beta)^2-8\alpha\beta}}{4}<-\frac{\alpha\beta}{4}<-2$$

从而 $|\lambda_2|>2$，P_0 是不稳定的。

当 $\alpha\beta<8$ 时，可以算出 $|\lambda_{1,2}|=\sqrt{\frac{\alpha\beta}{2}}$，由 $|\lambda_{1,2}|<1$ 得到 P_0 点稳定的条件为 $\alpha\beta<2$。容易看出，与原有模型中的 P_0 点稳定的条件 $\alpha\beta<1$ 相比，保持经济稳定的参数 α,β 的范围放大了(α,β 的含义未变)。可以想到，这是生产者的管理水平提高对市场经济稳定起着有利影响的必然结果。

5.3.5 商品销售量预测

在利用差分方程建模研究实际问题时，常常需要根据统计数据并用最小二乘法来拟合出差分方程的系数，其系统稳定性讨论要用到代数方程的求根。对问题的进一步研究又常需考虑到随机因素的影响，从而用到相应的概率统计知识。

例 5.3.1 某商品前 5 年的销售量见下表。现希望根据前 5 年的统计数据预测第 6 年起该商品在各季度中的销售量。

年份 / 季度	第一年	第二年	第三年	第四年	第五年
第一季度	11	12	13	15	16
第二季度	16	18	20	24	25
第三季度	25	26	27	30	32
第四季度	12	14	15	15	17

解 从上表中可以看出，该商品在前 5 年相同季节里的销售量呈增长趋势，而在同一年中销售量先增后减，第一季度的销售量最小而第三季度的销售量最大。根据本例中数据的特征，预测该商品以后的销售情况，可以用回归分析方法按季度建立 4 个经验公式，分别用来预测以后各年同一季度的销售量。例如，若认为第一季度的销售量大体按线性增长，可设销售量 $y_t^{(1)}=at+b$，在 MATLAB 中输入语句

```
x=[[1:5]',ones(5,1)];y=[11 12 13 15 16]';z=x\y
```

求得 $a=z(1)=1.3, b=z(2)=9.5$。

根据 $y_t^{(1)}=1.3t+9.5$，预测第6年起第一季度的销售量为 $y_6^{(1)}=17.3, y_7^{(1)}=18.6, \cdots$，由于数据少，用回归分析效果不一定好。

若认为销售量并非逐年等量增长而是按前一年或前几年同期销售量的一定比例增长，则可建立相应的差分方程模型。仍以第一季度为例，为简单起见，不再引入上标，以 y_t 表示第 t 年第一季度的销售量，建立如下形式的差分方程：

$$y_t = a_1 y_{t-1} + a_2$$

或

$$y_t = a_1 y_{t-1} + a_2 y_{t-2} + a_3$$

等等。

上述差分方程中的系数不一定能使所有统计数据吻合，较为合理的办法是用最小二乘法求一组总体吻合较好的数据。以建立二阶差分方程 $y_t=a_1 y_{t-1}+a_2 y_{t-2}+a_3$ 为例，选取 a_1, a_2, a_3 使

$$\sum_{t=3}^{5}[y_t-(a_1 y_{t-1}+a_2 y_{t-2}+a_3)]^2$$

最小。编写 MATLAB 程序如下：

```
y0=[11 12 13 15 16]';
y=y0(3:5);x=[y0(2:4),y0(1:3),ones(3,1)];
z=x\y
```

求得 $a_1=z(1)=-1, a_2=z(2)=3, a_3=z(3)=-8$，即所求二阶差分方程为 $y_t=-y_{t-1}+3y_{t-2}-8$。

虽然这一差分方程恰好使所有统计数据吻合，但这只是一个巧合。根据这一方程，可迭代求出以后各年第一季度销售量的预测值 $y_6=21, y_7=19, \cdots$。

上述为预测各年第一季度销售量而建立的二阶差分方程，虽然其系数与前5年第一季度的统计数据完全吻合，但用于预测时预测值与事实不符。凭直觉，第6年估计值明显偏高，第7年销售量预测值甚至小于第6年。稍作分析，不难看出，如分别对每一季度建立差分方程，则根据统计数据拟合出的系数可能会相差甚大，但对同一种商品，这种差异应当是微小的，故应根据统计数据建立一个共用于各个季度的差分方程。为此，将季度编号为 $t=1,2,\cdots,20$，令 $y_t=a_1 y_{t-4}+a_2$ 或 $y_t=a_1 y_{t-4}+a_2 y_{t-8}+a_3$ 等，利用全体数据来拟合，求拟合最好的系数。以二阶差分方程为例，为求 a_1, a_2, a_3 使得

$$Q(a_1, a_2, a_3) = \sum_{t=9}^{20}[y_t-(a_1 y_{t-4}+a_2 y_{t-8}+a_3)]^2$$

最小，编写 MATLAB 程序如下：

```
y0=[11 16 25 12 12 18 26 14 13 20 27 15 15 24 30 15 16 25 32 17]';
y=y0(9:20);
x=[y0(5:16),y0(1:12),ones(12,1)];
z=x\y
```

求得 $a_1=z(1)=0.8737, a_2=z(2)=0.1941, a_3=z(3)=0.6957$，故所求二阶差分方程为

$$y_t = 0.8737 y_{t-4} + 0.1941 y_{t-8} + 0.6957, \quad t \geqslant 21$$

根据上式迭代，可分别求得第6年和第7年第一季度销售量的预测值为

$$y_{21} = 17.5869, \quad y_{25} = 19.1676$$

可以看出，结果还是较为可信的。

5.4 简单的种群增长模型

5.4.1 问题提出

假设在一个自然生态地区生长着一群鹿，在一段时间内，鹿群的增长受资源制约的因素较小。试预测鹿群的增长趋势如何？

5.4.2 模型假设

(1) 公鹿、母鹿占群体总数的比例大致相等，所以本模型仅考虑母鹿的增长情况；

(2) 鹿群中母鹿的数量足够大，因而可近似用实数来表示；

(3) 将母鹿分成两组：一岁以下的称为幼鹿组，其余的称为成年组；

(4) 将时间离散化，每年观察一次，分别用 x_n, y_n 表示第 n 年的幼鹿数及成年鹿数，且假设各年的环境因素都是不变的；

(5) 分别用 b_1, b_2 表示两个年龄组鹿的出生率，用 d_1, d_2 表示其死亡率，出生率、死亡率为常数，记 $s_1 = 1 - d_1, s_2 = 1 - d_2$；

(6) 鹿的数量不受自然资源的影响；

(7) 刚出生的幼鹿在哺乳期的存活率为 s，$t_1 = sb_1, t_2 = sb_2$。

5.4.3 模型建立

根据以上假设，建立模型如下：

$$\begin{cases} x_{n+1} = t_1 x_n + t_2 y_n \\ y_{n+1} = s_1 x_n + s_2 y_n \end{cases}, \quad n = 0, 1, \cdots \tag{5.4.1}$$

也写成矩阵形式

$$\begin{pmatrix} x_{n+1} \\ y_{n+1} \end{pmatrix} = \begin{bmatrix} t_1 & t_2 \\ s_1 & s_2 \end{bmatrix} \begin{pmatrix} x_n \\ y_n \end{pmatrix} \tag{5.4.2}$$

令

$$\boldsymbol{u}_n = \begin{pmatrix} x_n \\ y_n \end{pmatrix}, \quad \boldsymbol{A} = \begin{bmatrix} t_1 & t_2 \\ s_1 & s_2 \end{bmatrix}$$

则式(5.4.1)可表示为

$$\boldsymbol{u}_{n+1} = \boldsymbol{A} \boldsymbol{u}_n \tag{5.4.3}$$

于是可得到 $\boldsymbol{u}_n = \boldsymbol{A}^n \boldsymbol{u}_0$，即

$$\begin{pmatrix} x_n \\ y_n \end{pmatrix} = \begin{bmatrix} t_1 & t_2 \\ s_1 & s_2 \end{bmatrix}^n \begin{pmatrix} x_0 \\ y_0 \end{pmatrix} \tag{5.4.4}$$

其中 x_0, y_0 分别是初始时刻的幼鹿数与成年鹿数。

5.4.4 种群数量 x_n, y_n 的求解

假如 $\boldsymbol{A}$ 可以对角化，先将 $\boldsymbol{A}$ 对角化；如不能对角化，则将其化成若尔当标准形。对于本例，可作如下处理。令 $|\boldsymbol{A}-\lambda \boldsymbol{I}|=0$，得到特征方程

$$\lambda^2-(t_1+s_2)\lambda+t_1 s_2-t_2 s_1=0 \tag{5.4.5}$$

由于判别式 $\Delta=(t_1-s_2)^2+4t_2 s_1>0$，特征方程(5.4.5)有两个相异的实根 $\lambda_1, \lambda_2(\lambda_1>\lambda_2)$，因此 $\boldsymbol{A}$ 可以对角化。对应的特征向量分别为

$$\boldsymbol{\alpha}_1=(\lambda_1-s_2, s_1)^{\mathrm{T}}, \quad \boldsymbol{\alpha}_2=(\lambda_2-s_2, s_1)^{\mathrm{T}}$$

由此得到

$$\boldsymbol{A}=\begin{pmatrix}\lambda_1-s_2 & \lambda_2-s_2\\ s_1 & s_1\end{pmatrix}\begin{pmatrix}\lambda_1 & 0\\ 0 & \lambda_2\end{pmatrix}\begin{pmatrix}\lambda_1-s_2 & \lambda_2-s_2\\ s_1 & s_1\end{pmatrix}^{-1} \tag{5.4.6}$$

因而

$$\boldsymbol{A}^n=\begin{pmatrix}\lambda_1-s_2 & \lambda_2-s_2\\ s_1 & s_1\end{pmatrix}\begin{pmatrix}\lambda_1^n & 0\\ 0 & \lambda_2^n\end{pmatrix}\begin{pmatrix}\lambda_1-s_2 & \lambda_2-s_2\\ s_1 & s_1\end{pmatrix}^{-1}$$

代入式(5.4.6)得

$$\begin{pmatrix}x_n\\ y_n\end{pmatrix}=\begin{pmatrix}\lambda_1-s_2 & \lambda_2-s_2\\ s_1 & s_1\end{pmatrix}\begin{pmatrix}\lambda_1^n & 0\\ 0 & \lambda_2^n\end{pmatrix}\begin{pmatrix}c_1\\ c_2\end{pmatrix}=\begin{pmatrix}(\lambda_1-s_2)\lambda_1^n & (\lambda_2-s_2)\lambda_2^n\\ s_1\lambda_1^n & s_1\lambda_2^n\end{pmatrix}\begin{pmatrix}c_1\\ c_2\end{pmatrix}$$

即

$$\begin{cases}x_n=c_1(\lambda_1-s_2)\lambda_1^n+c_2(\lambda_2-s_2)\lambda_2^n\\ y_n=c_1 s_1\lambda_1^n+c_2 s_1\lambda_2^n\end{cases}, \quad n\geqslant 0 \tag{5.4.7}$$

其中

$$\begin{pmatrix}c_1\\ c_2\end{pmatrix}=\begin{pmatrix}\lambda_1-s_2 & \lambda_2-s_2\\ s_1 & s_1\end{pmatrix}^{-1}\begin{pmatrix}x_0\\ y_0\end{pmatrix} \tag{5.4.8}$$

故解为

$$\begin{cases}\{x_0, x_1, x_2, \cdots\}=c_1(\lambda_1-s_2)\{1, \lambda_1, \lambda_1^2, \cdots\}+c_2(\lambda_2-s_2)\{1, \lambda_2, \lambda_2^2, \cdots\}\\ \{y_0, y_1, y_2, \cdots\}=c_1 s_1\{1, \lambda_1, \lambda_1^2, \cdots\}+c_2 s_1\{1, \lambda_2, \lambda_2^2, \cdots\}\end{cases} \tag{5.4.9}$$

最后，利用式(5.4.9)对下面一组数据进行验证：

$$x_0=800, t_1=0.24, s_1=0.62; \quad y_0=1000, t_2=1.2, s_2=0.75$$

经计算得

$$\begin{cases}\lambda_1=1.394\,46\\ \lambda_2=-0.404\,46\end{cases}$$

将这组数据代入式(5.4.8)，得

$$\begin{cases}c_1=0.133\,11\\ c_2=1.4789\end{cases}$$

由式(5.4.9)得

$$\{x_1, x_2, x_3, x_4, x_5, x_6, \cdots\}=\{1.392, 1.829, 2.596, 3.602, 5.03, 7.011, \cdots\}$$

$$\{y_1, y_2, y_3, y_4, y_5, y_6, \cdots\} = \{1.246, 1.798, 2.482, 3.471, 4.837, 6.746, \cdots\}$$

模型分析

该模型没有考虑资源的限制,所以当鹿群的增长接近饱和状态时,模型需要修正。读者可以对此作进一步考虑。

习题 5

5.1 (河内塔问题)有 n 个大小不同的圆盘,依其半径大小依次套在桩 A 上,大的在下,小的在上。现要将此 n 个圆盘移到空桩 B 或空桩 C 上,但要求一次只能移动一个圆盘,且移动过程中,始终保持大圆盘在下,小圆盘在上。移动过程中桩 A 也可利用。设移动 n 个圆盘的次数为 a_n,试建立关于 a_n 的差分方程,并求 a_n 的通项公式。

5.2 (金融机构支付基金的流动模型)某金融机构设立一笔总额为 540 万元的基金,分开放置在位于 A 城和 B 城的两个公司,基金在平时可以使用,但每周末结算时必须确保总额仍为 540 万元。经过一段时间运行,每过一周,A 城公司有 10%的基金流动到 B 城公司,而 B 城公司则有 12%的基金流动到 A 城公司。开始时,A 城公司基金额为 260 万元,B 城公司基金额为 280 万元。试建立差分方程模型分析:两公司的基金数额变化趋势如何?进一步要求,如果金融专家认为每个公司的支付基金不能少于 220 万元,那么是否需要在某个时间将基金作专门调动来避免这种情况?

5.3 某保险公司推出与养老结合的人寿保险计划,其中介绍的例子为:如果 40 岁的男性投保人每年交保险费 1540 元,交费期 20 岁至 60 岁,则在他生存期间,45 岁时(投保满 5 年)可获返还补贴 4000 元,50 岁时(投保满 10 年)可获返还补贴 5000 元,其后每隔 5 年可获增幅为 1000 元的返还补贴。另外,在投保人去世或残疾时,其受益人可获保险金 20 000 元。试建立差分方程模型分析:若该投保人的寿命为 76 岁,其交保险费所获得的实际年利率是多少?若寿命为 74 岁时,实际年利率又是多少?

5.4 设第一个月初有雌雄各一的一对小兔。假定两个月后长成成兔,同时(即第三个月)开始每月初产雌雄各一的一对小兔,新增小兔也按此规律繁殖。设第 n 个月末共有 F_n 对兔子,试建立关于 F_n 的差分方程,并求 F_n 的通项公式。

5.5 在常染色体遗传的问题中,假设植物总是和基因型是 Aa 的植物结合。求在第 n 代中,基因型为 AA,Aa 和 aa 的植物的百分比,并求当 n 趋于无穷大时,基因型分布的极限。

5.6 设某种动物种群最高年龄为 30 岁,按 10 岁为一段将此种群分为三组。设初始时三组中的动物数量为$(1000,1000,1000)^{\mathrm{T}}$,相应的 Leslie 矩阵为

$$\boldsymbol{L} = \begin{bmatrix} 0 & 3 & 0 \\ \frac{1}{6} & 0 & 0 \\ 0 & \frac{1}{2} & 0 \end{bmatrix}$$

试求 10 年、20 年、30 年后各年龄组的动物数,并求该种群的稳定年龄分布,指出该种群的发展趋势。

第 6 章

组合优化与随机性模型

6.1 组合优化模型

6.1.1 一般组合优化问题及算法

在有限个可行解集合中找出最优解，这类问题称为组合优化问题。如最短路径问题、最小连接问题、分配问题、运输问题、服务点设置问题、中国邮递员问题、旅行商问题、背包问题、装箱问题等。

组合优化问题中最关键的是采用什么算法能够迅速地求出最优解或较好解。贪婪法和分支定界法是组合优化问题中常见的两种有效算法。

6.1.2 组合优化问题的贪婪法

我们通过以下两个例题来分析贪婪法。

例 6.1.1（加工顺序问题） 某工厂接受 7 件工作，假设每件工作都需要加工 1 天，工作 J_i 的完工期限为 d_i，如果工作完成日期超过完工期限，就要罚款 w_i($i=1,2,\cdots,7$)，如下表所示。问如何安排加工顺序，使得罚款总数最小？

工作 J_i	J_1	J_2	J_3	J_4	J_5	J_6	J_7
完工期限 d_i/天	3	1	2	2	3	4	4
罚款 w_i	6	5	10	7	9	5	3

解 首先应安排罚款最多的工作 J_3，它要求两天内完成，可以安排在第二天；再安排工作 J_5，它的罚款数目占第二位，可将它安排在第三天；下一个安排工作 J_4，可安排在第一天；再来安排工作 J_1，可以发现，在保证已安排的工作按时完成的前提下，工作 J_1 不可能按时完成，所以得把工作 J_1 暂时放弃（不要求它按时完成）；同样理由，工作 J_2 也暂时放弃；

第四天安排工作 J_6，最后安排不能如期完成的工作 J_1, J_2, J_7。罚款总数为 $6+5+3=14$。

例 6.1.2（**背包问题**） 设有 7 件物品，它们的重量和价值如下表所示。现要求选取一件或两件物品，使得它们的总重量不超过 10kg，但总价值最大。

物品 a_i	a_1	a_2	a_3	a_4	a_5	a_6	a_7
重量/kg	8	7	6	4	3	2	1
价值/百元	17	15	13	8	7	3	1

解 设物品 a_i 的重量为 w_i，价值为 c_i，选择物品 a_i 的件数为 x_i，$x_i \in \mathbf{N}(i=1,2,\cdots,7)$。建立模型

$$\max z = \sum_{i=1}^{7} x_i c_i$$

$$\text{s.t.} \begin{cases} \sum_{i=1}^{7} x_i w_i \leqslant 10 \\ x_i \in \mathbf{N}, \quad i = 1,2,\cdots,7 \end{cases}$$

下面进行求解。

考虑如果只选取一件物品，要求总重量不超过 10kg，但价值最大，那么当然选取 a_1；若选取两件物品，由于要求总重量不超过 10kg，故先选取一件 a_1，然后只余下 2kg 的重量，再选取一件物品，使价值最大，应选取一件 a_6，即 $x_1 = x_6 = 1$，总重量为 10kg，总价值为 20，但这个解不是最优的。最优解是选择 $x_2 = x_5 = 1$，总重量为 10kg，总价值为 22。

上面两例中所用的方法，就是贪婪法。因为在算法中，一旦决定选取某个元素，以后就不再放弃，或者说在决定了采取的步骤后，不再进行修改，好像一个守财奴一样，故称为贪婪法。采用贪婪法，步骤往往比较简单，因此计算量比较小。但是每一步只考虑眼前局部最优，很少从整体出发考虑，最后得到的结果往往不是整体最优的。事实上，对有些问题，如上述的背包问题，目前还没有找到有效的算法求出整体最优解，故可用贪婪法来近似求出最优解。

6.1.3 旅行商问题的分支定界法

例 6.1.3（**旅行商问题**） 设 $v_1, v_2, \cdots, v_5$ 表示 5 个城市，距离矩阵为

$$\boldsymbol{D} = (d_{ij})_{5\times5} = \begin{bmatrix} \infty & 12 & 1 & 16 & 2 \\ 12 & \infty & 22 & 1 & 3 \\ 1 & 22 & \infty & 9 & 7 \\ 16 & 1 & 9 & \infty & 6 \\ 2 & 3 & 7 & 6 & \infty \end{bmatrix}$$

其中 $d_{ij} = d(v_i, v_j)$ 表示从 v_i 到 v_j 的距离。某旅行商从其中某一城市出发，遍历各城市一次，最后返回原地，求总路程最短的遍历方式。

解 用穷举法，若 $v_1, v_2, \cdots, v_n$ 这 n 个城市任意两个城市都是相连的，那么存在 $(n-1)!$ 种遍历各城市一次的方案，将各种方案的总路程进行比较，可求出总路程最短的遍历方式。但这样做计算较为困难。

因为距离矩阵是对称的，即 $d_{ij} = d_{ji}$，故将 d_{ij} 和 d_{ji} 看作是相同的，不妨将 d_{ij} 看作是无向

图的边对应的权。将 $d_{ij}\,(j>i)$ 从小到大排列为 $d_{13}, d_{24}, d_{15}, d_{25}, d_{45}, d_{35}, d_{34}, \cdots$。问题转化为选取其中的5条边包含所有的城市(即顶点),并构成一回路,同时使得边的长度之和为最小。

首先取最小的5条边并求和,有

$$d_{13}+d_{24}+d_{15}+d_{25}+d_{45}=13$$

显然,下标5出现了3次,上述5条边不构成一条回路,用

$$\begin{pmatrix} 13 \quad 24 \quad 15 \quad 25 \quad 45 \\ 13 \end{pmatrix}$$

来表示上式,括号中上面一行表示边的下标向量,下面的数是边的长度之和。

若排除15,以35代替,即为

$$\begin{pmatrix} 13 \quad 24 \quad 25 \quad 45 \quad 35 \\ 18 \end{pmatrix}$$

其中下标5依然出现3次。继续搜索,如图6.1所示,利用15表示选择 (v_1, v_5) 这条边,$\overline{15}$ 为排除 (v_1, v_5) 这条边。节点(2)表示选择路径(13 24 25 45 35)时的总路程为18,节点(3)表示选择路径(13 24 15 45 35)时的总路程为17,继续沿此分支的节点(2)、节点(3)搜索下去,能找到回路,但总路程肯定比18或17要大。因此,没有必要再进一步沿此分支搜索。因此最佳路径为 $v_1 \to v_3 \to v_4 \to v_2 \to v_5 \to v_1$。搜索至节点(5)得到路径(13 24 15 25 34),此时其下标1,2,3,4,5各出现两次,即得回路 $v_1 \to v_3 \to v_4 \to v_2 \to v_5 \to v_1$,且路径长度为16。

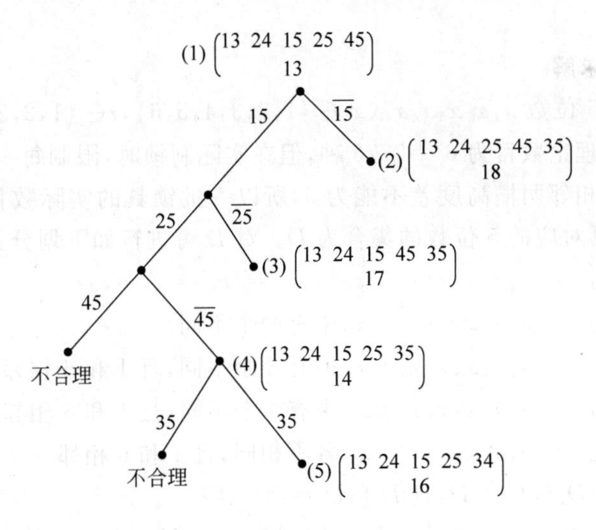

图6.1 旅行商问题的搜索过程

6.2 装箱问题

1. 问题提出

某厂生产一种弹子锁具,每个锁具的钥匙有5个槽,每个槽的高度从1,2,3,4,5,6这6个数中任取一个数。由于工艺及其他原因,制造锁具时对5个槽的高度还有两个限制:

(1)锁具5个槽的高度中至少有3个不同,(2)锁具相邻两个槽的高度之差不能为5。满足以上条件制造出来的所有互不相同的锁具为一批。

从顾客的利益出发,自然希望在每批锁具中"一把钥匙开一把锁",但是在当前工艺条件下,对于同一批中两个锁具是否能够互开,有以下试验结果:当两个锁具有4个槽的高度相同,但其余一个槽的高度相差1时可能互开,其余情况不可能互开。

锁厂销售部门原先在一批锁具中随机地取60个装为一箱出售,这样一来,成箱购买锁具的顾客总是抱怨购得的锁具有互开现象。为此,我们关心的问题是:(1)每批锁具应当有多少个,装多少箱;(2)若仍是60个锁具装为一箱,应如何装箱,如何给箱子以标志,出售时如何利用这些标志,使团体顾客不再抱怨或减少抱怨;(3)每批锁具中,互开对数是确定的,随机装箱后,团体顾客的购买量不超过多少箱,就可以保证一定不会出现互开现象。总之,应如何优化装箱,才能使顾客不再抱怨或减少抱怨。

2. 问题假设与分析

模型假设:(1) 锁具厂在生产锁具过程中能够准确生产出锁具的每个槽的高度;

(2) 团体顾客以箱为单位购买;

(3) 若能够互开的锁具对数相同,则认为顾客抱怨程度相同。

模型分析:由问题可知,每个锁具的钥匙有5个槽,令 $x_i(i=1,2,3,4,5)$ 为锁具第 i 个槽的高度,则任一5位数 $x_1x_2x_3x_4x_5$ 对应一个锁具。两个锁具能互开,它们对应的5位数有4位相同,余下1位相差1。如12314与12214就能互开。而不能互开的锁具有两种情形:两个锁具4个槽高度相同,而余下一个槽高度相差大于1;或者两个锁具有两个或两个以上的槽高度不同。

3. 模型设计与求解

由前面分析知,5位数 $x_1x_2x_3x_4x_5(x_i\in\{1,2,3,4,5,6\},i\in\{1,2,3,4,5\})$ 与锁具一一对应,故一批锁具的理论数目为 $6^5=7776$ 种,但在实际制锁时,限制每一锁具的5个槽高度至少有3个不同,且相邻两槽高度差不能为5,所以一批锁具的实际数目还应除去一部分。设除去的这部分锁具对应的5位数的集合为 D。对 D 可进行如下划分:

$$D_1=\{x_1x_2x_3x_4x_5 \mid x_1=x_2=x_3=x_4=x_5\}$$

$$D_2=\{x_1x_2x_3x_4x_5 \mid x_i \text{ 中有两个不同}\}$$

$$D_3=\{x_1x_2x_3x_4x_5 \mid x_i \text{ 中有 3 个不同,且 1 和 6 相邻}\}$$

$$D_4=\{x_1x_2x_3x_4x_5 \mid x_i \text{ 中有 4 个不同,且 1 和 6 相邻}\}$$

$$D_5=\{x_1x_2x_3x_4x_5 \mid x_i \text{ 各不相同,且 1 和 6 相邻}\}$$

显然,$D_1\cup D_2\cup D_3\cup D_4\cup D_5=D$,且 $D_i\cap D_j=\varnothing(i\neq j)$。

通过组合分析可得 $|D_1|=6$,$|D_2|=450$,$|D_3|=456$,$|D_4|=792$,$|D_5|=192$。由此得一批锁具的实际总数为 $7776-(6+450+456+792+192)=5880$,可装 $\frac{5880}{60}=98$ 箱。

已知一批锁具的总数及可装箱数,如何装箱才能解决"抱怨问题"?由前面分析可知,能互开的锁具对应的5位数字之和一定相差1,且各位数字之和相差不为1时对应的锁具一定不能互开。我们称锁具对应的5位数字之和为该锁具的"特征数",根据"特征数"给出装箱方案:将"特征数"为奇数的锁具定义为A类,"特征数"为偶数的锁具定义为B类;A、B两类分别装箱,装A类锁具的箱子用A标记,装B类锁具的箱子用B标记。出售时,只把具有相同标记的箱子卖给团体顾客。这样，顾客将不再抱怨。由计算机作一个统计，总共5880个锁具中"特征数"为奇数和偶数的各占一半。按上述方案，团体顾客购买量不超过49箱，就能保证一定不出现互开现象。

下面对团体顾客抱怨互开现象作定量分析。

用计算机统计互开对总数可得，在一批锁具中互开对总数为22 778对。若是随机装箱，则平均每个锁具与其他所有锁具能组成的互开对数为$E=\frac{22\,778}{2940}=7.75$对。该锁具记为$S$，从其他5879个锁具中随机取出59个锁具与$S$装成一箱，则在这一箱中能与$S$组成互开对的锁具个数平均有$7.75\times 59/5879=0.078$个。平均含有互开对数为$60\times\frac{0.078}{2}=2.33$对。同理可得，$k$箱锁具中，能与某个锁具互开的锁具个数平均为$\lambda_k=0.078\cdot\frac{60k-1}{5879}$，$k$箱锁具中平均含有互开对数为$\beta_k=\frac{60k\cdot\lambda_k}{2}$。于是，$\lambda_k$或$\beta_k$的值越大，顾客抱怨越大。

若按"特征数"的A、B装箱法，只要顾客购买量k不超过49箱，就可以保证不出现互开的情况，顾客自然不会抱怨。当k超过49箱时，可先从标A(或标B)的锁具中取出49箱，再从标B(或标A)的锁具中任取$k-49$箱卖给顾客，互开对数只产生于49箱标A(或标B)与$k-49$箱标B(或标A)的锁具之间。此时k箱锁具中平均互开对数为

$$\beta'_k=22\,778\cdot\frac{60(k-49)}{2940}=22\,778\cdot\frac{k-49}{49}(\text{对})$$

6.3　截断切割加工问题

1. 问题提出

截断切割是指将长方体沿某个切割平面分成两部分，从其中一个小长方体之中加工出一个已知尺寸、位置预定的长方体(对应面平行)，通常要经过6次截断切割。设水平切割单位面积的费用是垂直切割单位面积费用的r倍。当先后两次垂直切割的平面(不管它们之间是否穿插水平切割)不平行时，应调整刀具，需额外费用e。要求设计一种安排各加工次序(称为"切割方式")的方法，使加工费用最少(由于工艺要求，与水平工作台接触的长方体的底面是预先指定的)。

2. 问题分析

要从待加工长方体中加工出成品长方体，需要做6次切割(如果成品与待加工长方体有重合面，需要切割的次数就会减少)。由于待加工长方体与成品长方体的尺寸、位置不对称。因此不同的切割方式所需的加工费用是不同的。切割方式的总数为$6!=720$。经分析可知，加工费用F由两部分组成：6个面的切割费用F_1与调整刀具需要的额外费用F_2，即$F=F_1+F_2$。要求设计切割加工次序，使加工总费用最小。

3. 模型建立与求解

设待加工长方体与成品长方体的长、宽、高分别表示为(l_0,w_0,h_0)和(l,w,h)，用数字1,2,3,4,5,6分别表示在空间直角坐标系中长方体的前面、后面、上顶面、下底面、右面及左面，用数字序列$\lambda_1\lambda_2\lambda_3\lambda_4\lambda_5\lambda_6$表示任意一种切割方式，实际上就是对应于数字1,2,3,4,5,6

的一个排列方式，记 $F(\lambda_1\lambda_2\lambda_3\lambda_4\lambda_5\lambda_6)$ 为该方式下的切割费用，设 $\Omega=\{\lambda_1\lambda_2\lambda_3\lambda_4\lambda_5\lambda_6 \mid \lambda_1\lambda_2\lambda_3\lambda_4\lambda_5\lambda_6$ 为 $1,2,\cdots,6$ 的一个全排列$\}$，Ω 是全体切割方式的集合。于是，截断切割问题的模型为

$$\min F(\lambda_1\lambda_2\lambda_3\lambda_4\lambda_5\lambda_6)$$
$$\text{s.t.}\ \lambda_1\lambda_2\lambda_3\lambda_4\lambda_5\lambda_6 \in \Omega$$

由于一般情况下具体的切割方式总数有720种，用穷举法计算量较大，不是一种有效的快速方法，而贪婪法找到的不一定是最优解，因此，寻找一种合适的算法十分必要。

将长方体被切割掉某些面后所剩长方体的样子称为一种状态，因为待加工长方体最多经过6次切割得到成品长方体，每次切掉一不同的面。为此可将切割过程分为7个阶段。第一阶段，切掉0个面，所剩长方体的状态只有 $C_6^0=1$ 种；第二阶段，切掉1个面，所剩长方体的状态只有 $C_6^1=6$ 种，即从6个面中任选一个；因此整个加工过程中长方体所处状态共有 $C_6^0+C_6^1+\cdots+C_6^6=64$ 种。由此我们认为用状态转移的方法可以很好地解决问题。

解决状态转移问题的方法很多，如向量运算、动态规划等。但由于有转刀费用的影响，使每次状态转移时都要考虑到以前所有的状态转移方案(即具有后效性)，使问题复杂化。此时向量运算、动态规划就显得力不从心。可以用图来描述此过程，具体描述如下。

64个顶点表示长方体的64种状态，只要两个状态之间可以转移就用有向带权线段连接对应的两顶点构成边，边的权表示转移费用(切割费用)。

以 a_i 表示第 i 个节点，记 B_{ij} 为 a_i 到 a_j 的边，同时也表示该边的权；E_i 为经过费用最小的路径到达 a_i 后刀具所处的状态，$E_i=1$ 表示刀具与1,3面平行，$E_i=2$ 表示刀具与2,4面平行，$E_i=3$ 为排除上面的情况。例如，$E_1=3$，$E_2=1$。记 p_i 为到达 a_i 的最短路径，co_i 为到达 a_i 的最少加工费用(切割费用和转刀费用)。

综上所述，切割优化问题便转化为在转刀因子的控制下求一条从 a_1 到 a_{64} 的最少费用路径。

图论中有很多求最短路径的算法，如狄克斯特拉(Dijkstra)算法、弗洛伊德(Floyd)算法。由于本问题有转刀因子的影响，找不到现成的算法，为此提出改进后的弗洛伊德算法。此算法继承了弗洛伊德算法中依次插入节点改变距离矩阵、路径矩阵的思想，但该图具有分段性，所以不必插入所有的节点，而只需插入前一阶段中与其有边相关联的节点。又由于有转刀因子的影响，每次比较距离时都要考虑转刀可能带来的额外距离。具体的算法思想如下。

(1) 初始化

① 对距离矩阵初始化：如果 a_i 能到 a_j，则赋值 B_{ij} 为由 a_i 到 a_j 的费用，否则 B_{ij} 等于0；
② 对所有 E_i 赋值为3；
③ 对 F_{ij} 赋值；
④ 对 a_1 赋值。

(2) $i=2$

循环：用STAGE$(i-1)$的点对STAGE(i)的点赋值，即在得到第 $i-1$ 阶段中所有点的最优路径、最少费用的基础上，用这些最优路径、最少费用来计算得到第 i 阶段中的点的最优路径、最少费用。赋值规则为：设STAGE$(i-1)$中的点为 x，STAGE(i)中的点为 y，对于待定的 y，$\text{co}_y=+\infty$，对所有可能的 x，假如 $B_{xy}\neq 0$，则

$$\text{co}_y=\min\{\text{co}_x+B_{xy}+e(E_x,F_{xy},\text{co}_y)\}$$

$$P_y=P_x+F_{xy}$$

对所有可能的 y 都施行上述运算，则得到 STAGE(i)中所有节点的 co_k，a_k，E_k(a_k 属于 STAGE(i))，这又为计算下一阶段打下基础，其中 $e(E_x,F_{xy},\text{co}_y)$函数用来判定该步是否加入转刀因子。如第 3 阶段中的 a_8，可由第 2 阶段中的 a_2，a_3 到达，要计算到 a_8 的最优路径、最少费用，就要比较从 a_2 到 a_8 和从 a_3 到 a_8。

$i=i+1$，如果 $i\neq 7$ 则返回循环。

(3) 输出结果

输出 P_{64}，co_{64} 等。

该算法采用一种递推形式，每一步都建立在前面最优的基础上用最优准则选择路径，故最后结果也是最优方案中的一种。

有了上述算法的基本思想就可以编程来具体实现。

6.4　随机性模型

我们在处理实际问题时，往往会遇到许多不确定的因素。引入随机变量来描述这种不确定的行为，通常是对实际问题最恰当的描述。由此建立的数学模型称为随机性模型。

6.4.1　报童问题

1. 问题描述

报童每天清晨从报社购进报纸零售，晚上将没有卖掉的报纸退回。设每份报纸的购进价格为 b，零售价格为 a，退回价格为 c。报童应当如何确定每天购进报纸的数量以获得最高的收入？

2. 模型分析

报童面临的问题是两种矛盾的进货方式：(1)进货太多，报纸不能完全卖出，可能要赔钱；(2)进货太少，报纸不够卖，丧失了赚钱的机会。影响最终收入的两个因素为进货量 n 与报纸的需求量 r，其中进货量是需要作出的决策变量，而需求量不是报童所能够控制的，它受到很多因素的影响(人流量、天气、行人对报纸的青睐程度、其他报童的竞争等)。需求量是预先无法决定的，因此是一个不确定的量，而是一个随机变量。

3. 模型建立与求解

(1) 决策变量：进货量 n。

(2) 目标函数：收入 G 与进货量 n 之间的函数关系为

$$G=G(n)=\begin{cases}(a-b)n, & r>n\\(a-b)r-(b-c)(n-r), & r\leqslant n\end{cases}$$

(3) 需求量的分布：假设需求量 r 的分布为 $P\{r=k\}=f(k)$，$k=0,1,2,\cdots$。

(4) 优化模型：$\max G(n)$。但是注意到 $G(n)$是一个随机目标，因此求其最大值是没有意义的，需要对优化目标函数进行修改。修改的结果应当使得目标函数的最大值有意义，最典型的是化为确定函数，与随机变量相对应的确定函数是该随机变量的数学期望(可以理解为平均收入)。因此优化目标函数用期望收入 $\overline{G}(n)$代替。下面主要是计算 $\overline{G}(n)$(注意到报纸的份数取值为整数)的公式：

$$\bar{G}(n)=\sum_{r=0}^{n}[(a-b)r-(b-c)(n-r)]f(r)+\sum_{r=0}^{n}(a-b)nf(r)$$

该问题很难求解，可将上述函数进行连续化，注意到离散求和的连续化为积分形式，可得

$$\bar{G}(n)=\int_{0}^{n}[(a-b)r-(b-c)(n-r)]f(r)\mathrm{d}r+\int_{n+1}^{\infty}(a-b)nf(r)\mathrm{d}r$$

于是所求问题可以变形为 $\max\bar{G}(n)$，这是一个单变量无约束的函数最值问题，按照计算规则，由 $\bar{G}'(n)=0$ 可以得到最终解

$$\begin{aligned}\bar{G}'(n)&=(a-b)nf(n)-\int_{0}^{n}(b-c)f(r)\mathrm{d}r-(a-b)nf(n)+\int_{n}^{\infty}(a-b)f(r)\mathrm{d}r\\&=-(b-c)\int_{0}^{n}f(r)\mathrm{d}r+(a-b)\int_{n}^{\infty}f(r)\mathrm{d}r=0\end{aligned}$$

于是得到 $\dfrac{\int_{0}^{n}f(r)\mathrm{d}r}{\int_{n}^{\infty}f(r)\mathrm{d}r}=\dfrac{a-b}{b-c}$，即有 $\int_{0}^{n}f(r)\mathrm{d}r=\dfrac{a-b}{a-c}$。

最佳的订货数可以由上式得到。

4. 问题讨论

报童问题是订货销售问题的缩影，现实生活中的其他问题，如服装销售问题等都可以用与解决报童问题相同的方法来解决。在服装销售问题中，往往有折价销售的情况出现，可以考虑有折价销售情况下的最佳订货量问题。

例如，某服装零售商每个季度从批发商处进一批服装进行销售(假设这些服装的质地、使用季节完全相同)，设每件服装的购进价格为 a，零售价格为 b，在每个季度末，如果有未销售完的服装，零售商将以价格 c 进行折价销售，折价销售接受后的服装将由批发商以价格 d 回收。请确定零售商每个季度的进货数量以获得最高的收入。

6.4.2 轧钢中的浪费问题

1. 问题描述

将粗大的钢坯制成合格的钢材需要两道工序：粗轧(热轧)形成钢材的雏形；精轧(冷轧)得到规定长度的成品材料。由于受到环境、技术等因素的影响，得到钢材的长度是随机的，其数值大体上呈正态分布，均值可以通过调整轧机设定，而均方差是由设备的精度决定的，不能随意改变。如果粗轧后的钢材长度大于规定长度，精轧时要把多余的部分切除，造成浪费；而如果粗轧后的钢材长度小于规定长度，则造成整根钢材浪费。应当如何调整轧机使得最终的浪费最小?

2. 模型假设

(1) 成品材料的规定长度已知为 l；

(2) 粗轧后的钢材长度的均方差为 σ；

(3) 粗轧后的钢材长度的均值 m 可以通过调整轧机设定；

(4) 粗轧后的钢材长度服从正态分布 $N(m,\sigma^2)$。

3. 问题分析

精轧后的钢材长度记为 X，按照题意，$X\sim N(m,\sigma^2)$。在轧钢过程中产生的浪费由两种

情况构成：若 $X>l$，则浪费量为 $X-l$；若 $X<l$，则浪费量为 X。注意到当 m 很大时，$X>l$ 的可能性增加，浪费量同时增加；而当 m 很小时，$X<l$ 的可能性增加，浪费量也增加，因此需要确定一个合适的 m，使得总的浪费量最小。

4. 模型建立与求解

(1) 决策变量：m。

(2) 决策函数：总的浪费量。

问题关键在于总的浪费量的计算。按照概率论知识，X 的密度函数为

$$f(x)=\frac{1}{\sqrt{2\pi}\sigma}\mathrm{e}^{-\frac{(x-m)^2}{2\sigma^2}}$$

总的平均浪费长度为

$$\begin{aligned}W&=\int_l^{\infty}(x-l)f(x)\mathrm{d}x+\int_{-\infty}^{l}xf(x)\mathrm{d}x\\&=\int_{-\infty}^{+\infty}xf(x)\mathrm{d}x-l\int_{-\infty}^{+\infty}f(x)\mathrm{d}x\\&=E(X)-lP\{X>l\}\\&=m-lp\end{aligned}$$

其中 $p=P\{X>l\}=1-\Phi\left(\frac{l-m}{\sigma}\right)$，$\Phi(x)$ 为标准正态分布的分布函数。

考察上式中 W 表示的含义，它表示每粗轧一根钢材的平均浪费量，这是从最终的产量分析浪费量；但是从一个工厂自身的发展看，工厂追求的是效益，这可由生产一根成品钢材浪费的平均长度来衡量，因此需要把目标函数修改为

$$J=\frac{W(m)}{P\{X>l\}}$$

因此总的目标函数变形为

$$J=\frac{m-lp}{p}=\frac{m}{1-\Phi\left(\frac{l-m}{\sigma}\right)}-l$$

决策目标为 $\min J(m)$。

这是一个单变量的无约束最小值问题，由 $J'(m)=0$ 得到

$$J'(m)=\frac{1}{[1-\Phi]^2}\left[\left(1-\Phi\left(\frac{l-m}{\sigma}\right)\right)-\frac{m}{\sigma}\varphi\left(\frac{l-m}{\sigma}\right)\right]=0$$

即 $\frac{l-m}{\sigma}$ 应是方程 $\frac{1-\Phi(x)}{\varphi(x)}+x=\frac{l}{\sigma}$ 的解，其中 $\varphi(x)$ 是标准正态分布的密度函数。

为了求解该方程，可以根据标准正态分布的函数表，将 $F(x)=\frac{1-\Phi(x)}{\varphi(x)}$ 制成表格或者绘制成图形后再求解，或者利用数值方法计算。

例如，若 $l=2$，$\sigma=0.2$，可以用数值方法计算得到 $m=0.45$。

5. 模型的改进及其他相关问题

(1) 在建立目标函数时，可以考虑这样的问题：从理论上讲，当粗轧出的钢材长度超过 l 时，并非是全部浪费，最终的浪费量为 $X-[X/l]l$，因此从全面分析的角度看，应当把这多余的钢材长度进行多次的采用。但是在实际生产过程中是不会出现这种问题的，通常 $l\gg\sigma$，

这样可以使得多余的部分不可能太多。同时 $X<0$ 是不可能的,这里从 $-\infty$ 开始积分是为了方便计算。

(2) 在实际生活中,粗轧的钢材往往有多种用途,即当有另外的要求 $l_1<l$ 时,$X<l_1$ 的部分可以降级使用。

习题 6

6.1 假定有一笔1000元的资金依次在三年年初分别用于工程A和工程B的投资。每年年初如果投资工程A,则年末以0.6的概率回收2000元或以0.4的概率分文无收;如果投资工程B,则年末以0.1的概率回收2000元或以0.9的概率回收1000元。假定每年只允许投资一次,每次投1000元(如果有多余资金只能闲置),试确定:

(1) 第三年年末期望资金总数为最大的投资策略;

(2) 使第三年年末至少有2000元的概率为最大的投资策略。

6.2 某工厂新添100台设备,打算生产A,B两种产品。如果生产产品A,每台设备每年可收入5万元,但损坏率达60%,如果生产产品B,每台设备每年仅收入3万元,而损坏率为30%,三年后的设备完好情况不计,试问应如何安排每年的生产,使三年的总收入最大?

6.3 在生产设备或科学仪器中长期运行的零件,如滚珠、轴承、电器元件等会突然发生故障或损坏,即使是及时更换也会造成一定的经济损失。如果在零件运行一定时期后,就对尚属正常的零件做预防性更换,以避免一旦发生故障带来的损失,从经济上看是否更为合算?如果合算,做这种预防性更换的时间如何确定呢?

第7章

图论模型

图论是建立和处理离散数学模型的重要数学工具，是具有广泛应用的一个数学分支。图论起源于18世纪对一些数学游戏的难题研究。第一篇图论论文是欧拉于1736年发表的《哥尼斯堡七桥问题无解》。1847年，克希霍夫为了给出电网络方程而引进了“树”的概念。哈密顿于1859年提出“周游世界”游戏，用图论的术语，就是如何找出一个连通图中的生成圈。随着计算机科学的迅猛发展，在现实生活中的许多问题，如交通网络问题、运输优化问题、社会学中某类关系的研究，都可以用图论进行研究和处理。图论在计算机领域中的算法、语言、数据库、网络理论、数据结构、操作系统、人工智能等方面也都有重大贡献。

7.1 图的基本概念

7.1.1 图的定义

图在现实生活中随处可见，如交通运输图、旅游图、流程图等。我们只考虑由点和线所组成的图。这种图能够描述现实世界的很多事情。例如，用点表示球队，两队之间的连线代表二者之间进行比赛，这样，各支球队的比赛情况就可以用图清楚地表示出来。

图的概念可用一句话概括：图是用点和线来刻画离散事物集合中的每对事物间以某种方式相联系的数学模型。因为上述描述太过于抽象，难于理解，因此下面给出图作为代数结构的一个定义。

定义 7.1.1 图是一个三元组$(V(G),E(G),\varphi_G)$，其中$V(G)$是一个非空的节点集合，$E(G)$是有限的边集合，φ_G是从边集合E到点集合V中的有序偶或无序偶的映射。

例 7.1.1 $G=(V(G),E(G),\varphi_G)$，其中$V(G)=\{a,b,c,d\}$，$E(G)=\{e_1,e_2,e_3,e_4,e_5,e_6\}$，$\varphi_G(e_1)=(a,b)$，$\varphi_G(e_2)=(a,c)$，$\varphi_G(e_3)=(b,d)$，$\varphi_G(e_4)=(b,c)$，$\varphi_G(e_5)=(d,c)$，$\varphi_G(e_6)=(a,d)$。

图可以用图形表示出来。例7.1.1的图G可表示为图7.1(a)或图7.1(b)。

在不引起混乱的情况下，图的边可以用有序偶或无序偶直接表示。因此，图也可以简单的表示为$G=(V,E)$，其中V是非空节点集，E是连接节点的边集。

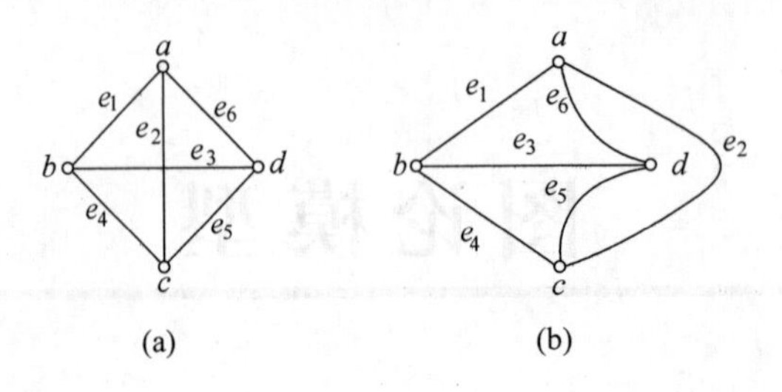

图 7.1

若边e_i与节点无序偶(v_j,v_k)相关联，则称该边为无向边。若边e_i与节点有序偶(v_j,v_k)相关联，则称该边为有向边，其中v_j称为e_i的起点，v_k称为e_i的终点。

定义 7.1.2 每一条边都是无向边的图称为无向图，如图 7.2(a)。每一条边都是有向边的图称为有向图，如图 7.2(b)。一些边是有向边，一些边是无向边，则称图为混合图，如图 7.2(c)。今后我们只讨论有向图和无向图。

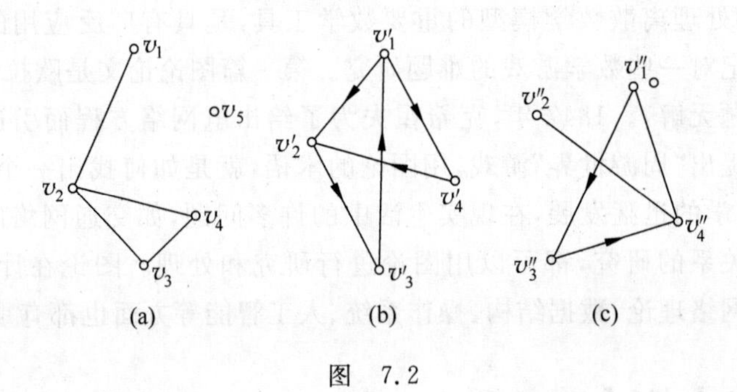

图 7.2

图中每个节点用一个小圆点表示，每条边uv用一条分别以节点u和节点v为端点的连线表示。在图 7.3 中，(a)是图$G=(\{v_1,v_2,v_3,v_4\},\{v_1v_2,v_1v_3,v_1v_4,v_2v_3,v_2v_4,v_3v_4\})$的图形表示；(b)是图$H=(\{u_1,u_2,u_3,u_4,u_5,u_6\},\{u_1u_2,u_1u_3,u_2u_3,u_5u_6\})$的图形表示。在某些情况下，图的图形表示中可以不标记每个节点的名称。

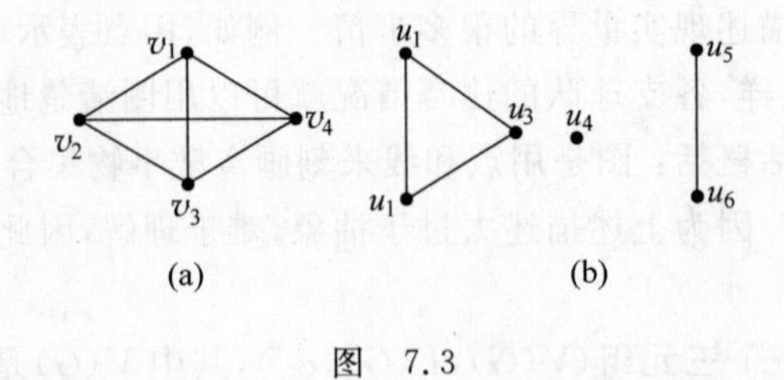

图 7.3

7.1.2 图的节点与边之间的关系及图的分类

定义 7.1.3 在一个图中，若两个节点由一条有向边或无向边相连，则这两个节点称为邻接点。

在一个图中，不与任何节点相邻接的节点，称为孤立节点，如图 7.2(a)中的节点 v_5 就是孤立点。仅由一个孤立节点构成的图称为平凡图。

关联于同一节点的两条边称为邻接边。关联于同一节点的一条边称为自回路或环。环的方向是没有意义的，它既可作为有向边，也可作为无向边。

如图 7.4 中的 e_1 与 e_2，e_1 与 e_4 是邻接边，e_5 是环。

在一个图中，有时一对节点间常常不止一条边，在图 7.4 中，节点 v_1 与节点 v_2 之间有两条边 e_1 与 e_2。把连接于同一对节点间的多条边称为平行边。

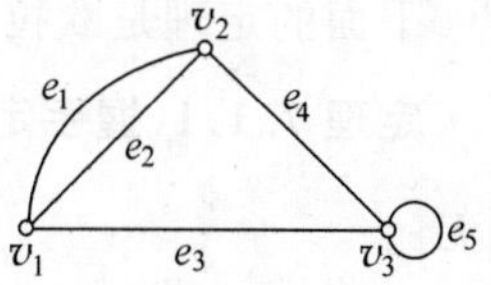

图　7.4

定义 7.1.4　含有平行边的图称为多重图，不含平行边和环的图称为简单图。

在图 7.4 中，节点 v_1 和 v_2 之间有两条平行边，因此图 7.4 表示的图是多重图。

定义 7.1.5　任意两个节点间都有边相连的简单图称为完全图，n 个节点的无向完全图记为 K_n。

显然 n 个节点的无向完全图 K_n 的边数为 C_n^2。

例 7.1.2　图 7.5 分别给出了 1 个节点、2 个节点、3 个节点、4 个节点和 5 个节点的无向完全图。

定义 7.1.6　若图 $G=(V,E)$的节点集可以分划成两个互不相交的子集 X 和 Y，使得它的每一条边的一个关联节点在 X 中，另一个关联节点在 X 中，这类图称为二部图，记为 $G(X,Y)$。对二部图 $G(X,Y)$，$|X|=n_1$，$|Y|=n_2$，如果 X 中每个节点与 Y 中的全部节点都邻接，则称 G 为完全二部图，记为 K_{n_1,n_2}。

图 7.6 中(a)和(b)都是二部图，其中(a)的圆点属于一部，其余结点属于另一部，(b)是 $K_{3,3}$。

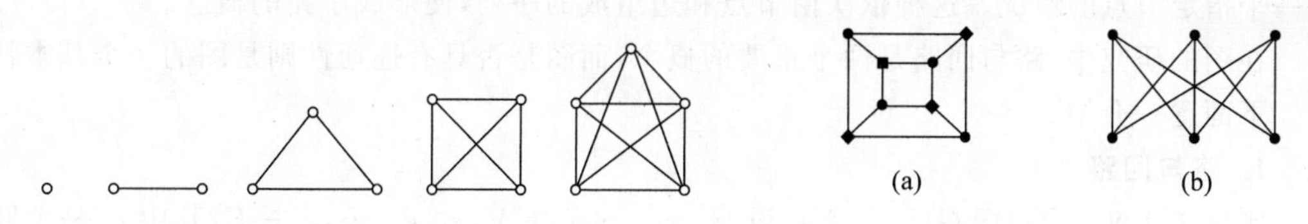

图 7.5　$K_1 \sim K_5$ 的图示　　　图 7.6　二部图示例

定义 7.1.7　给每条边都赋予权的图 $G=(V,E)$称为带权图或加权图，记为 $G=(V,E,W)$，其中 W 为各边权的集合。

加权图在实际生活中有着广泛的应用，例如在城市交通运输图中，可以赋予每条边以公里数、耗油量、运货量等，与此类似，在表示输油管系统的图中，每条边所指定的权表示单位时间内流经输油管断面的石油数量。如图 7.7 中，(a)和(b)都是加权图。

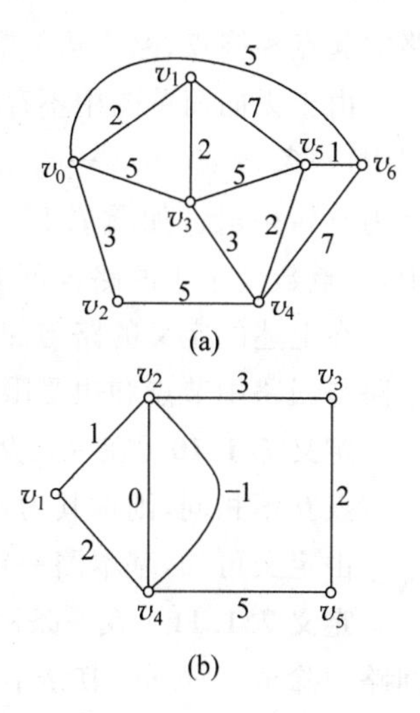

图 7.7　加权图示例

7.1.3　节点的度数

研究图的性质就必须研究节点与边的关联关系。为此，我们引入节点的度数的概念。

定义 7.1.8　在有向图 $G=(V,E)$中，射入节点 $v(v \in V)$

的边数,称为节点 v 的入度,记作 $d^-(v)$；由节点 $v(v\in V)$射出的边数,称为节点 v 的出度,记作 $d^+(v)$。节点 v 的入度与出度之和称为节点 v 的度数,记作 $d(v)$。

在无向图 $G=(V,E)$中,以节点 $v(v\in V)$为端点的边的条数称为节点 v 的度数,记作 $d(v)$或 $\deg(v)$。若 v 有环,规定该节点的度数因每个环而增加 2。

下面的定理是欧拉在 1936 年给出的,它是图论中的基本定理。

定理 7.1.1(握手定理) 每个图中,节点度数的总和等于边数的两倍,即 $\sum_{v\in V} d(v)=2|E|$。

证明 因为每条边必关联两个节点,而与一条边关联的每个节点的度数为 1。因此,在一个图中,节点度数的总和等于边数的两倍。

若 $G=(V,E)$是有向图,则 $\sum_{v\in V} d^-(v)=\sum_{v\in V} d^+(v)=|E|$。

定理 7.1.2 在任何图中,度数为奇数的节点必定是偶数个。

证明 设 V_1 和 V_2 分别是图 G 中奇数度节点和偶数度节点的集合,则由定理 7.1.2 有

$$\sum_{v\in V_1} d(v)+\sum_{v\in V_2} d(v)=\sum_{v\in V} d(v)=2|E|$$

由于 $\sum_{v\in V_2} d(v)$是偶数之和,必为偶数,而 $2|E|$是偶数,所以 $\sum_{v\in V_1} d(v)$是偶数,而 V_1 为奇数度节点的集合,故 $\forall v\in V, d(v)$为奇数,但奇数个奇数之和只能为奇数,故$|V_1|$是偶数。

7.1.4 路与图的连通性

在无向图(或有向图)的研究中,常常考虑从一个节点出发,沿着一些边连续移动而到达另一个指定节点的情况。这种依次由节点和边组成的序列,便形成了路的概念。

在图的研究中,路与回路是两个重要的概念,而图是否具有连通性则是图的一个基本特征。下面逐一介绍。

1. 路与回路

定义 7.1.9 给定图 $G=(V,E)$,设 $v_0,v_1,\cdots,v_m\in V, e_1,e_2,\cdots,e_m\in E$,其中 e_i 是关联于节点 v_{i-1},v_i 的边,交替序列 $v_0e_1v_1e_2\cdots e_mv_m$ 称为连接 v_0 到 v_m 的路。v_0 和 v_m 分别称为路的起点和终点,路中边的数目称为该路的长度。当 $v_0=v_m$ 时,称其为回路。

由于无向简单图中不存在平行边与圈,每条边可以由节点对唯一表示,所以在无向简单图中,一条路 $v_0e_1v_1e_2\cdots e_mv_m$ 由它的节点序列 $v_0,v_1,\cdots,v_m$ 确定,因此无向简单图的路可表示为 $v_0v_1\cdots v_m$。如图 7.1(a)表示的无向简单图中,路 $ae_1be_4ce_5d$ 可写成 $abcd$。在有向图中,节点数大于 1 的路也可由边序列来表示。

在上述的定义的路与回路中,节点和边不受限制,即节点和边都可以重复出现。下面讨论路与回路中节点和边受限的情况。

定义 7.1.10 在一条路中,若出现的所有的边互不相同,则称其为简单路或迹；若出现的节点互不相同,则称其为基本路或通路。

由定义可知,基本路一定是简单路,但反之不一定成立。

定义 7.1.11 在一条回路中,若出现的所有的边互不相同,则称其为简单回路；若简单回路中除 $v_0=v_m$ 外,其余节点均不相同,则称其为基本回路或初级回路或圈。长度为奇数

的圈称为奇圈；长度为偶数的圈称为偶圈。

例如，在图 7.8 中，$v_5e_8v_4e_5v_2e_6v_5e_7v_3$ 是起点为 v_5，终点为 v_3，长度为 4 的一条路；$v_5e_8v_4e_5v_2e_6v_5e_7v_3e_4v_2$ 是简单路，但不是基本路；$v_4e_8v_5e_6v_2e_1v_1e_2v_3$ 既是通路又是简单路；$v_2e_1v_1e_2v_3e_7v_5e_6v_2$ 是圈。

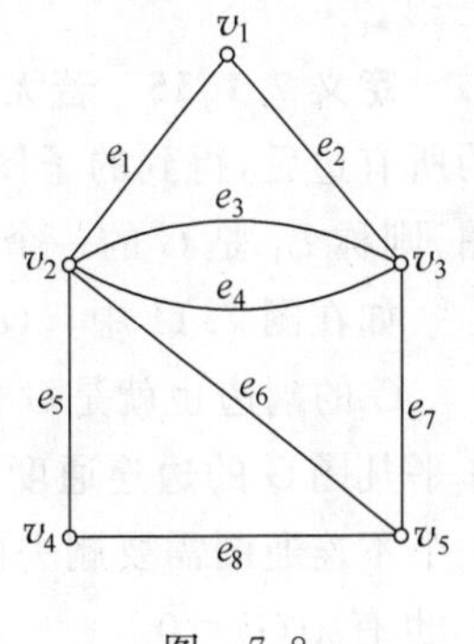

图 7.8

2. 图的连通性

下面讨论图的连通性及相关性质。

定义 7.1.12 在无向图 G 中，节点 u 和节点 v 之间若存在一条路，则称节点 u 和节点 v 是连通的。

如果规定节点 u 与其自身也是连通的，则图 G 中两节点之间的连通关系是一个等价关系，在此等价关系下，节点集合 V 可以形成一些等价类，不妨设为 $V_1,V_2,\cdots,V_n$。若节点 v_j 和节点 v_k 是连通的，当且仅当它们属于同一个 V_i。我们把子图 $G(V_1),G(V_2),\cdots,G(V_n)$ 称为图 G 的连通分支，将图 G 的连通分支数记作 $W(G)$。

定义 7.1.13 若图 G 只有一个连通分支，则称图 G 是连通图；否则，称图 G 是非连通图或分离图。

例 7.1.3 如图 7.9 所示，(a)是一个连通图，(b)是一个具有 3 个连通分支的非连通图。

每一个连通分支中任何两个节点是连通的，而位于不同连通分支中的任何两个节点是不连通的，即每一个连通分支都是原图的最大的连通子图。

图的连通性常常由于删除了图中的节点和边而受到影响。例如，在连通图 7.10 中，删除(a)中边 e，则图由(a)变成了(b)，而(b)不再是连通图。

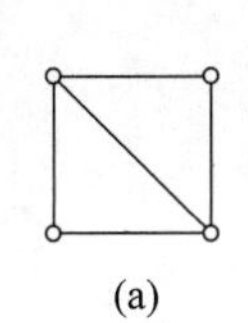
(a)

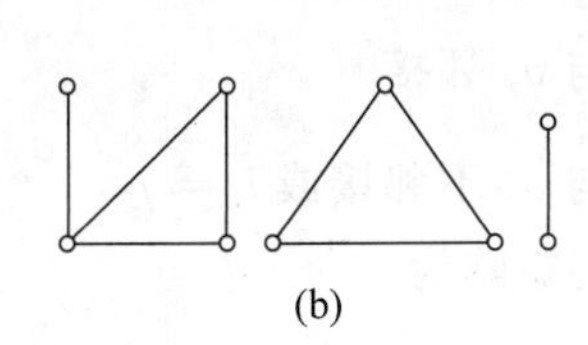
(b)

图 7.9 连通图和非连通图

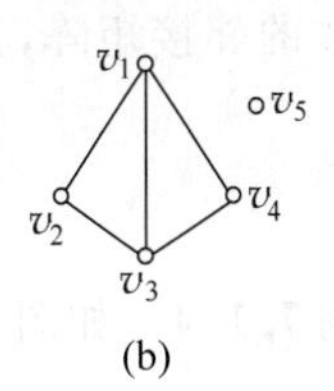

图 7.10

定义 7.1.14 设无向图 $G=(V,E)$ 为连通图，若有点集 $V_1\subseteq V$，使得图 G 删除了 V_1 的所有节点后，得到的子图是非连通图，而删除了 V_1 的任何真子集后得到的子图仍是连通图，则称 V_1 是 G 的一个点割集。若某个节点构成一个点割集，则称该节点为割点。

如图 7.11 所示，$\{b,d\}$，$\{c\}$，$\{e\}$ 都是点割集，节点 c 和节点 e 都是割点。虽然删除节点 a 和节点 c 之后图成为了不连通的，但因 $\{c\}$ 是 $\{a,c\}$ 的真子集，所以 $\{a,c\}$ 不是点割集。

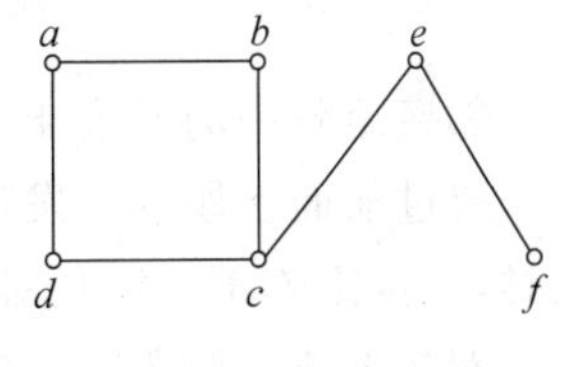

图 7.11

若图 G 不是完全图，定义 $k(G)=\min\{|V_1|\,|\,V_1$ 是 G 的点割集$\}$为 G 的点连通度(或连通度)。连通度 $k(G)$ 是为了产生一个非连通图需要删去的点的最少数目。于是一个不连通图的连通度为 0，存在割点的连通图的连通度为 1。完全图 K_p 中，删去任

何 m 个($m<p-1$)点后仍是连通图,但是删去 $p-1$ 个点后变成平凡图,故定义 $k(K_p)=p-1$。

定义 7.1.15 若无向图 $G=(V,E)$为连通图,若得有边集 $E_1\subseteq E$,使得图 G 删除了 E_1 的所有边后,得到的子图是非连通图,而删除了 E_1 的任何真子集后得到的子图仍是连通图,则称 E_1 是 G 的一个边割集。若某条边构成一个边割集,则称该边为割边。

如在图 7.11 中,$\{(c,e)\}$,$\{(b,c),(d,c)\}$为边割集,(c,e)为割边。

G 的割边也就是 G 的这样一条边 e,使得 $W(G-e)>W(G)$。与点的连通度相似,定义非平凡图 G 的边连通度为 $\lambda(G)=\min\{|E_1|\,|E_1$ 是 G 的边割集$\}$,边连通度 $\lambda(G)$是为了产生一个不连通图需要删去的边的最少数目。对平凡图 G,规定 $\lambda(G)=0$。此外,对于不连通图 G,也有 $\lambda(G)=0$。

点连通度和边连通度反映了图的连通程度,$k(G)$和 $\lambda(G)$的值越大,说明图的连通性越好。

7.1.5 图的矩阵表示

前面讨论了图的图形表示法以及相关的性质。在节点与边数不太多的情况下,图形表示法有一定的优越性,比较直观明了;但当图的节点和边数较多时,就无法使用这种表示方法。由于矩阵在计算机中易于储存和处理,所以可以利用矩阵将图表示在计算机中,而且还可以利用矩阵中的一些运算来刻画图的一些性质,研究图论中的一些问题。

本节主要考虑两种矩阵,即邻接矩阵和关联矩阵。邻接矩阵反映的是节点与节点之间的关系,关联矩阵反映的是节点与边之间的关系。

1. 图的邻接矩阵

定义 7.1.16 设 $G=(V,E)$是一个简单图,$V=\{v_1,v_2,\cdots,v_n\}$,n 阶方阵 $\mathbf{A}(G)=(a_{ij})$称为 G 的邻接矩阵,其中

$$a_{ij}=\begin{cases}1, & \text{若 } v_i \text{ 与 } v_j \text{ 邻接}\\ 0, & \text{若 } v_i \text{ 与 } v_j \text{ 不邻接或 } i=j\end{cases}$$

例 7.1.4 如图 7.12 所示的图 G,其邻接矩阵为

$$\mathbf{A}=\begin{bmatrix}0&1&1&1&1\\1&0&1&0&0\\1&1&0&1&0\\1&0&1&0&1\\1&0&0&1&0\end{bmatrix}$$

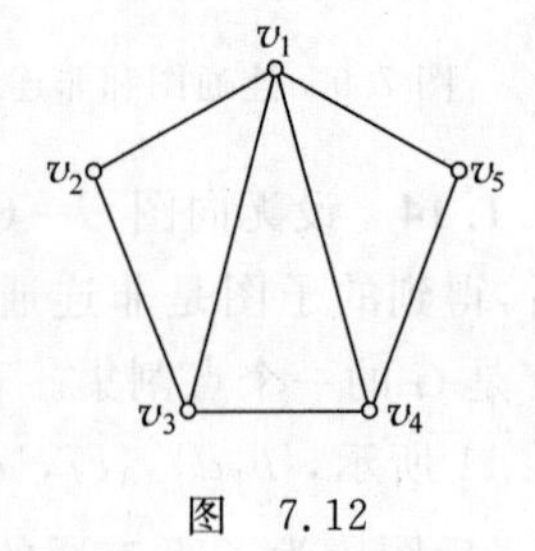

图 7.12

邻接矩阵中的元素非 0 即 1,这种 0−1 矩阵称为布尔矩阵。

通过前面例题容易发现,简单无向图的邻接矩阵是对称矩阵。但是当给定的图是有向图时,邻接矩阵不一定是对称的。

例 7.1.5 如图 7.13(a)所示的有向图 G,其邻接矩阵为

$$A(G)=\begin{pmatrix}0&1&0&0\\0&0&1&1\\1&1&0&1\\1&0&0&0\end{pmatrix}$$

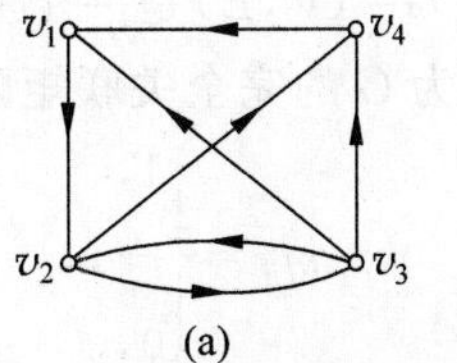

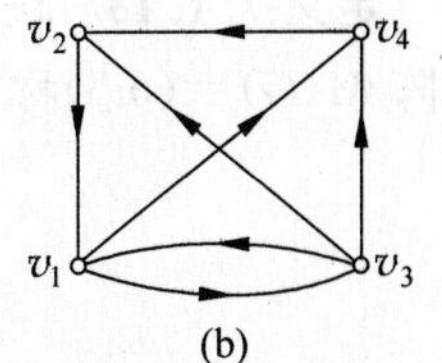

图　7.13

邻接矩阵与节点在图中的标定次序有关。例如，图 7.13(a)的邻接矩阵是 $\boldsymbol{A}(G)$，若将图 7.13(a)中的节点 v_1 和节点 v_2 的标定次序调换，得到图 7.13(b)，则图 7.13(b)的邻接矩阵是

$$\boldsymbol{A}'(G)=\begin{pmatrix}0&0&1&1\\1&0&0&0\\1&1&0&1\\0&1&0&0\end{pmatrix}$$

2. 图的完全关联矩阵

定义 7.1.17　设 $G=(V,E)$是一个无向图，$V=\{v_1,v_2,\cdots,v_n\}$，$E=\{e_1,e_2,\cdots,e_m\}$，则矩阵 $\boldsymbol{M}(G)=(m_{ij})$称为 G 的完全关联矩阵，其中

$$m_{ij}=\begin{cases}1, & 若\ v_i\ 关联\ e_j\\0, & 若\ v_i\ 不关联\ e_j\end{cases}$$

例 7.1.6　给定无向图 G，如图 7.14 所示，写出其完全关联矩阵。

解　无向图 G 的完全关联矩阵为

$$\boldsymbol{M}(G)=\begin{pmatrix}1&1&1&0\\1&1&0&0\\0&0&1&1\\0&0&0&1\end{pmatrix}$$

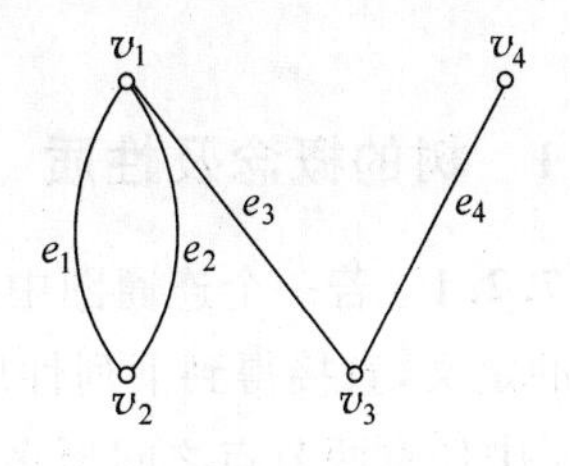

图　7.14

设 $G=(V,E)$是无向图，G 的完全关联矩阵 $\boldsymbol{M}(G)$有以下的性质：

(1) 每列元素之和均为 2，这说明每条边关联两个节点。

(2) 每行元素之和是对应节点的度数。

(3) 所有元素之和是各节点度数的和，也是边数的 2 倍。

(4) 若两列相同，则对应的两条边是平行边。

(5) 若某行元素全为 0，则对应节点为孤立节点。

(6) 同一个图当节点或边的标定次序不同时，其对应的完全关联矩阵仅有行序和列序的差别。

下面给出有向图的完全关联矩阵。

定义 7.1.18 设 $G=(V,E)$ 是一个有向图，$V=\{v_1,v_2,\cdots,v_n\}$，$E=\{e_1,e_2,\cdots,e_m\}$，则矩阵 $\boldsymbol{M}(G)=(m_{ij})$ 称为 G 的完全关联矩阵，其中

$$m_{ij}=\begin{cases}1, & \text{在 } G \text{ 中 } v_i \text{ 是 } e_j \text{ 的起点}\\ -1, & \text{在 } G \text{ 中 } v_i \text{ 是 } e_j \text{ 的终点}\\ 0, & \text{若 } v_i \text{ 与 } e_j \text{ 不关联}\end{cases}$$

例 7.1.7 给定有向图 G，如图 7.15 所示，写出其完全关联矩阵。

解 有向图 G 的完全关联矩阵为

$$M(G)=\begin{bmatrix}-1 & 1 & 0 & 0 & 0\\ 1 & -1 & 1 & 0 & 0\\ 0 & 0 & 0 & 1 & 1\\ 0 & 0 & -1 & -1 & -1\end{bmatrix}$$

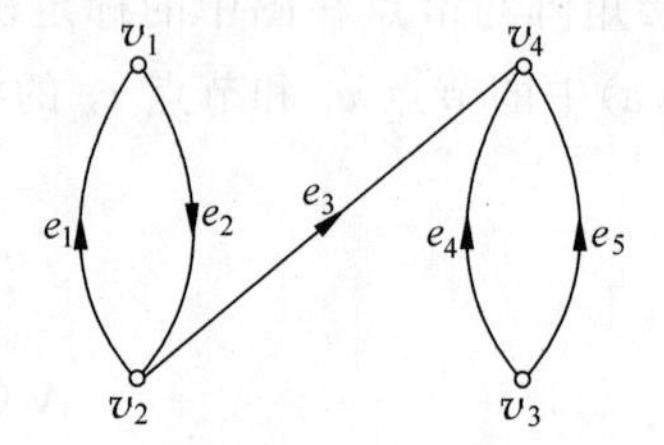

图 7.15

设 $G=(V,E)$ 是有向图，G 的完全关联矩阵 $\boldsymbol{M}(G)$ 有以下的性质：

(1) 每列有一个 1 和一个 −1，这说明每条有向边有一个起点和一个终点。

(2) 每行 1 的个数是对应节点的出度，−1 的个数是对应节点的入度。

(3) 所有元素之和为 0，这说明所有节点出度的和等于入度的和。

(4) 若两列相同，则对应的两条边是平行边。

7.2 最小生成树与最短路问题

7.2.1 树的概念及性质

定义 7.2.1 若一个连通图中不存在任何回路，则称该图为树(如图 7.16 所示)。

由树的定义，直接得到下列性质：

(1) 树中任意两节点之间至多只有一条边；

(2) 树中边数比节点数少 1；

(3) 树中任意去掉一条边，就会变为不连通图；

(4) 树中任意添加一条边，就会构成一个回路。

定义 7.2.2 设 T 是图 G 的一个子图，如果 T 是一棵树，且 $V(T)=V(G)$，则称 T 是 G 的一个生成树。

任意一个连通图或者就是一个树，或者去掉一些边后形成一个树；一个连通图去掉一些边后形成的树称之为该连通图的生成树；一般来说，一个连通图的生成树可能不止一个。在图 7.17 中，回路 $\{e_1,e_2\}$ 去掉边 e_1 或边 e_2，分别得到两个不同的生成树。

定理 7.2.1 每个连通图都有生成树。

求一个连通图的生成树有一个简单算法，就是在一个连通图中破掉所有的回路，剩下不含回路的连通图就是原图的一个生成树，这个算法叫做“破圈法”。

也可以用下面的算法来构造连通图的生成树。在图 G 中任意取一条边 e_1，找一条不与 e_1 构成回路的边 e_2，然后再找一条不与 $\{e_1,e_2\}$ 构成回路的边 e_3，这样继续下去，直到不能进行为止，这时得到的图 G 就是一个生成树。这种算法称为“避圈法”。

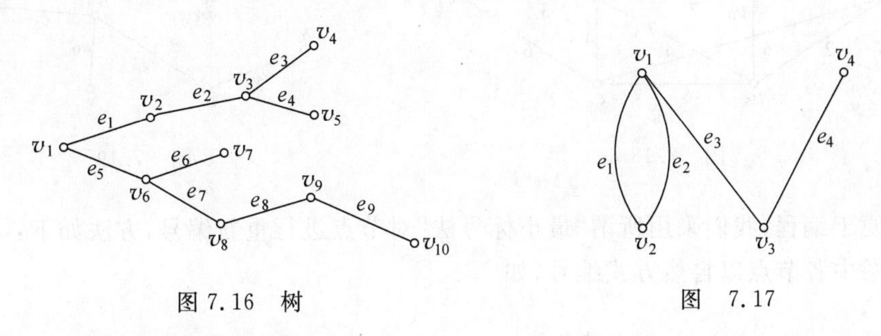

图 7.16　树　　　　图　7.17

7.2.2　最小生成树及其算法

一个连通的赋权图 G 可能有很多生成树。设 T 为图 G 的一个生成树，把 T 中各边的权数相加所得的和数称为生成树 T 的权数。在图 G 的所有生成树中，权数最小的生成树称为 G 的最小生成树。

求最小生成树问题有很广泛的实际应用。例如，把 n 个城市用高压电缆连接起来建立一个电网，如何能设计一个把 n 个城市联系起来的电网，使所用的电缆长度之和最短，即费用最小（因费用与电缆长度成正比），就是一个求最小生成树问题。

由树的性质及生成树的定义可知，树 T 为图 G 的最小生成树的充分必要条件是对 T 以外的任意边 (v_i,v_j)，都有

$$w(v_i,v_j)\geqslant \max\{w(v_i,v_{i1}),w(v_{i_1},v_{i_2}),\cdots,w(v_{i_k},v_j)\}$$

其中 $(v_i,v_{i_1},v_{i_2},\cdots,v_{i_k},v_j)$ 为生成树 $T(V,E)$ 的连接节点 v_i 和节点 v_j 的路，故 G 的最小生成树 T 必然由那些权数较小而不形成任何回路的边组成。下面介绍的算法都是根据这个基本原理得到的。

1. 克罗斯克尔算法

克罗斯克尔(Kruskal)算法是 1956 年提出的，就是前文提及的“避圈法”。其步骤如下：设 G 为由 n 个节点组成的连通赋权图。

(1) 先把 G 中所有边按权数大小由小到大重新排列，并取权数最小的一条边作为 T 的一条边；

(2) 从剩下的边中按(1)的排列顺序取下一条边，若该边与前面已取进 T 中的边没有形成回路，则把该边取进 T 中作为 T 的一条边，否则舍去，继续按(1)的排列顺序再取下一条边，……，如此下去，直至有 $n-1$ 条边组成 G 的最小生成树 T。

例 7.2.1　求图 7.18 的最小生成树（节点数 $n=8$）。

解　先按各边权数大小由小到大排列 $e_1(v_0,v_1)$，$e_2(v_2,v_3)$，$e_3(v_1,v_2)$，$e_4(v_0,v_2)$，$e_5(v_5,v_6)$，$e_6(v_3,v_4)$，$e_7(v_1,v_3)$，$e_8(v_4,v_5)$，$e_9(v_4,v_7)$，$e_{10}(v_0,v_5)$，…。

由克罗斯克尔算法，顺次取边 $e_1,e_2,e_3,e_4,e_5,e_6,e_7,e_8,e_9$，舍去 e_4 和 e_7，得到最小生成树 $T=\{e_1,e_2,e_3,e_5,e_6,e_8,e_9\}$，即为图 7.19 所示。

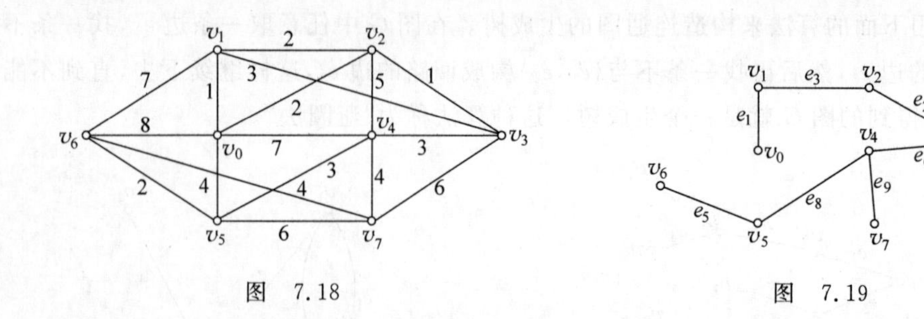

图 7.18　　　　　　　　　　　　图 7.19

为了便于编程,我们采用所谓"最小标号法"对节点进行重新编号,方法如下:

先对图中各节点以自然方式编号,如

节点	$v_0, v_1, v_2, v_3, v_4, v_5, v_6, v_7$
自然编号	1 2 3 4 5 6 7 8

以后每一步对取进 T 中的边的节点都要重新编号:若$(u_1, u_2, \cdots, u_r)$为 T 中任意一条路,则该路所经过的节点 $u_1, u_2, \cdots, u_r$ 都要重新标以它们中最小的标号,即

$$l(u_1) = l(u_2) = \cdots = l(u_r) = \min\{u_1, u_2, \cdots, u_r\}$$

经过这种"最小标号法"重新编号后,就能判断下一条边 $e_k(v_{k_i}, v_{k_j})$是否与前面已取进 T 中的边构成某个回路,由此决定 $e_k(v_{k_i}, v_{k_j})$是否能取进 T 中。若 $l(v_{k_i}) = l(v_{k_j})$,则说明 $e_k(v_{k_i}, v_{k_j})$取进 T 中会形成一个回路,应舍去 $e_k(v_{k_i}, v_{k_j})$;若 $l(v_{k_i}) \neq l(v_{k_j})$,说明至少有一个节点不在前面已取进 T 的节点中,故在 T 中加入 e_k 后不会形成任何回路,因而应将 $e_k(v_{k_i}, v_{k_j})$取进 T 中。如此下去,最终能得到最小生成树 T。

2. 普莱姆算法

普莱姆(Prim)算法的基本思想为:

(1) 先在 G 中任取一个节点 v_0,并取进 T 中;

(2) 令 $S = V(G) \backslash V(T)$,其中 $V(G)$,$V(T)$分别为 G 与 T 的节点集;

(3) 在所有连接 $V(T)$的节点与 S 的节点的边中,选出权数最小的边(u_0, v_0),即

$$w(u_0, v_0) = \min\{w(u,v) \mid u \in V(T), v \in S\}$$

(4) 将边(u_0, v_0)取入 T 中。重复(2)～(4)中的步骤,直至 G 中的节点全都取进 T 中为止。

仍以图 7.18 为例,若 v_0 为起点,顺次取进 T 中的边为(v_0, v_1),(v_2, v_3),(v_3, v_4),(v_4, v_5),(v_5, v_6),(v_4, v_7)或(v_6, v_7),形成的最小生成树 T 与图 7.19 一致。

类似地,也可定义最大生成树及其相应的算法。

7.2.3 最短路问题

1. 最短路

设 H 是赋权图 G 的一个子图,H 的权定义为 $W(H) = \sum\limits_{e \in E(H)} w(e)$,特别地,对 G 中一条路 P,P 的权为 $W(P) = \sum\limits_{e \in E(P)} w(e)$。给定赋权图 G 及 G 中两点 u, v,u 到 v 的具有最小

权的路称为 u 到 v 的最短路。赋权图中路的权也称为路的长，u 到 v 最短路的长也称为 u,v 间的距离，记为 $d(u,v)$。最短路问题是一个优化问题，属于网络优化和组合优化的范畴。最短路问题可以直接应用到工程和经济运营的实际中去。管道的铺设、线路的施工、运输路线的设计等问题中都涉及最短路问题。

解决最短路问题有很多算法，最基本的是狄克斯特拉(Dijkstra)算法。

2. 狄克斯特拉算法

狄克斯特拉在 1959 年提出了一种最短路的算法，至今仍被认为是最好的算法之一。下面仍以图 7.18 为例来分析狄克斯特拉算法其基本思想是按距 v_0 从近到远的顺序，依次求得 v_0 到 G 的各顶点的最短路和距离，直至 v_0 或 G 的所有顶点为止。

1) 算法思想

若路 $P=v_0v_1\cdots v_{k-1}v_k$ 是从 v_0 到 v_k 的最短路，则 $P'=v_0v_1\cdots v_{k-1}$ 必是 v_0 到 v_{k-1} 的最短路。基于这一原理，算法由近及远地逐次求出 v_0 到其他各点的最短路。

(1) 令 $S_0=\{v_0\}$，$\overline{S}_0=V\backslash S_0$，求 v_0 到 $\overline{S}_0$ 中最近点的最短路，结果找到 v_1。

(2) 令 $S_1:=S_0\cup\{v_1\}$，$\overline{S}_0=V\backslash S_1$，求 v_0 到 $\overline{S}_1$ 中最近点的最短路。此时除了考虑 v_0 到 $\overline{S}_0$ 的直接连边外，还要考虑 v_0 通过 v_1 向 $\overline{S}_1$ 的连边，即选取 $\overline{S}_1$ 中一点 v' 使得

$$d(v_0,v')=\min_{u\in S_1,v\in\overline{S}_1}\{d(v_0,u)+w(u,v)\} \tag{7.2.1}$$

结果找到 v_2。

一般地，若 $S_k=\{v_0,v_1,\cdots,v_k\}$ 以及相应的最短路已找到，则可应用式(7.2.1)来选取新的 v'，获得 v_0 到 v' 的最短路。

2) 算法实现——标号法

(1) 令 $l(v_0)=0$，对任何 $v\neq v_0$，令 $l(v)=\infty$，$S_0=\{v_0\}$，$i=0$。

(2) 对每个 $v\in\overline{S}_i(\overline{S}_i=V\backslash S_i)$，用 $\min\limits_{u\in S_i}\{l(v),l(u)+w(u,v)\}$ 代替 $l(v)$。计算 $\min\limits_{v\in\overline{S}_i}\{l(v)\}$，把达到这个最小值的一个顶点记为 v_{i+1}，令 $S_{i+1}=S_i\cup\{v_{i+1}\}$。

(3) 若 $i=|V|-1$，算法停止；若 $i<|V|-1$，用 $i+1$ 代替 i，转(2)。

算法结束时，从 v_0 到各顶点 v 的距离由 v 的最后一次的标号 $l(v)$ 给出。若将 v 进入 S_i 之前的标号叫 T 标号，v 进入 S_i 时的标号叫 P 标号，则算法就是不断修改各顶点的 T 标号，直至获得 P 标号。若在算法运行过程中，将每一顶点获得 P 标号所由来的边在图上标明，则算法结束时，v_0 至各项点的最短路也在图上标示出来了。

3) 狄克斯特拉算法的一般步骤和流程图

设一个无向的连通图 $G=(V,E)$ 有 m 个节点，$V=\{v_0,v_1,\cdots,v_{m-1}\}$，出发点为 v_0。令

$$l(v)=\begin{cases}d(v_0,v), & v\in S_i\\ \min\limits_{u\in S_{i-1}}\{d(v_0,u)+\omega(u,v)\}, & v\in S_{i-1}^{c}\end{cases}$$

(1) 设 $l(v_0)=0$，当 $v\in V,v\neq v_0$ 时，$l(v)=\infty$；$S_i=\{v_0\}$，$i=0$，$a_0\leftarrow v_0$。

(2) 对任意的 $v\in S_i^c$，$l(v)\leftarrow\min\limits_{\substack{u\in S_i\\(u,v)\in E}}\{l(v),l(u)+w(u,v)\}$。

(3) 计算 $\min\limits_{v\in S_i^c}\{l(v)\}$。

(4) 在 S_i^c 中取出 $\bar{v}$，使 $l(\bar{v})=\min\limits_{v\in S_i^c}\{l(v)\}$，$a_{i+1}\leftarrow\bar{v}$。

(5) 若 $i<m-1$，$i\leftarrow i+1$，转入(2)；若 $i=m-1$，输出 a_i，$l(a_i)$，算法停止。

算法流程图如图 7.20 所示。

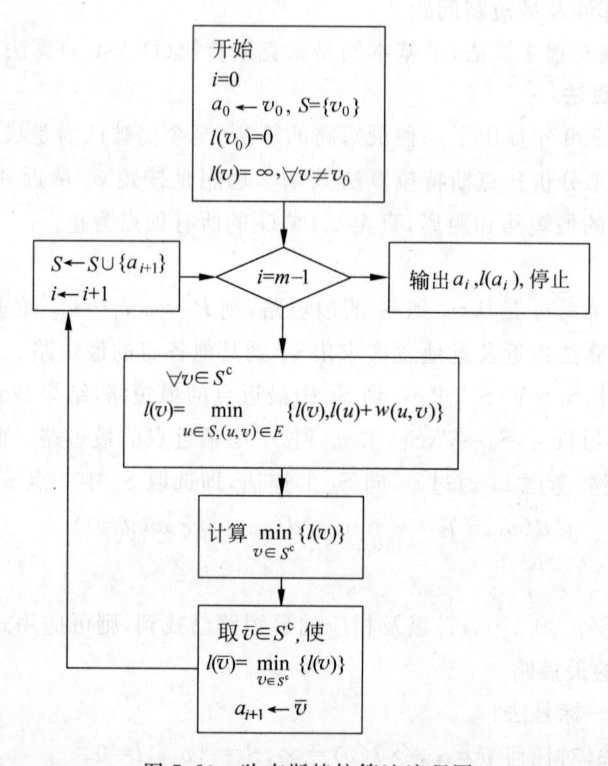

图 7.20 狄克斯特拉算法流程图

该算法的优点是速度快，而且一次能把 v_0 到其他各点的最短路都算出来。只要稍加修改，即可类似地得到有向连通图的最短路算法。

4) 算法有效性

一个图论算法称为是有效算法(或好算法)，如果在任何图上施行这个算法所需要的计算量(时间复杂性)都可由关于 ν 和 ε 的一个多项式为上界。狄克斯特拉算法是好算法，它的计算量为 $O(\nu^2)$，全部迭代过程需要做 $\dfrac{\nu(\nu-1)}{2}$ 次加法和 $\nu(\nu-1)$ 次比较。

狄克斯特拉算法的步骤(2)中，需要 $\nu-i-1$ 次加法和 $\nu-i-1$ 次比较，而 $\sum\limits_{i=0}^{\nu-1}(\nu-i-1)=(\nu-1)+(\nu-2)+\cdots+1=\dfrac{\nu(\nu-1)}{2}$。

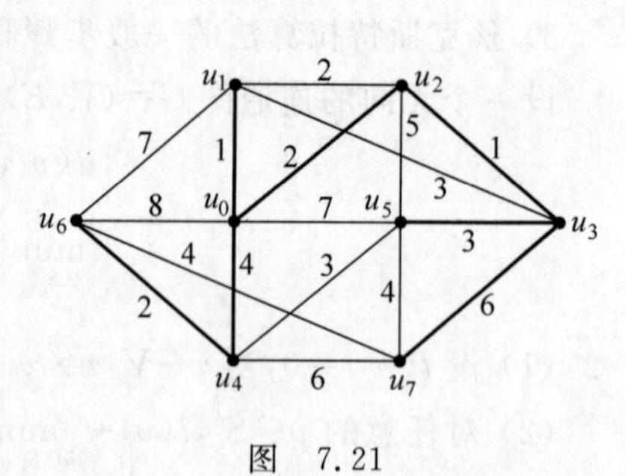

图 7.21

例 7.2.2 8 个城市 $u_0,u_1,\cdots,u_7$ 之间有一个公路网(如图 7.21 所示)，每条公路为图中的边，边上的权数表示通过该公路所需的时间。求从 u_0 到其他各城市，应选择什么路径使所需的时间最短？

解　算法步骤如下：

设 $S_0=\{u_0\}$，$S_0^c=\{u_1,u_2,\cdots,u_7\}$，求

$$d(u_0,S_0^c)=\min_{v\in S_0^c}\{d(u_0,v)\}$$

容易看出，$d(u_0,S_0^c)=\omega(u_0,u_1)=1$，将 u_1 加入 S_0，得到 $S_1=\{u_0,u_1\}$，$S_1^c=\{u_2,u_3,\cdots,u_7\}$，求

$$d(u_0,S_1^c)=\min_{\substack{u\in S_1\\ v\in S_1^c}}\{d(u_0,u)+\omega(u,v)\}=d(u_0,u_2)=2$$

将 u_2 加入 S_1，得到 $S_2=\{u_0,u_1,u_2\}$，$S_2^c=\{u_3,u_4,\cdots,u_7\}$，求

$$d(u_0,S_2^c)=\min_{\substack{u\in S_2\\ v\in S_2^c}}\{d(u_0,u)+\omega(u,v)\}=d(u_0,u_2)+d(u_2,u_3)=d(u_0,u_3)=3$$

依此类推，可求出从 u_0 到其他任意节点的最短路和它们的权数。把从 u_0 到 $u_j(j=1,2,\cdots,7)$的最短路的权数标在 u_j 点处，并令 u_0 处的权数为零，所得结果如图 7.21 中黑实线所示。实际上，它是原图的以 u_0 为根的生成树，直接表明从 u_0 到其他各节点的最短路。

3. 最短路的应用——设备更新

例 7.2.3　某工厂使用一台设备，每年年初都要作出决定，如果继续使用旧的，要付维修费；若要购买新设备，要付购买费，具体数据如下表所示。试制定一个 5 年的更新计划，使得总支出最少。

项目	第 1 年	第 2 年	第 3 年	第 4 年	第 5 年
购买费/万元	11	12	13	14	15
机器役龄/年	0～1	1～2	2～3	3～4	4～5
维修费/万元	5	6	8	11	18
残值/万元	4	3	2	1	0

解　用点 v_i 表示第 i 年年初购进一台新设备，$i=1,2,\cdots,5$。虚设点 v_6 表示第 6 年年初(即第 5 年年底)。从 v_i 到 $v_{i+1},\cdots,v_6$ 各画一条弧，如图 7.22 所示。

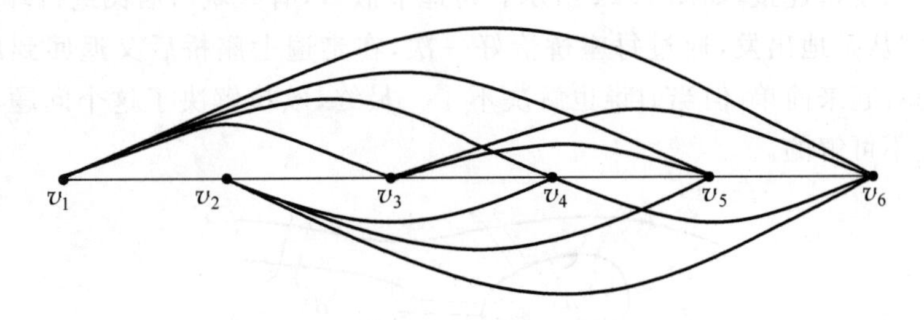

图 7.22　设备更新路径图

边(v_i,v_j)表示第 i 年年初购进的设备一直使用到第 j 年年初，边上的数字表示该设备从使用到报废支付的总费用(购买费＋维修费－残值)。每条弧的权可按已知资料计算出来。例如，(v_1,v_4)表示第 1 年年初购进一台新设备(支付购买费 11)，一直使用到第 3 年年底的残值为 2(支付维修费 5＋6＋8＝19)，故(v_1,v_4)上的权为 28。

在点 v_k 标注(u_k,m)，表示从点 v_1 到点 v_k 的最短距离为 u_k，前接点为 v_m。于是，在点

v_1 标注$(0,S)$，在点 v_2 标注$(12,1)$，点 v_1 到点 v_2 的最短距离为 12，前接点为 v_1 如图 7.23 所示，$u_3=\min\{d(v_1,v_3),d(v_1,v_2)+d(v_2,v_3)\}=d(v_1,v_3)=19$。

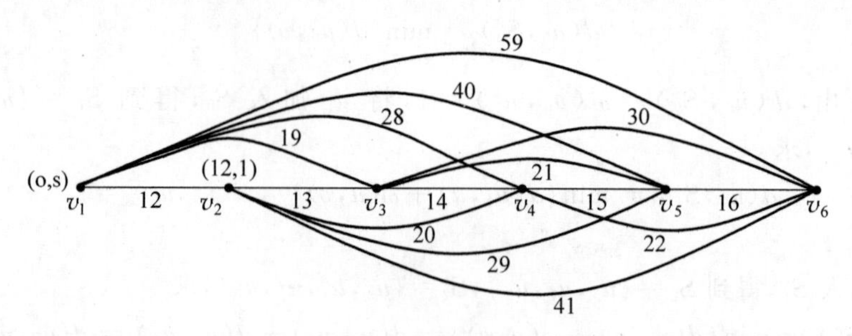

图 7.23 设备更新的赋权图

在点 v_3 标注$(19,1)$，点 v_1 到点 v_3 的最短距离为 19，前接点为 v_1。

在点 v_4 标注$(28,1)$，点 v_1 到点 v_4 的最短距离为 28，前接点为 v_1。

在点 v_5 标注$(40,3)$，点 v_1 到点 v_5 的最短距离为 40，前接点为 v_3。

在点 v_6 标注$(49,3)$，点 v_1 到点 v_6 的最短距离为 49，前接点为 v_3。

因此，最优更新方式为 $v_1\to v_3\to v_6$，即第 1 年年初购买一台新设备，用到第 2 年年底淘汰，在第 3 年年初购买一台新设备，一直使用到第 5 年年底，所求最小费用为 49 万。

7.3 欧拉图与中国邮递员问题

7.3.1 欧拉图

欧拉图是一类非常重要的图，这不仅是因为欧拉是图论的创始人，更重要的是欧拉图具有对边的“遍历性”。1736 年欧拉发表了第一篇著名的图论论文，讨论了哥尼斯堡七桥问题（简称七桥问题），具体如下：哥尼斯堡城有一条横贯全城的普雷格尔河，河中有两个小岛，城的各部分用七座桥连接，如图 7.24 所示。每逢节假日，有些城市居民进行环城周游，于是便产生了能否“从某地出发，通过每座桥恰好一次，在走遍七座桥后又返回到出发点”的问题。这个问题看起来简单，但当时谁也解决不了。最终，欧拉解决了这个问题，第一次论证了这个问题是不可解的。

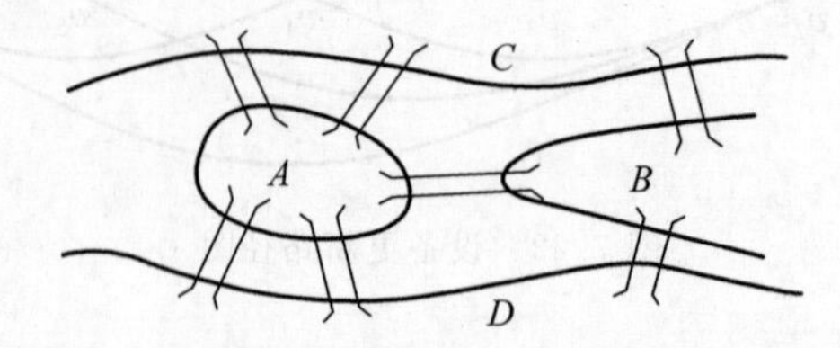

图 7.24 哥尼斯堡七桥问题图

欧拉将哥尼斯堡七桥问题中各块陆地表示为节点，桥表示为边。显然每座桥只穿行一次的问题等价于在图 7.25 中，从某一节点出发，找到一条路，通过每条边一次而且仅一次，最后又回到出发点。为了解决这个问题，我们先介绍图论中的一些概念及性质。

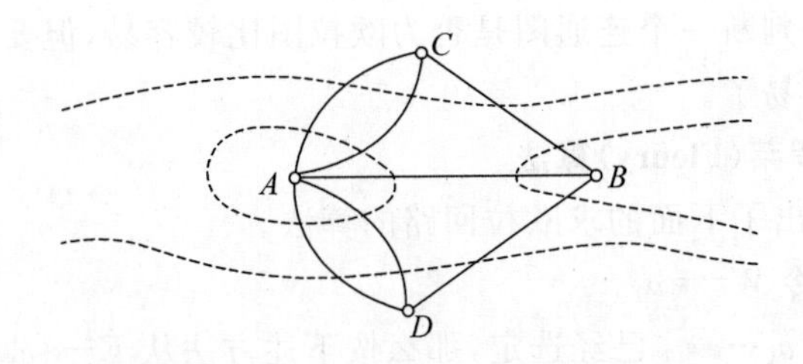

图 7.25　哥尼斯堡七桥问题的简化图

1. 欧拉图的概念及性质

定义 7.3.1　设 $G=(V,E)$ 是连通无向图。

(1) 经过 G 的每边至少一次的闭通路称为回路。

(2) 经过 G 的每边一次而且仅一次的巡回称为欧拉回路。

(3) 存在欧拉回路的图称为欧拉图。

(4) 经过 G 的每边恰好一次的道路称为欧拉道路。

在图 7.26 中，存在欧拉道路 $v_1e_1v_2e_2v_3e_5v_1e_4v_4e_3v_3$，存在回路 $v_1e_1v_2e_2v_3e_5v_1e_4v_4e_3v_3e_5v_1$。在图 7.27 中，存在欧拉回路 $v_1e_1v_2e_2v_3e_5v_1e_4v_4e_3v_3e_6v_1$，图 7.27 所示的图就是欧拉图。

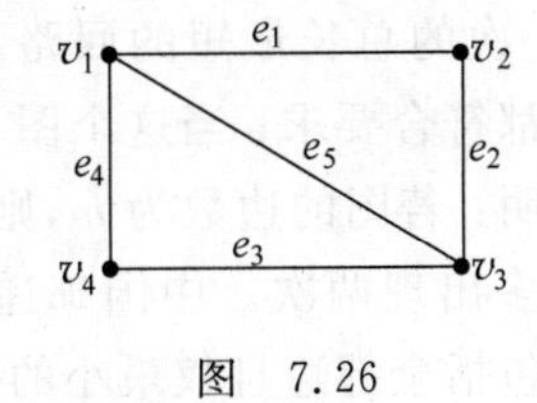

图　7.26

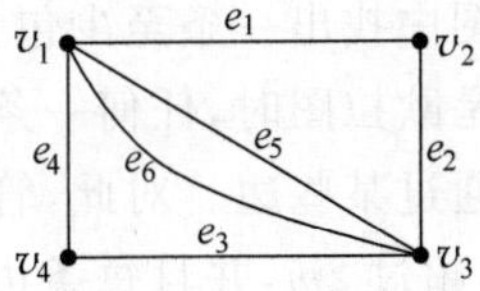

图　7.27

对于欧拉图，我们有下列结果。

定理 7.3.1　连通图 $G=(V,E)$ 有欧拉道路，当且仅当 G 恰好有两个奇点。

定理 7.3.2　对于连通图 $G=(V,E)$，下列条件相互等价：

(1) G 是一个欧拉图；

(2) G 的每一个节点的度数都是偶数；

(3) G 的边集合 E 可以分解为若干个回路的并。

证明　(1)⇒(2)已知 G 为欧拉图，则必存在一个欧拉回路，回路中的节点都是偶度数。

(2)⇒(3)设 G 中每一个节点的度数均为偶数，若能找到一个回路 C_1 使 $G=C_1$，则结论成立。否则，令 $G_1=G\backslash C_1$，由 C_1 上每个节点的度数均为偶数，则 G_1 中每个节点的度数亦均为偶数。于是在 G_1 中必存在另一个回路 C_2，令 $G_2=G_1\backslash C_2$，……，由于 G 为有限图，上述过程经过有限步后，必得到一个回路 C_r，使 $G_r=G_{r-1}\backslash C_r$ 上各节点的度数均为零，即 $C_r=G_{r-1}$，这样就得到 G 的一个分解 $G=C_1\cup C_2\cup\cdots\cup C_r$。

(3)⇒(1)设 $G=C_1\cup C_2\cup\cdots\cup C_r$，其中 $C_i(i=1,2,\cdots,r)$ 均为回路。由于 G 为连通图，对任意回路 C_i，必存在另一个回路 C_j 与之相连，即 C_i 与 C_j 存在共同的节点。现在从图 G 的任一节点出发，沿着所在的回路走，每走到一个共同的节点处，就转向另一个回路，……，这样一直走下去，就可走遍 G 的所有边且每条边只走过一次，最后回到原出发节点，即 G 为一个欧拉图。

利用定理 7.3.2 去判断一个连通图是否为欧拉图比较容易，但要找出欧拉回路，当连通图比较复杂时就不太容易了。

2. 欧拉回路的弗罗莱(Fleury)算法

1921 年，弗罗莱给出了下面的求欧拉回路的算法。

(1) $\forall v_0 \in V(G)$，令 $W_0 = v_0$。

(2) 假设 $W_i = v_0 e_1 v_1 \cdots e_i v_i$ 已经选定，那么按下述方法从 $E-\{e_1, \cdots, e_i\}$ 中选取边 e_{i+1}。

① e_{i+1} 和 v_i 相关联；

② 除非没有别的边可供选择，否则 e_{i+1} 不是 $G_i = G-\{e_1, \cdots, e_i\}$ 的割边。(所谓割边是一条删除后使连通图不再连通的边。)

(3) 当(2)不能再执行时，算法停止。

7.3.2 中国邮递员问题

1962 年，管梅谷先生提出了“中国邮递员问题”。假设一个邮递员从邮局出发，在其分管的投递区域内走遍所有的街道把邮件送到每个收件人手中，最后又回到邮局，那么要走怎样的路线使全程最短？这一实际应用问题与欧拉图密切相关。

这个问题可以用图来表示，街道作为图的边，街道交叉口作为图的节点，于是问题就转化为要从这样一个图中找出一条至少包含每个边一次的总长最短的回路，即最佳邮递员回路。显然当这个图是欧拉图时，任何一条欧拉回路都符合要求；当这个图不是欧拉图时，所求回路必然要重复通过某些边。对此，管梅谷曾证明：若图的边数为 m，则所求闭道路的长度最少是 m，最多不超过 $2m$，并且每条边在其中最多出现两次。中国邮递员问题还可以进一步推广到带权的连通图上，即在带权图中找一个包括全部边且权最小的闭道路。

一般意义下的中国邮递员问题是运筹学中一个典型的优化问题，这个问题有着有效的解决办法，其中最直观的方法之一是把图中的某些边复制成两条边，然后在所得图中找一条欧拉回路，这个回路即是原问题的解。下面仅对无向图介绍算法的基本思想。

求解无向图的中国邮递员问题算法如下：

(1) 若 G 不含奇数度节点，则按本节前面介绍的方法所构造的欧拉回路就是问题的解。

(2) 若 G 含有 $2k(k>0)$ 个奇数度节点，则先求出其中任何两个节点之间的最短道路，然后再在这些道路之中找出 k 条道路 $p_1, p_2, \cdots, p_k$，使得

① 任何 p_i 和 $p_j(i \neq j)$ 没有相同的起点和终点；

② 在所有满足①的 k 条道路的集合中，$p_1, p_2, \cdots, p_k$ 的长度总和最短。

(3) 根据(2)中求出的 k 条道路 $p_1, p_2, \cdots, p_k$ 在原图 G 中复制所有出现在这 k 条道路上的边，设这样做得到的图为 G'。

(4) 构造 G' 的欧拉回路，即得到中国邮递员问题的解。

例 7.3.1 某街区如图 7.28(a)所示，试求此街区的最佳邮递员回路。

解 图 G(图 7.28(a))含有 4 个奇数度节点：$d(v_1)=3, d(v_2)=5, d(v_3)=3, d(v_5)=5$。各个奇数度节点间的距离为 $d(v_1, v_2)=3, d(v_1, v_3)=5, d(v_1, v_5)=4, d(v_2, v_3)=2, d(v_2, v_5)=3, d(v_3, v_5)=4$，从中选出两条长度总和最小的道路 $p_1 = v_1 v_7 v_5$ 和 $p_2 = v_2 v_3$，构造图 G'(图 7.28(b))，则中国邮递员问题的一个解便是回路 $C = v_1 v_7 v_3 v_2 v_4 v_5 v_6 v_2 v_7 v_5 v_3 v_2 v_1 v_7 v_5 v_1$。

求中国邮递员问题的算法中，包含了两个基本的优化算法，求任意两点的距离及求最佳

匹配，它们都有对应的有效算法。

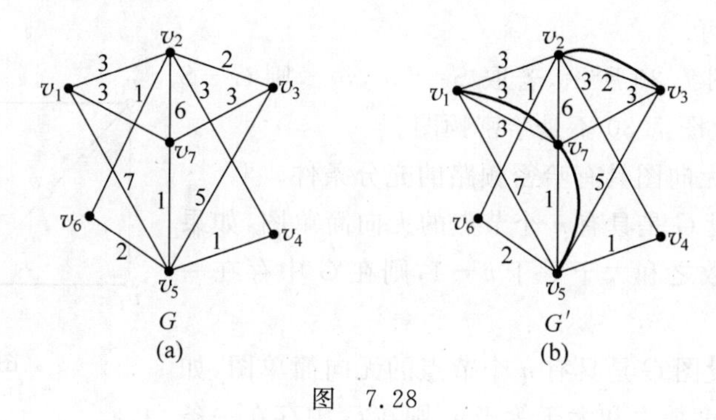

图 7.28

7.4 哈密顿图与推销员问题

7.4.1 哈密顿图

1859 年，英国数学家哈密顿提出了一个问题，他用正十二面体的 20 个顶点代表 20 个大城市，要求沿着正十二面体的棱从一个城市出发，经过每个城市仅一次，最后又回到出发点。这就是当时风靡一时的周游世界问题。解决这个问题就是要在如图 7.29 所示的图中寻找一条经过每个节点恰好一次的回路。

与欧拉图不同，哈密顿图是遍历图中的每个节点，一条哈密顿回路不会在两个节点间走两次以上，因此没有必要在有向图中讨论。

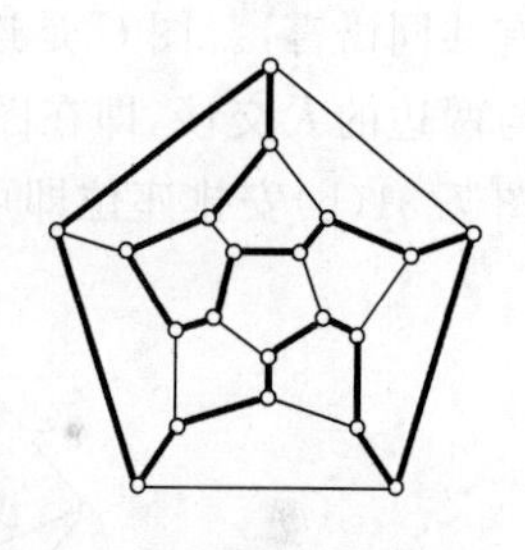

图 7.29 哈密顿图示例

定义 7.4.1 给定无向图 G，通过图中每个节点一次而且仅一次的路称为哈密顿路。经过图中每个节点一次而且仅一次的回路称为哈密顿回路（简称为 H 回路或 H 圈）。具有哈密顿回路的图称为哈密顿图。

哈密顿图和欧拉图相比，虽然考虑的都是遍历问题，但是侧重点不同。欧拉图遍历的是边，而哈密尔顿图遍历的是节点。另外两者的判定困难程度也不一样。前面已经给出了判定欧拉图的充分必要条件，但对于哈密顿图的判定，至今还没有找出充要条件，只能给出必要条件或充分条件。

下面先给出一个图是哈密顿图的必要条件。

定理 7.4.1 设 $G=(V,E)$ 是哈密顿图，则对于节点集 V 的任意非空子集 S，均有 $W(G-S)\leqslant|S|$，其中 $G-S$ 表示在 G 中删去 S 中的节点后所构成的图，$W(G-S)$ 表示 $G-S$ 的连通分支数。

证明 设 C 是 G 的一条哈密顿回路，将 C 视为 G 的子图。在回路 C 中，每删去 S 中的一个节点，最多增加一个连通分支，且删去 S 中的第一个节点时分支数不变，所以有 $W(C-S)\leqslant|S|$。

又因为 C 是 G 的生成子图，所以 $C-S$ 是 $G-S$ 的生成子图，且 $W(G-S)\leqslant W(C-S)$，因此 $W(G-S)\leqslant|S|$。

利用定理 7.4.1 可以证明某些图不是哈密顿图，只需要找到不满足定理条件的节点集 V 的非空子集 S 即可。

例 7.4.1 如图 7.30 所示，若取 $S=\{v_1,v_4\}$，则 $G-S$ 有 3 个连通分支，故图 7.30 不是哈密顿图。

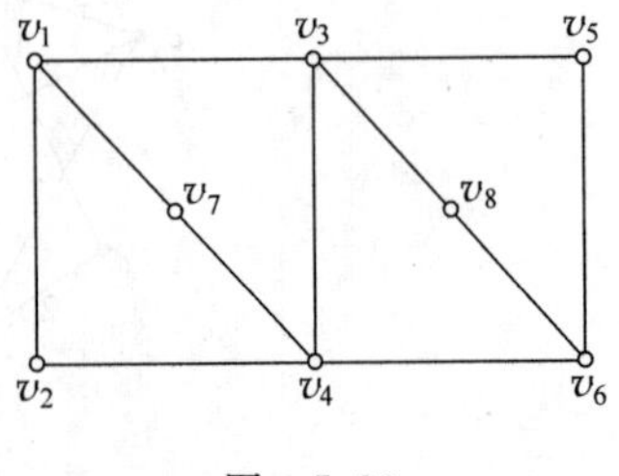

图 7.30

下面给出一个无向图具有哈密顿路的充分条件。

定理 7.4.2 设 G 是具有 n 个节点的无向简单图，如果 G 中每一对节点度数之和大于等于 $n-1$，则在 G 中存在一条哈密顿路。

定理 7.4.3 设图 G 是具有 n 个节点的无向简单图，如果 G 中每一对节点度数之和大于等于 n，则在 G 中存在一条哈密顿回路。

例 7.4.2 今有 a,b,c,d,e,f,g 共 7 人，已知下列事实：a 讲英语，b 讲英语和汉语，c 讲英语、意大利语和俄语，d 讲日语和汉语，e 讲德国和意大利语，f 讲法语、日语和俄语，g 讲法语和德语。试问这 7 人应如何围圆桌排座位，才能使每人都能和两边的人交谈？

解 设无向图 $G=(V,E)$，其中 $V=\{a,b,c,d,e,f,g\}$，$E=\{(u,v)\mid u,v\in V$，且 u 和 v 有共同语言$\}$。图 G 是连通图，如图 7.31(a)所示。将这 7 个人围圆桌排座，使得每个人能与两边的人交谈，即在图 7.31(a)中寻找哈密顿回路。经观察，该回路是 $abdfgeca$，即按照图 7.31(b)安排座位即可。

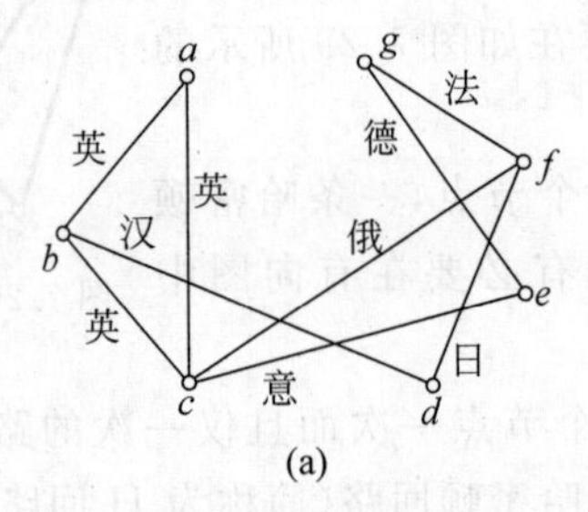

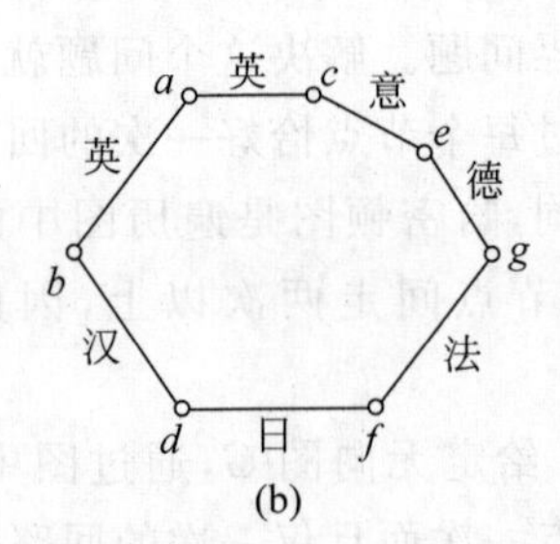

图 7.31

定义 7.4.2 设 $G=(V,E)$ 有 n 个节点，若存在一对不相邻的节点 u,v，满足 $d(u)+d(v)\geqslant n$，则构造 $G'=(V,E\cup(u,v))$，并且在 G' 上重复上述步骤，直到不再存在这样的节点对为止，所得的图称为 $G=(V,E)$ 的闭包，记作 $C(G)$。

例 7.4.3 图 7.32(b)～(d)给出了图 7.32(a)的闭包构造过程。

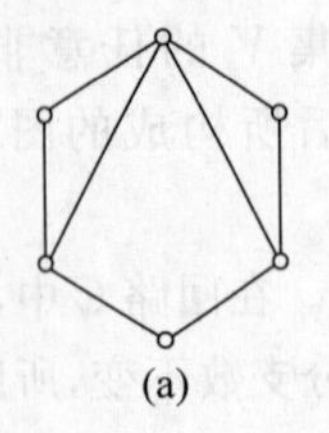

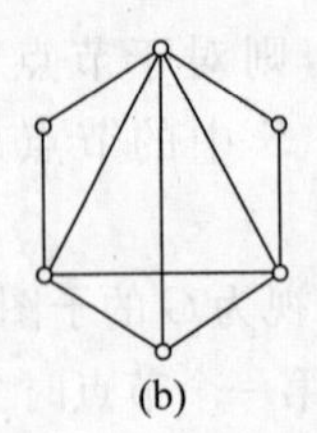

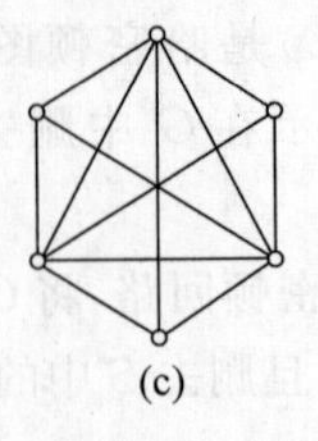

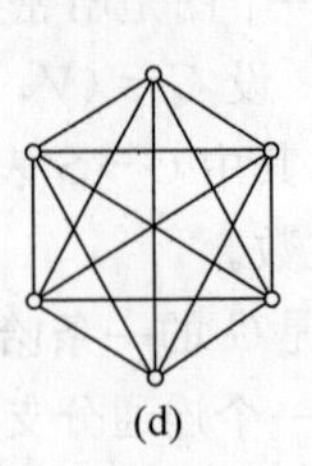

图 7.32 闭包构造过程示意图

定理 7.4.4 一个简单图是哈密顿图，当且仅当这个简单图的闭包是哈密顿图。

证明 只需证明添加一条边后定理的结论成立即可。

设图 $G=(V,E)$，$u,v\in V$，u,v 不相邻且 $d(u)+d(v)\geqslant n$，添加边 (u,v) 到图 G 中，得到新图 G'。若 G 是哈密顿图，则 G 有哈密顿回路，该回路也是 G' 的哈密顿回路，因此 G' 是哈密顿图。

反之，若 G' 是哈密顿图，则 G 中必存在一条以 u 为起点，v 为终点的哈密顿路 l，可由 l 构造出一个 G 的哈密顿回路，因此 G 是哈密顿图。

哈密顿图的判定是图论中较为困难但十分有趣的问题，这里介绍的只是初步，感兴趣的读者可以进一步阅读有关的材料。

用二边逐次修正法可以求解较优 H 圈，具体步骤如下：

(1) 任取初始 H 圈 $C_0=(v_1,v_2,\cdots,v_i,\cdots,v_j,\cdots,v_n,v_1)$。

(2) 对所有 i,j，$1<i+j<n$，若 $w(v_i,v_j)+w(v_{i+1},v_{j+1})<w(v_i,v_{i+1})+w(v_j,v_{j+1})$，则在 C_0 中删去边 (v_i,v_{i+1}) 和 (v_j,v_{j+1}) 而加入边 (v_i,v_j) 和 (v_{i+1},v_{j+1})，形成新的 H 圈 C，即 $C=(v_1,v_2,\cdots,v_i,v_j,\cdots,v_{i+1},v_{j+1},\cdots,v_n,v_1)$。

例 7.4.4 用二边逐次修正法求解如图 7.33 所示的较优的哈密顿圈。

解 (1) 取初始圈 $C_0=(v_1,v_2,v_3,v_4,v_5,v_6,v_1)$，如图 7.34 所示，权 $w(C_0)=56+21+31+51+13+60=232$。

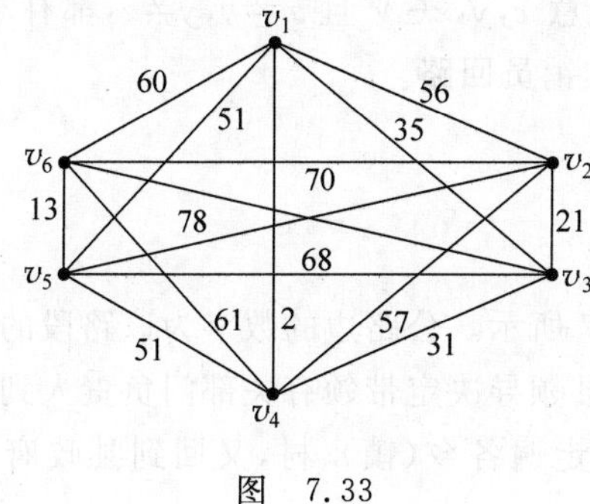

图 7.33

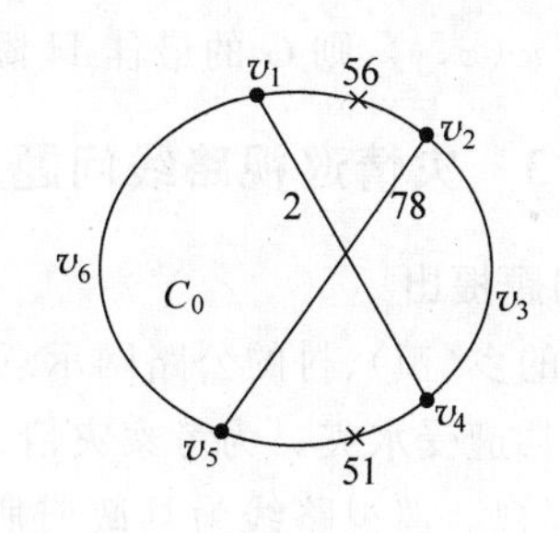

图 7.34

(2) 第一次迭代(寻找删除边和加入边)

在图 7.34 中，由于 $w(v_1,v_4)+w(v_2,v_5)=2+78=80<w(v_1,v_2)+w(v_4,v_5)=56+51=107$，故删除边 (v_1,v_2)，(v_4,v_5)，加入边 (v_1,v_4)，(v_2,v_5)，得新圈 $C_1=(v_1,v_4,v_3,v_2,v_5,v_6,v_1)$，其权 $w(C_1)=2+31+21+78+13+60=205$，如图 7.35(a)所示。

(3) 第二次迭代(寻找删除边和加入边)

在图 7.35(a)中，由于 $w(v_1,v_5)+w(v_2,v_6)=56+70=126<w(v_2,v_5)+w(v_6,v_1)=60+78=138$，故删除边 (v_2,v_5)，(v_6,v_1)，加入边 (v_1,v_5)，(v_2,v_6)，得新圈 $C_2=(v_1,v_5,v_6,v_2,v_3,v_4,v_1)$，其权为 $w(C_2)=51+13+70+21+36+2=194$，如图 7.35(b)所示。

(4) 第三次迭代(寻找删去边和加入边)

在图 7.35(b)中，由于 $w(v_1,v_3)+w(v_4,v_5)=51+35=86<w(v_1,v_5)+w(v_3,v_4)=51+36=87$，故删除边 (v_1,v_5)，(v_3,v_4)，加入边 (v_1,v_3)，(v_4,v_5)，得新圈 $C_3=(v_1,v_3,v_2,v_6,v_5,v_4,v_1)$；其权为 $w(C_3)=35+21+70+13+51+2=192$，如图 7.36 所示。

最终得到 H 圈 C_3 即为所求。

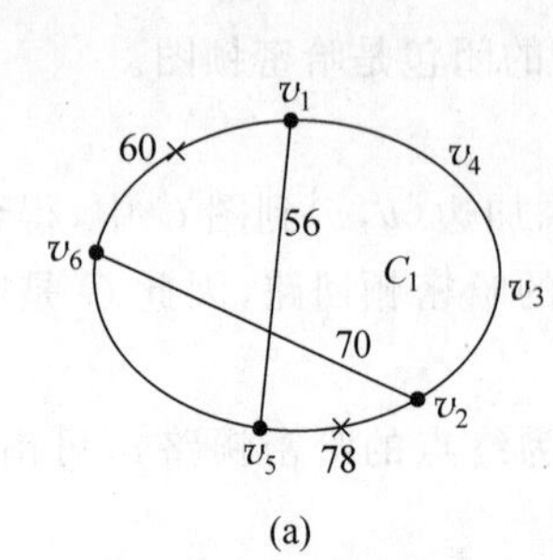

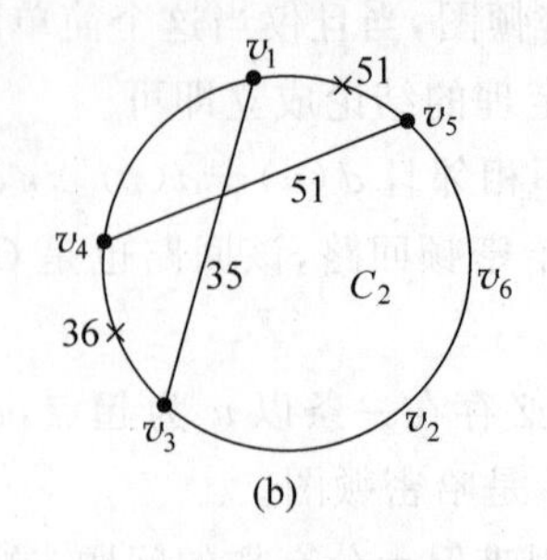

图 7.35

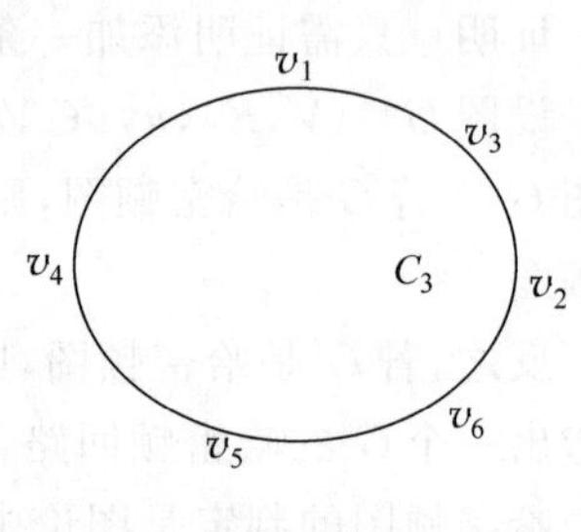

图 7.36

7.4.2 推销员问题

流动推销员需要访问某地区的所有城镇，最后回到出发点，如何安排行程使总路程最小，这就是推销员问题。这一问题的研究历史十分悠久，通常称之为旅行商问题或货郎问题。

该问题可表述为：在连通图 $G=(V,E)$ 中，节点表示城镇，边表示连接两城镇的道路，权表示距离（时间、费用），问题归结为在加权连通图中寻找经过每个节点至少一次的最短闭通路问题。经过每个节点至少一次的权最小的闭通路称为最佳推销员回路。

定理 7.4.5 在加权图 $G=(V,E)$ 中，若对任意 $x,y,z\in V$ 且 $x\neq y,y\neq z$，都有 $w(x,y)\leqslant w(x,z)+w(z,y)$，则 G 的最佳 H 圈就是最佳推销员回路。

7.4.3 灾情巡视路线问题

1. 问题提出

某县的乡（镇）、村的公路网示意图如图 7.37 所示。公路边的数字为该路段的千米。今年夏天该县遭受水灾。为考察灾情、组织自救，县领导决定带领有关部门负责人到全县各乡（镇）、村巡视。巡视路线为县政府所在地出发，走遍各乡（镇）、村，又回到县政府所在地的路线。

(1) 若分三组（路）巡视，试设计总路程最短且各组尽可能均衡的巡视路线。

(2) 假定巡视人员在各乡（镇）停留时间 $T=2\text{h}$，在各村停留时间 $t=1\text{h}$，汽车行驶速度 $v=35\text{km/h}$。要在 24h 内完成巡视，至少应分几组？给出这种分组下最佳的巡视路线。

(3) 在上述关于 T,t,v 假定下，如果巡视人员足够多，完成巡视的最短时间是多少？给出在这种最短时间完成巡视的要求下最佳的巡视路线。

公路网图可视为赋权图，乡（镇）、村所在地为节点 v_i，各边为 e_i，权为 w_i，巡视要求为走遍所有 v_i，不要求走遍所有 e_i，即在给定的赋权图中寻找从给定的 O 点出发，行遍所有节点至少一次，再回到 O 点，使得总权数最小。

本问题是一个寻求最佳推销员回路的问题，也可转化为最佳 H 圈的问题，即由给定图 $G=(V,E)$ 构造一个以 V 为节点集的完备图 $G'=(V,E')$，E' 中每条边的权等于顶点 x 与 y 在图 G 中最短路径的权。

2. 模型假设

(1) 图中的道路不会因洪水而中断；

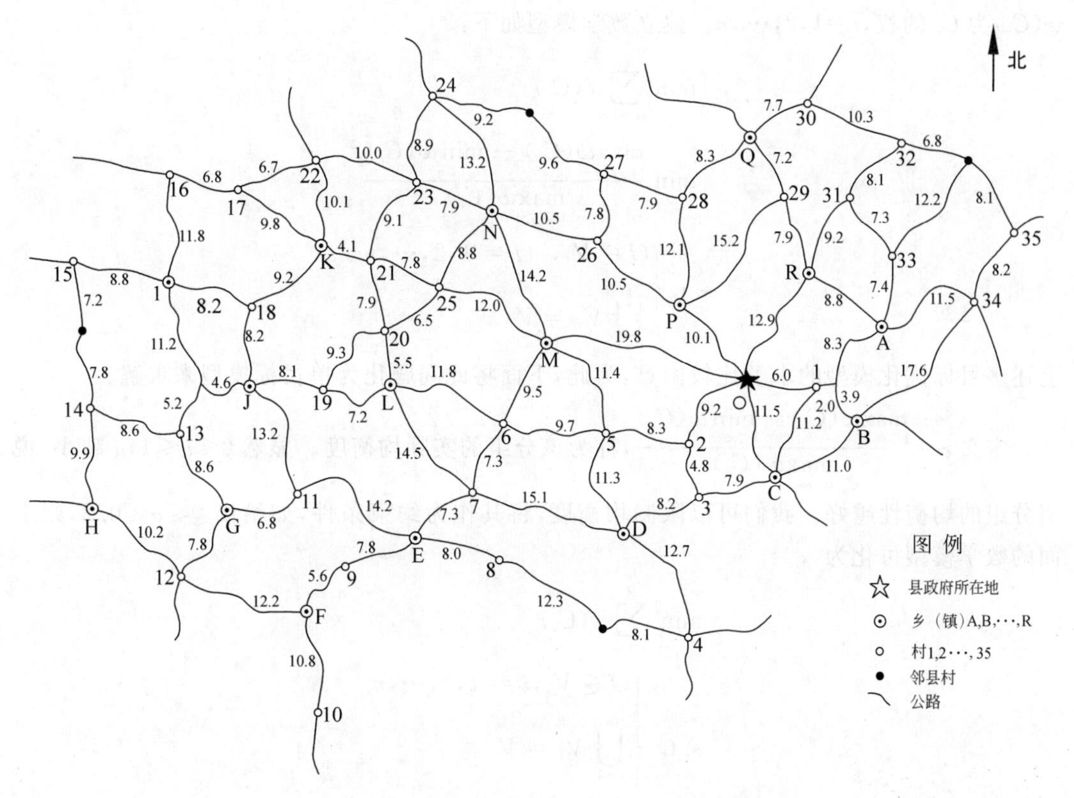

图 7.37 某县的乡(镇)、村公路网示意图

(2) 巡视中在每个乡(镇)、村的停留时间一定,不会出现特殊情况而延误时间;

(3) 每个小组的汽车行驶速度一样;

(4) 分组后各小组只能走自己区内的路,不能走其他小组的路,但公共公路除外;

(5) 汽车在路上的速度总是一定,不会出现抛锚等现象;

(6) 最佳巡视路线的理解: 各乡(镇)、村必须被巡视且只巡视一次,各组尽量达到路程、时间上均衡,总路线最短。

3. 模型分析

将公路网图中每个乡(镇)或村看作图中的一个节点,各乡(镇)、村之间的公路看作图中对应节点间的边,各条公路的长度(或行驶时间)看作对应边上的权,所给公路网就转化为加权网络图,问题就转化为在给定的加权网络图中寻找从给定的 O 点出发,行遍所有顶点至少一次再回到 O 点,使得总权数(路程或时间)最小,此即最佳推销员回路问题。在加权图 G 中求最佳推销员回路问题是 NP 完全问题,我们采用一种近似算法求出该问题的一个近似最优解来代替最优解。

4. 模型的建立

若分为三组巡视,设计总路程最短且各组尽可能均衡的巡视路线,此问题是多个推销员的最佳推销员回路问题,即在加权图 G 中求顶点集 V 的划分 $V_1, V_2, \cdots, V_n$,将 G 分成 n 个生成子图 $G(V_1), G(V_2), \cdots, G(V_n)$,每个子图都包含 O 点,要求每个子图最佳推销员回路,使得总路程最短且各组尽可能均衡。设 C_i 为 V_i 的导出子图 $G(V_i)$ 中的最佳推销员回路,

$w(C_i)$为 C_i 的权，$i=1,2,\cdots,n$。建立数学模型如下：

$$\begin{cases}\min \sum\limits_{i=1}^{n} w(C_i) \\ \min \dfrac{\max\limits_{1\leqslant i\leqslant n} w(C_i) - \min\limits_{1\leqslant i\leqslant n} w(C_i)}{\max\limits_{1\leqslant i\leqslant n} w(C_i)}\end{cases}$$

$$\text{s. t.}\begin{cases}O \in V_i, \quad i=1,2,\cdots,n \\ \bigcup\limits_{i=1}^{n} V_i = V\end{cases}$$

上述多目标优化模型的求解比较困难，为此，下面将此问题化为单目标模型来求解。

定义 $\alpha=\dfrac{\max\limits_{1\leqslant i\leqslant n} w(C_i) - \min\limits_{1\leqslant i\leqslant n} w(C_i)}{\max\limits_{1\leqslant i\leqslant n} w(C_i)}$，称为该分组的实际均衡度。显然 $0\leqslant\alpha\leqslant1$，$\alpha$ 越小，说明分组的均衡性越好。我们可以限制均衡度，将其作为约束条件，如给出 $0\leqslant\alpha\leqslant0.2$，则上面的数学模型可化为

$$\min \sum_{i=1}^{n} w(C_i)$$

$$\text{s. t.}\begin{cases}O \in V_i, i=1,2,\cdots,n \\ \bigcup\limits_{i=1}^{n} V_i = V \\ 0 \leqslant \alpha \leqslant 0.2\end{cases}$$

这样就将原问题化为以总巡视路线最短为单目标的优化模型。

5. 模型求解

本问题为多个推销员问题，由于单个推销员的最佳推销员回路问题不存在多项式时间内的精确算法，故多个推销员的问题也不存在多项式时间内的精确算法。而图 7.37 中节点数较多，为 53 个，因此只能去寻求一种较合理的划分准则，对图进行粗线条划分后，求出各部分的近似最佳推销员回路的权，再进一步进行调整，使得各部分满足均衡性条件。从 O 点出发去其他节点，要使路程较小，应尽量走 O 点到该点的最短路。故用图论软件包求出 O 点到其余节点的最短路，这些最短路构成一棵以 O 点为树根的树，将从 O 点出发的树枝称为干枝，从图 7.38 中可以看出，从 O 点出发到其他点共有 6 条干枝，分别为①，②，③，④，⑤，⑥。

根据实际工作的经验及上述分析，在分组时应遵从以下准则：

准则一　尽量使同一干枝上及其分枝上的点分在同一组；

准则二　应将相邻的干枝上的点分在同一组；

准则三　尽量将长的干枝与短的干枝分在同一组。

由上述分组准则，我们找到两种分组形式如下：

分组一：(⑥，①)，(②，③)，(⑤，④)。

分组二：(①，②)，(③，④)，(⑤，⑥)。

显然分组一的方法极不均衡，故考虑分组二。

对分组二中每组顶点的生成子图，求出近似最优解及相应的巡视路线。应当注意，在每

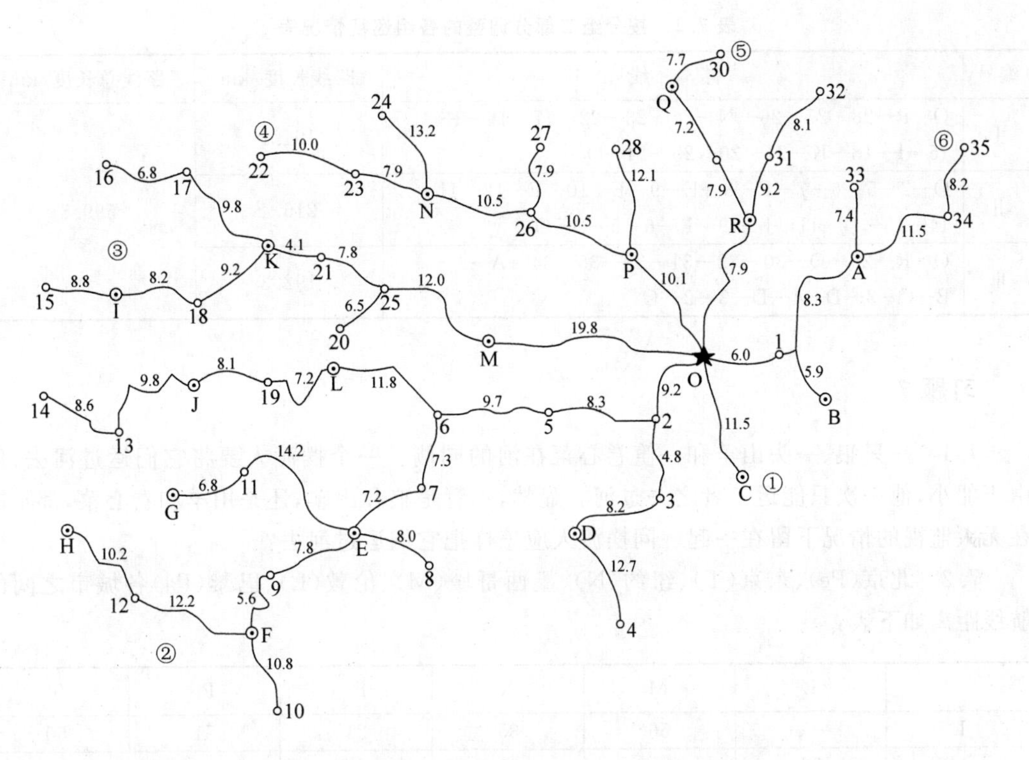

图 7.38 某县从 O 点到其他各个点的最短路径图

个子图所构造的完备图中,取一个尽量包含图中树上的边的 H 圈作为输入的初始圈。

分组二的近似解见表 7.1。

表 7.1 按分组二方式的各组巡视情况表

编号	路 线	路线长度/km	路线总长度/km
Ⅰ	O—P—28—27—26—N—24—23—22—17—16—I—15—I—18—K—21—20—25—M—O	191.1	558.5
Ⅱ	O—2—5—6—L—19—J—11—G—13—14—H—12—F—10—F—9—E—7—E—8—4—D—3—C	241.9	
Ⅲ	O—R—29—Q—30—32—31—33—35—34—A—B—1—O	125.5	

因为分组二的均衡度 $\alpha=\dfrac{\max\limits_{1\leqslant i\leqslant 3} w(C_i)-\min\limits_{1\leqslant i\leqslant 3} w(C_i)}{\max\limits_{1\leqslant i\leqslant 3} w(C_i)}=\dfrac{241.9-125.5}{241.9}=48.1\%$,所以此分法的均衡性很差。为改善均衡性,将第Ⅱ组中的节点 C,2,3,D,4 分给第Ⅲ组(节点 2 为这两组的公共点),重新分组后的近似最优解见表 7.2。

调整后的均衡度 $\alpha=\dfrac{\max\limits_{1\leqslant i\leqslant 3} w(C_i)-\min\limits_{1\leqslant i\leqslant 3} w(C_i)}{\max\limits_{1\leqslant i\leqslant 3} w(C_i)}=\dfrac{216.4-191.1}{216.4}=11.69\%$,所以此分法的均衡性较好。从表 7.2 可以得到各组巡视的乡(镇)、村的具体线路图。

表 7.2 按分组二部分调整的各组巡视情况表

编号	路线	路线长度/km	路线总长度/km
Ⅰ	O—P—28—27—26—N—24—23—22—17—16—I—15—I—18—K—21—20—25—M—O	191.1	599.8
Ⅱ	O—2—5—6—7—E—8—E—9—F—10—F—12—H—14—13—G—11—J—19—L—6—5—2—O	216.4	
Ⅲ	O—R—29—Q—30—32—31—33—35—34—A—1—B—C—3—D—4—D—3—2—O	192.3	

习题 7

7.1 一只狼、一头山羊和一筐卷心菜在河的同侧。一个摆渡人要将它们运过河去，但由于船小，他一次只能运三者之一过河。显然，不管是狼和山羊，还是山羊和卷心菜，都不能在无人监视的情况下留在一起。问摆渡人应怎样把它们运过河去？

7.2 北京(Pe)、东京(T)、纽约(N)、墨西哥城(M)、伦敦(L)、巴黎(Pa)各城市之间的航线距离如下表：

	L	M	N	Pa	Pe	T
L		56	35	21	51	60
M	56		21	57	78	70
N	35	21		36	68	68
Pa	21	57	36		51	61
Pe	51	78	68	51		13
T	60	70	68	61	13	

由上述交通网络的数据确定最小生成树。

7.3 求图 7.39 中节点 v_1 到其他各点的最短路和长度。

7.4 用克罗斯克尔算法求图 7.40 中的一棵最小生成树。

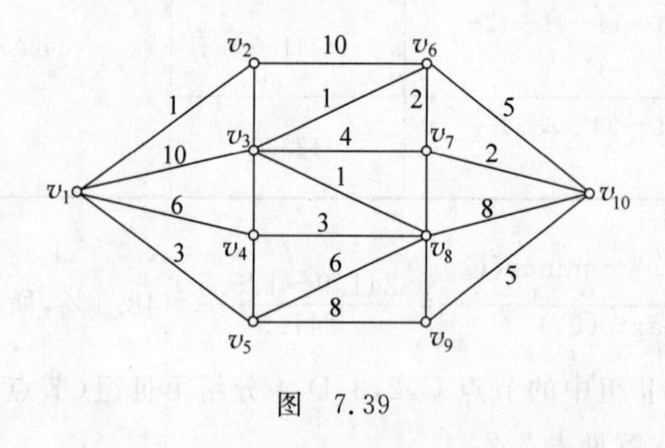

图 7.39

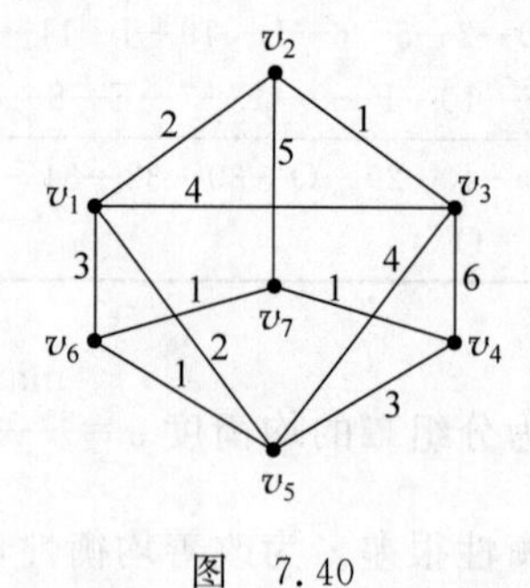

图 7.40

7.5 在图 7.41 中求中国邮递员问题的解。

7.6 求图 7.42 所示投递区的一条最佳邮递员回路。

7.7 求图 7.43 所示投递区的一条最佳邮递员回路。

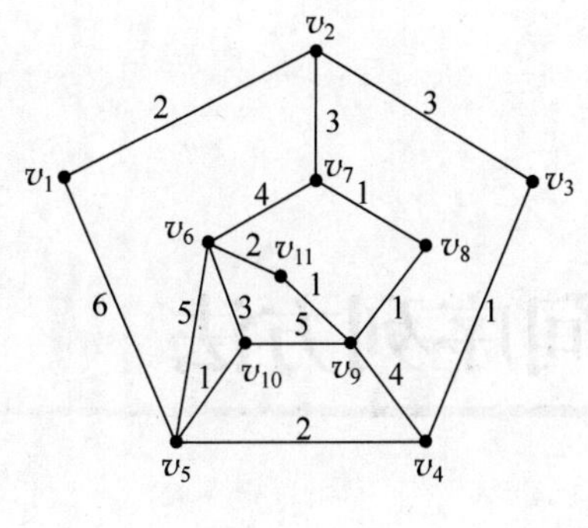

图 7.41

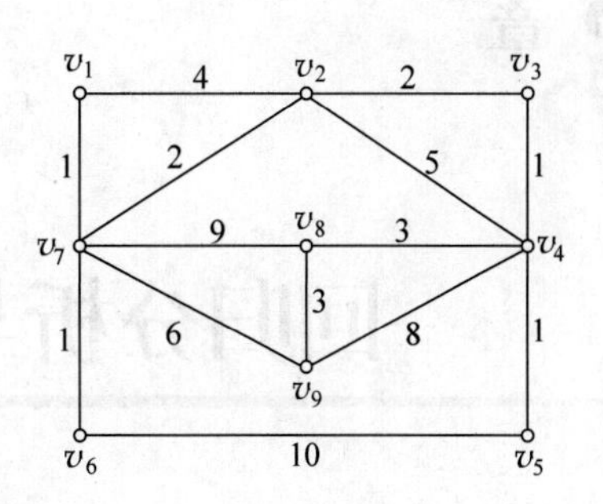

图 7.42

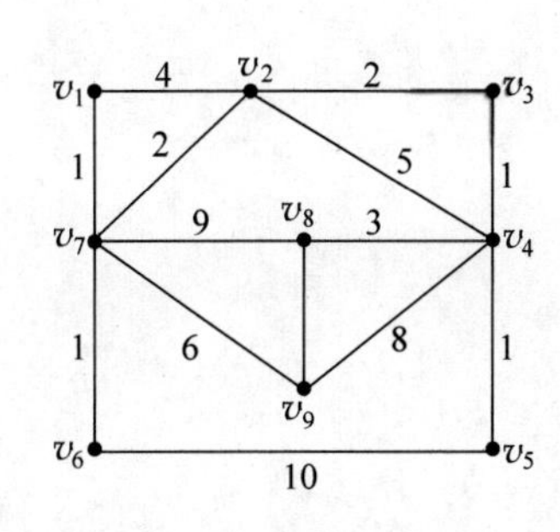

图 7.43

第 8 章

回归分析与时间序列方法

8.1 回归分析概述

回归分析是一种应用极为广泛的数量分析方法，它用于分析事物之间的统计关系，侧重考察变量之间的数量变化规律，并通过回归方程的形式描述和反映这种关系，帮助人们准确把握变量受其余一个或多个变量影响的程度，进而为控制和预测提供科学依据。

"回归"一词是英国统计学家 Galton 在研究父亲身高和他们成年儿子身高关系时提出的。从大量的父亲身高和其成年儿子身高数据的散点图中，Galton 天才地发现了一条贯穿其中的直线，它能够描述父亲身高和其成年儿子身高的关系，如已知父亲的身高，就可预测成年儿子的身高。他的研究发现，如果父亲的身高很高，那么他的成年儿子也会较高，但不会像他父亲那么高；如果父亲的身高很矮，那么他的成年儿子也会较矮，但不会像他父亲那么矮，这些成年儿子的身高会趋向于他们的平均值。Galton 将这种现象称为"回归"，将贯穿于数据点中的线称为"回归线"。后来，人们借用"回归"这个名词，将研究事物之间统计关系的数量分析方法称为回归分析。

回归分析的核心目的是找到回归线，所研究的问题包括如何得到回归线、如何描述回归线、回归线是否可用于预测等。

回归分析的一般步骤如下：

第一步，确定回归方程中的解释变量和被解释变量。

由于回归分析是用于分析一个事物是如何随其他事物的变化而变化的，因此回归分析的第一步应确定哪个事物是需要被解释的，即哪个变量是被解释变量（也叫因变量，记为 y）；哪些事物是用于解释其他变量的，即哪些变量是解释变量（也叫自变量，记为 x）。回归分析正是建立 y 关于 x 的回归方程，并在给定 x 的条件下，通过回归方程预测 y 的平均值。这点是有别于相关性分析的。父亲身高与成年儿子身高的回归分析与成年儿子身高与父亲身高的回归分析是完全不同的。

第二步,确定回归方程。

如果被解释变量和解释变量之间存在线性关系,则应进行线性回归分析,建立线性回归模型;如果被解释变量和解释变量之间存在非线性关系,则应进行非线性回归分析,建立非线性回归模型。

根据收集到的样本数据及判断的回归模型,在一定的统计拟合准则下估计出模型中的各个参数,得到一个确定的回归方程。

第三步,对回归方程进行各种检验。

由于回归方程是在样本数据基础上得到的,回归方程是否真实地反映了事物总体间的统计关系以及回归方程能否用于预测等都需要进行检验。

第四步,利用回归方程进行预测。

建立回归方程的目的之一是根据回归方程对事物的未来发展趋势进行控制和预测。

8.2　一元线性回归

一元线性回归是指只有一个自变量的线性回归。

8.2.1　一元线性回归方程的建立

1. 一元线性回归方程的一般形式为

$$\hat{y} = a + bx \tag{8.2.1}$$

称为"y 依 x 的直线回归方程",其中 x 是自变量,$\hat{y}$是和 x 相对应的因变量的点估计值。式中,a 是 $x=0$ 的$\hat{y}$值,即回归直线在 y 轴上的截距,叫做回归截距;b 是 x 每增加一个单位时,$\hat{y}$平均地将要增加($b>0$ 时)或减少($b<0$ 时)的单位数,叫做回归系数。

2. 一元线性方程的确定

一元线性方程的确定原则是要使$\hat{y}$能够最好地代表 y。为了满足这一条件,必须使

$$Q = \sum_{i=1}^{n}(y_i - \hat{y}_i)^2 = \sum_{i=1}^{n}(y_i - a - bx_i)^2 \tag{8.2.2}$$

为最小。Q 称为离回归平方和。

根据最小二乘法原理,分别对上式中 a,b 求偏导数并令其为0,得到方程组

$$\begin{cases} an + b\sum_{i=1}^{n}x_i = \sum_{i=1}^{n}y_i \\ a\sum_{i=1}^{n}x_i + b\sum_{i=1}^{n}x_i^2 = \sum_{i=1}^{n}x_iy_i \end{cases} \tag{8.2.3}$$

解得

$$a = \bar{y} - b\bar{x} \tag{8.2.4}$$

$$b = \frac{\sum_{i=1}^{n}x_iy_i - \frac{1}{n}\sum_{i=1}^{n}x_i\sum_{i=1}^{n}y_i}{\sum_{i=1}^{n}x_i^2 - \frac{1}{n}\left(\sum_{i=1}^{n}x_i\right)^2} = \frac{\sum_{i=1}^{n}(x_i - \bar{x})(y_i - \bar{y})}{\sum_{i=1}^{n}(x_i - \bar{x})^2} = \frac{SP}{SS_x} \tag{8.2.5}$$

其中 SP 是 x 的离均差和 y 的离均差的乘积之和,简称乘积和;SS_x 是 x 的离均差平方和。

8.2.2 一元线性回归方程的检验

1. 检验原理

根据样本数据计算出的回归可能有一定的抽样误差。为了考查这两个变量在总体内是否存在线性关系，以及回归方程对估计预测因变量的有效性如何，首先应进行显著性检验。

一元线性回归方程的显著性检验，有以下三种等效的检验方法：

一种是对回归方程进行方差分析，即计算观测值与估算值之间有无显著差异。

另一种是对两个变量的相关系数进行与总体零相关的显著性检验。若相关系数显著，则回归方程也显著，即表明两个变量存在线性关系，否则反之。

最后一种是对回归系数进行显著性检验。

下面以回归系数的显著性检验为例来说明回归方程检验的意义。回归系数是根据样本数据计算出来的。即使从总体回归系数 $\beta=0$ 的总体中随机抽取的样本，由于抽样误差的影响，计算出的回归系数 b 也不可能等于零。因此不能根据样本回归系数 b 的大小判断总体 X 与 Y 之间是否存在线性关系，而应当看样本的回归系数 b 在以 $\beta=0$ 为中心的抽样分布上出现的概率如何。如果样本的回归系数 b 在其抽样分布上出现的概率较大，则 b 与 $\beta=0$ 的总体无显著性差异，即样本的 b 是来自于 $\beta=0$ 的总体。这时，即便 b 的数值很小，也只能承认 X 与 Y 存在线性关系；反之，如果样本 b 在其抽样分布上出现的概率小到一定程度，则 b 与 $\beta=0$ 的总体有显著性差异，即样本的 b 不是来自 $\beta=0$ 的总体。这时，即便 b 的数值再大，也不能认为 X 与 Y 存在线性关系。

2. 检验方法

(1) t 检验法

回归系数的检验可以采用 t 检验法。其检验统计量为

$$t=\frac{b-\beta}{S_{bxy}} \tag{8.2.6}$$

其中

$$S_{bxy}=\frac{S_y}{S_x}\sqrt{\frac{1-r^2}{n-2}} \tag{8.2.7}$$

称为回归系数的标准误，可按下式计算：

$$S_{bxy}=\sqrt{\frac{\sigma_{y/x}^2}{\sum(x-\bar{x})}}=\frac{\sigma_{y/x}}{SS_x} \tag{8.2.8}$$

其中

$$\sigma_{y/x}=\sqrt{\frac{Q}{n-2}}=\sqrt{\frac{\sum(y-\hat{y})^2}{n-2}} \tag{8.2.9}$$

称为估计标准误。

(2) F 检验法

因变量的总离差平方和为

$$\begin{aligned}SS_T&=\sum(y-\bar{y})^2=\sum(y-\hat{y}+\hat{y}-\bar{y})^2\\&=\sum(y-\hat{y})^2+\sum(\hat{y}-\bar{y})^2+2\sum(y-\hat{y})(\hat{y}-\bar{y})\end{aligned}$$

因为

$$\sum(y-\hat{y})(\hat{y}-\bar{y})=0$$

所以

$$SS_T=\sum(y-\hat{y})^2+\sum(\hat{y}-\bar{y})^2$$

式中 $\sum(y-\hat{y})^2$ 为离回归平方和 Q,自由度为 $n-2$；$\sum(\hat{y}-\bar{y})^2$ 为回归平方和 U,自由度为1。统计量

$$F=\frac{U}{\frac{Q}{n-2}}=\frac{\sum(\hat{y}-\bar{y})^2}{\frac{\sum(y-\hat{y})^2}{n-2}} \tag{8.2.10}$$

是自由度为(1,$n-2$)的 F 分布。式(8.2.10)也可转化为

$$F=\frac{SP^2/SS_x}{Q/(n-2)} \tag{8.2.11}$$

其中

$$SP=\sum(x-\bar{x})(y-\bar{y}),\quad SS_x=\sum(x-\bar{x})^2,\quad Q=\sum y^2-a\sum y-b\sum xy$$

8.3　多元线性回归

多元线性回归是指两个或两个以上自变量的线性回归,也称复回归。

8.3.1　多元线性回归方程的建立

1. 多元线性回归方程的一般形式

若因变量 y 同时受到 m 个自变量 $x_1,x_2,\cdots,x_m$ 的影响,且这 m 个自变量皆与 y 呈线性关系,则 $m+1$ 个变量的关系就形成了 m 元线性回归。因此,一个 m 元线性回归方程的一般表达式为

$$\hat{y}=b_0+b_1x_1+b_2x_2+\cdots+b_mx_m \tag{8.3.1}$$

其中 b_0 是 $x_1,x_2,\cdots,x_m$ 都为0时 y 的点估计值；b_1 是在 $x_2,x_3,\cdots,x_m$ 皆保持一定时,x_1 每增加一个单位对 y 的效应,称为 $x_2,x_3,\cdots,x_m$ 不变时 x_1 对 y 的偏回归系数；b_2 是在 $x_1,x_3,\cdots,x_m$ 皆保持一定时,x_2 每增加一个单位对 y 的效应,称为 $x_1,x_3,\cdots,x_m$ 不变时 x_2 对 y 的偏回归系数；……；b_m 称为 x_m 对 y 的偏回归系数。

在多元回归系统中,b_0 一般很难确定其具体意义,它仅是调节回归响应的一个统计数,$b_i(i=1,2,\cdots,m)$表示了各个自变量 x_i 对因变量 y 的各自效应,$\hat{y}$代表所有自变量对因变量的综合效应。

2. 多元线性回归统计数的计算

由 n 组观测值求解 m 元线性方程,n 组观测值形成 n 个等式,用矩阵表示为

$$\begin{pmatrix}y_1\\y_2\\\vdots\\y_n\end{pmatrix}=\begin{pmatrix}1&x_{11}&\cdots&x_{m1}\\1&x_{12}&\cdots&x_{m2}\\\vdots&\vdots&&\vdots\\1&x_{1n}&\cdots&x_{mn}\end{pmatrix}\begin{pmatrix}b_0\\b_1\\\vdots\\b_m\end{pmatrix} \tag{8.3.2}$$

即

$$\boldsymbol{Y} = \boldsymbol{X}\boldsymbol{b} \tag{8.3.3}$$

用最小二乘法求解式(8.3.3),可得

$$\hat{\boldsymbol{b}} = (\boldsymbol{X}^{\mathrm{T}}\boldsymbol{X})^{-1}\boldsymbol{X}^{\mathrm{T}}\boldsymbol{Y} \tag{8.3.4}$$

例 8.3.1 现有 12 个城市的第三产业从业人数 x_1、工业总产值 x_2(单位:亿元)和人均月收入 y(单位:元),得到表 8.1 中的结果,试建立回归方程。

表 8.1 第三产业从业人数 x_1、工业总产值 x_2 和人均月收入 y 的关系

序号	x_1	x_2	y
1	26.7	73.4	504
2	31.3	59.0	480
3	30.4	65.9	526
4	33.9	58.2	511
5	34.6	64.6	549
6	33.8	64.6	552
7	30.4	62.1	496
8	27.0	71.4	473
9	33.3	64.5	537
10	30.4	64.1	515
11	31.5	61.1	502
12	33.1	56.0	498
13	34.0	59.8	523

解

$$\boldsymbol{X}=\begin{pmatrix} 1 & 26.7 & 73.4 \\ 1 & 31.3 & 59.0 \\ \vdots & \vdots & \vdots \\ 1 & 34.0 & 59.8 \end{pmatrix},\quad \boldsymbol{Y}=\begin{pmatrix} 504 \\ 480 \\ \vdots \\ 523 \end{pmatrix}$$

$$\boldsymbol{X}^{\mathrm{T}}\boldsymbol{X} = \begin{bmatrix} n & \sum x_1 & \sum x_2 \\ \sum x_1 & \sum x_1^2 & \sum x_1 x_2 \\ \sum x_2 & \sum x_2 x_1 & \sum x_2^2 \end{bmatrix} = \begin{bmatrix} 13 & 410.4 & 824.7 \\ 410.4 & 13\,035.62 & 25\,925.04 \\ 824.7 & 25\,925.04 & 52\,613.61 \end{bmatrix}$$

$$\boldsymbol{X}^{\mathrm{T}}\boldsymbol{Y} = \begin{bmatrix} \sum y \\ \sum x_1 y \\ \sum x_2 y \end{bmatrix} = \begin{bmatrix} 6666 \\ 210\,913.4 \\ 422\,899.2 \end{bmatrix}$$

求逆矩阵,得

$$(\boldsymbol{X}^{\mathrm{T}}\boldsymbol{X})^{-1} = \begin{bmatrix} 92.461\,294\,42 & -1.427\,925\,82 & -0.745\,697\,60 \\ -1.427\,925\,82 & 0.025\,880\,47 & -0.009\,629\,79 \\ -0.745\,697\,60 & -0.009\,629\,79 & 0.006\,962\,52 \end{bmatrix}$$

$$\hat{\boldsymbol{b}}=(\boldsymbol{X}^{\mathrm{T}}\boldsymbol{X})^{-1}\boldsymbol{X}^{\mathrm{T}}\boldsymbol{Y}=\begin{pmatrix}92.461\,294\,42 & -1.427\,925\,82 & -0.745\,697\,60\\ -1.427\,925\,82 & 0.025\,880\,47 & -0.009\,629\,79\\ -0.745\,697\,60 & -0.009\,629\,79 & 0.006\,962\,52\end{pmatrix}\begin{pmatrix}6666\\ 210\,913.4\\ 422\,899.2\end{pmatrix}$$

$$=\begin{pmatrix}-176.240\,165\,59\\ 12.416\,410\,48\\ 4.682\,220\,55\end{pmatrix}$$

于是得二元线性回归方程

$$\hat{y}=-176.2402+12.4164x_1+4.6822x_2$$

上式的意义是：当工业总产值为平均水平63.4亿元时，第三产业从业人数每增加一个单位，人均收入增加12.4元；当第三产业从业人数保持为平均水平31.6时，工业总产值每增加1个单位，人均收入将平均增加4.7元。

3. 多元回归方程的估计标准误

标准误差定义为各测量值误差的平方和的平均值的平方根，故又称为均方误差。它只是对回归值可靠性的估计。标准误差小，回归估计值可靠性大一些，反之，回归估计值不大可靠。

多元离回归平方和可写为$Q_{y/12\cdots m}=\sum(y-\hat{y})^2$，其自由度为$n-(m+1)$。因此，多元回归方程的估计标准误为

$$S_{y/12\cdots m}=\sqrt{\frac{Q_{y/12\cdots m}}{n-(m+1)}} \tag{8.3.5}$$

$Q_{y/12\cdots m}$的计算涉及平方和的分解。在多元回归分析中，因变量y的总平方和SS_y可分解为回归平方和$U_{y/12\cdots m}$和离回归平方和$Q_{y/12\cdots m}$，相应的公式为

$$\begin{cases}SS_y=\boldsymbol{Y}^{\mathrm{T}}\boldsymbol{Y}-\left(\sum y\right)^2/n\\ Q_{y/12\cdots m}=\boldsymbol{Y}^{\mathrm{T}}\boldsymbol{Y}-\boldsymbol{b}^{\mathrm{T}}\boldsymbol{X}^{\mathrm{T}}\boldsymbol{Y}\\ U_{y/12\cdots m}=\boldsymbol{b}^{\mathrm{T}}\boldsymbol{X}^{\mathrm{T}}\boldsymbol{Y}-\left(\sum y\right)^2/n=SS_y-Q_{y/12\cdots m}\end{cases} \tag{8.3.6}$$

例如，计算表8.1中数据的二元回归方程的估计标准误，得

$$y=-176.2402+12.4164x_1+4.6822x_2$$

$$Q_{y/12\cdots m}=3\,425\,194-(-176.240\,165\,59\quad 12.416\,410\,48\quad 4.682\,220\,55)\begin{pmatrix}6666\\ 210\,913.4\\ 422\,899.2\end{pmatrix}$$

$$=1116.2668$$

$$S_{y/12\cdots m}=\sqrt{\frac{1116.2668}{13-3}}=10.565(\text{元})$$

即估计的人均月收入值与实际值的误差为10.565元。

8.3.2　多元回归方程的假设检验

对多元回归方程的假设检验，包含两个方面的检验：一是对整个自变量对因变量的综合效应检验，称为多元回归检验；二是对每个自变量对因变量的效应检验，称为偏回归系数

检验。

1. 多元回归关系的假设检验

多元回归关系的假设检验，就是检验 m 个自变量的综合对 Y 的效应是否显著。若令 $b_1,b_2,\cdots,b_m$ 的总体回归系数为 $\beta_1,\beta_2,\cdots,\beta_m$，则这一检验所对应的假设为

$$H_0: \beta_1=\beta_2=\cdots=\beta_m=0$$

备择假设为

$$H_1: \beta_i \text{ 不全为 } 0$$

由于因变量 y 的总平方和 SS_y 可分解为回归平方和 $U_{y/12\cdots m}$ 和离回归平方和 $Q_{y/12\cdots m}$ 两部分。$U_{y/12\cdots m}$ 由 $x_1,x_2,\cdots,x_m$ 的不同所引起，自由度为 $\nu=m$；$Q_{y/12\cdots m}$ 与 $x_1,x_2,\cdots,x_m$ 的不同无关，自由度为 $\nu=n-(m+1)$，构成 F 统计量

$$F=\frac{U_{y/12\cdots m}/m}{Q_{y/12\cdots m}/[n-(m+1)]} \tag{8.3.7}$$

其服从 F 分布，即可检验多元回归关系的显著性。

2. 偏回归关系的假设检验

上述多元回归关系的假设检验只是一个综合性的检验，它的显著性表明自变量的集合和 y 有回归关系，但这并不排除个别乃至部分自变量没有回归关系的可能性。因此，要准确地评定各个自变量对 y 是否有真实回归关系，还必须对偏回归系数的显著性做出检验。

偏回归系数的假设检验，就是检验各个偏回归系数 $b_i(i=1,2,\cdots,m)$ 来自 $\beta_i=0$ 总体的无效假设 H_0: $\beta_i=0$ 和备择假设 H_1: $\beta_i\neq 0$。

(1) t 检验

$$S_{b_1}=S_{y/12\cdots m}\sqrt{C_{(i+1)(i+1)}} \tag{8.3.8}$$

其中 $C_{(i+1)(i+1)}$ 由

$$\boldsymbol{C}=(\boldsymbol{X}^{\mathrm{T}}\boldsymbol{X})^{-1}$$

求得，$t=\dfrac{b_i-\beta_i}{S_{b_i}}$服从自由度为 $\nu=n-(m+1)$ 的 t 分布，因而可检验 b_i 的显著性。

(2) F 检验

偏回归系数假设的 F 统计量为

$$F=\frac{U_{P_1}}{Q_{y/12\cdots m}/[n-(m+1)]}$$

$$U_{P_1}=\frac{{b_i}^2}{C_{(i+1)(i+1)}}$$

其服从自由度为 $(1,n-(m+1))$ 的 F 分布。

例 8.3.2 试对例 8.3.1 中的 $b_1=12.416\,41$ 和 $b_2=4.682\,22$ 做 F 检验。

$$U_{P_1}=\frac{12.416\,41^2}{0.025\,880\,47}=5956.8952$$

$$U_{P_2}=\frac{4.682\,22^2}{0.006\,962\,52}=3148.7435$$

已算得 $Q_{y/12\cdots m}=1116.2668$，可进行方差分析，见表 8.2。

表 8.2 方差分析计算结果

变异来源	DF	SS	MS	F	$F_{0.01}$
因 x_1 的回归	1	5956.8952	5956.8952	53.36	10.04
因 x_2 的回归	1	3148.7435	3148.7435	28.21	10.04
离回归	10	1116.2668	111.6267		

8.4 逐步回归分析

8.4.1 逐步回归原理

一个实际的多变量资料，往往既含有对 $\boldsymbol{Y}$ 有显著效应的自变量，又含有对 $\boldsymbol{Y}$ 没有显著效应的自变量。因此，在偏回归关系的假设检验中，通常是一些 b_i 显著，另一些 b_i 并不显著。所有自变量都对 $\boldsymbol{Y}$ 有显著作用的情况并不多见。在多元线性回归分析中，必须剔除没有显著效应的自变量，以使所得的多元回归方程比较简化而又能较准确地分析和预测 $\boldsymbol{Y}$ 的反应。剔除不显著自变量的过程称为自变量的统计选择，所得的仅包含显著自变量的多元回归方程，叫做最优多元线性回归方程。

由于自变量间存在相关性，当 m 元线性回归中不显著的自变量有多个时，并不能肯定这些自变量对 $\boldsymbol{Y}$ 的线性效应都不显著，而只能肯定偏回归平方和最小的那一个自变量不显著。当剔除了这个不显著且偏回归平方和最小的自变量后，其余原来不显著的自变量可能变为显著，而原来显著的自变量也可能变为不显著。因此，为了获得最优方程，回归计算就要一步一步做下去，直至所有不显著的自变量皆被剔除为止。这一统计选择自变量的过程称为逐步回归。

8.4.2 逐步回归分析步骤

第一步：m 个自变量的回归分析，一直进行到偏回归的假设检验。若各个自变量的偏回归皆显著，则分析结束，所得方程就是最优的多元回归方程；若有至少一个自变量的偏回归不显著，则剔除那个偏回归平方和最小的自变量(设为 x_p)，进入第二步的分析。

第二步：$m-1$ 个自变量的回归分析，也是一直进行到偏回归的假设检验。这一步的计算程序是将矩阵 $\boldsymbol{X}$ 中 x_p 所占有的那一列(第 $p+1$ 列)剔除，再新计算 b_i，从而获得新的 Q 和 U_{p_i}。

如果这一步仍有至少一个自变量的偏回归不显著，则再将偏回归平方和最小的那个自变量(设为 x_q)剔除，进入第三步分析。若第一步中有至少两个自变量的偏回归不显著，且偏回归平方和相同，则可轮流试验剔除，直到找到最需剔除的一个(方程的复相关系数较大的)，再进入第三步。

第三步：$m-2$ 个自变量的回归分析，同样一直进行到偏回归的假设测验。这一步的计算是在 $\boldsymbol{X}$ 中剔除 x_q 所占的一列，其余过程同第二步。

如此重复进行下去，直至留下的所有自变量的偏回归都显著，即得到最优多元线性回归方程。

例 8.4.1 测定降水日数 x_1(单位：d)、温度 x_2(单位：℃)、日照时数 x_3(单位：h)、降水量 x_4(单位：mm)和某作物产量 y(单位：10^2kg)的结果见表 8.3，试选择 y 关于 x_i 的最优回归方程。

表 8.3 气象因子对作物产量的影响

x_1	x_2	x_3	x_4	y	x_1	x_2	x_3	x_4	y
10	23	3.6	113	15.7	10	20	3.4	104	13.7
9	20	3.6	106	14.5	10	21	3.4	110	13.4
10	22	3.7	111	17.5	10	23	3.9	104	20.3
13	21	3.7	109	22.5	8	21	3.5	109	10.2
10	22	3.6	110	15.5	6	23	3.2	114	7.4
10	23	3.5	103	16.9	8	21	3.7	113	11.6
8	23	3.3	100	8.6	9	22	3.6	105	12.3
10	24	3.4	114	17.0					

解 第一步：四元线性回归分析。由表 8.3 可得

$$\boldsymbol{X}=\begin{pmatrix}1 & 10 & 23 & 3.6 & 113\\ 1 & 9 & 20 & 3.6 & 106\\ \vdots & \vdots & \vdots & \vdots & \vdots\\ 1 & 9 & 22 & 3.6 & 105\end{pmatrix},\quad \boldsymbol{Y}=\begin{pmatrix}15.7\\ 14.5\\ \vdots\\ 12.3\end{pmatrix}$$

$$\boldsymbol{X}^{\mathrm{T}}\boldsymbol{X}=\begin{pmatrix}15.0 & 141.0 & 329.0 & 53.10 & 1625.0\\ 141.0 & 1359.0 & 3089.0 & 501.10 & 15\,266.0\\ 329.0 & 3089.0 & 7237.0 & 1164.20 & 35\,651.0\\ 53.1 & 501.1 & 1164.2 & 188.43 & 5752.1\\ 1625.0 & 15\,266.0 & 35\,651.0 & 5752.10 & 76\,315.0\end{pmatrix},\quad \boldsymbol{X}^{\mathrm{T}}\boldsymbol{Y}=\begin{pmatrix}217.10\\ 2121.30\\ 4765.00\\ 775.74\\ 23\,517.50\end{pmatrix}$$

$$(\boldsymbol{X}^{\mathrm{T}}\boldsymbol{X})^{-1}=\begin{pmatrix}96.793\,931\,80 & 0.053\,988\,21 & -1.079\,647\,29 & -9.410\,180\,17 & -0.371\,468\,79\\ 0.053\,988\,21 & 0.040\,182\,85 & 0.002\,757\,51 & -0.169\,073\,11 & -0.000\,981\,51\\ -1.079\,647\,29 & 0.002\,757\,51 & 0.049\,750\,16 & 0.036\,971\,05 & -0.001\,553\,89\\ -9.410\,180\,17 & -0.169\,073\,11 & 0.036\,971\,05 & 2.954\,797\,86 & -0.002\,505\,37\\ -0.371\,468\,79 & 0.000\,981\,51 & -0.001\,553\,89 & -0.002\,505\,37 & 0.003\,740\,25\end{pmatrix}$$

$$\boldsymbol{b}=(\boldsymbol{X}^{\mathrm{T}}\boldsymbol{X})^{-1}\boldsymbol{X}^{\mathrm{T}}\boldsymbol{Y}=\begin{pmatrix}-51.902\,07\\ 2.026\,18\\ 0.654\,00\\ 7.796\,94\\ 0.049\,70\end{pmatrix}$$

计算结果可作四元回归和偏回归的假设检验，如表 8.4 所示。

表 8.4 四元回归和偏回归的假设检验结果

变异来源	DF	SS	MS	F	$F_{0.01}$
四元回归	4	221.4717	55.3679	30.06	3.48
因 x_1 的回归	1	102.1681	5956.8952	55.47	4.96

续表

变异来源	DF	SS	MS	F	$F_{0.01}$
因 x_2 的回归	1	8.5972	8.5972	4.67	4.96
因 x_3 的回归	1	20.5741	20.5741	11.17	4.96
因 x_4 的回归	1	0.6603	0.8803	≤1	4.96
离回归	10	18.4176	1.8418		

第二步：三元线性分析。将第一步中 $\boldsymbol{X}$ 的第五列划去后重新计算，可得

$$\boldsymbol{X}^{\mathrm{T}}\boldsymbol{X}=\begin{pmatrix}15.0 & 141.0 & 329.0 & 53.10\\ 141.0 & 1359.0 & 3089.0 & 501.10\\ 329.0 & 3089.0 & 7237.0 & 1164.20\\ 53.1 & 501.1 & 1164.2 & 188.43\end{pmatrix},\quad \boldsymbol{X}^{\mathrm{T}}\boldsymbol{Y}=\begin{pmatrix}217.10\\ 2121.30\\ 4765.00\\ 775.74\end{pmatrix},\quad \boldsymbol{b}=\begin{pmatrix}-46.966\,359\\ 2.013\,139\\ 0.674\,644\\ 7.830\,227\end{pmatrix}$$

计算结果可作三元回归和偏回归的假设检验，如表 8.5 所示。

表 8.5　四元回归和偏回归的假设检验结果

变异来源	DF	SS	MS	F	$F_{0.01}$
四元回归	3	220.8114	73.6038	42.44	3.59
因 x_1 的回归	1	101.5078	101.5078	58.53	4.84
因 x_2 的回归	1	9.2689	9.2689	5.34	4.84
因 x_3 的回归	1	20.7619	20.7619	11.97	4.84
离回归	11	19.0779	1.7344		

由本步算得的 b_i 得到最优线性回归方程

$$\hat{y}=-46.966\,359+2.013\,139x_1+0.674\,644x_2+7.830\,227x_3$$

可简写成

$$y=-46.97+2.01x_1+0.67x_2+7.83x_3$$

方程说明：某作物产量降水日数 x_1、温度 x_2、日照时数 x_3 有显著的线性关系，而与降水量 x_4 无显著关系。当 x_1，x_3 固定时，x_2 每增加 1 个单位，产量将平均增加 0.67×10^2kg。以此类推。

8.4.3　逐步回归方程的假设检验

逐步回归方程的假设检验同多元回归方程的假设检验，这里不再赘述。

8.5　非线性回归分析

有时，两个变量之间的关系不一定是简单的线性关系，而可能是各种各样的曲线关系或非线性关系。两个变量之间呈现曲线关系的回归称为曲线回归或非线性回归。

8.5.1　非线性关系的类型与特点

两个变量之间的非线性关系有多种多样，根据非线性关系的性质和特点可大致分为 6 类：指数形式关系、对数形式关系、幂形式关系、双曲形式关系、S 形关系和多项式形式

关系。

1. 指数关系曲线

指数关系方程的两种形式为$\hat{y}=ae^{bx}$，$\hat{y}=ab^{x}$。这两式中的x都是作为指数出现的，因而称为指数函数。指数函数中的参数b一般用来描述增长或衰减的速度。以$\hat{y}=ae^{bx}$为例，如图8.1所示。当$a>0,b>0$时，y随x的增大而增大，曲线凸向上；当$a>0,b<0$时，y随x的增大而减小，曲线凹向上。

2. 对数关系曲线

对数关系方程的一般表达式为$\hat{y}=a+b\ln x$。式中x以自然对数的形式出现，故称为对数函数。对数函数表示x变量的较大变化可引起y变量的较小变化。由图8.2可见，当$b>0$时，y随x的增大而增大，曲线凸向上；当$b<0$时，y随x的增大而减小，曲线凹向上。根据对数函数的性质，x应为正数。

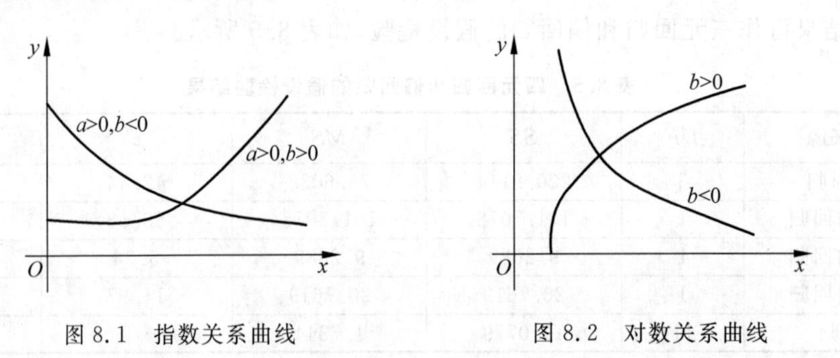

图8.1 指数关系曲线　　图8.2 对数关系曲线

3. 幂关系曲线

幂关系曲线指y是x某次幂的曲线，其方程为$\hat{y}=ax^{b}$，如图8.3所示。当$a>0,b>1$时，y随x的增大而增大，曲线凹向上；当$a>0,0<b<1$时，y随x的增大而增大，但变化较缓，曲线凸向上；当$a>0,b<0$时，y随x的增大而减小，曲线凹向上，且以x轴和y轴为渐近线。

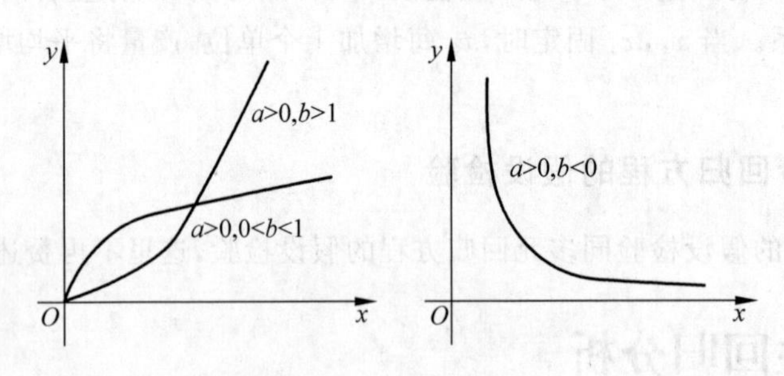

图8.3 幂关系曲线

4. 双曲关系曲线

双曲关系曲线因其属于变形双曲线而得名，其方程一般有以下3种形式：

(1) $\hat{y}=\dfrac{x}{a+bx}$；

(2) $\hat{y}=\dfrac{a+bx}{x}$；

(3) $\hat{y}=\frac{1}{a+bx}$。

以$\hat{y}=\frac{x}{a+bx}$为例，该曲线通过原点(0,0)，当$a>0,b>0$时，y随x的增大而增大，但增速趋缓，曲线凸向上，并向$y=\frac{1}{b}$渐近；当$a>0,b<0$时，y随x的增大而减小，增速越来越大，曲线凹向上，并向$y=-\frac{a}{b}$渐近，如图8.4所示。

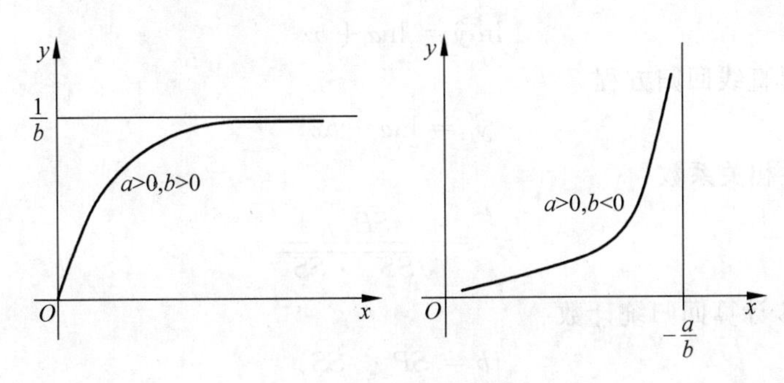

图8.4　双曲关系曲线

5. S形曲线

S形曲线由于其曲线形状与动、植物生长过程的基本特点类似，故又称生长曲线。曲线一开始时增长较慢，而在以后的某一范围内迅速增长，达到一定的限度后增长又缓慢下来，整体上曲线呈拉长的S形，故称S形曲线。

最著名的S形曲线是Logistic生长曲线，它最早由比利时数学家Vehulst于1838年导出，但直至20世纪20年代才被生物学家Pearl和Reed重新发现，并逐渐被人们所认识。目前它已广泛应用于多领域的模拟研究。

Logistic曲线方程为

$$\hat{y}=\frac{k}{1+a\mathrm{e}^{-bx}}$$

其中a,b和k为大于零的参数。当$x=0$时，$\hat{y}=\frac{k}{1+a}$；当$x\to\infty$时，$\hat{y}=k$。所以时间为0时对应的起始量为$\frac{k}{1+a}$，时间为无限延长时对应的终极量为k。曲线在$x=\frac{\ln a}{b}$处有一拐点，这时$\hat{y}=\frac{k}{2}$，恰好是终极量k的一半。在拐点左侧，曲线凹向上，表示速率由小趋大；在拐点右侧，曲线凸向上，表示速率由大趋小，见图8.5。

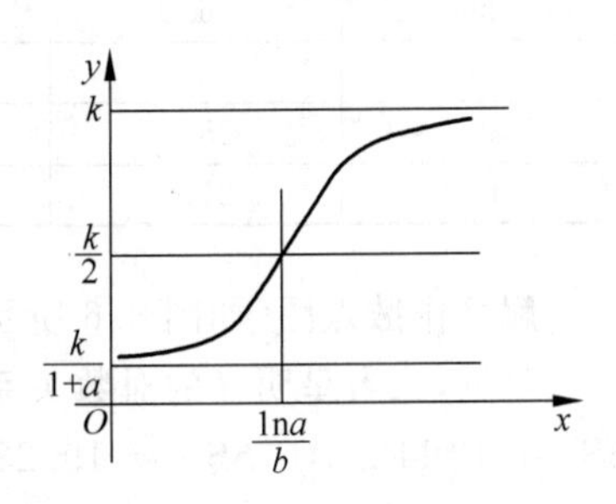

图8.5　S形曲线

8.5.2　非线性回归方程的配置

配置曲线回归方程的三个步骤如下：

(1) 根据变量 x 与 y 之间的确切关系,选择适当的曲线类型。

(2) 对选定的曲线类型,在线性化后按最小二乘法原理配置直线回归方程,并作显著性检验。

(3) 将直线回归方程转换成相应的曲线回归方程,并对有关统计参数作出推断。

1. 指数曲线方程的配置

$$\hat{y} = a\mathrm{e}^{bx} \tag{8.5.1}$$

对式(8.5.1)取对数,即有

$$\ln \hat{y} = \ln a + bx$$

令 $y' = \ln \hat{y}$,可得直线回归方程

$$y' = \ln a + bx$$

若 y' 与 x 的线性相关系数

$$r_{y'x} = \frac{SP_{y'x}}{\sqrt{SS_{y'} \cdot SS_x}}$$

显著,则可进一步计算回归统计数

$$\begin{cases} b = SP_{y'x}/SS_x \\ \ln a = \bar{y}' - b\bar{x} \\ a = \mathrm{e}^{\ln a} \end{cases}$$

例 8.5.1 测定每升空气中污染物的毫克数 x(单位: mg/L)和透光度 y 的关系,得结果见表 8.6。试配置指数曲线方程。

表 8.6 污染物与透光度的关系

x	y	$\ln y$	x	y	$\ln y$
0	100.0	4.6052	45	17.0	2.8332
5	82.0	4.4067	50	14.0	2.6391
10	65.0	4.1744	55	11.0	2.3979
15	52.0	3.9512	60	9.0	2.1872
20	44.0	3.7842	65	7.5	2.0149
25	36.0	3.5835	70	6.0	1.7918
30	30	3.4012	75	5.0	1.6094
35	25.0	3.2189	80	4.0	1.3863
40	21.0	3.0445	85	3.3	1.1939

解 作散点图,如图 8.6 所示。

可见,二者呈明显的对数关系。因此可算得 y' 与 x 线性回归的 5 个二阶数据:

$SS_x = 12\,112.5$, $SS_{y'} = 19.2274$, $SP_{y'x} = -482.4779$, $\bar{x} = 42.5$, $\bar{y}' = 2.901\,86$

则
$$r_{y'x} = \frac{-482.4779}{\sqrt{12\,112.5 \times 19.2274}} = -0.9998$$

此相关系数对于自由度 $\nu=16$,$\alpha=0.05$ 是显著的,故可计算得到

$$b = -482.4779/12\,112.5 = -0.039\,833$$

$$\ln a = 2.901\,86 - (-0.039\,833) \times 42.5 = 4.5948$$

$$a = \mathrm{e}^{4.5948} = 98.965$$

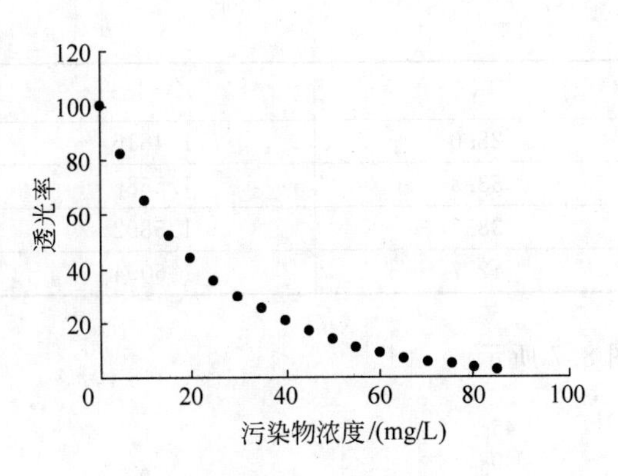

图 8.6　污染物与透光度的关系

故污染物与透光度的线性方程为

$$\ln\hat{y} = 4.5948 - 0.0398\ln x$$

将上述方程改写为曲线形式为

$$\hat{y}=98.965e^{-0.0398x}$$

2. 幂曲线方程的配置

对于方程

$$\hat{y}=ax^{b}$$

当 y 和 x 都大于 0 时可线性化为

$$\ln\hat{y}=\ln a+b\ln x$$

若令 $y'=\ln\hat{y}$，$x'=\ln x$，即有线性回归方程

$$y'=\ln a+bx'$$

如果 y' 与 x' 的线性相关系数

$$r_{y'x'}=\frac{SP_{y'x'}}{\sqrt{SS_{y'}\cdot SS_{x'}}}$$

显著，进而可计算回归统计数

$$\begin{cases}b=SP_{y'x'}/SS_{x'}\\ \ln a=\bar{y}'-b\,\bar{x}'\\ a=e^{\ln a}\end{cases}$$

例 8.5.2　研究 30 个粉尘颗粒的平均宽度 x（单位：mm）和重量 y（单位：mg）的关系如表 8.7 所示，试做回归分析。

表 8.7　粉尘颗粒的平均宽度和重量的关系

x	y	$x'=\ln x$	$y'=\ln y$
2.0	0.8	0.6931	−0.2231
2.5	2.2	0.9163	0.7885
3.0	5.6	1.0986	1.7228
3.4	9.3	1.2238	2.2300
3.7	14.6	1.3083	2.6810
4.1	20.0	1.4110	2.9957

续表

x	y	$x'=\ln x$	$y'=\ln y$
4.4	28.0	1.4816	3.3322
4.8	33.3	1.5686	3.5056
4.9	38.7	1.5892	3.6558
5.0	42.7	1.6094	3.7542

解 做散点图，如图 8.7 所示。

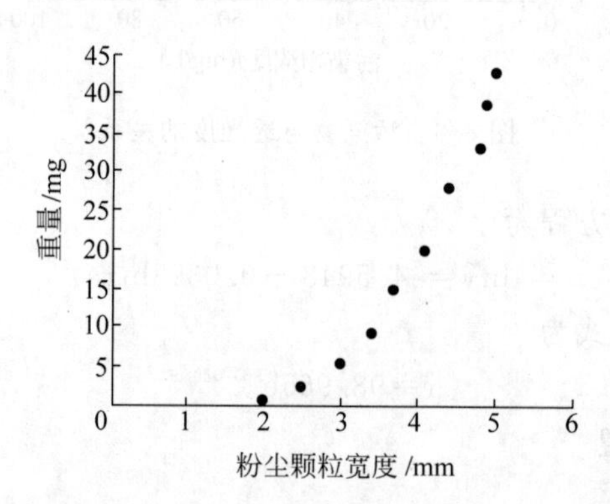

图 8.7 粉尘颗粒的平均宽度和重量的关系

可见，二者呈明显的对数关系。因此可算得 y' 和 x' 线性回归分析的 5 个二阶数据：

$SS_{x'}=0.8578$， $SS_{y'}=15.8815$， $SP_{y'x'}=3.6809$， $\overline{x}'=1.2900$， $\overline{y}'=2.4443$

则

$$r_{y'x'}=\frac{3.6809}{\sqrt{0.8578\times 15.8815}}=0.9973$$

此相关系数对于自由度 $\nu=8$，$\alpha=0.05$ 是显著的，故可计算得

$$b=3.6809/0.8578=4.2911$$

$$\ln a=2.4443-4.2911\times 1.29=-3.0913$$

$$a=\mathrm{e}^{-3.0913}=0.0454$$

所以写成 y' 关于 x' 的线性回归方程，得

$$\hat{y}'=-3.0913+4.2911x'$$

写成 y 关于 x 的回归方程，得

$$y=0.0454x^{4.2911}$$

3. Logistic 曲线方程的配置

$$y=\frac{k}{1+a\mathrm{e}^{-bx}}\quad (a,b,k>0) \tag{8.5.2}$$

为 Logistic 曲线方程，式中 k 为未知常数，故必须首先确定 k 值。

可取 3 组观察值 (x_1,y_1)，(x_2,y_2) 和 (x_3,y_3)，分别代入式(8.5.2)后得到联立方程

$$\begin{cases}y_1=k/(1+a\mathrm{e}^{-bx_1})\\ y_2=k/(1+a\mathrm{e}^{-bx_2})\\ y_3=k/(1+a\mathrm{e}^{-bx_3})\end{cases}$$

若令 $x_2=(x_1+x_3)/2$，则可解得

$$k=\frac{y_2^2(y_1+y_3)-2y_1y_2y_3}{y_2^2-y_1y_3}$$

有了 k 的估值，可将式(8.5.2)移项并取自然对数，得

$$\ln\left(\frac{k-y}{y}\right)=\ln a-bx$$

令 $y'=\ln\left(\frac{k-y}{y}\right)$，可得直线回归方程

$$\hat{y}'=\ln a-bx$$

因此，y 和 x 对于 Logistic 方程的拟合程度可由 y' 和 x' 的相关系数给出，即

$$r_{y'x}=\frac{SP_{y'x}}{\sqrt{SS_{y'}\cdot SS_x}}$$

回归统计数 a 和 b 由下式估计：

$$\begin{cases}-b=SP_{y'x}/SS_x\\ \ln a=\bar{y}'+b\bar{x}\\ a=e^{\ln a}\end{cases}$$

例 8.5.3 某股票上市后不同天数下的开盘价格(单位：元)列于表 8.8。试用 Logistic 方程描述股票价格与上市天数的关系。

表 8.8 股票价格与上市天数的关系

x	y	$(k-y)/y$	$y'=\ln((k-y)/y)$
0	0.30	60.605 33	4.104 38
3	0.72	24.668 89	3.205 54
6	3.31	4.583 57	1.522 48
9	9.71	0.903 36	−0.101 64
12	13.09	0.411 89	−0.887 01
15	16.85	0.096 83	−2.334 80
18	17.79	0.038 88	−3.247 38
21	18.23	0.013 80	−4.282 98
24	18.43	0.002 80	−5.878 21

解 做散点图，如图 8.8 所示。可见二者呈明显的 S 形曲线关系。

先估计终极量 k，取上市后 0 天、12 天和 24 天的结果代入，可得

$$k=\frac{y_2^2(y_1+y_3)-2y_1y_2y_3}{y_2^2-y_1y_3}=\frac{13.09^2\times(0.3+18.43)-2\times0.3\times13.09\times18.43}{13.09^2-0.3\times18.43}=18.481$$

获得 k 后，可令 $y'=\ln\left(\frac{k-y}{y}\right)$，并将 $\frac{18.4816-y}{y}$ 和 $\ln\frac{18.4816-y}{y}$ 分别列于表的第三、第四两列，再对 y' 和 x 进行线性回归分析，5 个二级数据为

$$SS_x=540,\quad SS_{y'}=92.1968,\quad SP_{y'x}=-222.507,\quad \bar{x}=12,\quad \bar{y}'=0.877\,73$$

计算相关系数为

$$r_{y'x}=\frac{-222.507}{\sqrt{540\times92.1968}}=-0.9972$$

此相关系数对 $\nu=7$ 为显著，所以表中资料以 Logistic 方程描述是合适的。进而可得

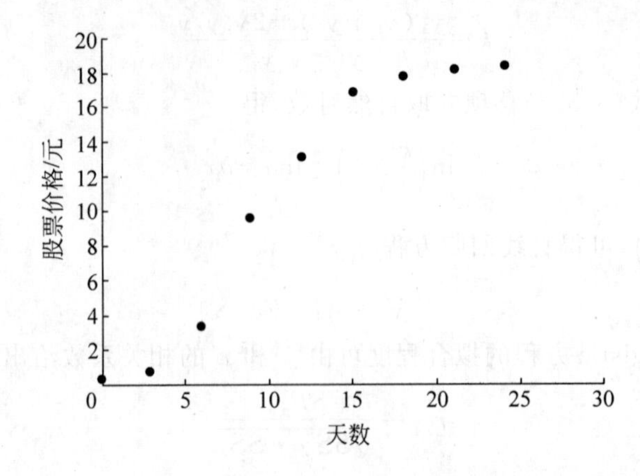

图 8.8 股票价格与上市天数的关系

$$\begin{cases} -b=(-222.507)/540=-0.41204 \\ \ln a=-0.87773+0.412049\times 12=4.06685 \\ a=e^{4.06685}=58.3731 \end{cases}$$

故 Logistic 方程为

$$\hat{y}=\frac{18.4816}{1+58.3731e^{-0.412049x}}$$

8.6 时间序列预测方法

8.6.1 时间序列法

所谓时间序列，是指观察或记录到的一组按时间顺序排列的数据，经常用 $X_1,X_2,\cdots,X_t,\cdots,X_n$ 表示。不论是经济领域中某一产品的年产量、月销售量、工厂的月库存量、某一商品在某一市场上的价格变动等，或是社会领域中某一地区的人口数、某医院每日就诊的患者人数、铁路客流量等，还是自然领域中某一地区的温度、月降雨量等，都形成了时间序列。所有这些序列的基本特点就是每一个序列包含了产生该序列的系统的历史行为的全部信息。问题在于如何才能根据这些时间序列，比较精确地找出相应系统的内在统计特性和发展规律，尽可能多地从中提取我们所需要的准确信息。

时间序列预测方法，是将预测目标的历史数据按照时间的顺序排列成为时间序列，然后分析它随时间的变化趋势，并建立数学模型进行外推的定量预测方法。

8.6.2 移动平均法

移动平均法是常用的预测方法，即使在预测技术层出不穷的今天，移动平均法由于其简单性仍不失实用价值。

1. 一次移动平均法

一次移动平均法是在算术平均法的基础上加以改进得到的。其基本思想是，每次取一定数量周期的数据平均，按时间顺序逐次推进。每推进一个周期时，舍去前一个周期的数

据，增加一个新周期的数据，再进行平均。设 X_t 为 t 周期的实际值，一次移动平均值

$$M_t^{(1)}(N)=(X_t+X_{t-1}+\cdots+X_{t-N+1})\Big/N=\sum_{i=0}^{N-1}X_{t-i}\Big/N \tag{8.6.1}$$

其中 N 为计算移动平均值所选定的数据个数。$t+1$ 期的预测值取为

$$\hat{X}_{t+1}=M_t^{(1)} \tag{8.6.2}$$

如果将 $\hat{X}_{t+1}$ 作为第 $t+1$ 期的实际值，那么就可用式(8.6.2)计算第 $t+2$ 期的预测值 $\hat{X}_{t+2}$，一般地，也可相应地求得以后各期的预测值。但由于误差的积累，使得越远时期的预测，误差越大，因此一次移动平均法一般只应用于一个时期后的预测(即预测第 $t+1$ 期)。

例 8.6.1 汽车配件销售公司某年1—12月的化油器销售量(单位：只)统计数据如表8.9中第二行所示，试用一次移动平均法，预测下一年一月的销售量。

解 分别取 $N=3$ 和 $N=5$，按预测公式

$$\hat{X}_{t+1}(N=3)=M_t^{(1)}(3)=(X_t+X_{t-1}+X_{t-2})/3$$

和

$$\hat{X}_{t+1}(N=5)=M_t^{(1)}(5)=(X_t+X_{t-1}+X_{t-2}+X_{t-3}+X_{t-4})/5$$

计算3个月和5个月移动平均预测值，见表8.9，预测图见图8.9。

表 8.9 化油器销售量及移动平均预测值表

月份	1	2	3	4	5	6	7	8	9	10	11	12	次年1
X_t/只	423	358	434	445	527	429	426	502	480	384	427	446	
$\hat{X}_{t+1}(N=3)$/只				405	412	469	467	461	452	469	456	430	419
$\hat{X}_{t+1}(N=5)$/只						437	439	452	466	473	444	444	452

由图8.9可以看出，实际销售量的随机波动较大，经过移动平均法计算后，随机波动显著减少，而且取平均值所用的月数越多，即 N 越大，修匀的程度越强，波动也越小。但是在这种情况下，对实际销售量的变化趋势反应也越迟钝。反之，如果 N 越小，对销售量的变化趋势反应越灵敏，但修匀性越差，容易把随机干扰作为趋势反映出来。因此，N 的选择甚为

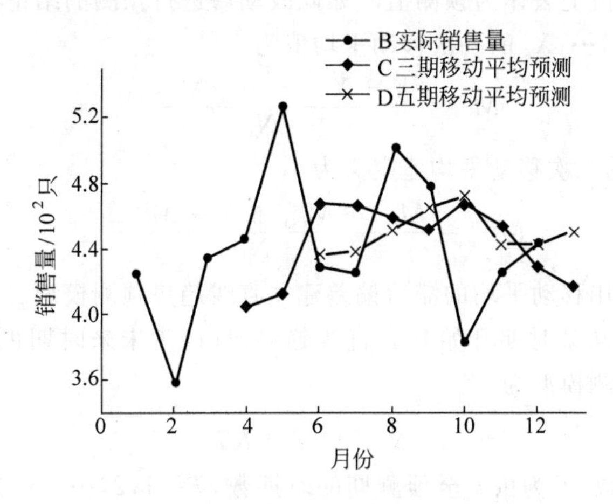

图 8.9 化油器销售量及移动平均预测值

重要，应根据具体情况做出抉择。当 N 等于变动的周期时，则可消除周期变化的影响。

在实际应用上，一般使用对过去数据预测的均方误差 S 来作为选取 N 的准则。

当 $N=3$ 时，有

$$S=\frac{1}{9}\sum_{t=4}^{12}(X_t-s_t)^2=\frac{28\,893}{9}=3210.33$$

当 $N=5$ 时，有

$$S=\frac{1}{7}\sum_{t=6}^{12}(X_t-s_t)^2=\frac{11\,143}{7}=1591.86$$

计算结果表明，当 $N=5$ 时 S 较小，所以选取 $N=5$，预测下一年一月的化油器销售量为452只。

2. 二次移动平均法

当预测变量的基本趋势发生变化时，一次移动平均法不能迅速地适应这种变化。当时间序列的变化为线性趋势时，一次移动平均法的滞后偏差使预测值偏低，不能进行合理的趋势外推。例如，若线性趋势方程为

$$X_t=a+bt$$

这里 a,b 是常数，当 t 增加一个单位时间时，X_t 的增量为

$$X_{t+1}-X_t=a+b(t+1)-a-bt=b$$

因此，当时间从 t 增加至 $t+1$ 时，X_{t+1} 的值为 $a+b(t+1)$，如采用一次移动平均法计算，其预测值是

$$\hat{X}_{t+1}=\frac{X_t+X_{t-1}+\cdots+X_{t-N+1}}{N}=a+bt-\frac{(N-1)b}{2}$$

由此有

$$X_{t+1}-\hat{X}_{t+1}=a+bt+b-\left[a+bt-\frac{(N-1)b}{2}\right]=\frac{(N+1)b}{2}$$

从以上推导可以看出，每进行一次移动平均，得到的新序列就比原序列滞后 $b(N+1)/2$。也就是说，二次移动平均值低于一次移动平均值的距离，等于一次移动平均数值低于实际值的距离。因此就有可能用如下方法进行预测：将二次移动平均值与一次移动平均值的距离加回到一次移动平均值上去作为预测值。如此改动后进行预测的结论将更加准确。

时间序列 $X_1,X_2,\cdots,X_t$ 的一次移动平均值为

$$M_t^{(1)}=\frac{X_t+X_{t-1}+\cdots+X_{t-N+1}}{N}$$

序列 $X_1,X_2,\cdots,X_t$ 的二次移动平均值定义为

$$M_t^{(2)}=\frac{M_t^{(1)}+M_{t-1}^{(1)}+\cdots+M_{t-N+1}^{(1)}}{N} \tag{8.6.3}$$

下面讨论如何利用移动平均的滞后偏差建立直线趋势预测模型。

设时间序列 $\{X_t\}$ 从某时期开始具有直线趋势，且认为未来时期也按此直线趋势变化，则可设此直线趋势预测模型为

$$\hat{X}_{t+T}=a_t+b_tT \tag{8.6.4}$$

其中 t 为当前的时期数，T 为由 t 至预测期的时期数，$T=1,2,\cdots$；a_t 为截距，b_t 为斜率，两者又称为平滑系数。

运用移动平均值来确定平滑系数的计算公式如下：

$$M_t^{(1)} = \frac{X_t + X_{t-1} + \cdots + X_{t-N+1}}{N}$$

$$M_t^{(2)} = \frac{M_t^{(1)} + M_{t-1}^{(1)} + \cdots + M_{t-N+1}^{(1)}}{N}$$

$$a_t = M_t^{(1)} + (M_t^{(1)} - M_t^{(2)}) = 2M_t^{(1)} - M_t^{(2)}$$

$$b_t = 2(M_t^{(1)} - M_t^{(2)})/(N-1) \tag{8.6.5}$$

由此，我们将式(8.6.5)代入到式(8.6.4)中去，便可求出$\hat{X}_{t+T}$，从而进行预测。

二次移动平均法不仅能处理预测变量的模式呈水平趋势的情形，同时还可应用到长期趋势(线性增长趋势)或季节变动模式上去，这是它相对于一次移动平均法的优势所在。

8.6.3 指数平滑法

移动平均法计算简单易行，但存在明显的不足。第一，每计算一次移动平均值，需要存储最近N个观测数据，当需要经常预测时有不便之处。第二，移动平均实际上是对最近的N个观测值等权看待，而对$t-N$期以前的数据则完全不考虑，即最近N个观测值的权系数都是$1/N$，而$t-N$以前的权系数都为0。但在实际经济活动中，最新的观测值往往包含着最多的关于未来情况的信息。所以，更为切合实际的方法是对各期观测值依时间顺序加权。指数平滑法正是适应于这种要求，通过某种平均方式，消除历史统计序列中的随机波动，找出其中的主要发展趋势。根据平滑次数的不同，有一次指数平滑、二次指数平滑、三次指数平滑和高次指数平滑之分，但高次指数平滑很少使用。指数平滑法最适合用于进行简单的时间序列分析和中、短期预测。

1. 一次指数平滑法

设$X_0, X_1, \cdots, X_n$为时间序列观测值，$S_1^{(1)}, S_2^{(1)}, \cdots, S_n^{(1)}$为时间$t$的观测值的指数平滑值。则一次指数平滑值为

$$S_t^{(1)} = \alpha X_t + \alpha(1-\alpha)X_{t-1} + \alpha(1-\alpha)^2 X_{t-2} + \cdots \tag{8.6.6}$$

式中α为平滑系数，$1<\alpha<1$。

观察式(8.6.6)，实际值X_t, X_{t-1}, X_{t-2}的权系数分别为$\alpha, \alpha(1-\alpha), \alpha(1-\alpha)^2$。依次类推，离现在时刻越远的数据，其权系数越小。指数平滑法就是用平滑系数α来实现不同时间的数据的非等权处理的。因为权系数是指数几何级数，指数平滑法也由此而得名。

对式(8.6.6)略加变换，可得

$$\begin{aligned} S_t^{(1)} &= \alpha X_t + (1-\alpha)[\alpha X_{t-1} + \alpha(1-\alpha)X_{t-2} + \cdots] \\ &= \alpha X_t + (1-\alpha)S_{t-1}^{(1)} \end{aligned} \tag{8.6.7}$$

式(8.6.7)可改写为

$$S_t^{(1)} = S_{t-1}^{(1)} + \alpha(X_t - S_{t-1}^{(1)}) \tag{8.6.8}$$

预测公式为

$$\hat{X}_{t+1} = S_t^{(1)} \tag{8.6.9}$$

或

$$\hat{X}_{t+1} = \hat{X}_t + \alpha(X_t - \hat{X}_t) \tag{8.6.10}$$

下面来比对移动平均值$\{S_t^{(1)}\}$和指数平滑值$\{M_t^{(1)}\}$。

$$\begin{aligned} M_t^{(1)} &= \frac{1}{N}(X_t + X_{t-1} + \cdots + X_{t-N+1}) \\ &= \frac{1}{N}(X_t + X_{t-1} + \cdots + X_{t-N+1} + X_{t-N} - X_{t-N}) \\ &= \frac{X_t - X_{t-N}}{N} + M_{t-1}^{(1)} \end{aligned}$$

假定样本序列具有水平趋势，将X_{t-N}用$M_{t-1}^{(1)}$代替，则

$$M_t^{(1)} \approx \frac{1}{N}X_t - \frac{1}{N}M_{t-1}^{(1)} + M_{t-1}^{(1)} = \frac{1}{N}X_t + \left(1 - \frac{1}{N}\right)M_{t-1}^{(1)} \tag{8.6.11}$$

将$1/N$用α替换，式(8.6.11)即为式(8.6.7)的形式。

由式(8.6.7)，得

$$\begin{aligned} S_t^{(1)} &= \alpha X_t + (1-\alpha)S_{t-1}^{(1)} \\ S_{t-1}^{(1)} &= \alpha X_{t-1} + (1-\alpha)S_{t-2}^{(1)} \\ &\vdots \\ S_1^{(1)} &= \alpha X_1 + (1-\alpha)S_0^{(1)} \end{aligned}$$

其中$S_0^{(1)}$为指数平滑的初始值。逐项代入，得

$$S_t^{(1)} = \alpha X_t + \alpha(1-\alpha)X_{t-1} + \cdots + \alpha(1-\alpha)^{t-1}X_1 + (1-\alpha)^t S_0^{(1)} \tag{8.6.12}$$

指数平滑法克服了移动平均法的缺点，它具有“厚今薄古”的特点。在算术平均中，所有数据的权重相等，均为$1/N$；一次移动平均中，最近N期数据的权重均为$1/N$，其他为0；而在指数平滑中，一次指数平滑值与所有的数据都有关，权重衰减，距离现在越远的数据权系数越小。权重衰减的速度取决于α的大小，α越大，衰减越快；α越小，衰减越慢。

从式(8.6.10)可以看到，指数平滑法解决了移动平均法所存在的一个问题，即不再需要存储过去N期的历史数据，而只需最近期观测值X_t、最近期预测值$\hat{X}_t$和权系数α，用这三个数即可计算出一个新的预测值，在进行连续预测时，计算量大大减小。

移动平均法中有N的选择问题，同样，在指数平滑法中也有参数α的选择问题。

式(8.6.10)可以给指数平滑法提供进一步的解释：

$$\hat{X}_{t+1} = \hat{X}_t + \alpha(X_t - \hat{X}_t)$$

在这个公式中，新预测值$\hat{X}_{t+1}$仅仅是原预测值$\hat{X}_t$加上权系数α与前次预测值误差$X_t - \hat{X}_t$的乘积。

例 8.6.2 现有某年1—11月对餐刀的需求量(见表8.10)，要用指数平滑法预测这一年12月份的需求量。在表中α选择0.1，0.5，0.9三个值进行比较，由于在式(8.6.12)中$S_0^{(1)}$未知，从而$S_1^{(1)}$也未知，表中将$X_0=2000$作为初始值$S_0^{(1)}$，当$\alpha=0.1$时均方误差最小，因此在进行预测时的平滑系数α选为0.1。

2. 二次指数平滑法

前面提到了一次移动平均法在计算上的两个局限性，其实这同样也是一次指数平滑法的局限性。而二次指数平滑法可以像二次移动平均法那样完成同样的任务，又可避免其两种局限性。实际上，二次指数平滑法只需存储四项资料。在多数情况下，这种方法要比二次移动平均法更受欢迎。

表 8.10 指数平滑法预测误差的比较

时期	需求量的观测值	α=0.1 时的预测值				α=0.5 时的预测值				α=0.9 时的预测值			
		需求量的预测值	误差	绝对误差	误差平方	需求量的预测值	误差	绝对误差	误差平方	需求量的预测值	误差	绝对误差	误差平方
0	2000	—	—	—	—	—	—	—	—	—	—	—	—
1	1350	2000	−650	650	422 500	2000	−650	650	422 500	2000	−650	650	422 500
2	1950	1935	15	15	225	1675	275	275	75 625	1415	535	535	286 225
3	1975	1937	38	38	1444	1813	162	162	26 244	1897	78	78	6084
4	3100	1940	1160	1160	1 345 600	1894	1206	1206	1 454 436	1967	1133	1133	1 283 689
5	1750	2056	−306	306	93 636	2497	−747	747	558 009	2987	−1237	1237	1 530 169
6	1550	2026	−476	476	226 576	2123	−573	573	328 329	1874	−324	324	104 976
7	1300	1978	−678	678	459 684	1837	−537	537	288 369	1582	−282	282	79 524
8	2200	1910	290	290	84 100	1558	642	642	412 164	1328	872	872	760 384
9	2770	1939	831	831	690 561	1884	886	886	784 996	2113	657	657	431 649
10	2350	2023	327	327	106 929	2330	20	20	400	2709	−359	359	122 881
11	⋮	2056	⋮	⋮	⋮	2340	⋮	⋮	⋮	2386	⋮	⋮	⋮
总计			461	4681	3 431 255		684	5698	4 351 072		423	6127	5 028 081
均值(取整数)			46.1	468	343 126		68	570	435 107		42	613	502 808

二次指数平滑法的基本原理与二次移动平均法完全相同。其计算公式如下：

$$S_t^{(2)}=\alpha S_t^{(1)}+(1-\alpha)S_{t-1}^{(2)}$$

其中

$$S_t^{(1)}=\alpha X_t+(1-\alpha)S_{t-1}^{(1)}$$

预测公式为

$$\hat{X}_{t+T}=a_t+b_tT$$

其中

$$a_t=S_t^{(1)}+(S_t^{(1)}-S_t^{(2)})=2S_t^{(1)}-S_t^{(2)} \tag{8.6.13}$$

$$b_t=\frac{\alpha}{1-\alpha}(S_t^{(1)}-S_t^{(2)}) \tag{8.6.14}$$

这里 α 为平滑系数，T 为所需预测的超前时期数，$S_t^{(1)}$ 为一次指数平滑值，$S_t^{(2)}$ 为二次指数平滑值。

在一次指数平滑法的计算公式(8.6.8)中，取 $t=1$，则

$$S_1^{(1)}=S_0^{(1)}+\alpha(X_1-S_0^{(1)})$$

此时 $S_0^{(1)}$ 不能再由递推公式得到。对二次指数平滑法而言，由于同样的原因，需要确定其两个初始值 $S_0^{(1)}$ 和 $S_0^{(2)}$。在某种程度上，初始值的设置是一个纯理论性问题。实际工作中，计算时间序列的指数平滑值时初始值的设置仅有最初的一次，而且通常会有或多或少的历史数据可以从中确定一个合适的初始值。同时，从表 8.10 中很容易看出，如果数据序列较长，或者平滑系数选择得比较大，则经过数期平滑链平滑之后，初始值 $S_0^{(1)}$ 对 $S_t^{(1)}$ 的影响就很小了。故我们可以在最初预测时，选择较大的 α 值来减小可能由于初始值选取不当所造成得预测偏差，使模型迅速调整到当前水平。

假定有一定数目的历史数据，常用的确定初始值的方法是将已知数据分成两部分，用第一部分来估计初始值，用第二部分来进行平滑，求各平滑参数。实用中，当数据个数 $n>15$ 时，取 $S_0^{(1)}=S_0^{(2)}=X_0$；当 $n<15$ 时，取最初几个数据的平均值作为初始值，一般取前 3～5 个数据的算术平均值(如取 $S_0^{(1)}=S_0^{(2)}=(X_0+X_1+X_2)/3$)。

亦可用最小二乘法或其他方法对前几个数据进行拟合，估计出 a_0，b_0，再根据 a_0 和 b_0 的关系式计算初始值。以二次指数平滑法参数的估计公式为例，由式(8.6.13)和式(8.6.14)可解得

$$\begin{cases} S_t^{(1)}=a_t-\dfrac{(1-\alpha)}{\alpha}b_t \\ S_t^{(2)}=a_t-\dfrac{2(1-\alpha)}{\alpha}b_t \end{cases} \tag{8.6.15}$$

代入 $t=0$，得

$$S_0^{(1)}=a_0-\frac{(1-\alpha)}{\alpha}b_0$$

$$S_0^{(2)}=a_0-\frac{2(1-\alpha)}{\alpha}b_0$$

用最小二乘法估计 a_0，b_0，代入上式就可得到二次指数平滑法的初始值。

如果没有足够的资料可供利用，上述两种方法就不能应用。解决的办法或是等待某些数值变为可用的数值，或是规定具有某种意义的初始值，并立即进行估计。如可采用下述方

法：对一次指数平滑法，令 $S_0^{(1)}=X_0$；对二次指数平滑法，令 $S_0^{(2)}=S_0^{(1)}=X_0$，$a_0=X_0$，$b_0=[(X_1-X_0)+(X_3-X_2)]/2$。

8.6.4　季节指数法

在产品的生产和销售活动中，有些产品是季节性生产，常年消费，如农业、蔗糖加工等；有些产品是常年生产而季节性消费，如电风扇、空调、电暖气等；也有些产品是季节性生产，季节性消费，如清凉饮料等。这些现象在一年内随着季节的转变而引起周期性变动，这种变动往往具有以下两种特点：

(1) 统计数据呈现以月、季为周期的循环变动。

(2) 这种周期性的循环变动并不是简单的循环重复，而是从多个周期的长时间变化中又呈现出一种发展趋势。

季节指数法(又称季节性变动预测法)是指经济变量在一年内以季(月)的循环为周期特征，通过计算销售量(或需求量)的季节指数达到预测目的的一种方法。

季节指数预测法，首先要分析判断时间序列观察期内数据是否呈季节性波动。通常，可将3～5年的资料按月或按季展开，绘制历史曲线图，以观察其在一年内有无周期性波动来作出判断；然后，再将各种因素结合起来考虑，即考虑它是否还受长期趋势变动的影响，是否还受随机变动的影响等。

例 8.6.3　某商店按季统计的3年、12个季度冰箱的销售额资料如表8.11所示。

表 8.11　某商店 12 个季度空调销售额资料　　单位：万元

年份	季度销售额(序列数)				合计	季平均
	1	2	3	4		
2001	265(1)	373(2)	333(3)	266(4)	1237	309.25
2002	251(5)	379(6)	374(7)	309(8)	1304	326
2003	272(9)	437(10)	396(11)	348(12)	1453	363.25
季合计	788	1180	1103	923	3994	
同季平均	262.67	393.33	367.67	307.67		332.83
季节指数	0.8494	1.1818	1.1047	0.9244	4.0603	
调整后的季节指数	0.8368	1.1642	1.0883	0.9107	4.00	
趋势值同季平均	322.71	329.46	336.21	342.96		332.83
季节指数	0.814	1.1939	1.0936	0.8971	3.9986	
调整后的季节指数	0.8143	1.1943	1.0940	0.8974	4.00	

可以看出，该商店冰箱销售额，一方面呈现出周期性，在1年内，第1、4季度销售额较少而第2、3季度较多；另一方面，从3年总的时间内，销售额是呈现每年都有增长、周期(季)基本都有增长的趋势。这种变动称为具有长期趋势的季节性变动。

下面根据是否考虑长期趋势分两种情况进行分析。

1. 不考虑长期趋势的季节指数法

计算方法及步骤如下：

已知资料如表8.11所示，且知在2004年第二季度该商店空调的销售额为420万元，试预测第3、4季度的销售额。

(1) 计算历年同季(月)的平均数

假设历年同季平均数为 r_i, $i=1,2,3,4$。3 年($n=3$)共有 12 个季度,其时间序列表示为 $y_1, y_2, \cdots, y_3, \cdots$ 那么

$$\begin{cases} r_1 = \frac{1}{n}(y_1 + y_5 + \cdots + y_{(4n-3)}) \\ \vdots \\ r_4 = \frac{1}{n}(y_4 + y_8 + \cdots + y_{(4n)}) \end{cases}$$

对本例,有

$$\begin{cases} r_1 = \frac{1}{3}(265+251+272) = 262.67 \\ \vdots \\ r_4 = \frac{1}{3}(266+309+348) = 307.67 \end{cases}$$

(2) 计算各年的季平均值

假设以 $\bar{y}_t$ 表示第 t 年的季(月)平均值,$t=1,2,\cdots,n$,那么各年季(月)平均值的计算公式为

$$\begin{cases} \bar{y}_1 = \frac{1}{4}(y_1 + y_2 + y_3 + y_4) \\ \bar{y}_2 = \frac{1}{4}(y_5 + y_6 + y_7 + y_8) \\ \vdots \\ \bar{y}_n = \frac{1}{4}(y_{4n-3} + y_{4n-2} + y_{4n-1} + y_{4n}) \end{cases}$$

对本例,有

$$\begin{cases} \bar{y}_1 = \frac{1}{4}(265+373+333+266) = 309.25 \\ \bar{y}_2 = \frac{1}{4}(251+370+374+309) = 326 \\ \bar{y}_3 = \frac{1}{4}(272+396+348) = 363.25 \end{cases}$$

(3) 计算各季(月)的季节指数(α_i)

以历年同季(月)的平均数(r_i)与全时期的季(月)平均数($\bar{y}$)之比进行计算。由

$$\bar{y} = \frac{1}{4n}\sum_{i=1}^{4n} y_i$$

则本例中各季的季节指数为

$$\alpha_1 = \frac{r_1}{\bar{y}} = \frac{262.67}{332.83} = 0.8494, \quad \alpha_2 = \frac{r_2}{\bar{y}} = \frac{393.33}{332.83} = 1.1818$$

$$\alpha_3 = \frac{r_3}{\bar{y}} = \frac{367.67}{332.83} = 1.1047, \quad \alpha_4 = \frac{r_4}{\bar{y}} = \frac{307.67}{332.83} = 0.9244$$

(4) 调整各季(月)的季节指数

理论上讲,各季的季节指数之和应为 4,但由于在实际过程中计算存在误差,使各季的

季节指数之和大于(或小于)4,故应予以调整。调整后的季节指数 $F_i=\alpha_i k$,调整系数 k 等于理论季节指数之和 4 与实际季节指数之和 $\sum_i \alpha_i$ 之比。

本例调整后的季节指数分别为 0.8368,1.1642,1.0883,0.9107。

(5) 利用季节指数法进行预测

假设$\hat{y}_t$ 为第 t 月份的预测值,α_t'为第 t 月份的季节指数,y_i 为第 i 月份的实际值,α_i 为第 i 月份的季节指数,则

$$\hat{y}_t=y_i\,\frac{\alpha_t'}{\alpha_i}$$

本例中

$$\hat{y}_{2004.3}=420\times\frac{1.0883}{1.1642}=392.6(\text{万元})$$

$$\hat{y}_{2004.4}=420\times\frac{0.9107}{1.1642}=328.5(\text{万元})$$

说明 对于本例,由于时间序列有着明显的线性增长趋势,所以用不考虑长期趋势的季节指数法计算并不太好,此法一般适用于长期趋势不明显的数据序列。

2. 考虑长期趋势的季节指数法

长期趋势的季节指数法是指在时间序列观测值资料既有季节周期变化,又有长期趋势变化的情况下,首先建立趋势预测模型,再在此基础上求得季节指数,最后建立数学模型进行预测的一种方法。

下面介绍其具体的预测方法及过程(例同上):

① 计算各年同季(月)平均数。

② 计算各年的季(月)平均数。(方法同上)

③ 建立趋势预测模型,求趋势值。

根据各年的季(月)平均数时间序列,若呈现长期趋势,如线性趋势,则建立线性趋势预测模型$\hat{y}_t=\hat{a}+\hat{b}t$,$\hat{a}$,$\hat{b}$可由前面的具体方法求出。根据趋势直线方程求出历史上各季度(月)的趋势值。

根据表 8.12,得$\hat{a}=332.83$,$\hat{b}=27$,线性趋势方程为$\hat{y}_t=332.83+27t$(以年为单位)。

表 8.12 考虑长期趋势的季节指数法

年份	年次	季平均数 y_t	ty_t	t^2
2001	−1	309.25	−309.25	1
2002	0	326	0	0
2003	1	363.95	363.25	1
合计	0	998.5	54	2

由于方程中的“27”是平均年增长量,若将方程转换为 t 以季为单位进,每季的平均增量为$\hat{b}_0=\hat{b}/4=6.75$。从而求得半个季度的增量为 3.375。

当 $t=0$ 时,$\hat{y}_t=332.83$ 表示的趋势值应该是 2002 年第 2 季度后半季与第 3 季度前半季的季度趋势值,这是跨了“两个季度之半”而形成的非标准季度,所以在确定“标准季度”

(如2002年第2季度)趋势值时，应从332.83中减去半个季度的增量，即2002年第2季度的趋势值应为332.83－3.375＝329.455。同理，2002年第3季度的趋势值为332.83＋3.375＝336.205。

为了便于计算各季的趋势值，可将时间原点移出2002年第3季度，即以$\hat{y}_t=336.205$为基准，逐季递增或减一个季增量6.75，这时线性趋势方程变为$\hat{y}_t=336.205+6.75t$(以季为单位)。

式中t依次取值－6，－5，－4，－3，－2，－1，0，1，2，3，4，5，可计算出3年内各季的趋势值。

④ 计算出趋势值后，再计算出各年的趋势值的同季平均。

⑤ 计算季节指数。即表3.7中的“同季平均数”与“趋势值同季平均数”之比。如第一季度的比值为$\frac{262.67}{322.71}=0.8140$。

⑥ 对季节指数进行修正。(方法同例8.6.2)

⑦ 求预测值。预测的基本依据是预测期的趋势值乘以该期的季节指数，即预测模型为$\hat{y}'_t=\hat{y}_t k=(336.205+6.75t)k$。

如本例预测2004年第3、4季度，则有

$$\hat{y}'_{2004,3}=(336.205+6.75\times 4)\times 1.094=397.34(\text{万元})$$

$$\hat{y}'_{2004,4}=(336.205+6.75\times 5)\times 0.8974=331.99(\text{万元})$$

当然，对于趋势值的预测，也可以用移动平均法等方法来进行，具体采用何种方法，要根据历史数据的变化趋势来进行。

习题8

8.1 零售商为了解每周的广告费与销售额之间的关系，记录了如下统计资料：

广告费X/万元	40	20	25	20	30	50	40	20	50	40	25	50
销售额Y/百万元	385	400	395	363	475	440	490	420	560	525	480	510

试画出散点图，并在Y对X回归为线性的假定下，用最小二乘法计算一元回归方程。

8.2 设对某产品的价格P与供给量S的一组观察数据如下表所示，据此确定随机变量S对价格P的回归方程。

价格P/百元	2	3	4	5	6	8	10	12	14	16
供给量S/t	15	20	25	30	35	45	60	80	80	110

8.3 依据下表中的统计资料，能否断定利润和广告费用之间存在线性关系($\alpha=0.05$)？

广告费用/万元	10	10	8	8	8	12	12	12	11	11
利润/万元	100	150	200	180	250	300	280	310	320	300

8.4　随机抽取某城市12个居民家庭，调查收入与支出的情况，得到家庭月收入(单位：元)的下表数据。试判断支出与收入之间是否存在线性关系？请求出支出与收入之间的线性回归方程($\alpha=0.05$)。

收入/元	820	930	1050	1300	1440	1500	1600	1800	2000	2700	3000	4000
支出/元	750	850	920	1050	1220	1200	1300	1450	1560	2000	2000	2400

第9章

模糊数学建模方法

9.1 模糊数学引言

众所周知,经典数学是以精确性为特征的。模糊数学是研究和处理模糊性现象的一种新的数学方法。1965年美国加州大学查德(Zadeh)教授发表《Fuzzy Sets》一文,标志着模糊数学理论的诞生。

与精确性相悖的模糊性并不完全是消极和没有价值的,有时模糊性比精确性还要好。例如,若要你去迎接一个"大胡子高个子长头发戴宽边黑色眼镜的中年男人",尽管这里只提供了一个精确信息——男人,而其他信息——大胡子、高个子、长头发、宽边黑色眼镜、中年等都是模糊概念,但是你只要将这些模糊概念经过头脑的综合分析判断,就可以很容易接到这个人。

经典数学是适应力学、天文、物理、化学这类学科的需要而发展起来的,因而也附带了这些学科固有的局限性。这些学科考察的对象都是无生命的机械系统,大都是界限分明的清晰事物,允许人们作出"非此即彼"的判断,进行精确的测量,因而适于用精确方法描述和处理。而事物的模糊性指客观事物所呈现的"亦此亦彼"特性,它与精确性的具体区别如下:

(1) 精确性事物——每个概念的内涵(内在涵义或本质属性)和外延(符合本概念的全体)都必须是清楚的、不变的,每个概念非真即假,有一条截然分明的界线,如男、女。

(2) 模糊性事物——没有绝对明确的外延的事物,如美与丑等。人们对颜色、气味、滋味、声音、容貌、冷暖、深浅等的认识就是模糊的。

事物的复杂性与精确性的矛盾是当代科学的一个基本矛盾,由此促使模糊数学的产生和发展模糊性理论,在有些情况下,模糊比精确更有意义,它会带来更好的效果,如模糊描述人体的特征,对人进行模糊综合评价等。

现阶段,处理现实对象的数学模型主要包括以下几种:

(1) 确定性数学模型——确定性或固定性,对象间有必然联系。

(2) 随机性数学模型——对象具有或然性或随机性,随机性是指事件出现某种结果的机会。

(3) 模糊性数学模型——对象及其关系均具有模糊性,模糊性是指存在于现实中的不分明现象。

对于难以用经典数学理论实现量化的学科,特别是有关生命现象、社会现象的学科,它们的研究的对象大多是没有明确界限的模糊性事物,不允许作出非此即彼的断言,不能进行精确的测量。客观实际中存在众多这样的模糊性事物和现象,促使人们寻求建立一种适于描述模糊性事物和现象的逻辑模式。模糊集合理论便是在这种形势下应运而生的。模糊集合理论的逻辑基础是连续值逻辑,它是建立在[0,1]上的。如果我们把年利税在100万元以上属于"经济效益好"的企业的隶属度规定为1,那么相比之下,年利税少1万元的企业属于"经济效益好"的企业的隶属度就应相应减少一点,比如为0.99999,依此类推,企业的年利税每减少1万元,它属于"经济效益好"的企业的隶属度要相应减少一点。这样下去,当企业的年利税为0时,它属于"经济效益好"的企业的隶属度也就为0了,显然,模糊方法的这种处理方式,是符合于人们的认识过程的,故连续值逻辑是二值逻辑的合理推广。

模糊集合理论自诞生以来,获得了长足的发展。研究范围从开始时的模糊集合,逐步发展为模糊数、模糊代数、模糊测度、模糊积分、模糊规划、模糊图论、模糊拓扑等众多的分支。

我国自20世纪70年代开始模糊数学研究以来,现已形成了庞大的研究队伍,并在高速模糊推理研究等领域居世界领先地位。但同时在其他方面,也存在着一些差距,尤其突出的是实验室里的成果,还有许多未转化成经济效益。

9.2 模糊数学的基本概念

9.2.1 模糊集、隶属函数及模糊集的运算

对普通集合 A,$\forall x$,有 $x\in A$ 或 $x\notin A$。如果要进一步描述一个人属于年轻人的程度大小时,仅用特征函数就不够了。模糊集理论将普通集合的特征函数的值域$\{0,1\}$推广到$[0,1]$闭区间上,取值的函数用以度量这种程度的大小,这个函数称为集合 E 的隶属函数,记为 $E(x)$。即对于每一个元素 x,有$[0,1]$内的一个数 $E(x)$与之对应。

1. 模糊子集的定义

定义 9.2.1 设给定论域 U,U 到$[0,1]$上的任一映射

$$A:U\rightarrow[0,1],\quad u\mapsto A(u)\quad(\forall u\in U)$$

都确定了 U 上的一个模糊集合。$A(u)$称为元素 u 属于模糊集 A 的隶属度,映射所表示的函数称为隶属函数。

若在集合 U 上定义了一个隶属函数 $E(x)$,则 E 就是集合 U 上的模糊集。$F(U)$表示定义在论域 U 上的全体模糊集。

例 9.2.1 设论域 $U=[0,100]$表示 0~100 岁,定义 U 上的老年人这个模糊集合,其隶属函数为

$$A(u)=\begin{cases}0, & u\leqslant 50\\ \left(1+\left(\dfrac{u-50}{5}\right)^{-2}\right)^{-1}, & 50<u\leqslant 100\end{cases}$$

2. 模糊集合的表示

设论域$U=\{u_1,u_2,\cdots,u_n\}$，$A(u)$为元素u属于模糊集A的隶属度，则模糊集可以表示为

$$A=\frac{A(u_1)}{u_1}+\frac{A(u_2)}{u_2}+\cdots+\frac{A(u_n)}{u_n}$$

或

$$A=(A(u_1),A(u_2),\cdots,A(u_n)),\quad A=((u_1,A(u_1)),(u_2,A(u_2)),\cdots,(u_n,A(u_n)))$$

例 9.2.2 设有100人对5种商品x_1,x_2,x_3,x_4,x_5进行评价，若有81人认为x_1质量好，有53人认为x_2质量好，所有人都认为x_3质量好，没有人认为x_4质量好，有24人认为x_5质量好。试表示"质量好"这个模糊集合A。

解 商品x_1属于"质量好"的隶属度为$A(x_1)=0.81$，类似地，有$A(x_2)=0.53$，$A(x_3)=1$，$A(x_4)=0$，$A(x_5)=0.24$。于是"质量好"这个模糊集合A可以表示为

$$A=\frac{0.81}{x_1}+\frac{0.53}{x_2}+\frac{1}{x_3}+\frac{0}{x_4}+\frac{0.24}{x_5}$$

3. 模糊集合的运算

设论域$U=\{u_1,u_2,\cdots,u_n\}$，模糊集$A,B\in F(U)$，且$A=(A(u_1),A(u_2),\cdots,A(u_n))$，$B=(B(u_1),B(u_2),\cdots,B(u_n))$，则

A与B的并集：$A\cup B=(A(u_1)\vee B(u_1),A(u_2)\vee B(u_2),\cdots,A(u_n)\vee B(u_n))$；

A与B的交集：$A\cap B=(A(u_1)\wedge B(u_1),A(u_2)\wedge B(u_2),\cdots,A(u_n)\wedge B(u_n))$；

A的余集：$A^c=(1-A(u_1),1-A(u_2),\cdots,1-A(u_n))$；

A被B包含：$\forall u\in U$，有$A(u)\leqslant B(u)$，记为$A\subset B$。

例 9.2.3 设$A=\frac{0.81}{x_1}+\frac{0.53}{x_2}+\frac{1}{x_3}+\frac{0}{x_4}+\frac{0.24}{x_5}$，$B=\frac{0.25}{x_1}+\frac{0.32}{x_2}+\frac{0.66}{x_3}+\frac{0.35}{x_4}+\frac{0.70}{x_5}$，试求$A\cup B$，$A\cap B$，$A^c$，$A\cup A^c$，$A\cap A^c$。

解 $A\cup B=\frac{0.81}{x_1}+\frac{0.53}{x_2}+\frac{1}{x_3}+\frac{0.35}{x_4}+\frac{0.70}{x_5}$，$A\cap B=\frac{0.25}{x_1}+\frac{0.32}{x_2}+\frac{0.66}{x_3}+\frac{0}{x_4}+\frac{0.24}{x_5}$

$A^c=\frac{0.19}{x_1}+\frac{0.47}{x_2}+\frac{0}{x_3}+\frac{1}{x_4}+\frac{0.76}{x_5}$，$A\cup A^c=\frac{0.81}{x_1}+\frac{0.53}{x_2}+\frac{1}{x_3}+\frac{1}{x_4}+\frac{0.76}{x_5}$

$A\cap A^c=\frac{0.19}{x_1}+\frac{0.47}{x_2}+\frac{0}{x_3}+\frac{0}{x_4}+\frac{0.24}{x_5}$

注意，对模糊集有$A\cup A^c\neq U$，$A\cap A^c\neq\varnothing$，这是与普通集合的区别。

4. 模糊集的截集

定义 9.2.2 已知U上的模糊集$A:U\to[0,1]$，$u\mapsto A(u)(\forall u\in U)$，对$\forall\lambda\in[0,1]$，称$A_\lambda=\{u\mid u\in U,A(u)\geqslant\lambda\}$为模糊集$A$的$\lambda$-截集，称$A_\lambda^s=\{u\mid u\in U,A(u)>\lambda\}$为模糊集$A$的$\lambda$-强截集，$\lambda$称为$A_\lambda$，$A_\lambda^s$的置信水平或阀值。

例如，在例9.2.2中，$A=\frac{0.81}{x_1}+\frac{0.53}{x_2}+\frac{1}{x_3}+\frac{0}{x_4}+\frac{0.24}{x_5}$，$A_{0.81}=\{x_1,x_3\}$表示认为商品"质量好"的隶属度大于或等于0.81的商品为$\{x_1,x_3\}$，$A_{0.81}^s=\{x_3\}$，表示认为商品"质量好"的隶属度大于0.81的商品为$\{x_3\}$。

9.2.2 模糊集的基本定理

1. 模糊截积

定义 9.2.3 已知 U 上的模糊集 $A:U\to[0,1]$，$u\mapsto A(u)(\forall u\in U)$，对 $\lambda\in[0,1]$，λA 也是 U 上的模糊集，其隶属函数为 $(\lambda A)(u)=\lambda\wedge A(u)(\forall u\in U)$，称 λA 为 λ 与 A 的模糊截积。如在例 9.2.2 中，$A=\frac{0.81}{x_1}+\frac{0.53}{x_2}+\frac{1}{x_3}+\frac{0}{x_4}+\frac{0.24}{x_5}$，$0.6A=\frac{0.6}{x_1}+\frac{0.53}{x_2}+\frac{0.6}{x_3}+\frac{0}{x_4}+\frac{0.24}{x_5}$。

2. 分解定理

定理 9.2.1 已知模糊集 $A\in F(U)$，则 $A=\bigcup\limits_{\lambda\in[0,1]}\lambda A_\lambda$。

推论 1 已知模糊集 $A\in F(U)$，则对 $\forall u\in U$，$A(u)=\vee\{\lambda|\lambda\in[0,1],u\in A_\lambda\}$。

定理 9.2.2 已知模糊集 $A\in F(U)$，则 $A=\bigcup\limits_{\lambda\in[0,1]}\lambda A_\lambda^s$。

推论 2 已知模糊集 $A\in F(U)$，则对 $\forall u\in U$，$A(u)=\vee\{\lambda|\lambda\in[0,1],u\in A_\lambda^s\}$。

9.3 模糊模式识别

在日常生活中，经常需要进行各种判断和预测。在科学研究、经济管理中常常要按一定的标准(相似程度或亲疏关系)进行分类。如图像文字识别、故障(疾病)的诊断、矿藏情况的判断等，其实质就是在已知各种标准类型的前提下，判断识别对象属于哪个类型的问题，这样的问题就是模式识别问题。例如，根据生物的某些性状可对生物分类，根据土壤的性质可对土壤分类等。

模式识别问题在模糊数学形成之前就已经存在，传统的做法主要用统计方法或语言的方法进行识别。但在多数情况下，标准类型常可用模糊集表示，用模糊数学的方法进行识别是更为合理可行的，以模糊数学为基础的模式识别方法称为模糊模式识别。

9.3.1 模糊模式识别的一般步骤

一般来说，模式识别主要包括以下三个步骤：

第一步，提取特征。首先需要从识别对象中提取与识别有关的特征，并度量这些特征，设 $x_1,x_2,\cdots,x_n$ 分别为每个特征的度量值，则每个识别对象 x 就对应一个向量 $(x_1,x_2,\cdots,x_n)$，这一步是识别的关键，特征提取不合理，会影响识别效果。

第二步，建立标准类型的隶属函数。标准类型通常是论域 $U=\{(x_1,x_2,\cdots,x_n)\}$ 的模糊集，其中 x_i 是识别对象的第 i 个特征。

第三步，建立识别判决准则，确定某些归属原则，以判定识别对象属于哪一个标准类型。常用的判决准则有最大隶属度原则(直接法)和择近原则(间接法)两种。

9.3.2 最大隶属度原则

若标准类型是一些表示模糊概念的模糊集，待识别对象是论域中的某一元素(个体)时，往往由于识别对象不绝对地属于某个标准类型，因而隶属度不为 1，这类问题人们常常是采用称为“最大隶属度原则”的方法加以识别，这种方法(以及下面的“阈值原则”)一般是用来处理个体识别问题的方法，称为直接法。

1. 最大隶属度原则

设 $A_1, A_2, \cdots, A_n \in F(U)$ 是 n 个标准类型，$x_0 \in U$，若 $A_i(x_0) = \max\limits_{1 \leqslant k \leqslant n} A_k(x_0)$，则认为 x_0 相对隶属于 A_i 所代表的类型。

例 9.3.1（通货膨胀识别问题） 通货膨胀状态可分成五个类型：通货稳定、轻度通货膨胀、中度通货膨胀、重度通货膨胀、恶性通货膨胀。以上五个类型依次用 $\mathbf{R}^+$ 上的模糊集 A_1，A_2, A_3, A_4, A_5 表示，其隶属函数分别为

$$A_1(x) = \begin{cases} 1, & 0 \leqslant x < 5 \\ \exp\left(-\left(\dfrac{x-5}{3}\right)^2\right), & x \geqslant 5 \end{cases}$$

$$A_2(x) = \exp\left(-\left(\frac{x-10}{5}\right)^2\right)$$

$$A_3(x) = \exp\left(-\left(\frac{x-20}{7}\right)^2\right)$$

$$A_4(x) = \exp\left(-\left(\frac{x-30}{9}\right)^2\right)$$

$$A_5(x) = \begin{cases} \exp\left(-\left(\dfrac{x-50}{15}\right)^2\right), & 0 \leqslant x < 50 \\ 1, & x \geqslant 50 \end{cases}$$

其中 $x \geqslant 0$，表示物价上涨 $x\%$。问当 $x=8$，$x=40$ 时，分别相对隶属于哪种类型？

解 $A_1(8)=0.3679$，$A_2(8)=0.8521$，$A_3(8)=0.0529$，$A_4(8)=0.0025$，$A_5(8)=0.0004$。由于 $A_2(8)=0.8521=\max\limits_{1\leqslant k\leqslant 5} A_k(8)$，由最大隶属度原则，$x=8$ 应相对隶属于 A_2，即当物价上涨 8% 时，应视为轻度通货膨胀。

又有 $A_1(40)=0.0000$，$A_2(40)=0.0000$，$A_3(40)=0.0003$，$A_4(40)=0.2910$，$A_5(40)=0.6412$。由于 $A_5(40)=0.6412=\max\limits_{1\leqslant k\leqslant 5} A_k(40)$，$x=40$ 应相对隶属于 A_5，即当物价上涨 40% 时，应视为恶性通货膨胀。

2. 阈值原则

在使用最大隶属度原则进行识别时，还可能出现以下两种情况：一是有时待识别对象 x 关于模糊集 $A_1, A_2, \cdots, A_n$ 中每一个隶属程度都相对较低，这时说明模糊集合 $A_1, A_2, \cdots, A_n$ 对元素 x 不能识别；二是有时待识别对象 x 关于模糊集 $A_1, A_2, \cdots, A_n$ 中若干个的隶属程度都相对较高，这时还可以缩小 x 的识别范围。关于这两种情况，有如下的阈值原则。

阈值原则 $A_1, A_2, \cdots, A_n \in F(U)$ 是 n 个标准类型，$x_0 \in U$，$d \in (0,1]$ 为一阈值（置信水平），令 $\alpha = \max\limits_{1\leqslant k\leqslant n} A_k(x_0)$。

若 $\alpha < d$，则不能识别，应查找原因另作分析。

若 $\alpha \geqslant d$ 且 $A_{i_1}(x_0) \geqslant d, A_{i_2}(x_0) \geqslant d, \cdots, A_{i_m}(x_0) \geqslant d$，则判决 x_0 相对隶属于 $A_{i_1} \cap A_{i_2} \cap \cdots \cap A_{i_m}$。

例 9.3.2（三角形识别问题） 我们把三角形分成等腰三角形 I，直角三角形 R，正三角形 E，非典型三角形 T 这四个标准类型，取定论域

$$X = \{x \mid x = (A, B, C), A + B + C = 180, A \geqslant B \geqslant C\}$$

这里 A,B,C 是三角形三个内角的度数，通过分析建立这四类三角形的隶属函数为

$$I(x)=1-\frac{1}{60}[(A-B)\wedge(B-C)]$$

$$R(x)=1-\frac{1}{90}|A-90|$$

$$E(x)=1-\frac{1}{180}(A-C)$$

$$T(x)=\frac{1}{180}\min\{3(A-B),3(B-C),A-C,2|A-90|\}$$

现给定 $x_0=(A,B,C)=(85,50,45)$，判别 x_0 相对隶属于上述四个标准类型中的哪一类？

解　计算 x_0 对上述四个标准类型的隶属度分别为

$$I(x_0)=0.9167,\quad R(x_0)=0.9444,\quad E(x_0)=0.7778,\quad T(x_0)=0.0556$$

由于 x_0 关于 I,R 的隶属程度都相对较高，故采用阈值原则，取 $d=0.8$，因 $I(x_0)=0.9167\geqslant0.8$，$R(x_0)=0.9444\geqslant0.8$，按阈值原则，$x_0$ 相对隶属于 $I\cap R$，即 x_0 可识别为等腰直角三角形。

9.3.3　择近原则

1. 贴近度的定义

贴近度是表示两个模糊集接近程度的数量指标，其严格的数学定义如下。

定义 9.3.1　设映射 $N:F(U)\times F(U)\to[0,1]$ 满足下列条件：

(1) $\forall A\in F(U)$，$N(A,A)=1$；

(2) $\forall A,B\in F(U)$，$N(A,B)=N(B,A)$；

(3) 若 $A,B,C\in F(U)$，满足 $|A(x)-C(x)|\geqslant|A(x)-B(x)|$ $(\forall x\in U)$，有 $N(A,C)\leqslant N(A,B)$。

则称映射 N 为 $F(U)$ 上的贴近度，称 $N(A,B)$ 为 A 与 B 的贴近度。

2. 贴近度的形式

贴近度的具体形式较多，以下介绍几种常见的贴近度形式。

(1) Hamming 贴近度

$$N_H(A,B)=1-\frac{1}{n}\sum_{i=1}^{n}|A(x_i)-B(x_i)|$$

或

$$N_H(A,B)=1-\frac{1}{(b-a)}\int_a^b|A(x)-B(x)|\mathrm{d}x$$

(2) Euclid 贴近度

$$N_E(A,B)=1-\frac{1}{\sqrt{n}}\sqrt{\sum_{i=1}^{n}(A(x_i)-B(x_i))^2}$$

或

$$N_E(A,B)=1-\frac{1}{\sqrt{b-a}}\sqrt{\int_a^b(A(x_i)-B(x_i))^2\mathrm{d}x}$$

(3) 格贴近度

定义 9.3.2 设映射 $N_g:F(U)\times F(U)\to[0,1]$，$(A,B)\mapsto N_g(A,B)=(A\circ B)\wedge(A\odot B)^c$ $\left(\text{或 } N_g(A,B)=\frac{1}{2}[(A\circ B)+(A\odot B)^c]\right)$称 $N_g(A,B)$为 A 与 B 的格贴近度。其中 $A\circ B=\vee\{A(x)\wedge B(x)\mid x\in U\}$称为 A 与 B 的内积，$A\odot B=\wedge\{A(x)\vee B(x)\mid x\in U\}$称为 A 与 B 的外积。

若 $U=\{x_1,x_2,\cdots,x_n\}$，则 $A\circ B=\bigvee_{i=1}^{n}\{A(x_i)\wedge B(x_i)\}$，$A\odot B=\bigwedge_{i=1}^{n}\{A(x_i)\vee B(x_i)\}$。

值得注意的是，这里的格贴近度是通过定义来规定的，事实上，格贴近度不满足定义 9.3.1 中(1)，即 $N_g(A,A)\neq 1$。但是，当 $\forall A\in F(U)$，$A_1=\varnothing$，$\text{supp}A\neq U$ 时，格贴近度满足定义 9.3.1 的(1)～(3)。另外，格贴近度的计算方便，且用于表示相同类型模糊度的贴近度比较有效，所以在实际应用中也常选用格贴近度来反映模糊集的接近程度。

还有许多贴近度，这里不一一介绍。贴近度主要用于模糊识别等具体问题，以上介绍的贴近度表示式各有优劣，具体应用时，应根据问题的实际情况，选用合适的贴近度形式。

3. 模式识别的间接方法——择近原则

在模式识别问题中，各标准类型(模式)一般是某个论域 X 上的模糊集，用模式识别的直接方法(最大隶属度原则、阈值原则)解决问题时，其识别对象是论域 X 中的元素。另有一类识别问题，其识别对象也是 X 上的模糊集，这类问题可以用下面的原则来识别判决。

择近原则 已知 n 个标准类型 $A_1,A_2,\cdots,A_n\in F(X)$，$B\in F(X)$为待识别的对象，$N$ 为 $F(X)$上的贴近度，若 $N(A_i,B)=\max\limits_{1\leqslant k\leqslant n}\{N(A_k,B)\}$，则认为 B 与 A_i 最贴近，判定 B 相对属于 A_i 一类。

例 9.3.3(茶叶级别判别) 设论域为“茶叶指标”，反映茶叶质量的 6 个指标为 $U=\{$条索，色泽，净度，汤色，香气，滋味$\}$；有 5 种茶叶标准等级 A_1,A_2,A_3,A_4,A_5 和待识别茶叶 B，

$$A_1=(0.5,0.4,0.3,0.6,0.5,0.4),\quad A_2=(0.3,0.2,0.2,0.1,0.2,0.2)$$

$$A_3=(0.2,0.2,0.2,0.1,0.1,0.2),\quad A_4=(0,0.1,0.2,0.1,0.1,0.1)$$

$$A_5=(0,0.1,0.1,0.1,0.1,0.1),\quad B=(0.4,0.2,0.1,0.4,0.5,0.6)$$

试确定 B 属于哪个等级的茶叶。

解 利用公式 $N(A,B)=(A\circ B)\wedge(A\odot B)^c$ 公式来计算 A,B 来的贴近度，得

$$N(A_1,B)=0.5,N(A_2,B)=0.3,N(A_3,B)=0.2,N(A_4,B)=0.2,N(A_5,B)=0.1$$

由 $N(A_1,B)=\max\limits_{1\leqslant i\leqslant 5}N(A_i,B)=0.4$，知茶叶 B 相对隶属于等级 A_1。

9.4 模糊关系与模糊聚类分析

9.4.1 模糊关系、模糊矩阵及其合成

与模糊子集是经典集合的推广一样，模糊关系是普通关系的推广。

1. 模糊关系的定义

定义 9.4.1 从 U 到 V 上的映射 $R:U\times V\to[0,1]$，$R(u_i,v_j)$表示 u_i 与 v_j 的相关程度，

$u_i \in U, v_j \in V$，称 R 为 U 到 V 上的一个模糊关系。特别地，当 $U=V$ 时，称 R 为 U 上的模糊关系。

令 $R(u_i, v_j)=a_{ij}$，$\boldsymbol{A}=(a_{ij})_{m\times n}$，显然 a_{ij} 满足 $0\leqslant a_{ij}\leqslant 1$，称 $\boldsymbol{A}$ 为 U 到 V 上的一个模糊关系的模糊矩阵，简称模糊矩阵。

定义 9.4.2　设 $\boldsymbol{A}=(a_{ij})_{n\times p}$ 和 $\boldsymbol{B}=(b_{ij})_{p\times m}$ 为两个模糊矩阵，令

$$c_{ij}=\bigvee_{k=1}^{p}(a_{ik}\wedge b_{kj}),\quad i=1,2,\cdots,n, j=1,2,\cdots,m$$

则称矩阵 $\boldsymbol{C}=(c_{ij})_{n\times m}$ 为模糊矩阵 $\boldsymbol{A}$ 与 $\boldsymbol{B}$ 的合成，记为 $\boldsymbol{C}=\boldsymbol{A}\circ\boldsymbol{B}$。

显然，两个模糊矩阵的合成仍为模糊矩阵。

2. 模糊等价矩阵及其 λ-截阵

(1) 设方阵 $\boldsymbol{A}$ 为 U 上的模糊矩阵，若 $\boldsymbol{A}$ 满足 $\boldsymbol{A}\circ\boldsymbol{A}=\boldsymbol{A}$，则称 $\boldsymbol{A}$ 为模糊等价矩阵。

(2) 设 $\boldsymbol{A}=(a_{ij})_{n\times n}$ 为一个模糊等价矩阵，$0\leqslant\lambda\leqslant 1$ 为一个给定的数，令

$$a_{ij}^{(\lambda)}=\begin{cases}1, & a_{ij}\geqslant\lambda\\ 0, & a_{ij}<\lambda\end{cases},\quad i,j=1,2,\cdots,n$$

则称矩阵 $\boldsymbol{A}_\lambda=(a_{ij}^{(\lambda)})_{n\times n}$ 为 $\boldsymbol{A}$ 的 λ-截阵。

例 9.4.1　验证 $\boldsymbol{A}=\begin{bmatrix}1 & 0.4 & 0.6\\ 0.4 & 1 & 0.4\\ 0.6 & 0.4 & 1\end{bmatrix}$ 为一个模糊等价矩阵，求 $\boldsymbol{A}_{0.6}$，$\boldsymbol{A}_{0.4}$。

解　$\boldsymbol{A}\circ\boldsymbol{A}=\begin{bmatrix}1 & 0.4 & 0.6\\ 0.4 & 1 & 0.4\\ 0.6 & 0.4 & 1\end{bmatrix}\circ\begin{bmatrix}1 & 0.4 & 0.6\\ 0.4 & 1 & 0.4\\ 0.6 & 0.4 & 1\end{bmatrix}=\begin{bmatrix}1 & 0.4 & 0.6\\ 0.4 & 1 & 0.4\\ 0.6 & 0.4 & 1\end{bmatrix}=\boldsymbol{A}$

因此 $\boldsymbol{A}$ 为一个模糊等价矩阵，有

$$\boldsymbol{A}_{0.6}=\begin{bmatrix}1 & 0 & 1\\ 0 & 1 & 0\\ 1 & 0 & 1\end{bmatrix},\quad \boldsymbol{A}_{0.4}=\begin{bmatrix}1 & 1 & 1\\ 1 & 1 & 1\\ 1 & 1 & 1\end{bmatrix}$$

9.4.2　模糊聚类方法

模糊划分的概念最早由 Ruspini 提出，利用这一概念人们提出了多种聚类方法，比较典型的有基于相似性关系和模糊关系的方法(包括聚合法和分裂法)，基于模糊等价关系的传递闭包方法、基于模糊图论的最大树方法等。然而由于上述方法不适用于大数据情况，难以满足实时性要求高的场合，因此其实际的应用不够广泛，故在该方面的研究也就逐步减少了。实际中受到普遍欢迎的是基于目标函数的方法，该方法设计简单、解决问题的范围广，最终还可以转化为优化问题而借助经典数学的非线性规划理论求解，并易于计算机实现。因此，随着计算机的应用和发展，这类方法成为聚类研究的热点。

1. 模糊聚类的基本概念

模糊聚类法和一般的聚类方法相似，即先将数据进行标准化，计算变量间的相似矩阵或样品间的距离矩阵，将其元素压缩到 0 与 1 之间形成模糊相似矩阵，进一步改造为模糊等价矩阵，最后取不同的标准 λ，得到不同的 λ-截阵，从而就可以得到不同的类。具体步骤如下。

第一步，数据标准化。

1）数据矩阵

设论域$U=\{x_1,x_2,\cdots,x_n\}$为被分类的对象，每个对象又由m个指标表示其性状：

$$x_i=(x_{i1},x_{i2},\cdots,x_{im})\ (i=1,2,\cdots,n)$$

于是得到原始数据矩阵为

$$\begin{bmatrix} x_{11} & x_{12} & \cdots & x_{1m} \\ x_{21} & x_{22} & \cdots & x_{2m} \\ \vdots & \vdots & & \vdots \\ x_{n1} & x_{2n} & \cdots & x_{nm} \end{bmatrix}$$

2）数据标准化

在实际问题中，不同的数据一般有不同的量纲。为了使有不同量纲的量也能进行比较，通常需要对数据作适当的变换。但是，这样得到的数据不一定在区间[0,1]上。因此，这里所说的数据标准化，就是要根据模糊矩阵的要求，将数据压缩到区间[0,1]上。通常需要作如下变换：

（1）平移·标准差变换

$$x'_{ik}=\frac{x_{ik}-\bar{x}'_k}{S_k},\quad i=1,2,\cdots,n;\ k=1,2,\cdots,m$$

其中$\bar{x}'_k=\frac{1}{n}\sum_{i=1}^{n}x_{ik}$，$S_k=\sqrt{\frac{1}{n}\sum_{i=1}^{n}(x_{ik}-\bar{x}_k)^2}$。

经过变换后，每个变量的均值为0，标准差为1，且消除了量纲的影响。但是，这样得到的x'_k不一定在区间[0,1]上。

（2）平移·级差变换

$$x''_{ik}=\frac{x'_{ik}-\min\limits_{-1\leqslant i\leqslant n}\{x'_{ik}\}}{\max\limits_{1\leqslant i\leqslant n}\{x'_{ik}\}-\min\limits_{1\leqslant i\leqslant n}\{x'_{ik}\}},\quad k=1,2,\cdots,m$$

显然有$0\leqslant x''_{ik}\leqslant 1$，而且这样做也消除了量纲的影响。

第二步，标定（建立模糊相似矩阵）。

设论域$U=\{x_1,x_2,\cdots,x_n\}$，$x_i=(x_{i1},x_{i2},\cdots,x_{im})$，依照传统的方法确定相似系数，建立模糊相似矩阵，$x_i$与$x_j$的相似程度$r_{ij}=R(x_i,x_j)$。可根据问题的性质，选取下列公式之一计算$r_{ij}$。

（1）数量积法

$$r_{ij}=\begin{cases}1, & i=j\\ \frac{1}{M}\sum_{k=1}^{m}x_{ik}\cdot x_{jk}, & i\neq j\end{cases},\quad 其中 M=\max_{i\neq j}\left\{\sum_{k=1}^{m}x_{ik}\cdot x_{jk}\right\}$$

显然$|r_{ij}|\in[0,1]$，若r_{ij}中出现负值，也可令$r'_{ij}=\frac{r_{ij}+1}{2}$，则$r'_{ij}\in[0,1]$，于是将$r_{ij}$压缩在[0,1]上。当然也可用上述的平移·级差变换。

（2）夹角余弦法

$$r_{ij}=\frac{\sum_{k=1}^{n}x_{ik}x_{jk}}{\left(\sum_{k=1}^{n}x_{ik}^2\cdot\sum_{k=1}^{n}x_{jk}^2\right)^{\frac{1}{2}}}$$

若将变量X_i的n个观测值$(x_{i1},x_{i2},\cdots,x_{in})^{\mathrm{T}}$与变量$X_j$的相应$n$个观测值$(x_{j1},x_{j2},\cdots,$

$x_{jn})^{T}$ 看成 n 维空间中的两个向量，r_{ij} 恰好是这两个向量夹角的余弦。

(3) 相关系数法

从统计角度看，两个随机变量的相关系数是描述这两个变量关联性（线性关系）强弱的一个重要特征数字。因此，用任意两个变量的 n 个观测值对其相关系数的估计可作为两个变量关联性的一种度量，其定义为

$$r_{ij}=\frac{\sum_{k=1}^{n}|(x_{ik}-\overline{x_i})||(x_{jk}-\overline{x_j})|}{\left[\sum_{k=1}^{n}(x_{ik}-\overline{x_i})^2\cdot\sum_{i-1}^{n}(x_{ji}-\bar{x}_j)^2\right]^{\frac{1}{2}}}$$

其中 $\overline{x_i}=\frac{1}{n}\sum_{k=1}^{n}x_{ik}, i=1,2,\cdots,p$。

(4) 指数相似系数法

$$r_{ij}=\frac{1}{m}\sum_{k=1}^{m}\exp\left\{-\frac{3}{4}\cdot\frac{(x_{ik}-x_{jk})^2}{S_k^2}\right\}$$

其中 $S_k=\frac{1}{n}\sum_{i=1}^{n}(x_{ik}-\bar{x}_{ik})^2$。

需要注意的是，相关系数法与指数相似系数法中的统计指标的内容是不同的。

(5) 最大最小法

$$r_{ij}=\frac{\sum_{k=1}^{m}(x_{ik}\wedge x_{jk})}{\sum_{k=1}^{m}(x_{ik}\vee x_{jk})}$$

(6) 算术平均最小法

$$r_{ij}=\frac{2\sum_{k=1}^{m}(x_{ik}\wedge x_{jk})}{\sum_{k=1}^{m}(x_{ik}+x_{jk})}$$

(7) 几何平均最小法

$$r_{ij}=\frac{\sum_{k=1}^{m}(x_{ik}\wedge x_{jk})}{\sum_{k=1}^{m}\sqrt{x_{ik}\cdot x_{jk}}}$$

注 上述(5)、(6)、(7)三种方法均要求 $x_{ij}>0$，否则也要作适当变换。

(8) 绝对值减数法

$$r_{ij}=1-C\sum_{k=1}^{m}|x_{ik}-x_{jk}|$$

其中适当选取 C，使得 $0\leqslant r_{ij}\leqslant 1$。

(9) 绝对值倒数法

$$r_{ij}=\begin{cases}1, & i=j\\ \dfrac{M}{\sum_{i=1}^{m}|x_{ik}-x_{jk}|}, & i\neq j\end{cases}$$

其中适当选取 M,使得 $0\leqslant r_{ij}\leqslant 1$。

(10) 绝对值指数法

$$r_{ij}=\exp\left\{-\sum_{k=1}^{m}\mid x_{ik}-x_{jk}\mid\right\}$$

(11) 距离法

$$r_{ij}=1-Cd(x_i,x_j)$$

其中适当选取 C,使得 $0\leqslant r_{ij}\leqslant 1$,这里经常采用的距离有

① 绝对距离 $d(x_i,x_j)=\sum_{a=1}^{p}\mid x_{ai}-x_{aj}\mid$;

② 欧氏距离 $d(x_i,x_j)=\left[\sum_{a=1}^{p}(x_{ai}-x_{aj})^2\right]^{\frac{1}{2}}$;

③ Chebyshev 距离 $d(x_i,x_j)=\max\limits_{1\leqslant a\leqslant p}\{|x_{ai}-x_{aj}|\}$。

(12) 主观评分法　请有实际经验者直接对 x_i 与 x_j 的相似程度评分,作为 r_{ij} 的值。

上述方法究竟选哪一种,需要根据实际问题的性质及应用起来方便来选择。

第三步,进行模糊聚类。

1) 基于模糊等价矩阵聚类法

一般来说,上述模糊矩阵 $\boldsymbol{R}=(r_{ij})$ 是一个模糊相似矩阵,不一定具有等价性,即 $\boldsymbol{R}$ 不一定是模糊等价矩阵,这时可以通过如下方法将其转化为模糊等价阵:

计算 $\boldsymbol{R}^2=\boldsymbol{R}\circ\boldsymbol{R},\boldsymbol{R}^4=\boldsymbol{R}^2\circ\boldsymbol{R}^2,\boldsymbol{R}^8=\boldsymbol{R}^4\circ\boldsymbol{R}^4,\cdots$,直到满足 $\boldsymbol{R}^{2k}=\boldsymbol{R}^k$,这时模糊矩阵 $\boldsymbol{R}^k$ 便是一个模糊等价矩阵。记 $\widetilde{\boldsymbol{R}}=(\tilde{r}_{ij})=\boldsymbol{R}^k$。

将 $\tilde{r}_{ij}$ 按由大到小的顺序排列,从 $\lambda=1$ 开始,沿着 $\tilde{r}_{ij}$ 由大到小的次序依次取 $\lambda=\tilde{r}_{ij}$,求 $\widetilde{\boldsymbol{R}}$ 的相应的 λ-截阵 $\widetilde{\boldsymbol{R}}_\lambda$,其中元素为 1 的表示将其对应的两个变量(或样品)归为一类,随着 λ 的变小,其合并的类越来越多,最终当 $\lambda=\min\limits_{1\leqslant i,j\leqslant n}\{\tilde{r}_{ij}\}$ 时,将全部变量(或样本)归为一个大类,按 λ 值画出聚类的谱系图。

2) 直接聚类法

所谓直接聚类法,是在建立模糊相似矩阵之后,不去求传递闭包 $t(\boldsymbol{R})$,而是直接从相似矩阵出发,求得聚类图。具体步骤如下:

(1) 取 $\lambda_1=1$(最大值),对每个 x_i 作相似类 $[x_i]_R=\{x_j\,|\,r_{ij}=1\}$,即将满足 $r_{ij}=1$ 的 x_i 与 x_j 放在一类。不同的相似类可能有公共元素,这是相似类与等价类的不同之处,如 $[x_i]_R=\{x_i,x_k\}$,$[x_j]_R=\{x_j,x_k\}$。此时只要将有公共元素的相似类合并,即可得 $\lambda_1=1$ 水平上的等价类。

(2) 取 λ_2 为次大值,从 $\boldsymbol{R}$ 中直接找出相似程度为 λ_2 的元素对 (x_i,x_j)(即 $r_{ij}=\lambda_2$),相应地将对应于 $\lambda_1=1$ 的等价类中 x_i 所在类与 x_j 所在类合并,将所有这些情况合并后,即得对应 λ_2 的等价类。

(3) 取 λ_3 为第三大值,从 $\boldsymbol{R}$ 中直接找出相似程度为 λ_3 的元素对 (x_i,x_j)(即 $r_{ij}=\lambda_3$),类似地将对应于 λ_2 的等价类中 x_i 所在类与 x_j 所在类合并,将所有这些情况合并后,即得对应 λ_3 的等价类。

(4) 依次类推,直至合并到 U 成为一类为止。

直接聚类法与传递闭包法所得的结果是一致的，直接聚类法明显简单一些。下面再介绍直接聚类法的图形化方法——最大树法。

所谓最大树法，就是画出以被分类元素为顶点、以相似矩阵 $\boldsymbol{R}$ 的元素 r_{ij} 为权重的一棵最大树，取定 $\lambda\in[0,1]$，去掉权重低于 λ 的枝，得到一个不连通的图，各个连通的分支便构成了在 λ 水平上的分类。

下面介绍求最大树的 Kruskal 法。

设 $U=\{x_1,x_2,\cdots,x_n\}$，先画出所有顶点 $x_i(i=1,2,\cdots,n)$，从模糊相似矩阵 $\boldsymbol{R}$ 中按 r_{ij} 从大到小的顺序依次画枝，并标上权重，要求不产生圈，直到所有顶点连通为止，这就得到一棵最大树(最大树可以不唯一)。

上述两个聚类方法各有优劣，使用传递闭包法分类时，若矩阵阶数较高，手工计算量大，但在计算机上容易实现。当矩阵阶数不高时，直接聚类法比较直观，也便于操作，适合推广使用。

2. 最佳阈值 λ 的确定

在模糊聚类分析中，对于各个不同的 $\lambda\in[0,1]$，可得到不同的分类，从而形成一种动态聚类图，这对全面了解样本的分类情况是比较形象和直观的。但许多实际问题需要选择某个阈值 λ 的问题。现介绍下面两种方法。

(1) 按照实际需要，在动态聚类图中，调整 λ 的值以得到适当的分类，而不需要事先准确地估计好样本应分为几类。当然，也可由具有丰富经验的专家结合专业知识来确定阈值 λ，从而得出在 λ 水平上的等价分类。

(2) 用 F-统计量确定 λ 最佳值。设论域 $U=\{x_1,x_2,\cdots,x_n\}$ 为样本空间(样本总数为 n)，而每个样本 x_i 有 m 个特征(即由试验或观察得到的 m 个数据)；$x_i=(x_{i1},x_{i2},\cdots,x_{im})$ $(i=1,2,\cdots,n)$。于是，得到原始数据矩阵，如表 9.1 所示。

表 9.1　原始数据表

样本	指标					
	1	2	…	k	…	m
x_1	x_{11}	x_{12}	…	x_{1k}	…	x_{1m}
x_2	x_{21}	x_{22}	…	x_{2k}	…	x_{2m}
⋮	⋮	⋮		⋮		⋮
x_i	x_{i1}	x_{i2}	…	x_{ik}	…	x_{im}
⋮	⋮	⋮		⋮		⋮
x_n	x_{n1}	x_{n2}	…	x_{nk}	…	x_{nm}
$\bar{x}$	$\bar{x}_1$	$\bar{x}_2$	…	$\bar{x}_k$	…	$\bar{x}_m$

其中 $\bar{x}_k=\dfrac{1}{n}\sum\limits_{i=1}^{n}x_{ik}(k=1,2,\cdots,m)$，$\bar{\boldsymbol{x}}$ 称为总体样本的中心向量。

设对应于 λ 值的分类数为 r，第 j 类的样本数为 n_j，第 j 类的样本记为 $x_1^{(j)},x_2^{(j)},\cdots,x_{n_j}^{(j)}$，第 j 类的聚类中心为向量 $\bar{\boldsymbol{x}}^{(j)}=(\bar{x}_1^{(j)},\bar{x}_2^{(j)},\cdots,\bar{x}_n^{(j)})$，其中 $\bar{x}_k^{(j)}$ 为第 k 个特征向量的平均值，有

$$\bar{x}_k^{(j)}=\frac{1}{n_j}\sum_{i=1}^{n_j}x_{ik}^{(j)},\quad k=1,2,\cdots,m$$

令

$$F=\frac{\dfrac{\sum_{j=1}^{r} n_j \| \overline{\boldsymbol{x}}^{(j)}-\overline{\boldsymbol{x}} \|^2}{r-1}}{\dfrac{\sum_{j=1}^{r}\sum_{i=1}^{n_j} \| x_i^{(j)}-\overline{x}_i^{(j)} \|^2}{n-r}} \tag{9.4.1}$$

其中 $\| \overline{\boldsymbol{x}}^{(j)}-\overline{\boldsymbol{x}} \| = \sqrt{\sum_{k=1}^{m}(\overline{x}_k^{(j)}-\overline{x}_k)^2}$ 为$\overline{x}^{(j)}$与$\overline{\boldsymbol{x}}$的距离，$\| x_i^{(j)}-\overline{x}_i^{(j)} \|$为第 j 类样本 $x_i^{(j)}$ 与中心$\overline{x}_i^{(j)}$ 的距离，称式(9.4.1)为 F-统一量。它的分子表征类与类之间的距离，分母表征类样本间的距离。因此，F 值越大，说明分类越合理，对应 F-统一量最大的阈值 λ 为最佳值。

9.4.3 模糊聚类实例分析

例 9.4.2 设某地区有 11 个雨量观测站，其分布见图 9.1，10 年来各雨量观测站所测得的年降雨量列入表 9.2 中。现因经费问题，希望撤销几个雨量观测站，问撤销哪些雨量观测站不会太多地减少降雨量信息？

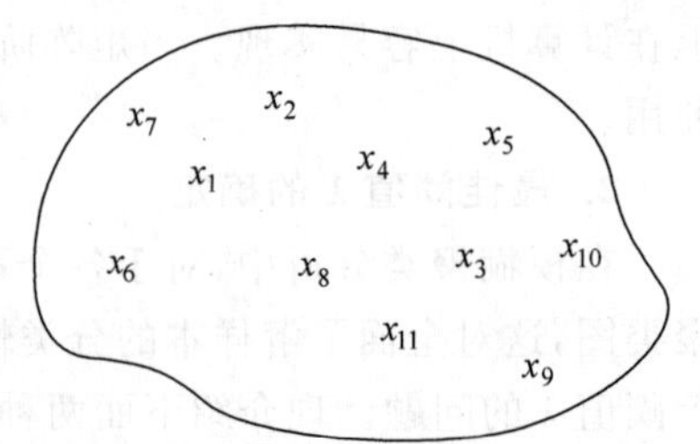

图 9.1 雨量观测站分布图

表 9.2 10 年来各雨量观测站所测得的年降雨量信息

年序号	x_1	x_2	x_3	x_4	x_5	x_6	x_7	x_8	x_9	x_{10}	x_{11}
1	276	324	159	413	292	258	311	303	175	243	320
2	251	287	349	344	310	454	285	451	402	307	470
3	192	433	290	563	479	502	221	220	320	411	232
4	246	232	243	281	267	310	273	315	285	327	352
5	291	311	502	388	330	410	352	267	603	290	292
6	466	158	224	178	164	203	502	320	240	278	350
7	258	327	432	401	361	381	301	413	402	199	421
8	453	365	357	452	384	420	482	228	360	316	252
9	158	271	410	308	283	410	201	179	430	342	185
10	324	406	235	520	442	520	358	343	251	282	371

解 应该撤销哪些雨量观测站，涉及雨量站的分布、地形、地貌、人员、设备等众多因素。我们仅考虑尽可能地减少降雨量信息问题。一个自然的想法是就 10 年来各雨量观测站所获得的降雨信息之间的相似性，对全部雨量观测站进行分类，撤去“同类”(所获降雨信息十分相似)雨量观测站中“多余”的站。下面进行问题求解。

为使问题简化，作如下假设：

(1) 每个雨量观测站具有同等规模及仪器设备；

(2) 每个雨量观测站的经费开支均等，具有相同的撤销可能性。

对上述撤销雨量观测站的问题用基于模糊等价矩阵的模糊聚类方法进行分析，原始数据如表 9.2 所示。

求解步骤如下：

利用相关系数法，构造模糊相似关系矩阵$(r_{ij})_{11\times 11}$，矩阵中元素

$$r_{ij}=\frac{\sum_{k=1}^{n}|(x_{ik}-\bar{x}_i)||(x_{jk}-\bar{x}_j)|}{\left[\sum_{k=1}^{n}(x_{ik}-\bar{x}_i)^2\cdot\sum_{k=1}^{n}(x_{jk}-\bar{x}_j)^2\right]^{\frac{1}{2}}}$$

其中

$$\bar{x}_i=\frac{1}{10}\sum_{k=1}^{10}x_{ik},\quad i=1,2,\cdots,11$$

$$\bar{x}_j=\frac{1}{n}\sum_{k=1}^{n}x_{jk},\quad j=1,2,\cdots,11$$

得到模糊相似矩阵

$$\boldsymbol{R}=\begin{pmatrix}
1.000 & 0.839 & 0.528 & 0.844 & 0.828 & 0.702 & 0.995 & 0.671 & 0.431 & 0.573 & 0.712\\
0.839 & 1.000 & 0.542 & 0.996 & 0.989 & 0.899 & 0.855 & 0.510 & 0.475 & 0.617 & 0.572\\
0.528 & 0.542 & 1.000 & 0.562 & 0.585 & 0.697 & 0.571 & 0.551 & 0.962 & 0.642 & 0.568\\
0.844 & 0.996 & 0.562 & 1.000 & 0.992 & 0.908 & 0.861 & 0.542 & 0.499 & 0.639 & 0.607\\
0.828 & 0.989 & 0.585 & 0.992 & 1.000 & 0.922 & 0.843 & 0.526 & 0.512 & 0.686 & 0.584\\
0.702 & 0.899 & 0.697 & 0.908 & 0.922 & 1.000 & 0.726 & 0.455 & 0.667 & 0.596 & 0.511\\
0.995 & 0.855 & 0.571 & 0.861 & 0.843 & 0.726 & 1.000 & 0.676 & 0.489 & 0.587 & 0.719\\
0.671 & 0.510 & 0.551 & 0.542 & 0.526 & 0.455 & 0.676 & 1.000 & 0.467 & 0.678 & 0.994\\
0.431 & 0.475 & 0.962 & 0.499 & 0.512 & 0.667 & 0.489 & 0.467 & 1.000 & 0.487 & 0.485\\
0.573 & 0.617 & 0.642 & 0.639 & 0.686 & 0.596 & 0.587 & 0.678 & 0.487 & 1.000 & 0.688\\
0.712 & 0.572 & 0.568 & 0.607 & 0.584 & 0.511 & 0.719 & 0.994 & 0.485 & 0.688 & 1.000
\end{pmatrix}$$

对这个模糊相似矩阵用平方法作传递闭包运算，求$\boldsymbol{R}^2\rightarrow\boldsymbol{R}^4:\boldsymbol{R}^4$，即$t(\boldsymbol{R})=\boldsymbol{R}^4=\boldsymbol{R}^*$。

由于$\boldsymbol{R}$是对称矩阵，故只写出它的下三角矩阵

$$\boldsymbol{R}^*=\begin{bmatrix}
1.000 & & & & & & & & & & \\
0.861 & 1 & & & & & & & & & \\
0.697 & 0.697 & 1 & & & & & & & & \\
0.861 & 0.996 & 0.697 & 1 & & & & & & & \\
0.861 & 0.996 & 0.697 & 0.992 & 1 & & & & & & \\
0.861 & 0.995 & 0.697 & 0.922 & 0.922 & 1 & & & & & \\
0.994 & 0.861 & 0.697 & 0.861 & 0.861 & 0.861 & 1 & & & & \\
0.719 & 0.719 & 0.697 & 0.719 & 0.719 & 0.719 & 0.719 & 1 & & & \\
0.697 & 0.697 & 0.962 & 0.697 & 0.697 & 0.697 & 0.697 & 0.676 & 1 & & \\
0.688 & 0.688 & 0.688 & 0.688 & 0.688 & 0.688 & 0.688 & 0.688 & 0.697 & 1 & \\
0.719 & 0.719 & 0.697 & 0.719 & 0.719 & 0.719 & 0.719 & 0.688 & 0.697 & 0.688 & 1
\end{bmatrix}$$

取$\lambda=0.996$，则

$$
\boldsymbol{R}_{0.996}=\begin{bmatrix}
1 & & & & & & & & & & \\
 & 1 & & 1 & 1 & & & & & & \\
 & & 1 & & & & & & & & \\
 & 1 & & 1 & & & & & & & \\
 & 1 & & & 1 & & & & & & \\
 & & & & & 1 & & & & & \\
 & & & & & & 1 & & & & \\
 & & & & & & & 1 & & & \\
 & & & & & & & & 1 & & \\
 & & & & & & & & & 1 & \\
 & & & & & & & & & & 1
\end{bmatrix}
$$

可见第二行(列),第四行(列)完全一致,故 x_2,x_4 同属一类,所以此时可以将雨量观测站分为 9 类:$\{x_2,x_4,x_5\}$,$\{x_1\}$,$\{x_3\}$,$\{x_6\}$,$\{x_7\}$,$\{x_8\}$,$\{x_9\}$,$\{x_{10}\}$,$\{x_{11}\}$。这表明,若只撤销一个雨量观测站,可以裁 x_2,x_4 中的一个。若要撤销更多的观测站,则要降低置信水平 λ,对不同的 λ 作同样分析,得到下面结果。

$\lambda=0.995$ 时,可分为 8 类:$\{x_2,x_4,x_5,x_6\}$,$\{x_1\}$,$\{x_3\}$,$\{x_7\}$,$\{x_8\}$,$\{x_9\}$,$\{x_{10}\}$,$\{x_{11}\}$。

$\lambda=0.994$ 时,可分为 7 类:$\{x_2,x_4,x_5,x_6\}$,$\{x_1,x_7\}$,$\{x_3\}$,$\{x_8\}$,$\{x_9\}$,$\{x_{10}\}$,$\{x_{11}\}$。

$\lambda=0.962$ 时,可分为 6 类:$\{x_2,x_4,x_5,x_6\}$,$\{x_1,x_7\}$,$\{x_3,x_9\}$,$\{x_8\}$,$\{x_{10}\}$,$\{x_{11}\}$。

$\lambda=0.719$ 时,可分为 5 类:$\{x_2,x_4,x_5,x_6\}$,$\{x_1,x_7\}$,$\{x_3,x_9\}$,$\{x_8,x_{11}\}$,$\{x_{10}\}$。

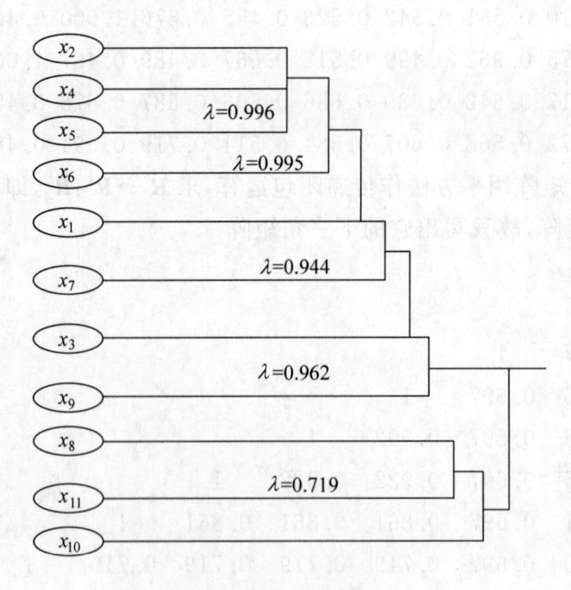

图 9.2 聚类图

具体分析图 9.2,可以看到 x_6 虽然和 x_2,x_4,x_5 分为一类,但 x_6 和 x_2,x_4,x_5 这三个雨量观测站相距较远,撤去 x_6 是不太合适的,保留 x_6 而撤去 x_2,x_4,x_5 就更不合适了。因此还是将其分为 6 类,即$\{x_2,x_4,x_5\}$,$\{x_1,x_7\}$,$\{x_3,x_9\}$,$\{x_8,x_{11}\}$,$\{x_6\}$,$\{x_{10}\}$,依据每类最少保留一个的原则,最多可撤去 5 个雨量观测站。实际应该撤去哪几个雨量观测站就应该依据其他条件来确定了。

由本例可以看出，当需要比较聚类的数据较多时，一般采用模糊聚类法进行分析，在分析过程中，复杂的数据运算都可以在计算机上实现，从而减少烦琐的手工操作。

9.5 模糊综合评价

9.5.1 模糊综合评价法

模糊数学是从量的角度研究和处理模糊现象的科学。这里模糊性是指客观事物的差异所呈现的"亦此亦彼"的特性。比如用某种方法治疗疾病的疗效"显效"与"好转"、某医院管理工作"达标"与"基本达标"、某篇学术论文水平"很高"与"较高"等。从一个等级到另一个等级没有一个明确的分界，中间经历了从量变到质变的连续过渡过程，这种现象叫做中介过渡。由中介过渡引起的划分上的"亦此亦彼"的特性就是模糊性。在临床医学、预防医学、卫生管理等领域所涉及的综合评价问题中，许多指标的"好"与"较好"间都存在着模糊性。科学评价要求数量化和精确化，但很多指标又难以精确化，为此需要寻求一种新的评价方法，模糊数学为此打开了一扇大门。模糊综合评价是将模糊集合的概念及运算应用于综合评价问题。

9.5.2 单因素模糊综合评价的步骤

1. 根据评价目的确定评价指标集合

评价指标集合表示为$U=\{u_1,u_2,\cdots,u_m\}$，例如评价某项影视作品，评价指标集合为$U=\{$艺术水平，教育意义，娱乐性$\}$。

2. 确定评价等级集合

评价等级集合表示为$V=\{v_1,v_2,\cdots,v_n\}$，例如评价等级集合为$V=\{$很好，好，一般，差$\}$。

3. 确定各评价指标的权重

各评价指标的权重向量为$\boldsymbol{W}=(\mu_1,\mu_2,\cdots,\mu_m)$，权重反映各评价指标在综合评价中的重要性程度，且$\sum\limits_{i=1}^{m}\mu_i=1$。对于评价某项影视作品而言，评价指标集合$U=\{$艺术水平，教育意义，娱乐性$\}$，可以假设其各因素权重设为$W=(0.3,0.3,0.4)$。

4. 确定评价矩阵 $\boldsymbol{R}$

请某领域多位专家，分别对成果的每一项因素进行单因素评价。例如对某影视作品的艺术性，有50%的专家认为"很好"，30%的专家认为"好"，20%的专家认为"一般"，由此得出艺术性的单因素评价结果为$\boldsymbol{R}_1=(0.5,0.3,0.2,0)$；同样可以假设教育性、娱乐性的单因素评价结果分别为$\boldsymbol{R}_2=(0.2,0.4,0.3,0.1)$，$\boldsymbol{R}_3=(0.2,0.2,0.3,0.2)$。那么，该影视作品的评价矩阵为

$$\boldsymbol{R}=\begin{pmatrix}\boldsymbol{R}_1\\\boldsymbol{R}_2\\\boldsymbol{R}_3\end{pmatrix}=\begin{pmatrix}0.5 & 0.3 & 0.2 & 0\\0.2 & 0.4 & 0.3 & 0.1\\0.2 & 0.2 & 0.3 & 0.2\end{pmatrix}$$

5. 进行综合评价

通过权系数矩阵$\boldsymbol{W}$与评价矩阵$\boldsymbol{R}$的模糊变换得到模糊评判向量$\boldsymbol{S}$，具体方法如下。

设$\boldsymbol{W}=(\mu_j)_{1\times m}$,$\boldsymbol{R}=(r_{ji})_{m\times n}$,那么

$$\boldsymbol{S}=\boldsymbol{W}\circ\boldsymbol{R}=(\mu_1,\mu_2,\cdots,\mu_m)\circ\begin{bmatrix} r_{11} & r_{12} & \cdots & r_{1n} \\ r_{21} & r_{22} & \cdots & r_{2n} \\ \vdots & \vdots & & \vdots \\ r_{m1} & r_{m2} & \cdots & r_{mn} \end{bmatrix}=(s_1,s_2,\cdots,s_n)$$

其中"∘"为模糊合成算子。

进行模糊变换时要选择适宜的模糊合成算子,模糊合成算子通常有4种:

(1) $M(\wedge,\vee)$算子

$$s_k=\bigvee_{j=1}^{m}\mu_j\wedge r_{jk},\quad k=1,2,\cdots,n$$

符号"∧"为取小,"∨"为取大。例如

$$\boldsymbol{S}=\boldsymbol{W}\circ\boldsymbol{R}=(s_k)_{1\times 4}=(0.3\quad 0.3\quad 0.4)\circ\begin{bmatrix} 0.5 & 0.3 & 0.2 & 0 \\ 0.2 & 0.4 & 0.3 & 0.1 \\ 0.2 & 0.2 & 0.3 & 0.2 \end{bmatrix}$$

$$=(0.3\quad 0.3\quad 0.3\quad 0.2)$$

其中

$$s_1=(0.3\wedge 0.5)\vee(0.3\wedge 0.3)\vee(0.4\wedge 0.2)=(0.3\vee 0.3\vee 0.2)=0.3$$

其他$s_k(k=2,3,4)$求法相同。

(2) $M(\cdot,\vee)$算子

$$s_k=\bigvee_{j=1}^{m}(\mu_j\cdot r_{jk})=\max_{1\leqslant j\leqslant m}\{\mu_j\cdot r_{jk}\},\quad k=1,2,\cdots,n$$

例如

$$\boldsymbol{S}=\boldsymbol{W}\circ\boldsymbol{R}=(s_k)_{1\times 4}=(0.3\quad 0.3\quad 0.4)\circ\begin{bmatrix} 0.5 & 0.3 & 0.2 & 0 \\ 0.3 & 0.4 & 0.2 & 0.1 \\ 0.2 & 0.2 & 0.3 & 0.2 \end{bmatrix}$$

$$=(0.15\quad 0.12\quad 0.12\quad 0.08)$$

其中

$$s_1=(0.3\cdot 0.5)\vee(0.3\cdot 0.3)\vee(0.4\cdot 0.2)=(0.15\vee 0.09\vee 0.08)=0.15$$

其他$s_k(k=2,3,4)$求法相同。

(3) $M(\wedge,\oplus)$算子

"⊕"是有界和运算,即在有界限制下的普通加法运算。对t个实数$x_1,x_2,\cdots,x_t$,有$x_1\oplus x_2\oplus\cdots\oplus x_t=\min\left\{1,\sum_{i=1}^{t}x_i\right\}$。利用$M(\wedge,\oplus)$算子,可得

$$s_k=\min\left\{1,\sum_{j=1}^{m}\min\{\mu_j,r_{jk}\}\right\},\quad k=1,2,\cdots,n$$

例如

$$\boldsymbol{S}=\boldsymbol{W}\circ\boldsymbol{R}=(s_k)_{1\times 4}=(0.3\quad 0.3\quad 0.4)\circ\begin{bmatrix} 0.5 & 0.3 & 0.2 & 0 \\ 0.3 & 0.4 & 0.2 & 0.1 \\ 0.2 & 0.2 & 0.3 & 0.2 \end{bmatrix}$$

$$=(0.8\quad 0.8\quad 0.7\quad 0.3)$$

其中

$$s_1=(0.3\wedge 0.5)\oplus(0.3\wedge 0.3)\oplus(0.4\wedge 0.2)=(0.3\oplus 0.3\oplus 0.2)=0.8$$

其他 $s_k(k=2,3,4)$ 求法相同。

(4) $M(\cdot,\oplus)$ 算子

$$s_k=\min\left\{1,\sum_{j=1}^{m}\mu_j r_{jk}\right\},\quad k=1,2,\cdots,n$$

例如

$$\boldsymbol{S}=\boldsymbol{W}\circ\boldsymbol{R}=(s_k)_{1\times 4}=(0.3\quad 0.3\quad 0.4)\circ\begin{bmatrix}0.5 & 0.3 & 0.2 & 0\\ 0.3 & 0.4 & 0.2 & 0.1\\ 0.2 & 0.2 & 0.3 & 0.2\end{bmatrix}$$

$$=(0.32\quad 0.29\quad 0.24\quad 0.11)$$

其中

$$s_1=(0.3\cdot 0.5)\oplus(0.3\cdot 0.3)\oplus(0.4\cdot 0.2)=(0.15\oplus 0.09\oplus 0.08)=0.32$$

以上4个算子在综合评价中的特点列表如下：

特　点	算　子			
	$M(\wedge,\vee)$	$M(\cdot,\vee)$	$M(\wedge,\oplus)$	$M(\cdot,\oplus)$
体现权数作用	不明显	明显	不明显	明显
综合程度	弱	弱	强	强
利用 **R** 的信息	不充分	不充分	比较充分	充分
类型	主因素突出型	主因素突出型	加权平均型	加权平均型

$M(\wedge,\vee)$ 和 $M(\cdot,\vee)$ 在运算中能突出对综合评判起作用的主要因素，在确定 **W** 时不一定要求其分量之和为1，即 **W** 不一定是权向量，故为主因素突出型。

$M(\wedge,\oplus)$ 和 $M(\cdot,\oplus)$ 在运算时兼顾了各因素的作用，**W** 为真正的权向量，应满足各分量之和为1，故为加权平均型。

最后，通过对模糊评判向量 **S** 的分析作出综合结论。一般可以采用以下三种方法：

(1) 最大隶属度原则

模糊评判向量 $\boldsymbol{S}=(S_1,S_2,\cdots,S_n)$ 中 S_i 为等级 v_i 对模糊评判集 **S** 的隶属度，按最大隶属度原则作出综合结论，即 $M=\max\{S_1,S_2,\cdots,S_n\}$。$M$ 所对应的元素为综合评价结果。该方法虽简单易行，但只考虑隶属度最大的点，其他点没有考虑，损失的信息较多。

(2) 加权平均原则

加权平均原则是基于这样的思想：将等级看作一种相对位置，使其连续化。为了能定量处理，不妨用"1,2,…,n"依次表示各等级，称其为各等级的秩。然后用 **S** 中对应分量将各等级的秩加权求和，得到被评价事物的相对位置。这就是加权平均原则，可用公式表示为

$$u^*=\frac{\sum_{i=1}^{n}\mu(\nu_i)\cdot s_i^k}{\sum_{i=1}^{n}s_i^k}\tag{9.5.1}$$

其中 k 为待定系数($k=1$ 或 $k=2$),目的是控制较大的 s_i 所起的作用。可以证明,当 $k\to\infty$ 时,加权平均原则就是最大隶属度原则。

例如,对 $\boldsymbol{S}=(0.3,0.3,0.3,0.2)$,评价等级集合为 $V=\{$很好,好,一般,差$\}$,各等级赋值 $\mu(\nu_i)$ 分别为$\{4,3,2,1\}$,仿照普通加权平均法的计算公式,有

$$u_{k=1}^{*}=\frac{4\times 0.3+3\times 0.3+2\times 0.3+1\times 0.2}{0.3+0.3+0.3+0.2}=2.64$$

即该项成果的综合评价结果为好稍偏一般。

(3) 模糊向量单值化

如果给等级赋予分值,然后用 $\boldsymbol{S}$ 中对应的隶属度将分值加权求平均就可以得到一个点值,便于比较排序。

设给 n 个等级依次赋予分值 $c_1,c_2,\cdots,c_n$,一般情况下(等级由高到低或由好到差)$c_1>c_2>\cdots>c_n$,且间距相等,则模糊向量可单值化为

$$c=\frac{\sum_{i=1}^{n}c_i\cdot s_i^k}{\sum_{i=1}^{n}s_i^k} \tag{9.5.2}$$

其中 k 的含义与作用同式(9.5.1)中的 k。多个被评价事物可以依据式(9.5.2)由大到小排出次序。

以上三种方法可以依据评价目的来选用,如果需要序化,可选用后两种方法,如果只需给出某事物一个总体评价结论,则用第一种方法。

例 9.5.1(科技项目的综合评价) 设某市对科技项目的技术指标为 $U=\{$技术水平,成功概率,经济效益$\}$,评语集为 $V=\{$高,中,低$\}$,其权重向量为 $\boldsymbol{W}=(0.2,0.3,0.5)$。设有三个科技项目甲、乙、丙,其技术指标的情况如表 9.3 所示。

表 9.3 三个项目的技术指标情况

项目 \ 因素	技术水平	成功概率/%	经济效益/万元
甲	接近国际先进	70	>100
乙	国内先进	100	>200
丙	一般	100	>20

通过分析,达到三个项目的各个指标的评价情况,如表 9.4 所示。

表 9.4 三个项目指标评价情况

项目 \ 评价	技术水平			成功概率			经济效益		
	高	中	低	高	中	低	高	中	低
甲	0.7	0.2	0.1	0.1	0.2	0.7	0.3	0.6	0.1
乙	0.3	0.6	0.1	1	0	0	0.7	0.3	0
丙	0.1	0.4	0.5	1	0	0	0.1	0.3	0.6

于是三个项目的评价矩阵为

$$\boldsymbol{R}_{甲}=\begin{pmatrix}0.7 & 0.2 & 0.1\\0.1 & 0.2 & 0.7\\0.3 & 0.6 & 0.1\end{pmatrix},\quad \boldsymbol{R}_{乙}=\begin{pmatrix}0.3 & 0.6 & 0.1\\1 & 0 & 0\\0.7 & 0.3 & 0\end{pmatrix},\quad \boldsymbol{R}_{丙}=\begin{pmatrix}0.1 & 0.4 & 0.5\\1 & 0 & 0\\0.1 & 0.3 & 0.6\end{pmatrix}$$

采用 $M(\wedge,\vee)$ 算子进行综合评价，得

$$\boldsymbol{B}_{甲}=\boldsymbol{W}\circ\boldsymbol{R}_{甲}=(0.2,0.3,0.5)\circ\begin{bmatrix}0.7 & 0.2 & 0.1\\0.1 & 0.2 & 0.7\\0.3 & 0.6 & 0.1\end{bmatrix}=(0.3,0.5,0.3)$$

$$\boldsymbol{B}_{乙}=\boldsymbol{W}\circ\boldsymbol{R}_{乙}=(0.2,0.3,0.5)\circ\begin{bmatrix}0.3 & 0.6 & 0.1\\1 & 0 & 0\\0.7 & 0.3 & 0\end{bmatrix}=(0.5,0.3,0.1)$$

$$\boldsymbol{B}_{丙}=\boldsymbol{W}\circ\boldsymbol{R}_{丙}=(0.2,0.3,0.5)\circ\begin{bmatrix}0.1 & 0.4 & 0.5\\1 & 0 & 0\\0.1 & 0.3 & 0.6\end{bmatrix}=(0.3,0.3,0.5)$$

然后归一化，得到 $\overline{\boldsymbol{B}_{甲}}=(0.27,0.46,0.27)$，$\overline{\boldsymbol{B}_{乙}}=(0.56,0.33,0.11)$，$\overline{\boldsymbol{B}_{丙}}=(0.27,0.27,0.46)$。

根据最大隶属度准则，这三个科技项目的优先次序为乙、甲、丙。

9.5.3　多级模糊综合评判

有些情况因为要考虑的因素太多，而权重难以细分，或因各权重都太小，使得评价失去实际意义。为此，可根据因素集中各指标的相互关系，把因素集按不同属性分为几类。先在因素较少的每一类(二级因素集)中进行综合评判，然后再对综合评判的结果进行类之间的高层次评判。如果二级因素集中有些类含的因素过多，可对它再作分类，得到三级以至更多级的综合评判模型。注意要逐级分别确定每类的权重。

二级综合评判及其数学模型

设第一级评价因素集为 $U=\{u_1,u_2,\cdots,u_m\}$，各评价因素相应的权重向量为 $\boldsymbol{W}=(\mu_1,\mu_2,\cdots,\mu_m)$；第二级评价因素集为 $U_i=\{u_{i1},u_{i2},\cdots,u_{ik}\}(i=1,2,\cdots,m)$，相应的权重向量为 $\boldsymbol{W}_i=(\mu_{i1},\mu_{i2},\cdots,\mu_{ik})$，对应的单因素评判矩阵为 $\boldsymbol{R}_i=(r_{lj})_{k\times n}(l=1,2,\cdots,k)$。则二级综合评判数学模型为

$$\boldsymbol{B}=\boldsymbol{W}\circ\begin{bmatrix}\boldsymbol{W}_1\circ\boldsymbol{R}_1\\\boldsymbol{W}_2\circ\boldsymbol{R}_2\\\vdots\\\boldsymbol{W}_m\circ\boldsymbol{R}_m\end{bmatrix}$$

9.5.4　模糊综合评判应用举例

例 9.5.2　某地对区级医院 2011—2012 年医疗质量进行总体评价与比较，按分层抽样方法抽取两年内某病患者 1250 例，其中 2011 年 600 例，2012 年 650 例。患者年龄构成与病情两年间差别没有统计学意义，观察三项指标分别为疗效、住院日、费用。规定很好、好、一般、差的标准见表 9.5，病人医疗质量各等级频数分布见表 9.6。

表 9.5 很好、好、一般、差的标准

指　标	很　好	好	一　般	差
疗效	治愈	显效	好转	无效
住院日	≤15	16～20	21～25	>25
费用(元)	≤1400	1400～1800	1800～2200	>2200

表 9.6 两年病人按医疗质量等级的频数分配表

指　标		质量等级：很　好	好	一　般	差
疗效	2011 年	160	380	20	40
	2012 年	170	410	10	60
住院日	2011 年	180	250	130	40
	2012 年	200	310	120	20
费用	2011 年	130	270	130	70
	2012 年	110	320	120	100

现综合考虑疗效、住院日、费用三项指标，对该医院 2011 年与 2012 两年的工作进行模糊综合评价。

解

(1) 据评价目的确定评价因素集合，评价因素集合为U={疗效，住院日，费用}。

(2) 给出评价等级集合，评价等级集合为V={很好，好，一般，差}。

(3) 确定各评价因素的权重，设疗效，住院日，费用各因素权重依次为 0.5，0.2，0.3，即$\boldsymbol{W}=(0.5,0.2,0.3)$。

(4) 2011 年与 2012 年两个评价矩阵分别为

$$\boldsymbol{R}_1=\begin{pmatrix}160/600 & 380/600 & 20/600 & 40/600\\ 180/600 & 250/600 & 130/600 & 40/600\\ 130/600 & 270/600 & 130/600 & 70/600\end{pmatrix}=\begin{pmatrix}0.267 & 0.633 & 0.033 & 0.067\\ 0.300 & 0.417 & 0.217 & 0.067\\ 0.217 & 0.450 & 0.217 & 0.117\end{pmatrix}$$

$$\boldsymbol{R}_2=\begin{pmatrix}170/650 & 410/650 & 10/650 & 60/650\\ 200/650 & 310/650 & 120/650 & 20/650\\ 110/650 & 320/650 & 120/650 & 100/650\end{pmatrix}=\begin{pmatrix}0.262 & 0.631 & 0.015 & 0.092\\ 0.308 & 0.477 & 0.185 & 0.031\\ 0.169 & 0.492 & 0.185 & 0.154\end{pmatrix}$$

(5) 综合评价

作权系数矩阵$\boldsymbol{W}$与评价矩阵$\boldsymbol{R}$的模糊乘积运算。如果突出疗效，且只需对该地区级医院 2011—2012 年医疗质量进行总体工作情况给出一个总体评价结论，可采用$M(\wedge,\vee)$算子，确定模糊评判集$\boldsymbol{S}$，按最大隶属度原则进行评判，得

$$\boldsymbol{S}_1=\boldsymbol{W}\circ\boldsymbol{R}_1=(s_k)_{1\times4}=(0.5\quad 0.2\quad 0.3)\circ\begin{pmatrix}0.267 & 0.633 & 0.033 & 0.067\\ 0.300 & 0.417 & 0.217 & 0.067\\ 0.217 & 0.450 & 0.217 & 0.117\end{pmatrix}$$

$$=(0.267\quad 0.500\quad 0.217\quad 0.117)$$

$$\boldsymbol{S}_2=\boldsymbol{W}\circ\boldsymbol{R}_2=(s_k)_{1\times4}=(0.5\quad 0.2\quad 0.3)\circ\begin{pmatrix}0.262 & 0.631 & 0.015 & 0.092\\ 0.308 & 0.477 & 0.185 & 0.031\\ 0.169 & 0.492 & 0.185 & 0.154\end{pmatrix}$$

$$=(0.262\quad 0.500\quad 0.185\quad 0.154)$$

可以看出，两年最大隶属度均为 0.500，根据最大隶属度原则可以认为对某地区级医院 2011 年与 2012 年医疗质量评价结果均为“好”。如果突出疗效，且对该地区级医院 2011—2012 年医疗质量进行排序，也可采用 $M(\wedge,\vee)$ 算子确定的模糊评判集 $\boldsymbol{S}$，按加权平均原则进行评判；将评价等级很好，好，一般，差分别赋值为 4,3,2,1，有以下评价结果。

2011 年的评价结果为

$$u_{k=1}^{*}=\frac{\sum_{i=1}^{4}\mu(\nu_i)\cdot s_i}{\sum_{i=1}^{4}s_i}=\frac{4\times0.267+3\times0.500+2\times0.217+1\times0.117}{0.267+0.500+0.217+0.117}=2.833$$

2012 年的评价结果为

$$u_{k=1}^{*}=\frac{\sum_{i=1}^{4}\mu(\nu_i)\cdot s_i}{\sum_{i=1}^{4}s_i}=\frac{4\times0.262+3\times0.500+2\times0.185+1\times0.154}{0.262+0.500+0.185+0.154}=2.790$$

可见 2011 年的工作质量略好于 2012 年。

以上评判结果均没有充分兼顾住院日与费用的作用。如果充分考虑各因素的作用，在作权系数矩阵 $\boldsymbol{W}$ 与评价矩阵 $\boldsymbol{R}$ 的模糊运算时，可以采用 $M(\wedge,\oplus)$ 算子或 $M(\cdot,\oplus)$ 算子。

利用合适的算子将 $\boldsymbol{A}=(a_1,a_2,\cdots,a_p)$ 与各被评价事物的 $\boldsymbol{R}$ 进行合成，得到各被评价事物的模糊综合评价结果向量 $\boldsymbol{B}=(b_1,b_2,\cdots,b_m)$，即

$$\boldsymbol{A}\circ\boldsymbol{R}=(a_1,a_2,\cdots,a_p)\begin{pmatrix}r_{11}&r_{12}&\cdots&r_{1m}\\r_{21}&r_{22}&\cdots&r_{2m}\\\vdots&\vdots&&\vdots\\r_{p1}&r_{p2}&\cdots&r_{pm}\end{pmatrix}=(\boldsymbol{b}_1,\boldsymbol{b}_2,\cdots,\boldsymbol{b}_m)=\boldsymbol{B}$$

其中 $\boldsymbol{b}_j$ 是由 $\boldsymbol{A}$ 与 $\boldsymbol{R}$ 的第 j 列运算得到的，它表示被评事物从整体上看对 v_j 等级模糊子集的隶属程度。

(6) 对模糊综合评价结果向量进行分析

实际中最常用的方法是最大隶属度原则，但在某些情况下使用时会损失很多信息，甚至得出不合理的评价结果。此时可以使用加权平均求隶属等级的方法，对于多个被评价事物依据其等级位置进行排序。

习题 9

9.1 (模糊识别)对某个国家不同的三个民族 A、B、C 的身高 b_j、坐高 x_2、鼻深 x_3 和鼻高 x_4 进行抽样调查获得样本的聚类中心，结果如表 9.7 所示。现测得某人的 $x_1=162.23$，$x_2=84.34$，$x_3=22.11$，$x_4=47.56$，试识别这个人应该属于哪个民族。

表 9.7 三个民族的样本聚类中心

民 族	x_1	x_2	x_3	x_4
A	164.51	86.43	25.49	51.24
B	160.53	81.47	23.84	48.62
C	158.17	81.16	21.44	46.72

9.2 (模糊聚类)已知我国31个省农业生产条件的5大指标数据如表9.8所示。

表9.8 31个省生产条件的5大指标数据

省份	x_1	x_2	x_3	x_4	x_5	省份	x_1	x_2	x_3	x_4	x_5
北京	0.61	2.49	3.81	1.37	1.16	湖北	0.97	0.56	0.69	1.22	1.57
天津	0.69	2.73	4.38	1.06	1.16	湖南	1.05	0.80	0.33	0.85	1.25
河北	0.88	2.33	1.41	1.14	0.94	广东	0.82	1.05	2.61	1.24	1.99
山西	0.95	1.33	1.10	0.82	0.49	广西	1.10	0.70	0.30	0.93	0.81
内蒙古	1.21	0.65	0.68	0.47	0.18	海南	1.14	0.66	0.14	0.79	1.15
辽宁	0.98	1.08	2.19	1.21	1.17	重庆	1.01	0.49	0.42	0.75	0.60
吉林	1.18	0.70	0.80	1.08	0.52	四川	1.03	0.53	0.45	0.82	0.76
黑龙江	1.19	0.54	0.63	0.52	0.36	贵州	1.18	0.38	0.17	0.56	0.24
上海	0.50	0.87	5.94	1.40	2.96	云南	1.23	0.73	0.34	0.63	0.43
江苏	0.79	1.10	2.23	1.59	1.40	西藏	1.30	1.38	0.07	0.45	0.34
浙江	0.73	1.57	2.27	0.90	2.03	陕西	1.08	0.68	0.81	1.06	0.27
安徽	1.04	1.03	0.35	1.13	0.99	甘肃	1.07	0.81	0.67	0.64	0.33
福建	0.92	0.92	1.16	1.62	2.29	青海	1.18	1.35	0.27	0.48	0.38
江西	0.98	0.46	0.47	0.75	1.10	宁夏	1.13	1.17	0.87	1.08	0.18
山东	0.97	1.73	1.04	1.41	2.09	新疆	1.28	0.77	1.48	0.88	0.45
河南	1.09	1.35	0.61	1.20	0.90						

(1) 作聚类图。并告知分5类时,每一类包含的省份名称(列表显示);

(2) 若分为3类,问相似水平(即阈值)不能低于多少?

9.3 对某水源地进行模糊综合评价,取U为各污染物单项指标的集合,取V为水体分级的集合。可取U(矿化度,总硬度,NO_3^-,NO_2^-,SO_4^{2-}),V(Ⅰ级水,Ⅱ级水,Ⅲ级水,Ⅳ级水,Ⅴ级水)。现得到该水源地的每个指标实测值x,计算得到对于Ⅰ～Ⅴ级水的隶属度如表9.9所示。

表9.9 各级水的隶属度

	Ⅰ级水	Ⅱ级水	Ⅲ级水	Ⅳ级水	Ⅴ级水
矿化度	0	0.35	0.65	0	0
总硬度	0.51	0.49	0	0	0
硝酸盐	0.83	0.17	0	0	0
亚硝酸盐	0	0	0.925	0.075	0
硫酸盐	0.21	0.79	0	0	0

可以根据水质对污染的影响计算权重为$\mathbf{A}=(0.28,0.22,0.06,0.22,0.22)$,试判断该地水源是几级水?

9.4 我国通过COD_{Mn}、BOD_5、氨氮、亚硝酸盐-N=0.018、硝酸盐-N、酚、CN^-、Cr^{6+}、As、Hg、石油类等指标来对水质进行评价分析;根据国家水质标准(GB 3838—1988)把河流分为5级,评价集$V=\{$Ⅰ,Ⅱ,Ⅲ,Ⅳ,Ⅴ$\}$,地面水环境质量标准见表9.10。

表 9.10　地面水环境质量标准　　单位：mg/L

监测指标	Ⅰ级水	Ⅱ级水	Ⅲ级水	Ⅳ级水	Ⅴ级水	均值
COD_{Mn}	2	4	6	8	10	6
BOD_5	2	3	4	6	10	4.64
氨氮	0.5	0.5	1	2	2	1.2
亚硝酸盐-N	0.06	0.1	0.15	1.0	1.0	0.46
硝酸盐-N	5	10	20	20	25	16
As	0.05	0.05	0.05	0.1	0.1	0.07
Hg/($\mu g \cdot L^{-1}$)	0.05	0.05	0.1	1.0	1.0	0.44
Cr^{6+}	0.01	0.05	0.05	0.05	0.1	0.052
酚	0.001	0.002	0.005	0.01	0.1	0.02
CN^-	0.005	0.05	0.2	0.2	0.2	0.13
石油类	0.05	0.05	0.05	0.5	1.0	0.33

某年对长江某地实际监测断面水质分析，测得各个指标的平均值 $COD_{Mn}=3.2$，$BOD_5=3$，氨氮$=0.573$，亚硝酸盐-N$=0.018$，硝酸盐-N$=0.62$，酚$=0.005$，$CN^-=0.004$，$Cr^{6+}=0.006$，$As=0.004$，$Hg=0.0002$，石油类$=0.09$，试对该地水质进行综合分析评价。

第10章

插值与拟合建模

10.1 插值方法建模

插值方法是数值分析中的一种古老而重要的方法。早在公元6世纪,我国的刘焯就首先提出了等距节点插值方法,并成功地应用于天文计算。17世纪牛顿和伽利略建立了等距节点上的插值公式。18世纪拉格朗日给出了更一般的非等距节点上的插值公式。在近代,插值方法是数据处理、函数近似表示和计算机几何造型中的常用工具,同时也是导出其他许多数值方法(如数值积分、非线性方程求根、微分方程数值解等)的依据。

在生产和科学实验中,对于函数 $f(x)$,有时仅能获得它在若干点的函数值或微商值,即只给出 $f(x)$ 的一张数据表。如果根据这张数据表,构造一个简单函数 $\varphi(x)$,使之满足数据表中的数据。这样的函数 $\varphi(x)$ 就是 $f(x)$ 的逼近函数。这种逼近问题称为插值问题。

10.1.1 插值问题

设 P_n 表示所有次数不超过 n 的多项式的集合。设 $x_0,x_1,\cdots,x_n$ 是一组互异的点,$y_i=f(x_i)(i=0,1,2,\cdots,n)$,所谓 n 次多项式插值,就是求多项式 $p_n(x)\in P_n$,满足

$$p_n(x_i)=y_i,\quad i=0,1,2,\cdots,n \tag{10.1.1}$$

其中 $x_0,x_1,\cdots,x_n$ 称为**插值节点**,$p_n(x)$ 是**插值多项式**,$f(x)$ 是**被插(值)函数**,式(10.1.1)是**插值条件**,

$$r(x)=f(x)-p_n(x) \tag{10.1.2}$$

是**插值余项**,$[\min\{x_0,x_1,\cdots,x_n\},\max\{x_0,x_1,\cdots,x_n\}]$是**插值区间**,$(x_i,y_i)(i=0,1,2,\cdots,n)$称为**型值点**。

10.1.2 插值多项式的存在性和唯一性

定理 10.1.1(存在性和唯一性) 满足插值条件(10.1.1)的多项式存在,并且唯一。

证明 设 $p_n(x)=a_0+a_1x+a_2x^2+\cdots+a_nx^n$，由插值条件(10.1.1)得非齐次线性方程组

$$\begin{cases} a_0+a_1x_0+a_2x_0^2+\cdots+a_nx_0^n=y_0 \\ a_0+a_1x_1+a_2x_1^2+\cdots+a_nx_1^n=y_1 \\ \qquad\vdots \\ a_0+a_1x_n+a_2x_n^2+\cdots+a_nx_n^n=y_n \end{cases} \tag{10.1.3}$$

其系数行列式

$$D=\begin{vmatrix} 1 & x_0 & x_0^2 & \cdots & x_0^n \\ 1 & x_1 & x_1^2 & \cdots & x_1^n \\ \vdots & \vdots & \vdots & & \vdots \\ 1 & x_n & x_n^2 & \cdots & x_n^n \end{vmatrix}$$

是 Vandermonde 行列式。因为 $x_0,x_1,\cdots,x_n$ 是一组互异的点，所以 $D\neq 0$。

由 Cramer 法则知，方程组(10.1.3)有唯一的一组解 $a_0,a_1,\cdots,a_n$，即满足插值条件(10.1.1)的多项式存在，并且唯一。

几何解释 通过曲线 $y=f(x)$ 上给定的 $n+1$ 个点 $(x_i,y_i)(i=0,1,2,\cdots,n)$，可唯一地作一条 n 次曲线 $y=p_n(x)$ 作为曲线 $y=f(x)$ 的近似曲线。

10.1.3 Lagrange 插值公式

定理 10.1.2(Lagrange 插值公式) n 次多项式

$$p_n(x)=\sum_{k=0}^{n}y_kl_k(x) \tag{10.1.4}$$

满足插值条件(10.1.1)，其中

$$l_k(x)=\prod_{\substack{j=0\\ j\neq k}}^{n}\frac{x-x_j}{x_k-x_j},\quad k=0,1,\cdots,n \tag{10.1.5}$$

称式(10.1.4)为 **Lagrange 插值多项式或 Lagrange 插值公式**；称式(10.1.5)为 **Lagrange 插值基函数**。

证明 作 n 次多项式 $l_k(x)(k=0,1,\cdots,n)$，满足

$$l_k(x_j)=\delta_{kj}=\begin{cases}0, & j\neq k\\ 1, & j=k\end{cases}\quad (k,j=0,1,\cdots,n)$$

对 $k=0,1,\cdots,n$，令

$$l_k(x)=A_k(x-x_0)\cdots(x-x_{k-1})(x-x_{k+1})\cdots(x-x_n)$$

又因为 $l_k(x_k)=1$，即 $l_k(x_k)=A_k(x_k-x_0)\cdots(x_k-x_{k-1})(x_k-x_{k+1})\cdots(x_k-x_n)=1$，所以

$$A_k=\frac{1}{(x_k-x_0)\cdots(x_k-x_{k-1})(x_k-x_{k+1})\cdots(x_k-x_n)}$$

故

$$l_k(x)=\frac{(x-x_0)\cdots(x-x_{k-1})(x-x_{k+1})\cdots(x-x_n)}{(x_k-x_0)\cdots(x_k-x_{k-1})(x_k-x_{k+1})\cdots(x_k-x_n)}=\prod_{\substack{j=0\\ j\neq k}}^{n}\frac{x-x_j}{x_k-x_j}$$

构造 n 次多项式 $p_n(x)=\sum_{k=0}^{n} y_k l_k(x)$，显然

$$p_n(x_j)=\sum_{k=0}^{n} y_k l_k(x_j)=y_j l_j(x_j)=y_j,\quad j=0,1,\cdots,n$$

即 $p_n(x)$是满足条件(10.1.1)的插值多项式。

注 若设 $\omega(x)=(x-x_0)(x-x_1)\cdots(x-x_n)$，则

$$\omega'(x_k)=(x_k-x_0)\cdots(x_k-x_{k-1})(x_k-x_{k+1})\cdots(x_k-x_n),\quad k=0,1,\cdots,n$$

于是

$$l_k(x)=\frac{\omega(x)}{(x-x_k)\omega'(x_k)},\quad k=0,1,\cdots,n \tag{10.1.6}$$

例 10.1.1 已知 $f(-1)=2,f(1)=1,f(2)=1$，求 $f(x)$的 Lagrange 插值多项式。

解 设 $x_0=-1,x_1=1,x_2=2,y_0=2,y_1=1,y_2=1$，则

$$l_0(x)=\frac{(x-x_1)(x-x_2)}{(x_0-x_1)(x_0-x_2)}=\frac{(x-1)(x-2)}{(-1-1)(-1-2)}=\frac{1}{6}(x^2-3x+2)$$

$$l_1(x)=\frac{(x-x_0)(x-x_2)}{(x_1-x_0)(x_1-x_2)}=\frac{(x+1)(x-2)}{(1+1)(1-2)}=-\frac{1}{2}(x^2-x-2)$$

$$l_2(x)=\frac{(x-x_0)(x-x_1)}{(x_2-x_0)(x_2-x_1)}=\frac{(x+1)(x-1)}{(2+1)(2-1)}=\frac{1}{3}(x^2-1)$$

故所求插值多项式为

$$p_2(x)=y_0l_0(x)+y_1l_1(x)+y_2l_2(x)=\frac{1}{6}(x^2-3x+8)$$

定理 10.1.3(Lagrange 插值公式的余项)

设 $f(x)$在包含插值节点 $x_0,x_1,\cdots,x_n$ 的区间$[a,b]$上 $n+1$ 次可微，则对 $\forall x\in[a,b]$，存在 $\xi\in(a,b)$(ξ 与 x 有关)，使得

$$r_n(x)=f(x)-p_n(x)=\frac{f^{(n+1)}(\xi)}{(n+1)!}\omega(x) \tag{10.1.7}$$

证明 当 $x=x_i(i=0,1,\cdots,n)$时，式(10.1.7)自然成立。

当 $x\neq x_i(i=0,1,\cdots,n)$时，作辅助函数

$$F(t)=f(t)-p_n(t)-\frac{\omega(t)}{\omega(x)}[f(x)-p_n(x)] \tag{10.1.8}$$

显然 $F(t)$在$[a,b]$上 $n+1$ 次可微，且 $F(x)=0,F(x_i)=0(i=0,1,\cdots,n)$。

因为 $x_0,x_1,\cdots,x_n$ 互不相同，由 Rolle 定理知，$F'(t)$在(a,b)内至少有 $n+1$ 个不同的零点。同理，由 Rolle 定理知，$F''(t)$在(a,b)内至少有 n 个不同的零点。依次类推，$F^{(n+1)}(t)$在(a,b)内至少有 1 个零点，不妨记为 ξ，即

$$F^{(n+1)}(\xi)=f^{(n+1)}(\xi)-\frac{(n+1)!}{\omega(x)}[f(x)-p_n(x)]=0$$

于是

$$r_n(x)=f(x)-p_n(x)=\frac{f^{(n+1)}(\xi)}{(n+1)!}\omega(x)$$

10.1.4 Newton 插值公式

设已知节点 $x_0,x_1,\cdots,x_n$，称 $f[x_0,x_k]=\dfrac{f(x_k)-f(x_0)}{x_k-x_0}(k=1,2,\cdots,n)$为函数 $f(x)$关

于节点 x_0,x_k 的**一阶差商**；称 $f[x_0,x_1,x_k]=\dfrac{f[x_0,x_k]-f[x_0,x_1]}{x_k-x_1}(k=2,\cdots,n)$ 为函数 $f(x)$ 关于节点 x_0,x_1,x_k 的**二阶差商**。依此类推，若已经定义了函数 $f(x)$ 的 $k-1$ 阶差商 $f[x_0,\cdots x_{k-2},x_k]$ 和 $f[x_0,\cdots,x_{k-2},x_{k-1}]$，则称 $f[x_0,x_1,\cdots,x_k]=\dfrac{f[x_0,\cdots,x_{k-2},x_k]-f[x_0,\cdots,x_{k-2},x_{k-1}]}{x_k-x_{k-1}}(k=2,\cdots,n)$ 为函数 $f(x)$ 关于节点 $x_0,x_1,\cdots,x_n$ 的 k **阶差商**。

定理 10.1.4 设 $x_0,x_1,\cdots,x_n$ 是一组互异的点，$y_i=f(x_i)(i=0,1,2,\cdots,n)$，则 n 次多项式

$$p_n(x)=f(x_0)+f[x_0,x_1](x-x_0)+f[x_0,x_1,x_2](x-x_0)(x-x_1)+\cdots+f[x_0,x_1,\cdots,x_n](x-x_0)(x-x_1)\cdots(x-x_{n-1}) \tag{10.1.9}$$

满足插值条件 $p_n(x_i)=y_i(i=0,1,2,\cdots,n)$，并称式(10.1.9)为 **Newton 插值多项式**，且余项为

$$r_n(x)=f(x)-p_n(x)=f[x_0,x_1,\cdots,x_n,x](x-x_0)(x-x_1)\cdots(x-x_n) \tag{10.1.10}$$

证明 因为 $f[x_0,x]=\dfrac{f(x)-f(x_0)}{x-x_0}$，所以

$$f(x)=f(x_0)+f[x_0,x](x-x_0) \tag{10.1.11}$$

其中

$$p_0(x)=f(x_0),\quad r_0(x)=f(x)-p_0(x)=f[x_0,x](x-x_0)$$

因为

$$f[x_0,x_1,x]=\frac{f[x_0,x]-f[x_0,x_1]}{x-x_1}$$

所以

$$f[x_0,x]=f[x_0,x_1]+f[x_0,x_1,x](x-x_1)$$

代入式(10.1.11)，得

$$f(x)=f(x_0)+f[x_0,x_1](x-x_0)+f[x_0,x_1,x_2](x-x_0)(x-x_1)$$
$$p_1(x)=f(x_0)+f[x_0,x_1](x-x_0),$$
$$r_1(x)=f(x)-p_1(x)=f[x_0,x_1,x](x-x_0)(x-x_1)$$

依次类推，得

$$f(x)=f(x_0)+f[x_0,x_1](x-x_0)+f[x_0,x_1,x_2](x-x_0)(x-x_1)+\cdots+f[x_0,x_1,\cdots,x_n](x-x_0)(x-x_1)\cdots(x-x_{n-1})+f[x_0,x_1,\cdots,x_n,x](x-x_0)(x-x_1)\cdots(x-x_n)$$

其中

$$p_n(x)=f(x_0)+f[x_0,x_1](x-x_0)+f[x_0,x_1,x_2](x-x_0)(x-x_1)+\cdots+f[x_0,x_1,\cdots,x_n](x-x_0)(x-x_1)\cdots(x-x_{n-1})$$
$$r_n(x)=f(x)-p_n(x)=f[x_0,x_1,\cdots,x_n,x](x-x_0)(x-x_1)\cdots(x-x_n)$$

例 10.1.2 已知列表函数 $y=f(x)$ 如下：

x	1	2	3	4
y	0	-5	-6	3

试求满足上述插值条件的 3 次 Newton 插值多项式 $p_3(x)$。

解 按如下方式建立差商表：

$x_0=1$	$y_0=0$			
$x_1=2$	$y_1=-5$	$f[x_0,x_1]=-5$		
$x_2=3$	$y_2=-6$	$f[x_1,x_2]=-1$	$f[x_0,x_1,x_2]=2$	
$x_3=4$	$y_3=3$	$f[x_2,x_3]=9$	$f[x_1,x_2,x_3]=5$	$f[x_0,x_1,x_2,x_3]=1$

则所求 3 次 Newton 插值多项式为

$$\begin{aligned}p_3(x)&=f(x_0)+f[x_0,x_1](x-x_0)+f[x_0,x_1,x_2](x-x_0)(x-x_1)\\&\quad+f[x_0,x_1,x_2,x_3](x-x_0)(x-x_1)(x-x_2)\\&=0-5(x-1)+2(x-1)(x-2)+1\cdot(x-1)(x-2)(x-3)\\&=x^3-4x^2+3\end{aligned}$$

定理 10.1.5 设 $f(x)$在包含插值节点 $x_0,x_1,\cdots,x_n$ 的区间$[a,b]$上 n 次可微，则存在介于 $x_0,x_1,\cdots,x_n$ 之间的ξ，使得 $f[x_0,x_1,\cdots,x_n]=\dfrac{f^{(n)}(\xi)}{n!}$。

证明 由 Lagrange 插值余项及 Newton 插值余项

$r_{n-1}(x)=f(x)-p_{n-1}(x)=\dfrac{f^{(n)}(\xi_1)}{n!}(x-x_0)(x-x_1)\cdots(x-x_{n-1})$，$\xi_1$ 介于 x 与 $x_0,x_1,\cdots,x_{n-1}$之间

$$r_{n-1}(x)=f(x)-p_{n-1}(x)=f[x_0,x_1,\cdots,x_{n-1},x](x-x_0)(x-x_1)\cdots(x-x_{n-1})$$

得

$$f[x_0,x_1,\cdots,x_{n-1},x]=\frac{f^{(n)}(\xi_1)}{n!}$$

特别地，当 $x=x_n$ 时，有

$$f[x_0,x_1,\cdots,x_{n-1},x_n]=\frac{f^{(n)}(\xi)}{n!},\quad \xi\text{介于}x_0,x_1,\cdots,x_n\text{之间}$$

10.1.5 三次样条插值函数

1. 三次样条插值函数的概念

本节将讨论在科学和工程计算中起到重要作用的一种分段三次插值，它只在插值区间的端点比 Lagrange 插值多两个边界条件，但却在内节点处二阶导数连续。

样条这一名词来源于工程制图。绘图员为了将一些指定点(称作样点)连接成一条光滑曲线，往往把富有弹性的细长木条(称为样条)固定在样点上，然后画下木条表示的曲线所形成的样条曲线。下面用数学语言来描述三次样条插值函数的概念。

设在区间$[a,b]$上取 $n+1$ 个节点 $a=x_0<x_1<\cdots<x_n=b$，给定这些点的函数值 $f(x_i)=f_i(i=0,1,\cdots,n)$。若 $S(x)$满足

(1) $S(x)\in C^2[a,b]$；

(2) $S(x_i)=f_i,i=0,1,\cdots,n$；

(3) 在每个小区间$[x_i,x_{i+1}]$上，$S(x)$是一个三次多项式，

则称 $S(x)$为 $f(x)$在$[a,b]$上的**三次样条插值函数**。

三次样条插值函数是分段三次多项式，在每个小区间$[x_i,x_{i+1}]$上可以写成

$$S(x)=a_ix^3+b_ix^2+c_ix+d_i,\quad i=0,1,\cdots,n-1$$

其中a_i,b_i,c_i和d_i为待定系数。所以，$S(x)$共有$4n$个待定参数。根据$S(x)$在$[a,b]$上二阶导数连续的条件，在节点$x_i(i=1,2,\cdots,n-1)$处应满足连续性条件

$$S^{(k)}(x_i-0)=S^{(k)}(x_i+0),\quad k=0,1,2$$

共有$3(n-1)$个条件。再加上$n+1$个插值条件，共有$4n-2$个条件。因此，还需要两个条件才能确定$S(x)$。通常在区间$[a,b]$端点$a=x_0$和$b=x_n$上各加一个条件(称为边界条件)，这两个条件可根据实际问题的要求给定。常用的有以下3种：

(1) 已知两端点的一阶导数值，即

$$S'(x_0)=f'_0,\quad S'(x_n)=f'_n \tag{10.1.12}$$

(2) 已知两端点的二阶导数值，即

$$S''(x_0)=f''_0,\quad S''(x_n)=f''_n \tag{10.1.13}$$

其特殊情况为

$$S''(x_0)=0,\quad S''(x_n)=0 \tag{10.1.14}$$

条件(10.1.14)称为自然边界条件。

(3) 周期边界条件

$$S^{(k)}(x_0)=S^{(k)}(x_n),\quad k=0,1,2 \tag{10.1.15}$$

此时，对函数值有周期条件$f_0=f_n$。

2. 三弯矩算法

三次样条插值函数$S(x)$可以有多种表达方式，有时用二阶导数值$S''(x_i)=M_i(i=0,1,\cdots,n)$来表示时使用更加方便。$M_i$在力学上解释为细梁在$x_i$处的弯矩，并且这个弯矩与相邻两个弯矩有关，故称用$M_i$表示$S(x)$的算法为三弯矩算法。

由于$S(x)$在区间$[x_i,x_{i+1}](i=0,1,\cdots,n-1)$上是三次多项式，故$S''(x)$在$[x_i,x_{i+1}]$上是线性函数，可表示为

$$S''(x)=M_i\frac{x_{i+1}-x}{h_i}+M_{i+1}\frac{x-x_i}{h_i}$$

其中$h_i=x_{i+1}-x_i$。对$S''(x)$积分两次，并利用插值条件$S(x_i)=f_i,S(x_{i+1})=f_{i+1}$定出积分常数，可以得到

$$S(x)=M_i\frac{(x_{i+1}-x)^3}{6h_i}+M_{i+1}\frac{(x-x_i)^3}{6h_i}+\left(f_i-\frac{M_ih_i^2}{6}\right)\frac{x_{i+1}-x}{h_i}+\left(f_{i+1}-\frac{M_{i+1}h_i^2}{6}\right)\frac{x-x_i}{h_i} \tag{10.1.16}$$

这是三次样条插值函数的表达式，求出$M_i(i=0,1,\cdots,n)$后，$S(x)$就由式(10.1.16)完全确定。

下面推导$M_i(i=0,1,\cdots,n)$所要满足的条件。对$S(x)$求导得

$$S'(x)=-M_i\frac{(x_{i+1}-x)^2}{2h_i}+M_{i+1}\frac{(x-x_i)^2}{2h_i}+f(x_i,x_{i+1})-\frac{h_i}{6}(M_{i+1}-M_i)$$

由此可得

$$S'(x_i+0)=f(x_i,x_{i+1})-\frac{h_i}{6}(2M_i+M_{i+1})$$

$$S'(x_{i+1}-0)=f(x_i,x_{i+1})+\frac{h_i}{6}(M_i+2M_{i+1})$$

当 $x\in[x_{i-1},x_i]$ 时，$S(x)$ 的表达式由式(10.1.16)平移下标可得，因此有

$$S'(x_i-0)=f(x_{i-1},x_i)+\frac{h_{i-1}}{6}(M_{i-1}+2M_i)$$

利用条件 $S'(x_i+0)=S'(x_i-0)$ 得

$$\mu_i M_{i-1}+2M_i+\lambda_i M_{i+1}=d_i,\quad i=1,2,\cdots,n-1 \tag{10.1.17}$$

其中

$$\mu_i=\frac{h_{i-1}}{h_{i-1}+h_i},\quad \lambda_i=\frac{h_i}{h_{i-1}+h_i}=1-\mu_i \tag{10.1.18}$$

$$d_i=6f(x_{i-1},x_i,x_{i+1}) \tag{10.1.19}$$

方程组(10.1.17)是关于 M_i 的方程组，有 $n+1$ 个未知数，但只有 $n-1$ 个方程。可由式(10.1.12)～式(10.1.15)的任一种边界条件补充两个方程。

对于边界条件式(10.1.12)，由 $S'(x)$ 的表达式可以导出两个方程

$$\begin{cases}2M_0+M_1=\dfrac{6}{h_0}(f(x_0,x_1)-f'_0)\\ M_{n-1}+2M_n=\dfrac{6}{h_{n-1}}(f'_n-f(x_{n-1},x_n))\end{cases} \tag{10.1.20}$$

这样，由式(10.1.17)和式(10.1.20)可解出 $M_i(i=0,1,\cdots,n)$，从而得到 $S(x)$ 的表达式(10.1.16)，若令 $\lambda_0=\mu_n=1$，$d_0=\dfrac{6}{h_0}(f(x_0,x_1)-f'_0)$，$d_n=\dfrac{6}{h_{n-1}}(f'_n-f(x_{n-1},x_n))$，则式(10.1.17)和式(10.1.20)可以写成矩阵形式

$$\begin{bmatrix}2&\lambda_0&&&\\ \mu_1&2&\lambda_1&&\\ &\ddots&\ddots&\ddots&\\ &&\mu_{n-1}&2&\lambda_{n-1}\\ &&&\mu_n&2\end{bmatrix}\begin{bmatrix}M_0\\ M_1\\ \vdots\\ M_{n-1}\\ M_n\end{bmatrix}=\begin{bmatrix}d_0\\ d_1\\ \vdots\\ d_{n-1}\\ d_n\end{bmatrix} \tag{10.1.21}$$

对于边界条件式(10.1.13)，直接得

$$M_0=f''_0,\quad M_n=f''_n \tag{10.1.22}$$

将式(10.1.22)代入式(10.1.17)可解出 $M_i(i=1,2,\cdots,n-1)$。若令 $\lambda_0=\mu_n=0$，$d_0=2f''_0$，$d_n=2f''_n$，则式(10.1.17)和式(10.1.22)也可写成式(10.1.21)的形式。

对于边界条件(10.1.15)，有

$$\begin{cases}M_0=M_n\\ \lambda_n M_1+\mu_n M_{n-1}+2M_n=d_n\end{cases} \tag{10.1.23}$$

其中

$$\lambda_n=h_0(h_{n-1}+h_0)^{-1},\quad \mu_n=1-\lambda_n=h_{n-1}(h_{n-1}+h_0)^{-1}$$
$$d(n)=6(f[x_0,x_1]-f[x_{n-1},x_n])(h_0+h_{n-1})^{-1}$$

由式(10.1.17)和式(10.1.23)可解出 $M_i(i=0,1,2,\cdots,n)$，方程组的矩阵形式为

$$\begin{bmatrix}2&\lambda_1&&&\mu_1\\ \mu_2&2&\lambda_2&&\\ &\ddots&\ddots&\ddots&\\ &&\mu_{n-1}&2&\lambda_{n-1}\\ \lambda_n&&&\mu_n&2\end{bmatrix}\begin{bmatrix}M_1\\ M_2\\ \vdots\\ M_{n-1}\\ M_n\end{bmatrix}=\begin{bmatrix}d_1\\ d_2\\ \vdots\\ d_{n-1}\\ d_n\end{bmatrix} \tag{10.1.24}$$

实际上，方程组(10.1.21)和方程组(10.1.24)的系数矩阵是一类特殊的矩阵。在后面线性方程组的解法中，将专门介绍这类方程组的解法和性质。

例 10.1.3 设在节点 $x_i=i(i=0,1,2,3)$上，函数 $f(x)$的值为 $f(x_0)=0, f(x_1)=0.5, f(x_2)=2, f(x_3)=1.5$。试求三次样条插值函数 $S(x)$，满足

(1) $S'(x_0)=0.2, S'(x_3)=-1$；

(2) $S''(x_0)=-0.3, S''(x_3)=3.3$。

解 (1) 利用方程组(10.1.21)进行求解，可知 $h_i=1(i=0,1,2), \lambda_0=1, \mu_3=1, \lambda_1=\lambda_2=\mu_1=\mu_2=0.5$。经简单计算有 $d_0=1.8, d_1=3, d_2=-6, d_3=-3$。由此得方程组

$$\begin{pmatrix} 2 & 1 & & \\ 0.5 & 2 & 0.5 & \\ & 0.5 & 2 & 0.5 \\ & & 1 & 2 \end{pmatrix}\begin{pmatrix} M_0 \\ M_1 \\ M_2 \\ M_3 \end{pmatrix}=\begin{pmatrix} 1.8 \\ 3 \\ -6 \\ -3 \end{pmatrix}$$

先消去 M_0 和 M_3 得

$$\begin{pmatrix} 3.5 & 1 \\ 1 & 3.5 \end{pmatrix}\begin{pmatrix} M_1 \\ M_2 \end{pmatrix}=\begin{pmatrix} 5.1 \\ -10.5 \end{pmatrix}$$

解得 $M_1=2.52, M_2=-3.72$。代回方程组得 $M_0=-0.36, M_3=0.36$。

用 M_0, M_1, M_2, M_3 的值代入三次样条插值函数的表达式(10.1.16)中，经化简有

$$S(x)=\begin{cases} 0.48x^3-0.18x^2+0.2x, & x\in[0,1] \\ -1.04(x-1)^3+1.26(x-1)^2+1.28(x-1)+0.5, & x\in[1,2] \\ 0.68(x-2)^3-1.86(x-2)^2+0.68(x-2)+2, & x\in[2,3] \end{cases}$$

(2) 仍用方程组(10.1.21)进行求解，不过要注意 $\lambda_0, \mu_3, d_0, d_3$。由于 M_0 和 M_3 已知，故可以化简得到

$$\begin{pmatrix} 4 & 1 \\ 1 & 4 \end{pmatrix}\begin{pmatrix} M_1 \\ M_2 \end{pmatrix}=\begin{pmatrix} 6.3 \\ -15.3 \end{pmatrix}$$

由此解得 $M_1=2.7, M_2=-4.5$。将 $M_i(i=0,1,2,3)$代入三次样条插值函数的表达式(10.1.16)中，经化简有

$$S(x)=\begin{cases} 0.5x^3-0.15x^2+0.15x, & x\in[0,1] \\ -1.2(x-1)^3+1.35(x-1)^2+1.35(x-1)+0.5, & x\in[1,2] \\ 1.3(x-2)^3-2.25(x-2)^2+0.45(x-2)+2, & x\in[2,3] \end{cases}$$

10.1.6 利用 MATLAB 插值

1. 一元插值

一元插值是对一元数据点(x_i, y_i)进行插值。

线性插值 由已知数据点连成一条折线，认为相邻两个数据点之间的函数值就在这两点之间的连线上。一般来说，数据点数越多，线性插值就越精确。

调用格式：
```
yi = interp1(x,y,xi,'linear')     % 线性插值
zi = interp1(x,y,xi,'spline')     % 三次样条插值
wi = interp1(x,y,xi,'cubic')      % 三次多项式插值
```

说明 yi,zi,wi 为对应 xi 的不同类型的插值。x,y 为已知数据点。

例 10.1.4 在 12 小时内，每小时测量一次室外温度，数据如下。

时刻：1，2，3，4，5，6，7，8，9，10，11，12

温度：5，8，9，15，25，29，31，30，22，25，27，24

现在根据以上数据估计 3.2 时刻和 4.7 时刻的温度，程序如下：

```
hours = 1:12;
temps = [5  8  9  15  25  29  31  30  22  25  27  24];
t = interp1(hours, temps,[3.2,4.7])   % 一阶线性插值,如果只估计一个点的值,则无须加方括号
```

运行结果为

```
t =
   10.2000   22.0000
```

输入如下程序，画出插值曲线(图 10.1)。

```
hours = 1:12;
temps = [5  8  9  15  25  29  31  30  22  25  27  24];
h = 1:0.1:12;                              % 每隔 0.1 一个点,共 111 个点
t = interp1(hours, temps, h) ;             % 给出这 111 个点的插值的结果
plot(hours, temps, ' + ', h, t)
```

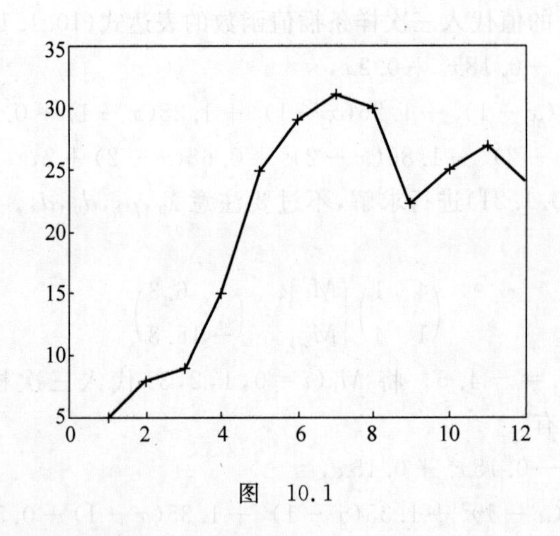

图 10.1

工程上常用所谓三次样条插值，效果比较好，只需在上面插值命令后加上参数'spline'，即

```
t = interp1(hours, temps,[3.2,4.7],'spline');
t = interp1(hours, temps, h,'spline');
```

图像如下(见图 10.2)：

2. 二元插值

二元插值与一元插值的基本思想一致，对原始数据点(x,y,z)构造面函数拟合插值点数据(x_i,y_i,z_i)。

调用格式 1：`zi = interp2(x,y,z,xi,yi,'linear')`   % 双线性插值（默认）

调用格式 2：`zi = interp2(x,y,z,xi,yi,'nearest')`   % 最近邻域插值

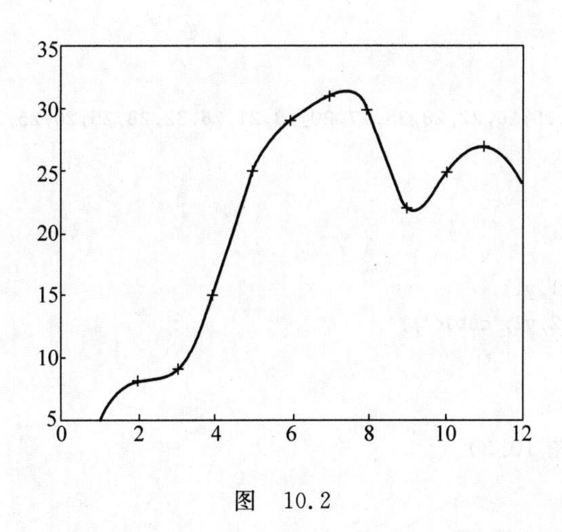

图　10.2

调用格式 3：`zi = interp2(x,y,z,xi,yi,'spline')`　　　　% 三次样条插值

这里 x 和 y 是两个独立的向量，它们必须是单调的。z 是矩阵，是由 x 和 y 确定的点上的值。z 和 x，y 之间的关系是

```
z(i,:) = f(x,y(i)),z(:,j) = f(x(j),y)
```

即当 x 变化时，z 的第 i 行与 y 的第 i 个元素相关；当 y 变化时，z 的第 j 列与 x 的第 j 个元素相关。如果没有对 x，y 赋值，则默认 x=1∶n，y=1∶m，n 和 m 分别是矩阵 z 的行数和列数。

二元非等距插值

调用格式：`zi = griddata(x,y,z,xi,yi,'插值方法')`

其中插值方法有

```
linear          % 线性插值  (默认)
bilinear        % 双线性插值
cubic           % 三次插值
bicubic         % 双三次插值
nearest         % 最近邻域插值
```

例 10.1.5　某长方形铁片的温度分布如下表所示（第一行表示横坐标 x，第一列表示纵坐标 y），$z_{ij}=f(x_i,y_j)$ 表示点 (x_i,y_j) 处的温度，求二元插值。

y \ x	1	2	3	4	5	6
1	12	10	11	11	13	15
2	16	22	28	35	27	20
3	18	21	26	32	28	25
4	20	25	30	33	32	30

解 程序如下：

```
x = 1:6;y = 1:4;
t = [12,10,11,11,13,15;16,22,28,35,27,20;18,21,26,32,28,25;20,25,30,33,32,30];
subplot(1,2,1)
mesh(x,y,t)
x1 = 1:0.1:6;
y1 = 1:0.1:4;
[x2,y2] = meshgrid(x1,y1);
t1 = interp2(x,y,t,x2,y2,'cubic');
subplot(1,2,2)
mesh(x1,y1,t1)
```

图形结果如下(见图 10.3)。

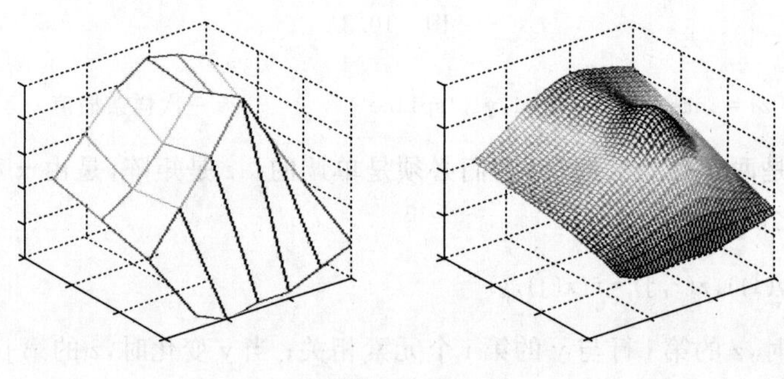

图 10.3

例 10.1.6 用随机数据生成地貌图再进行插值。

解 程序如下：

```
x = rand(100,1) * 4 - 2;
y = rand(100,1) * 4 - 2;
z = x. * exp( - x.^2 - y.^2);
ti = - 2:0.25:2;
[xi,yi] = meshgrid(ti,ti);                    % 加密数据
zi = griddata(x,y,z,xi,yi);                   % 线性插值
mesh(xi,yi,zi)
hold on
plot3(x,y,z,'o')
```

10.2 最小二乘法拟合

已知一组(二维)数据，即平面上 m 个点(x_i,y_i)，$i=0,1,\cdots,m$，寻求一个函数(曲线)$y=f(x)$，使 $f(x)$在某种准则下与所有数据点最为接近，即曲线拟合得最好。要求它反映对象整体的变化趋势，这就是**数据拟合**，又称曲线拟合或曲面拟合。

10.2.1 最小二乘法

设有数据(x_i,y_i)，$i=0,1,\cdots,m$，令

$$r_i = y_i - \varphi(x_i) = y_i - \sum_{j=0}^{n} \alpha_j \varphi_j(x_i), \quad i = 0,1,\cdots,m$$

称为残量，并称 $\boldsymbol{r}=(r_0,r_1,\cdots,r_m)^{\mathrm{T}}$ 为**残向量**，用 $\varphi(x)$ 去拟合 $y=f(x)$ 的好坏问题于是变成残量的大小问题。

判断残量大小的标准，常用的有下面几种：

(1) 确定参数 α_j $(j=0,1,\cdots,n)$，使残量绝对值中最大的一个达到最小，即 $\max\limits_{0\leqslant i\leqslant m}|r_i|$ 最小。

(2) 确定参数 $\alpha_j(j=0,1,\cdots,n)$，使残量绝对值之和达到最小，即 $\sum\limits_{i=0}^{m}|r_i|$ 最小。

(3) 确定参数 $\alpha_j(j=0,1,\cdots,n)$，使残量的平方和达到最小，即 $\sum\limits_{i=0}^{m} r_i^2 = \boldsymbol{r}^{\mathrm{T}}\boldsymbol{r}$ 最小。

标准(1)和标准(2)很直观，但因为有绝对值，所以实际应用很不方便；而标准(3)既直观、使用又很方便。按标准(3)确定待定参数，得到近似函数的方法，通常称为**最小二乘法**。

在实际问题中如何选择基函数 $\varphi_j(x)(j=0,1,\cdots,n)$ 是一个复杂的问题，一般要根据问题本身的性质来决定。如果从问题本身得不到这方面的信息，那么通常可取的基函数有多项式、三角函数、指数函数、样条函数等。下面重点介绍多项式基函数的情形。

设基函数取为 $\varphi_j(x)=x^j(j=0,1,\cdots,n)$。已知列表函数 $y_i=f(x_i)(i=0,1,\cdots,m)$，且 $n\ll m$。用多项式

$$p_n(x) = a_0 + a_1 x + \cdots + a_n x^n \tag{10.2.1}$$

去近似 $f(x)$，问题是应该如何选择 $a_0,a_1,\cdots,a_n$ 使 $p_n(x)$ 能较好地近似 $f(x)$。按最小二乘法，应选择 $a_0,a_1,\cdots,a_n$ 使得

$$\min s(a_0,a_1,\cdots,a_n) = \sum_{i=0}^{m}[f(x_i) - p_n(x_i)]^2 \tag{10.2.2}$$

注意到 s 是非负的，且是 $a_0,a_1,\cdots,a_n$ 的二次多项式，它必有最小值。求 s 对 $a_0,a_1,\cdots,a_n$ 的偏导数，并令其等于零，得到

$$\sum_{i=0}^{m}[y_i - (a_0 + a_1 x_i + \cdots + a_n x_i^n)]x_i^k = 0, \quad k = 0,1,\cdots,n$$

进一步将上式写成如下方程组

$$\begin{cases} (m+1)a_0 + \left(\sum\limits_{i=0}^{m} x_i\right)a_1 + \cdots + \left(\sum\limits_{i=0}^{m} x_i^n\right)a_n = \sum\limits_{i=0}^{m} y_i \\ \left(\sum\limits_{i=0}^{m} x_i\right)a_0 + \left(\sum\limits_{i=0}^{m} x_i^2\right)a_1 + \cdots + \left(\sum\limits_{i=0}^{m} x_i^{n+1}\right)a_n = \sum\limits_{i=0}^{m} x_i y_i \\ \quad\vdots \\ \left(\sum\limits_{i=0}^{m} x_i^n\right)a_0 + \left(\sum\limits_{i=0}^{m} x_i^{n+1}\right)a_1 + \cdots + \left(\sum\limits_{i=0}^{m} x_i^{2n}\right)a_n = \sum\limits_{i=0}^{m} x_i^n y_i \end{cases}$$

再将方程组写成矩阵形式

$$\begin{pmatrix} m+1 & \sum_{i=0}^{m} x_i & \sum_{i=0}^{m} x_i^2 & \cdots & \sum_{i=0}^{m} x_i^n \\ \sum_{i=0}^{m} x_i & \sum_{i=0}^{m} x_i^2 & \sum_{i=0}^{m} x_i^3 & \cdots & \sum_{i=0}^{m} x_i^{n+1} \\ \vdots & \vdots & \vdots & \ddots & \vdots \\ \sum_{i=0}^{m} x_i^n & \sum_{i=0}^{m} x_i^{n+1} & \sum_{i=0}^{m} x_i^{n+2} & \cdots & \sum_{i=0}^{m} x_i^{2n} \end{pmatrix} \begin{pmatrix} a_0 \\ a_1 \\ \vdots \\ a_n \end{pmatrix} = \begin{pmatrix} \sum_{i=0}^{m} y_i \\ \sum_{i=0}^{m} x_i y_i \\ \vdots \\ \sum_{i=0}^{m} x_i^n y_i \end{pmatrix} \tag{10.2.3}$$

若令

$$\boldsymbol{A} = \begin{pmatrix} 1 & x_0 & x_0^2 & \cdots & x_0^n \\ 1 & x_1 & x_1^2 & \cdots & x_1^n \\ \vdots & \vdots & \vdots & \ddots & \vdots \\ 1 & x_m & x_m^2 & \cdots & x_m^n \end{pmatrix}, \quad \boldsymbol{\alpha} = \begin{pmatrix} a_0 \\ a_1 \\ \vdots \\ a_n \end{pmatrix}, \quad \boldsymbol{Y} = \begin{pmatrix} y_0 \\ y_1 \\ \vdots \\ y_m \end{pmatrix}$$

则式(10.2.3)可简单地表示为

$$\boldsymbol{A}^{\mathrm{T}}\boldsymbol{A}\boldsymbol{\alpha} = \boldsymbol{A}^{\mathrm{T}}\boldsymbol{Y} \tag{10.2.4}$$

定义 10.2.1 方程组(10.2.4)称为**法方程组**(也叫**正规方程组**或**正则方程组**),而

$$\boldsymbol{A}\boldsymbol{\alpha} = \boldsymbol{Y}(n+1\text{ 个未知量}, m+1\text{ 个方程式}) \tag{10.2.5}$$

称为**超定方程组**(也叫**矛盾方程组**)。

可以证明,$\boldsymbol{\alpha}$ 为超定方程组(10.2.4)的最小二乘解的充分必要条件是$\boldsymbol{\alpha}$ 满足公式(10.2.3)。

定理 10.2.1 法方程组(10.2.4)有唯一一组解。

定理 10.2.2 设 $a_0, a_1, \cdots, a_m$ 是法方程组(10.2.4)的解,则多项式 $p_m(x) = \sum_{i=0}^{m} a_i x^i$ 是问题的解。

正规方程组按表 10.1 来构造。

表 10.1 多项式拟合方程组的构造

x_i	y_i	$x_i y_i$	x_i^2	$x_i^2 y_i$	x_i^3	$x_i^3 y_i$	$\cdots$	x_i^{2n}
x_0	y_0	$x_0 y_0$	x_0^2	$x_0^2 y_0$	x_0^3	$x_0^3 y_0$	$\cdots$	x_0^{2n}
x_1	y_1	$x_1 y_1$	x_1^2	$x_1^2 y_1$	x_1^3	$x_1^3 y_1$	$\cdots$	x_1^{2n}
$\vdots$	$\vdots$	$\vdots$	$\vdots$	$\vdots$	$\vdots$	$\vdots$		$\vdots$
x_m	y_m	$x_m y_m$	x_m^2	$x_m^2 y_m$	x_m^3	$x_m^3 y_m$	$\cdots$	x_m^{2n}
$\sum_{i=0}^{m} x_i$	$\sum_{i=0}^{m} y_i$	$\sum_{i=0}^{m} x_i y_i$	$\sum_{i=0}^{m} x_i^2$	$\sum_{i=0}^{m} x_i^2 y_i$	$\sum_{i=0}^{m} x_i^3$	$\sum_{i=0}^{m} x_i^3 y_i$	$\cdots$	$\sum_{i=0}^{m} x_i^{2n}$

例 10.2.1 已知数据为

x_i	0.2	0.5	0.7	0.85	1
y_i	1.221	1.649	2.014	2.340	2.718

试按最小二乘法求 $f(x)$ 的二次近似多项式。

解　列表得

x_i	y_i	x_iy_i	x_i^2	$x_i^2y_i$	x_i^3	x_i^4
0.2	1.221	0.244	0.04	0.049	0.008	0.002
0.5	1.649	0.824	0.25	0.412	0.125	0.063
0.7	2.014	1.410	0.49	0.997	0.343	0.240
0.85	2.340	1.989	0.723	1.690	0.614	0.522
1	2.718	2.718	1	2.718	1	1
3.250	9.942	7.185	2.503	5.857	2.090	1.826

法方程组为

$$\begin{pmatrix} 5 & 3.250 & 2.503 \\ 3.250 & 2.530 & 2.090 \\ 2.503 & 2.090 & 1.826 \end{pmatrix}\begin{pmatrix} a_0 \\ a_1 \\ a_2 \end{pmatrix} = \begin{pmatrix} 9.942 \\ 7.185 \\ 5.857 \end{pmatrix}$$

解得

$$a_0 = 1.036,\quad a_1 = 0.751,\quad a_2 = 0.928$$

故

$$p_2(x) = 1.036 + 0.751x + 0.928x^2$$

下表给出了 $p_2(x)$在节点处的误差：

x	0.2	0.5	0.7	0.85	1
y	1.221	1.649	2.014	2.340	2.718
$p_2(x)$	1.223	1.644	2.017	2.344	2.715
$y-p_2(x)$	−0.002	0.005	−0.003	−0.004	0.003

在利用最小二乘法建立和式(10.2.1)时，所有点 x_i 都起到了同样的作用，但是有时依据某种理由认为和式中某些项的作用大一些，而另外一些项作用小一些(例如，一些 y_i 是由精度高的仪器或由操作上比较熟练的人员获得的，自然应该给予较大的信任)，在数学上常表现为用

$$\sum_{i=0}^{m}\rho_i(f(x_i) - p_n(x_i))^2 \tag{10.2.6}$$

替代式(10.2.2)取最小值，此处诸 $\rho_i>0$，且 $\sum\limits_{i=0}^{m}\rho_i = 1$，并称 ρ_i 为**权**，而式(10.2.6)称为**加权和**，并称 $p_n(x)$为 $y=f(x)$在点集$\{x_0,x_1,\cdots,x_m\}$上关于权$\{\rho_i\}$的**最小二乘逼近多项式**。

10.2.2　内积表示

$f(x)$，$g(x)$关于权函数 $\rho(x)$及 $x_0,x_1,\cdots,x_m$ 的内积可以表示为

$$(f,g) = \sum_{i=0}^{m}\rho(x_i)f(x_i)g(x_i) \tag{10.2.7}$$

其中权函数 $\rho(x)$满足 $\rho(x_i)>0$，$i=0,1,2,\cdots,m$。以 $m=4$，$n=2$ 为例，方程组(10.2.4)化为

$$\begin{cases} a_0(\varphi_0,\varphi_0)+a_1(\varphi_1,\varphi_0)+a_2(\varphi_2,\varphi_0)=(f,\varphi_0) \\ a_0(\varphi_0,\varphi_1)+a_1(\varphi_1,\varphi_1)+a_2(\varphi_2,\varphi_1)=(f,\varphi_1) \\ a_0(\varphi_0,\varphi_2)+a_1(\varphi_1,\varphi_2)+a_2(\varphi_2,\varphi_2)=(f,\varphi_2) \end{cases} \tag{10.2.8}$$

其中 $(\varphi_j,\varphi_k)=\sum\limits_{i=0}^{4}x_i^jx_i^k,j,k=0,1,2;(f,\varphi_k)=\sum\limits_{i=0}^{4}y_ix_i^k,k=0,1,2$。这里 $\rho(x)\equiv 1,\varphi_0(x)=1,\varphi_1(x)=x,\varphi_2(x)=x^2,y_i=f(x_i)(i=0,1,2,3,4)$。

方程组(10.2.8)也可用矩阵表示为

$$\begin{bmatrix} (\varphi_0,\varphi_0) & (\varphi_1,\varphi_0) & (\varphi_2,\varphi_0) \\ (\varphi_0,\varphi_1) & (\varphi_1,\varphi_1) & (\varphi_2,\varphi_0) \\ (\varphi_0,\varphi_2) & (\varphi_1,\varphi_2) & (\varphi_2,\varphi_0) \end{bmatrix}\begin{bmatrix} a_0 \\ a_1 \\ a_2 \end{bmatrix}=\begin{bmatrix} (f,\varphi_0) \\ (f,\varphi_1) \\ (f,\varphi_2) \end{bmatrix} \tag{10.2.9}$$

例 10.2.2 已知函数 $y=f(x)$ 的数据为

x_i	0.2	0.5	0.7	0.85	1
y_i	1.221	1.649	2.014	2.340	2.718

试用最小二乘法求 $f(x)$ 的二次近似多项式 $p_2(x)=a_0+a_1x+a_2x^2$。

解 根据题意,得

$$m=2,\quad n=4,\quad \rho(x)\equiv 1$$

$$\varphi_0(x)=1,\quad \varphi_1(x)=x,\quad \varphi_2(x)=x^2,\quad y_i=f(x_i)\quad (i=0,1,2,3,4)$$

$$x_0=0.2,\quad x_1=0.5,\quad x_2=0.7,\quad x_3=0.85,\quad x_4=1$$

$$y_0=1.221,\quad y_1=1.649,\quad y_2=2.014,\quad y_3=2.430,\quad y_4=2.718$$

$$(\varphi_0,\varphi_0)=\sum_{i=0}^{4}1\times 1=5,\quad (\varphi_1,\varphi_0)=\sum_{i=0}^{4}x_i\cdot 1=3.250$$

$$(\varphi_2,\varphi_0)=\sum_{i=0}^{4}x_i^2\cdot 1=2.503$$

$$(\varphi_0,\varphi_1)=\sum_{i=0}^{4}1\cdot x_i=3.250,\quad (\varphi_1,\varphi_1)=\sum_{i=0}^{4}x_i\cdot x_i=2.503$$

$$(\varphi_2,\varphi_1)=\sum_{i=0}^{4}x_i^2\cdot x_i=2.090$$

$$(\varphi_0,\varphi_2)=\sum_{i=0}^{4}1\cdot x_i^2=2.503,\quad (\varphi_1,\varphi_2)=\sum_{i=0}^{4}x_i\cdot x_i^2=2.090$$

$$(\varphi_2,\varphi_2)=\sum_{i=0}^{4}x_i^2\cdot x_i^2=1.826$$

$$(f,\varphi_0)=\sum_{i=0}^{4}y_i\cdot 1=9.942,\quad (f,\varphi_1)=\sum_{i=0}^{4}y_i\cdot x_i=7.185$$

$$(f,\varphi_2)=\sum_{i=0}^{4}y_i\cdot x_i^2=5.857$$

可得法方程组

$$\begin{pmatrix}5 & 3.250 & 2.503\\ 3.250 & 2.503 & 2.090\\ 2.503 & 2.090 & 1.826\end{pmatrix}\begin{pmatrix}a_0\\ a_1\\ a_2\end{pmatrix}=\begin{pmatrix}9.942\\ 7.185\\ 5.858\end{pmatrix}$$

解得 $a_0=1.036, a_1=1.036, a_2=0.928$。于是,所求多项式为

$$p_2(x)=1.036+1.036x+0.928x^2$$

注 (1) 实际计算表明:当 m 较大时,法方程组(10.2.4)往往是病态的。因此提高拟合多项式的次数不一定能改善逼近效果。实际中常采用不同的低次多项式去拟合不同的分段,这种方法称为**分段拟合**。

(2) 如何找到更符合实际情况的数据拟合,一方面要根据专业知识和经验来确定经验曲线的近似公式;另一方面要根据散点图的分布形状及特点来选择适当的曲线。

用最小二乘法解决实际问题的过程包含三个步骤:

(1) 由观测数据表中的数值,点画出未知函数的粗略图形——散点图;

(2) 从散点图中确定拟合函数类型;

(3) 通过最小二乘原理,确定拟合函数中的未知参数。

例 10.2.3 实验取得一组数据如下:

x_i	1	2	5	7
y_i	9	4	2	1

试求它的最小二乘拟合曲线(取 $\rho(x)\equiv 1$)。

解 显然 $n=3, m=1$,且

$$x_0=1,\quad x_1=2,\quad x_2=5,\quad x_3=7$$
$$y_0=9,\quad y_1=4,\quad y_2=2,\quad y_3=1$$

在 xOy 坐标系中画出散点图,可见这些点基本位于一条双曲线附近,于是可取拟合函数类 $\Phi=\text{span}\{\varphi_0(x),\varphi_1(x)\}=\text{span}\left\{1,\frac{1}{x}\right\}$,在其中选取

$$\varphi(x)=a_0\varphi_0(x)+a_1\varphi_1(x)=a_0+\frac{a_1}{x}$$

去拟合上述数据。于是

$$(\varphi_0,\varphi_0)=\sum_{i=0}^{3}1\times 1=4,\quad (\varphi_1,\varphi_0)=\sum_{i=0}^{3}\frac{1}{x_i}\cdot 1=1.842\,857$$

$$(f,\varphi_0)=\sum_{i=0}^{4}y_i\cdot 1=16$$

$$(\varphi_0,\varphi_1)=\sum_{i=0}^{4}1\cdot\frac{1}{x_i}=1.842\,857,\quad (\varphi_1,\varphi_1)=\sum_{i=0}^{4}\frac{1}{x_i}\cdot\frac{1}{x_i}=1.310\,408$$

$$(f,\varphi_1)=\sum_{i=0}^{4}y_i\cdot\frac{1}{x_i}=11.542\,857$$

得法方程组

$$\begin{pmatrix}(\varphi_0,\varphi_0) & (\varphi_1,\varphi_0)\\ (\varphi_0,\varphi_1) & (\varphi_1,\varphi_1)\end{pmatrix}\begin{pmatrix}a_0\\ a_1\end{pmatrix}=\begin{pmatrix}(f,\varphi_0)\\ (f,\varphi_1)\end{pmatrix}$$

即

$$\begin{pmatrix}4 & 1.842\,857\\ 1.842\,857 & 1.310\,408\end{pmatrix}\begin{pmatrix}a_0\\ a_1\end{pmatrix}=\begin{pmatrix}16\\ 11.542\,857\end{pmatrix}$$

解得 $a_0=-0.165\,432, a_1=9.041\,247$，于是所求拟合函数为

$$\varphi^*(x)=-0.165\,432+\frac{9.041\,247}{x}$$

前面所讨论的最小二乘问题都是线性的，即 $\varphi(x)$ 关于待定系数 $a_0,a_1,\cdots,a_m$ 是线性的，若 $\varphi(x)$ 关于待定系数 $a_0,a_1,\cdots,a_m$ 是非线性的，则往往先用适当的变换把非线性问题线性化后再求解。

如对 $y=\varphi(x)=a_0\mathrm{e}^{a_1x}$，取对数得 $\ln y=\ln a_0+a_1x$，记 $A_0=\ln a_0, A_1=a_1, u=\ln y, x=x$，则有 $u=A_0+A_1x$，它关于待定系数 A_0,A_1 是线性的，于是 A_0,A_1 所满足的法方程组是

$$\begin{bmatrix}(\varphi_0,\varphi_0) & (\varphi_1,\varphi_0)\\ (\varphi_0,\varphi_1) & (\varphi_1,\varphi_1)\end{bmatrix}\begin{bmatrix}A_0\\ A_1\end{bmatrix}=\begin{bmatrix}(u,\varphi_0)\\ (u,\varphi_1)\end{bmatrix}$$

其中 $\varphi_0(x)=1,\varphi_1(x)=x$。由上述方程组解得 A_0,A_1 后，再由 $a_0=\mathrm{e}^{A_0}, a_1=A_1$，求得

$$\varphi^*(x)=a_0\mathrm{e}^{a_1x}$$

例 10.2.4 实验得到一组数据如下：

x_i	0	0.5	1	1.5	2	2.5
y_i	2.0	1.0	0.9	0.6	0.4	0.3

试求它的最小二乘拟合曲线(取 $\rho(x)\equiv1$)。

解 显然 $n=5$，且

$$x_0=0,\quad x_1=0.5,\quad x_2=1,\quad x_3=1.5,\quad x_4=2,\quad x_5=2.5$$

$$y_0=2.0,\quad y_1=1.0,\quad y_2=0.9,\quad y_3=0.6,\quad y_4=0.4,\quad y_5=0.3$$

在 xOy 坐标系中画出散点图，可见这些点近似于一条指数曲线 $y=a_0\mathrm{e}^{a_1x}$，记

$$A_0=\ln a_0,\quad A_1=a_1,\quad u=\ln y,\quad x=x$$

则有

$$u=A_0+A_1x$$

记 $\varphi_0(x)=1,\varphi_1(x)=x$，则

$$(\varphi_0,\varphi_0)=\sum_{i=0}^{5}1\times1=6,\quad (\varphi_1,\varphi_0)=\sum_{i=0}^{5}x_i\cdot1=7.5$$

$$(u,\varphi_0)=\sum_{i=0}^{4}\ln y_i\cdot1=-2.043\,302$$

$$(\varphi_0,\varphi_1)=\sum_{i=0}^{4}1\cdot x_i=7.5,\quad (\varphi_1,\varphi_1)=\sum_{i=0}^{4}x_i\cdot x_i=13.75$$

$$(u,\varphi_1)=\sum_{i=0}^{4}\ln y_i\cdot x_i=-5.714\,112$$

得法方程组

$$\begin{bmatrix}(\varphi_0,\varphi_0) & (\varphi_1,\varphi_0)\\ (\varphi_0,\varphi_1) & (\varphi_1,\varphi_1)\end{bmatrix}\begin{bmatrix}A_0\\ A_1\end{bmatrix}=\begin{bmatrix}(u,\varphi_0)\\ (u,\varphi_1)\end{bmatrix}$$

即

$$\begin{pmatrix} 6 & 7.5 \\ 7.5 & 13.75 \end{pmatrix} \begin{bmatrix} A_0 \\ A_1 \end{bmatrix} = \begin{pmatrix} -2.043\,302 \\ -5.714\,112 \end{pmatrix}$$

解得 $A_0 = 0.562\,302$，$A_1 = -0.722\,282$，于是 $a_0 = e^{A_0} = 1.754\,708$，$a_1 = A_1 = -0.722\,282$，故所求拟合函数为

$$\varphi^*(x) = 1.754\,708 e^{-0.722\,282}$$

10.2.3　利用MATLAB进行曲线拟合

1. 多项式曲线拟合函数polyfit

调用格式：
```
p=polyfit(x,y,n)
[p,s]= polyfit(x,y,n)
```

说明　x,y为数据点,n为多项式阶数,返回幂次从高到低的多项式系数向量p。矩阵s用于生成预测值的误差估计。

例10.2.5　由离散数据

x	0	0.1	0.2	0.3	0.4	0.5	0.6	0.7	0.8	0.9	1
y	0.3	0.5	1	1.4	1.6	1.9	0.6	0.4	0.8	1.5	2

拟合出多项式。

解　程序如下：

```
x=0:.1:1;
y=[0.3 ,0.5 ,1, 1.4 ,1.6 ,1.9,0.6 ,0.4,0 .8 ,1.5 ,2]
n=3;
p=polyfit(x,y,n)
xi=linspace(0,1,100);
z=polyval(p,xi);                                    %多项式求值
    plot(x,y,'o',xi,z,'k:',x,y,'b')
legend('原始数据','3阶曲线')
```

运行结果如下：

```
p =16.7832   -25.7459   10.9802   -0.0035
```

拟合多项式为 $y=16.7832x^3-25.7459x^2+10.9802x-0.0035$

曲线拟合图形见图10.4。也可由函数给出数据。

例10.2.6　x=1:20,y=x+3*sin(x),分别求6阶和10阶拟合多项式在给定数据点的值并画出拟合图形。

解　程序如下：

```
x=1:20;
y=x+3*sin(x);
p=polyfit(x,y,6)
xi=linspace(1,20,100);
z=poyval(p,xi);                                      %多项式求值函数
```

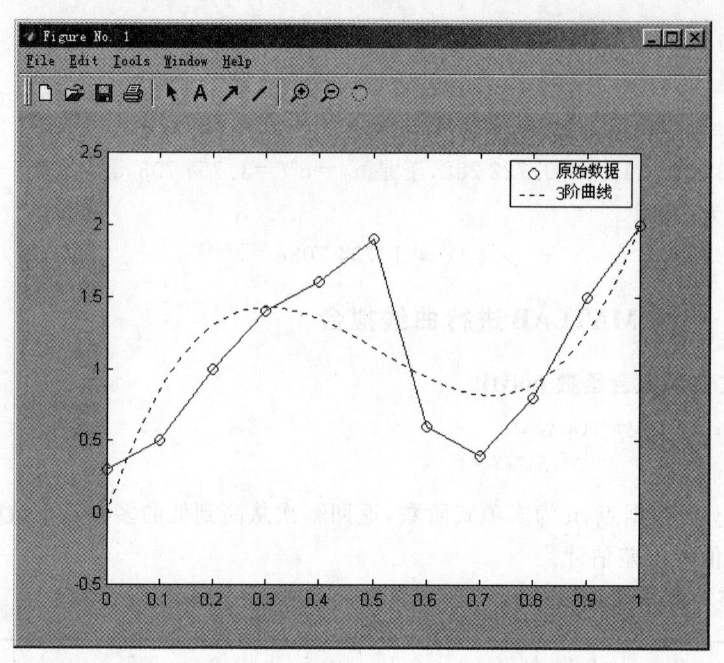

图 10.4

```
plot(x,y,'o',xi,z,'k:',x,y,'b')
legend('原始数据','6 阶曲线')
```

运行结果如下：

p = 0.0000　-0.0021　0.0505　-0.5971　3.6472　-9.7295　11.3304

拟合图形见图 10.5。

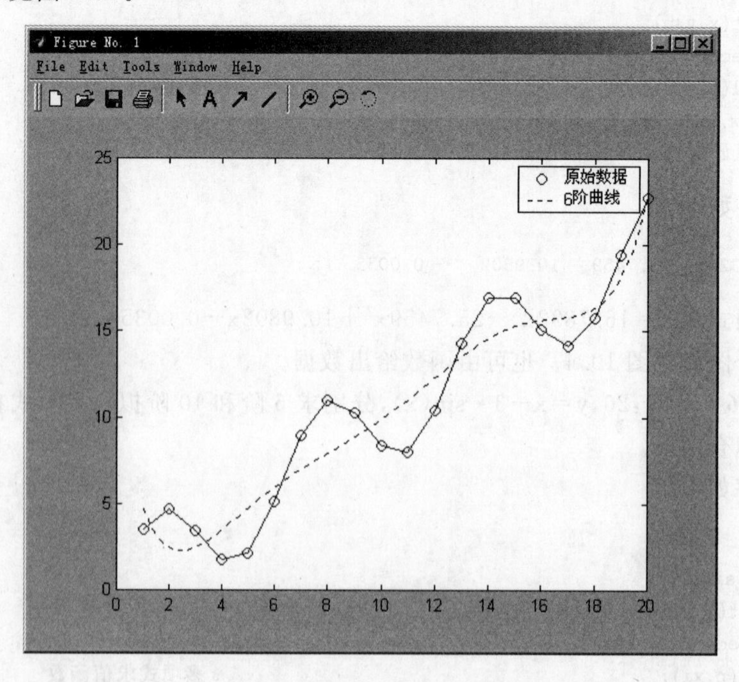

图 10.5

再用 10 阶多项式拟合，程序如下：

```
x = 1:20;
y = x + 3 * sin(x);
p = polyfit(x,y,10)
xi = linspace(1,20,100);
z = polyval(p,xi);
plot(x,y,'o',xi,z,'k:',x,y,'b')
legend('原始数据','10 阶多项式')
```

运行结果如下：

```
p =
Columns 1 through 7
  0.0000    - 0.0000    0.0004    - 0.0114    0.1814    - 1.8065    11.2360
Columns 8 through 11
 - 42.0861    88.5907    - 92.8155    40.2671
```

拟合图形见图 10.6。

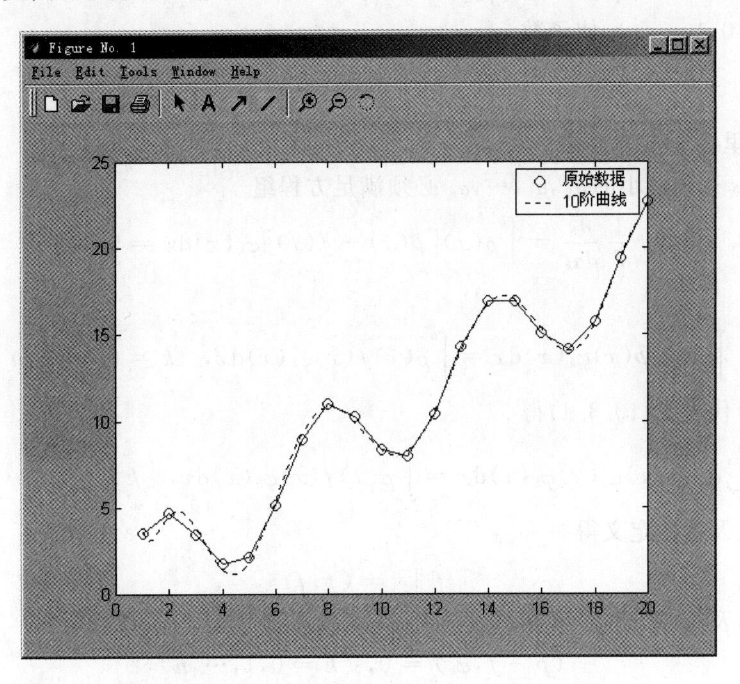

图　10.6

可以用不同阶的多项式来拟合数据，但也不是阶数越高拟合效果越好。

2. 多项式曲线求值函数 polyval

调用格式：`y = polyval(p,x)`

`[Y,DELTA] = polyval(p,x,s)`

说明　y=polyval(p,x)为返回对应自变量 x 在给定系数 P 的多项式的值。

[Y,DELTA]=polyval(p,x,s)使用 polyfit 函数的选项输出 s 来得出误差估计 Y±DELTA。它假设 polyfit 函数数据输入的误差是独立正态的，并且方差为常数。于是 Y±

DELTA 将至少包含 50%的预测值。

3. 多项式曲线拟合的评价和置信区间函数 polyconf

调用格式：`[Y,DELTA] = polyconf(p,x,s)`

`[Y,DELTA] = polyconf(p,x,s,alpha)`

说明　[Y,DELTA]=polyconf(p,x,s)使用 polyfit 函数的选项输出 s 来给出 Y 的 95%置信区间 Y±DELTA。它假设 polyfit 函数数据输入的误差是独立正态的，并且方差为常数。alpha 为置信度。

10.3　最佳平方逼近

设 $\varphi_0(x),\varphi_1(x),\cdots,\varphi_n(x)$是一族在$[a,b]$上线性无关的连续函数，以它们为基底构成的线性空间为 $\Phi=\text{span}\{\varphi_0,\varphi_1,\cdots,\varphi_n\}$。所谓**最佳平方逼近问题**就是求广义多项式 $p(x)\in\Phi$，即确定

$$p(x)=\alpha_0\varphi_0(x)+\alpha_1\varphi_1(x)+\cdots+\alpha_n\varphi_n(x) \tag{10.3.1}$$

的系数 $\alpha_j(j=0,1,\cdots,n)$，使函数

$$s(\alpha_0,\alpha_1,\cdots,\alpha_n)=\int_a^b\rho(x)[p(x)-f(x)]^2\mathrm{d}x \tag{10.3.2}$$

取极小值，这里 $\rho(x)$为权函数。

显然，使 s 达到最小的 $\alpha_0,\alpha_1,\cdots,\alpha_n$ 必须满足方程组

$$\frac{1}{2}\frac{\partial s}{\partial\alpha_k}=\int_a^b\rho(x)[p(x)-f(x)]\varphi_k(x)\mathrm{d}x=0 \tag{10.3.3}$$

或写成

$$\int_a^b\rho(x)p(x)\varphi_k(x)\mathrm{d}x=\int_a^b\rho(x)f(x)\varphi_k(x)\mathrm{d}x,\quad k=0,1,\cdots,n \tag{10.3.4}$$

把式(10.3.1)代入式(10.3.4)得

$$\sum_{j=0}^n\alpha_j\int_a^b\rho(x)\varphi_j(x)\varphi_k(x)\mathrm{d}x=\int_a^b\rho(x)f(x)\varphi_k(x)\mathrm{d}x,\quad k=0,1,\cdots,n \tag{10.3.5}$$

利用内积定义及范数定义得

$$\|f\|^2=(f,f)^{\frac{1}{2}}$$

则式(10.3.4)及式(10.3.5)可以写成

$$(p-f,\varphi_k)=0,\quad k=0,1,\cdots,n \tag{10.3.6}$$

或

$$\sum_{j=0}^n\alpha_j(\varphi_j,\varphi_k)=(f,\varphi_k),\quad k=0,1,\cdots,n \tag{10.3.7}$$

因此，若 $p(x)$使 s 为极小，其系数 α_j 必满足方程组(10.3.7)。方程组(10.3.7)的系数行列式为

$$G(\varphi_0,\varphi_1,\cdots,\varphi_n)=\begin{vmatrix}(\varphi_0,\varphi_0) & (\varphi_1,\varphi_0) & \cdots & (\varphi_n,\varphi_0)\\(\varphi_0,\varphi_1) & (\varphi_1,\varphi_1) & \cdots & (\varphi_n,\varphi_1)\\\vdots & \vdots & \ddots & \vdots\\(\varphi_0,\varphi_n) & (\varphi_1,\varphi_n) & \cdots & (\varphi_n,\varphi_n)\end{vmatrix}$$

且G必不等于0。事实上，因为$\varphi_0(x),\varphi_1(x),\cdots,\varphi_n(x)$线性无关，所以$\sum\limits_{j=0}^{n}\alpha_j\varphi_j(x)\neq 0$。二次型

$$\sum_{i=0}^{n}\sum_{j=0}^{n}(\varphi_i,\varphi_j)\alpha_i\alpha_j=\left(\sum_{i=0}^{n}\alpha_i\varphi_i,\sum_{j=0}^{n}\alpha_j\varphi_j\right)=\left(\sum_{j=0}^{n}\alpha_j\varphi_j,\sum_{j=0}^{n}\alpha_j\varphi_j\right)>0$$

说明 此二次型正定，其系数矩阵即方程组(10.3.7)的系数矩阵的行列式大于0，从而方程组(10.3.6)有惟一解。此外，容易证明$p(x)$就是使s取极小值的函数。特别地，当$\{\varphi_k(x)\}$为$[a,b]$上关于权函数$\rho(x)$的正交函数系时，可由式(10.3.7)立刻求出

$$\alpha_i=\frac{(f,\varphi_i)}{(\varphi_i,\varphi_i)},\quad i=0,1,\cdots,n \tag{10.3.8}$$

而最佳平方逼近函数为

$$p(x)=\sum_{i=0}^{n}\frac{(f,\varphi_i)}{(\varphi_i,\varphi_i)}\varphi_i(x) \tag{10.3.9}$$

今后，我们也称方程组(10.3.7)为**正规方程组**。

例 10.3.1 求函数$y=\arctan x$在$[0,1]$上的一次最佳平方逼近多项式。

解 方法一(直接法) 设$\varphi_0(x)=1,\varphi_1(x)=x$，所求函数为$p(x)=\alpha_0+\alpha_1x$。首先算出

$$(\varphi_0,\varphi_0)=\int_0^1 1\mathrm{d}x=1,(\varphi_0,\varphi_1)=\int_0^1 x\mathrm{d}x=\frac{1}{2}$$

$$(\varphi_1,\varphi_1)=\int_0^1 x^2\mathrm{d}x=\frac{1}{3}$$

$$(\varphi_0,y)=\int_0^1 \arctan x\mathrm{d}x=\frac{\pi}{4}-\frac{1}{2}\ln 2$$

$$(\varphi_1,y)=\int_0^1 x\arctan x\mathrm{d}x=\frac{\pi}{4}-\frac{1}{2}$$

代入式(10.3.7)得正规方程组为

$$\begin{cases}\alpha_0+\dfrac{1}{2}\alpha_1=\dfrac{\pi}{4}-\dfrac{1}{2}\ln 2\\[2mm]\dfrac{1}{2}\alpha_0+\dfrac{1}{3}\alpha_1=\dfrac{\pi}{4}-\dfrac{1}{2}\end{cases}$$

解此方程组得

$$\alpha_0=3-2\ln 2-\frac{\pi}{2}\approx 0.042\,909$$

$$\alpha_1=\frac{3}{2}\pi+6+3\ln 2\approx 0.791\,831$$

故

$$p(x)=0.0429\,09+0.791\,831x$$

方法二(利用正交多项式求解) 因为 Legendre 多项式$p(x)$在$[-1,1]$上正交，所以作代换

$$x=\frac{1}{2}(t+1)$$

将[0,1]变换到[−1,1]，函数 $y=\arctan x$ 变为 $y=\arctan\dfrac{t+1}{2}$，$t\in[-1,1]$。$p_0(t)=1$，$p_1(t)=t$，而

$$(y,p_0)=\int_{-1}^{1}\arctan\frac{t+1}{2}\mathrm{d}t=\frac{\pi}{2}-\ln 2$$

$$(y,p_1)=\int_{-1}^{1}\arctan\frac{t+1}{2}\mathrm{d}t=\frac{\pi}{2}-2+\ln 2$$

$$(p_0,p_0)=\int_{-1}^{1}1\mathrm{d}t=2,(p_1,p_1)=\int_{-1}^{1}t^2\mathrm{d}t=\frac{2}{3}$$

由式(10.3.8)知

$$\alpha_0=\frac{1}{2}(y,p_0)=\frac{\pi}{4}-\frac{1}{2}\ln 2$$

$$\alpha_1=\frac{3}{2}(y,p_1)=\frac{3}{2}\left(\frac{\pi}{2}-2+\ln 2\right)$$

所求的一次最佳平方逼近多项式为

$$\bar{p}(t)=\left(\frac{\pi}{4}-\frac{1}{2}\ln 2\right)+\frac{3}{2}\left(\frac{\pi}{2}-2+\ln 2\right)t$$

即

$$\begin{aligned}p(x)&=\left(\frac{\pi}{4}-\frac{1}{2}\ln 2\right)+\frac{3}{2}\left(\frac{\pi}{2}-2+\ln 2\right)(2x-1)\\&\approx 0.042\,909+0.791\,831x\end{aligned}$$

两种解法结果完全一样。

最后，我们给出 n 次最佳平方逼近多项式 $p(x)$ 的逼近误差 $\delta_n=f(x)-p(x)$，满足

$$\|\delta_n\|^2=\|f\|^2-\sum_{j=0}^{n}\alpha_j(f,\varphi_j)$$

习题 10

10.1 已知 $f(1)=0,f(-1)=-3,f(2)=4$。求函数 $f(x)$ 过 0,1,2 三点的二次 Lagrange 插值多项式 $L_2(x)$。

10.2 已知函数 $\ln x$ 的数据如下表，分别用线性插值和二元插值求 ln0.54 的近似值。

x	0.5	0.6	0.7
$f(x)$	−0.693 147	−0.510 826	−0.356 675

10.3 设 $\{x_i\}_{i=0}^{n}$ 为互异的插值节点，求证：

$$\sum_{i=0}^{n}x_i^k l_i(x)=x^k,\quad k=0,1,\cdots,n$$

其中 $l_i(x)$ 为 n 次 Lagrange 插值基函数。

10.4 设 $f(x)\in C^2[a,b]$，且 $f(a)=f(b)=0$，求证：

$$\max_{a\leqslant x\leqslant b}|f(x)|\leqslant\frac{1}{8}(b-a)^2\max_{a\leqslant x\leqslant b}|f''(x)|$$

10.5 设 $f(x)=(3x-2)\mathrm{e}^x$。求 $f(x)$ 的关于节点 1,1.05,1.07 的二次 Lagrange 插值

多项式 $L_2(x)$，并估计误差 $R_2(1.03)$。

10.6　设 $f(x)=x^4$，试用 Lagrange 插值求 $f(x)$ 的以 $-1,0,1,2$ 为插值节点的三次插值多项式。

10.7　给定数据如下表，试用 Newton 插值公式求 3 次插值多项式 $N_3(x)$。

x	1	1.5	0	2
$f(x)$	1.25	2.50	1.00	5.50

10.8(旧车价格预测)　某年美国旧车价格的调查资料如下表，其中 x_i 表示轿车的使用年数，y_i 表示相应的平均价格。试分析用什么形式的曲线来拟合表中的数据较为合理，并预测使用 4.5 年后轿车的平均价格大致为多少？

x_i	1	2	3	4	5	6	7	8	9	10
y_i	2615	1943	1494	1087	765	538	484	290	226	204

10.9(水塔流量估计)　某居民区有一供居民用水的圆柱形水塔，一般可以通过测量其水位来估计水的流量。但面临的困难是，当水塔水位下降到设定的最低水位时，水泵自动启动向水塔供水，到设定的最高水位时停止供水，这段时间无法测量水塔的水位和水泵的供水量。通常水泵每天供水 1～2 次，每次约 2h。

水塔是一个高 12.2m、直径 17.4m 的正圆柱形状。按照设计，水塔水位降至约 8.2m 时，水泵自动启动，水位升到约 10.8m 时，水泵停止工作。

下表是某一天的水位测量记录、试估计任何时刻(包括水泵正供水时)从水塔流出的水的流量及一天的总用水量。

时刻/h	水位/cm	时刻/h	水位/cm	时刻/h	水位/cm
0	968	9.98	—	19.04	866
0.92	948	10.92	—	19.96	843
1.84	931	10.95	1082	20.84	822
2.95	913	12.03	1050	22.01	—
3.87	898	12.95	1021	22.96	—
4.98	881	13.88	994	23.88	1059
5.90	869	14.98	965	24.99	1035
7.01	852	15.90	941	25.91	1018
7.93	839	16.83	918		
8.97	822	17.93	892		

第11章

决策分析方法

决策是人们为了达到某一目标而从多个实现目标的可行方案中选出最优方案所做出的抉择。决策分析是帮助人们进行科学决策的理论和方法。本章主要介绍决策分析的基本概念和基本方法，重点介绍风险型决策、不确定型决策和层次分析法。

11.1 决策的概念

11.1.1 实例

例 11.1.1 某医院决策者对“CT”室配置“CT”机进行决策，目标是在满足诊断需要的同时取得最好的经济效益。他们设想的可行配置方案有三个：一台、两台和三台。根据资料，预计在今年内需用“CT”诊断的患者人数有三种可能：人多、一般、人少，并且出现这三种情况的概率分别为 0.3、0.5 和 0.2。又由计算得知，当配置一台、两台、三台“CT”机时，如果患者多，效益分别为 10 万元、22 万元、36 万元；患者人数一般时，效益分别为 10 万元、20 万元、18 万元；而患者少时，效益分别为 10 万元、16 万元、10 万元。问应选择何种方案，才能达到目标要求？

很显然，本题中有三个方案可供选择，每种方案都有三个可能结果，即存在三个自然状态：人多、一般、人少；因为状态是不可控制的，是随机事件，而每个状态发生的概率已经分别给出；不同方案和不同状态的效益值也不同。为了能够给出问题的精确数学描述，下面先给出决策问题的一些基本概念。11.1.3 节将对本题给出具体解法。

11.1.2 决策的基本概念

1. 策略集

为实现预期目的而提出的每一个可行方案称为策略，全体策略构成的集合称为策略集也称方案集，记作 $A=\{a_i\}$，$a_i(i=1,2,\cdots,n)$表示每一个方案。

2. 状态集

系统所处的不同状况称为状态，它是由人们不可控制的自然因素所引起的结果，故称为自然状态。全体状态构成的集合称为状态集，记作 $S=\{s_j\}$，$s_j(j=1,2,\cdots,m)$表示每一个状态。

3. 状态概率

状态 s_j 的概率称为状态概率，记为 $p(s_j)$。

4. 益损函数

益损函数是指对应于选取方案和可能出现的状态所得到的收益值或损失值，记为 R。

显然，R 是 A 与 S 的函数，益损函数值可正可负也可为零，如果认定正值表示收益，那么负值就表示损失，益损函数的取值就称为益损值。

策略集、状态集、益损函数是构成一个决策问题的三项最基本要素。

5. 决策准则和最优值

决策者为了寻找最佳方案而采取的准则称为决策准则，记为 Φ。最优值是最优方案对应的益损值，记为 R^*。

一般选取的决策准则是保证收益尽可能大而损失尽可能小，由于决策者对收益、损失价值的偏好程度不同，对于同一决策问题，不同的决策者会有不同的决策准则。

11.1.3 决策的数学模型

一个决策问题的数学模型是由策略集 A、状态集 S、益损函数 R 和决策准则 Φ 构成的。因此可以用解析法写出上述集合、函数、准则来表示一个决策问题的数学模型。可令 $\boldsymbol{R}=(r_{ij})_{n\times m}$，其中 $A=\{a_i\}$，$i=1,2,\cdots,n$，$S=\{s_j\}$，$j=1,2,\cdots,m$，r_{ij} 是方案 a_i 在状态 s_j 情况下的益损值。

例 11.1.2 试给出例 11.1.1 的数学模型。

解 数学模型为策略集 $A=\{a_i\}=\{$配制 i 台“CT”机$\}$，$i=1,2,3$。

状态集 $S=\{s_j\}=\{s_1,s_2,s_3\}=\{$人多，一般，人少$\}$。状态概率为 $p(s_1)=0.3$，$p(s_2)=0.5$，$p(s_3)=0.2$。益损值 $R=\{r_{ij}\}$，$i,j=1,2,3$，其中

$$r_{11}=10,\quad r_{12}=10,\quad r_{13}=10$$
$$r_{21}=22,\quad r_{22}=20,\quad r_{23}=16$$
$$r_{31}=36,\quad r_{32}=18,\quad r_{33}=10$$

另外，决策的数学模型也可用表格法表示，风险型决策也常用决策树方法表示。例 11.1.2 可由表 11.1 来表示，决策树将于 11.2 节详细介绍。

表 11.1 不同方案在不同自然状态下的益损值 单位：万元

配置方案	自然状态		
	s_1(人多)	s_2(一般)	s_3(人少)
	$p(s_1)=0.3$	$p(s_2)=0.5$	$p(s_3)=0.2$
a_1(一台)	10	10	10
a_2(两台)	22	20	16
a_3(三台)	36	18	10

11.1.4 决策的步骤与分类

一个完整的决策过程通常包括以下几个步骤：确定目标、拟订方案、评价方案、选择方案、实施决策并利用反馈信息进行控制。决策按问题所处的条件和环境可分为确定型决策、风险型决策和不确定型决策。

确定型决策是在决策环境完全确定的情况下作出决策。即每种方案都是在事先已经确定的状态下展开，而且每个方案只有一个结果，这时只要把各种方案及预期收益列出来，根据目标要求进行选择即可。尽管如此，当决策可行方案很多时，确定型决策也非常复杂，有时可借助线性规划的方法去找出最佳方案。

风险型决策是在决策环境不完全确定的情况下做出的决策。即每种方案都有几个可能的结果，而且对每个结果发生的概率可以计算或估计，用概率分布来描述。正因为各个结果的发生或不发生具有随机性，所以这种决策带有一定的风险性。

不确定型决策是在对将发生结果的概率一无所知的情况下做出的决策。即决策者只掌握了每种方案可能出现的各个结果，但不知道每个结果发生的概率。由于缺乏必要的情报资料，决策者只能根据自己对事物的态度去进行抉择，不同的决策者可以有不同的决策准则，所以同一问题就可能有不同的抉择和结果。

这里我们只介绍风险型决策和不确定型决策。

11.2 风险型决策

风险型决策也称随机决策，是在状态概率已知的条件下进行的决策。本节主要介绍风险型决策的基本条件和一些常用的基本决策准则及决策方法。

11.2.1 风险型决策的基本条件

在进行风险型决策分析时，被决策的问题应具备下列条件：

(1) 存在决策者希望实现的明确目标；

(2) 存在两个或两个以上的自然状态，但未来究竟出现哪种自然状态，决策者不能确定；

(3) 存在两个或两个以上的可行方案（即策略）可供决策者选择，决策者最终只选一个方案；

(4) 各种方案在各种自然状态下的益损值可以计算出来；

(5) 各种自然状态发生的概率可以计算或估计出来。

对于一个风险型决策问题，首先要掌握决策所需的有关资料和信息，从而确定状态集 S 以及状态概率 $p(s_j)$，明确可供选择的策略集 A，进而计算出益损函数 $R(A,S)$。然后建立决策数学模型，根据决策目标选择决策准则，从而找出最优方案。

11.2.2 最大可能准则

由概率论知识可知，一个事件的概率越大，它发生的可能性越大。基于这种考虑，在风险型决策问题中选择一个概率最大的自然状态进行决策，而其他状态可以不管，这种决策准则称为最大可能准则。利用这种决策准则进行决策时，把确定的自然状态看作必然事件，其发生的概率看作1，而其他自然状态看作不可能事件，其发生的概率看作0。这样，认为系统中只有一种确定的自然状态，从而将风险型决策转化为确定型决策。

例 11.2.1　某药厂要确定下一计划期内某药品的生产批量，根据以往经验并通过市场调查和预测，数据详见表11.2。现要通过决策分析，确定合理生产批量，使药厂获得的效益最大。

表 11.2　不同方案在不同自然状态下的益损值　　单位：万元

方　案	药 品 销 路		
	s_1(好)	s_2(一般)	s_3(差)
	$p(s_1)=0.2$	$p(s_2)=0.5$	$p(s_3)=0.3$
a_1(大批量生产)	30	18	8
a_2(中批量生产)	25	20	12
a_3(小批量生产)	16	16	16

解　这是一个风险型决策问题，采用最大可能准则来进行决策。在药品销路中，自然状态 s_2 出现的概率最大，即销路一般的可能性最大。现对这种自然状态进行决策，通过比较，可知药厂采用方案 a_2(中批量生产)获利最大，所以选取中批量生产为最优方案。

值得注意的是，在若干种自然状态发生的概率相差很大，而相应的益损值又差别不大时，使用这种决策准则效果较好。如果在若干种自然状态发生的概率都很小，而且相互很接近时，使用这种决策准则的效果会不好，甚至会引起严重错误。

11.2.3　期望值准则

期望值是指概率论中随机变量的数学期望。这里使用离散型随机变量的数学期望，即将每个策略(方案)都看作离散型随机变量，其取值就是采用该策略时各自然状态下对应的益损值。期望值准则就是选择期望益损值最大(或最小)的方案作为最优方案。用公式表达为

$$R^* = \max_i\{E(a_i)\} = \max_i\left\{\sum_j r_{ij}p(s_j)\right\} \tag{11.2.1}$$

或

$$R^* = \min_i\{E(a_i)\} = \min_i\left\{\sum_j r_{ij}p(s_j)\right\} \tag{11.2.2}$$

其中 r_{ij} 是方案 a_i 在状态 s_j 情况下的益损值，$p(s_j)$是状态 s_j 发生的概率。

例 11.2.2　用期望值准则求解例11.2.1。

解　根据表11.2所列各种状态概率和益损值，计算出每个策略的期望益损值，可得

$$E(a_1) = 30\times 0.2 + 18\times 0.5 + 8\times 0.3 = 17.4$$

$$E(a_2) = 25\times 0.2 + 20\times 0.5 + 12\times 0.3 = 18.6$$

$$E(a_3) = 16\times 0.2 + 16\times 0.5 + 16\times 0.3 = 16$$

通过比较可知 $E(a_2)=18.6$ 最大，所以采用 a_2 也就是采取中批量生产，可能获得的效益最大。

例 11.2.3 已知在过去的200天里，某药品在各种销售量下销售天数的记录如表11.3所示。设该种药品一旦生产出来需要及时推销出去，如当天不能推销出去，即全部报废。该药品每件生产成本8元，销售价10元，假设今后的销售情况与过去的销售情况相同，试确定最优的生产数量。

表 11.3 销售量与销售时间

每天销售量/件	80	90	100	110
相应的销售天数	20	70	80	30

解 在本例中，自然状态是销售情况，设状态 s_1,s_2,s_3,s_4 分别表示销售量为80件、90件、100件、110件。策略也为4种，设方案 a_1,a_2,a_3,a_4 分别表示日生产80件、90件、100件、110件。

由表11.3可计算状态概率

$$p(s_1)=\frac{20}{200}=0.1,\quad p(s_2)=\frac{70}{200}=0.35$$

$$p(s_3)=\frac{80}{200}=0.4,\quad p(s_4)=\frac{30}{200}=0.15$$

现在计算每个策略在各种自然状态下的益损值。

当 a_1,s_1 时，生产80件销售80件，每件收益 $10-8=2$ 元，共收益160元，即 $r_{11}=160$ 元，同理 $r_{12}=r_{13}=r_{14}=160$；

当 a_2,s_1 时，生产90件，但只销售80件，报废10件，共收益 $r_{21}=2\times 80-8\times 10=80$ 元。

以此类推，可算出所有的益损值，详列于表11.4。

表 11.4 不同方案在不同自然状态下的益损值 单位：元

方案	市场可销售量				期望益损值
	s_1	s_2	s_3	s_4	
	$p(s_1)=0.1$	$p(s_2)=0.35$	$p(s_3)=0.4$	$p(s_4)=0.15$	
a_1	160	160	160	160	160
a_2	80	180	180	180	170
a_3	0	100	200	200	145
a_4	−80	20	120	220	80

利用式(11.2.1)计算出每种策略下的期望益损值进行比较，可以看出

$$\max\{E(a_1),E(a_2),E(a_3),E(a_4)\}=E(a_2)=170$$

故选择方案 a_2 为最优策略，即日产90件，此时期望益损值为170元。

一般地，用期望值准则进行风险型决策的计算步骤如下：

(1) 根据统计资料计算各个自然状态的概率。

(2) 计算每个方案在各个自然状态下的益损值。

(3) 计算每个方案的期望益损值。

(4) 根据期望益损值评价方案的优劣。若决策目标是收益，应选择期望益损值最大的

方案为最优方案；若决策目标是支出或损失，应选择期望益损值最小的方案为最优方案。

11.2.4 决策树法

实际中的决策问题往往是多步决策问题，每一步选择一个决策方案，下一步的决策取决于上一步的决策及其结果，因而是多阶段决策问题。这类问题一般不方便使用决策表来表示，常用的方法是决策树法。它将方案、状态、益损值和状态概率等用一棵树来表示，将期望益损值也标在这棵树上，然后直接通过比较进行决策。

例 11.2.4 某开发公司拟为一企业承包新产品的研制与开发任务，但为得到合同必须参加投标。已知投标的准备费用为 4 万元，中标的可能性是 40%，如果不中标，准备费用得不到补偿。如果中标，可采用两种方法研制开发：方法 1 成功的可能性为 80%，费用为 26 万元；方法 2 成功的可能性为 50%，费用为 16 万元。如果研制开发成功，该开发公司可得 60 万元。如果合同中标，但未研制开发成功，则开发公司须赔偿 10 万元。问题是要决策：①是否要参加投标？②若中标了，采用哪一种方法研制开发？

决策树由决策点、方案节点、树枝、结果节点四部分组成，下面就决策树图中常用符号逐一说明。

□表示决策点，从它引出的分枝称为方案分枝。

○表示方案节点，其上方数字为该方案的期望益损值，从它引出的分枝称为状态分枝，每条分枝上数字为相应的状态概率，分枝数就是状态数。

△表示结果节点，它后面的数字表示某个方案在某种状态下的益损值。

根据题意，用公式(11.2.1)计算所得数据填入图 11.1 中，最后将方案节点上的期望值加以比较，方案 a_2 为最优方案。而在方案 a_1 和 a_3 的分枝上画上截号“‖”表示舍去。

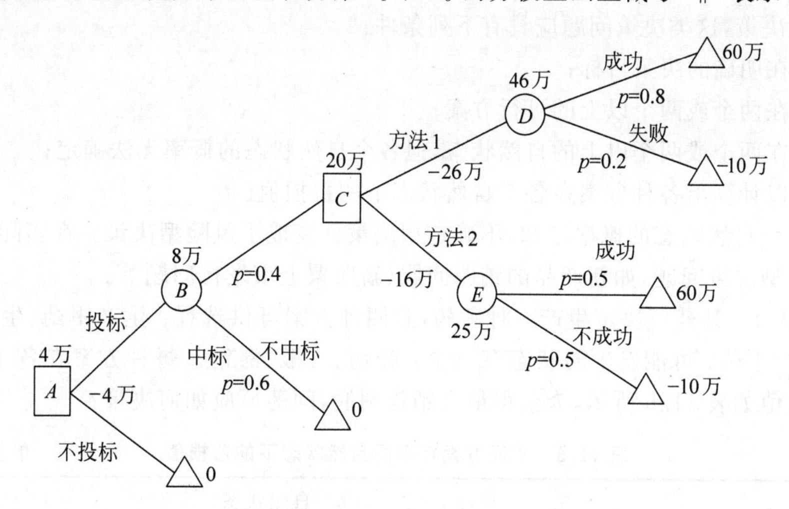

图 11.1　决策树分析图

采用决策树法进行决策的步骤如下：

(1) 画出决策树。一般是从左向右画，先画出决策点，再画出由决策点引出的方案分枝，有几个备选方案，就要画几个分枝；方案分枝的端点是方案节点；由方案节点引出状态分枝，有几个自然状态，就要画几个分枝；在每个状态分枝上标出状态概率；最后，在每个状态分枝末梢画上"△",即结果节点,在它后面标上每个状态在对应方案下的益损值。

(2) 计算方案的期望益损值。在决策树中从末梢开始按从右向左的顺序,利用决策树上标出的益损值和它们相应的概率计算出每个方案的期望益损值。

(3) 根据期望益损值进行决策,将期望益损值小的舍去,而期望益损值大的方案则保留,这就是最优策略。

决策树法是决策分析中最常用的方法之一,这种方法不仅直观方便,而且可以更有效地解决比较复杂的决策问题。例 11.2.3 中只包括一级决策,叫做单级决策问题;有些决策问题包括两级或两级以上的决策,叫做多级决策问题。多级决策问题采用决策树法进行决策显得尤为方便简捷。

例 11.2.4 的解 依次计算各个点的期望收益,得

$P(D)=60\times0.8-10\times0.2=46$(万元), $P(E)=60\times0.5-10\times0.5=25$(万元)

就方法 1、方法 2 进行比较,剪枝。方法 1 收益为 46−26=20 万元,方法 2 收益为 25−16=9 万元。方法 1 的收益 20 万元大于方法 2 的收益 9 万元,所以剪掉方法 2。并把留下的结果 20 万元放到决策点 C 旁。同理把 20×0.4=8 万元放在方案节点 B 旁,而决策点 A 旁为 8−4+0×0=4 万元。

计算结果表明,该开发公司首先应参加投标,在中标的条件下应采用方法 1 进行开发研制,总期望收益为 4 万元。

11.3 不确定型决策

不确定型决策是在只知道有几种自然状态可能发生,但这些状态发生的概率并不知道时所做出的决策,这类决策问题应具有下列条件:

(1) 存在明确的决策目标;

(2) 存在两个或两个以上的可行方案;

(3) 存在两个或两个以上的自然状态,但各个自然状态的概率无法确定;

(4) 可以计算出各种方案在各个自然状态下的益损值。

如果各个自然状态的概率已知,不确定型决策就变成了风险型决策。在实际中,会常常遇到不确定型决策问题,如新产品的销路问题、新股票上市发行问题等。

例 11.3.1 某药厂决定生产一种新药,有四种方案可供选择:生产甲药、生产乙药、生产丙药、生产丁药;可能发生的状态有三个:畅销、一般、滞销。每种方案在各个自然状态下的年效益值如表 11.5 所示,为获得最大销售利润,问药厂应如何决策?

表 11.5 不同方案在不同自然状态下的益损值 单位:万元

方　案	自然状态		
	s_1(畅销)	s_2(一般)	s_3(滞销)
a_1(生产甲药)	650	320	−170
a_2(生产乙药)	400	350	−100
a_3(生产丙药)	250	100	50
a_4(生产丁药)	200	150	90

这是一个不确定决策问题，由于不知道状态概率，无法计算每种方案的期望益损值，于是这类问题在理论上没有一个最优决策准则供决策者决策，它存在着几种不同的决策分析方法，这些方法都有其合理性，具体选择哪一种，主要靠决策人的自身因素等。下面介绍几种不确定型决策准则。

1. 乐观准则

乐观准则是从最乐观的观点出发，对每个方案都按最有利状态来考虑，然后从中选取最优方案。这个准则可表示为

$$R^* = \max_i \{\max_j r_{ij}\} \tag{11.3.1}$$

具体步骤是，先找出各方案在不同自然状态下的最大效益值，再从中选取最大值所对应的方案为决策方案，即先求 $R_i = \max_j r_{ij}$，再求 $R^* = \max_i R_i$，则 R^* 所对应的方案为决策方案。

例 11.3.2　利用乐观准则求解例 11.3.1。

解

$$R_i = \max_j r_{ij} = \begin{pmatrix} 650 \\ 400 \\ 250 \\ 200 \end{pmatrix}, \quad R^* = \max_i R_i = 650$$

最优方案应为 a_1，即生产甲药，这种决策是风险最大的决策。

若给出的益损值不是效益值，而是损失值，公式(11.3.1)应变为“小中取小”。

2. 悲观准则

悲观准则是从最悲观的观点出发，对每个方案按最不利的状态来考虑，然后从中选取最优方案。这个准则可表示为

$$R^* = \max_i \{\min_j r_{ij}\} \tag{11.3.2}$$

具体步骤是，先求 $R_i = \min_j r_{ij}$，再求 $R^* = \max_i R_i$，则 R^* 所对应的方案为决策方案。

例 11.3.3　利用悲观准则求解例 11.3.1。

解

$$R_i = \min_j r_{ij} = \begin{pmatrix} -170 \\ -100 \\ 50 \\ 90 \end{pmatrix}, \quad R^* = \max_i R_i = 90$$

最优方案应为 a_4，即生产丁药。

注　若给出的益损值不是效益值，而是损失值，公式(11.3.2)应“大中取小”。

3. 折衷准则

折衷准则是从折衷观点出发，既不完全乐观也不完全悲观，准则中引入一个表达乐观程度的乐观系数 $\lambda(0<\lambda<1)$。这个准则可表示为

$$R^* = \max_i \{\lambda \max_j r_{ij} + (1-\lambda) \min_j r_{ij}\} \tag{11.3.3}$$

显然，若 $\lambda=1$，折衷准则就变成乐观准则；若 $\lambda=0$，折衷准则就变成悲观准则。

例 11.3.4 利用折衷准则求解例 11.3.1，取 $\lambda=0.7$。

解

$$R_i=\lambda\max_j r_{ij}+(1-\lambda)\min_j r_{ij}$$

$$=0.7\times\begin{pmatrix}650\\400\\250\\200\end{pmatrix}+0.3\times\begin{pmatrix}-170\\-100\\50\\90\end{pmatrix}=\begin{pmatrix}404\\250\\190\\167\end{pmatrix}$$

$$R^*=\max_i R_i=404$$

最优方案应为 a_1，即生产甲药。

若给出的益损值是损失值，公式(11.3.3)中取大改为取小，取小改为取大。

4. 等可能准则

等可能准则是在假定各种自然状态发生的概率总是相同的情况下，选择期望益损值最优的方案。决策准则可表示为

$$R^*=\max_i\left\{\frac{1}{m}\sum_j r_{ij}\right\}\tag{11.3.4}$$

例 11.3.5 利用等可能准则求解例 11.3.1。

解 $$R_i=\frac{1}{m}\sum_j r_{ij}=\begin{pmatrix}266.7\\216.7\\133.3\\146.7\end{pmatrix}$$

$$R^*=\max_i R_i=266.7$$

所以，选取方案 a_1 为最优方案，即生产甲药。

注 *若益损值为损失值时，公式(11.3.4)改为取最小值。*

5. 后悔值准则

后悔值准则是从后悔值考虑，希望能找到一个这样的策略，以使在实施这个策略时能产生较少的后悔。所谓后悔值是指每种状态下最大益损值与此状态下其他益损值之差。在所有方案的最大后悔值中选最小者，此时对应的方案为最优策略。决策准则可表示为

$$R^*=\min_i\{\max_j RV_{ij}\}\tag{11.3.5}$$

其中 $RV_{ij}=\max_i r_{ij}-r_{ij}$。

这种策略的主要步骤如下：

(1) 找出各种自然状态下的最大收益值；

(2) 分别求出各自然状态下各个方案未达到理想的后悔值，利用公式

后悔值=最大收益值−方案收益值

(3) 把后悔值排成矩阵，称为后悔矩阵；

(4) 把每个方案的最大后悔值求出来，选取其中最小者所对应的方案为最优策略。

例 11.3.6 利用后悔值准则求解例 11.3.1。

解 首先根据表 11.5 计算在状态 s_j 下方案 a_i 的后悔值，然后计算最大后悔值。计算结果如表 11.6 所示。

表 11.6 不同方案在不同自然状态下的益损值 单位：万元

方案	自然状态			$\max\limits_{j} RV_{ij}$
	s_1	s_2	s_3	
a_1	0	30	260	260
a_2	250	0	190	250
a_3	400	250	40	400
a_4	450	200	0	450

$$R^* = \min_i\{\max_j RV_{ij}\} = \min\begin{pmatrix}260\\250\\400\\450\end{pmatrix} = 250$$

所以，选取方案 a_2 为最优方案，即生产乙药。

注 若益损值为损失值时，公式(11.3.5)中的后悔值 $RV_{ij}=r_{ij}-\min\limits_{i} r_{ij}$。

11.4 层次分析法

层次分析法是对一些较为复杂、模糊的问题作出决策的多准则决策方法，它特别适用于难以完全定量分析的问题。

11.4.1 层次分析法的基本原理与步骤

人们在进行社会领域、经济领域以及科学管理领域问题的系统分析时，常常面临的是一个由相互关联、相互制约的众多因素构成的复杂而往往缺少定量数据的系统。层次分析法为这类问题的决策和排序提供了一种简捷而实用的建模方法。

运用层次分析法建模大体上可按下面四个步骤进行：

(1) 建立递阶层次结构模型；

(2) 构造各层次中的所有判断矩阵；

(3) 层次单排序及一致性检验；

(4) 层次总排序及一致性检验。

下面分别说明这四个步骤的实现过程。

1. 递阶层次结构的建立与特点

应用层次分析法分析决策问题时，首先要把问题条理化、层次化，构造出一个有层次的结构模型。在这个模型下，复杂问题被分解为元素的组成部分。这些元素又按其属性及关系形成若干层次。上一层次的元素作为准则对下一层次相关元素起支配作用。这些层次可以分为以下三类：

(1) 最高层　这一层次中只有一个元素，一般它是分析问题的预定目标或理想结果，因此也称为目标层。

(2) 中间层　这一层次包含了为实现目标所涉及的中间环节，它可以由若干个层次组成，包括所需考虑的准则、子准则，因此也称为准则层。

(3) 最底层　这一层次包括了为实现目标可供选择的各种措施、决策方案等，因此也称为措施层或方案层。

递阶层次结构中的层次数与问题的复杂程度及需要分析的详尽程度有关，一般层次数不受限制。每一层次中各因素所支配的下层因素一般不要超过9个。这是因为支配的因素过多会给两两比较判断带来困难。

下面结合实例来说明递阶层次结构的建立。

例 11.4.1　若假期旅游有 P_1, P_2, P_3 共3个旅游胜地供游客选择，试给出一些准则，确定一个最佳地点。

在此问题中，游客会根据诸如景色、费用、居住、饮食和旅途条件等一些准则去反复比较3个候选地点。可以建立如下的层次结构模型。

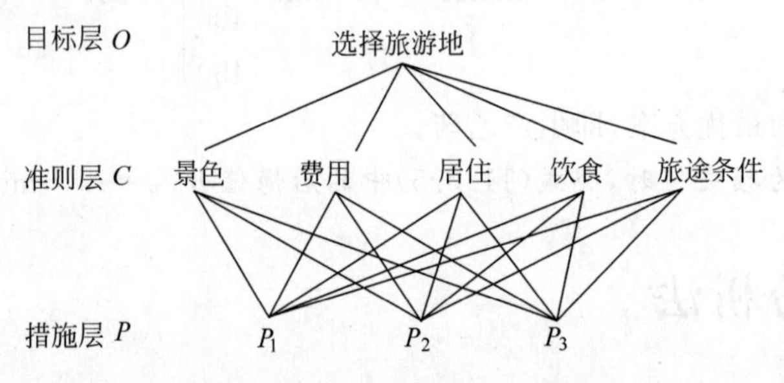

图 11.2　选择旅行地的层次结构

2. 构造判断矩阵

层次结构反映了各个因素之间的关系，但准则层中的各准则在目标衡量中所占的比重并不一定相同，在决策者的心目中，它们各占有相应的比例。

当确定影响某因素的诸因子在该因素中所占的比例时，遇到的主要困难是如何将这些比例定量化。此外，当影响某因素的因子较多时，直接考虑各因子对该因素有多大程度的影响常常会顾此失彼，使决策者提出与其实际认为的重要性程度不一致的数据，甚至有可能提出一组隐含矛盾的数据。例如，将一块重为1kg的石块砸成 n 小块，可以精确称出它们的重量，设为 $w_1, w_2, \cdots, w_n$。现在，请人估计这 n 小块的重量占总重量的比例(不能让他知道各小石块的重量)，此人不仅很难给出精确的比值，而且完全可能因顾此失彼而提供彼此矛盾的数据。

设现在要比较 n 个因子 $X=\{x_1, x_2, \cdots, x_n\}$ 对某因素 Z 的影响大小，怎样比较才能提供可信的数据呢？可以采取对因子进行两两比较建立成对比较矩阵的办法，即每次取两个因子 x_i 和 x_j，以 a_{ij} 表示 x_i 和 x_j 对 Z 的影响大小之比，全部比较结果用矩阵 $\mathbf{A}=(a_{ij})_{n\times n}$ 表示，称 $\mathbf{A}$ 为 $Z-X$ 之间的成对比较判断矩阵(简称判断矩阵)。容易看出，若 x_i 与 x_j 对 Z 的影响之比为 a_{ij}，则 x_j 与 x_i 对 Z 的影响之比应为 $a_{ji}=\dfrac{1}{a_{ij}}$。

定义 11.4.1　若矩阵 $\mathbf{A}=(a_{ij})_{n\times n}$ 满足

(1) $a_{ij}>0$；(2) $a_{ji}=\dfrac{1}{a_{ij}}(i,j=1,2,\cdots,n)$，

则称 A 为正互反矩阵。易见 $a_{ii}=1(i=1,2,\cdots,n)$。

关于如何确定 a_{ij} 的值，可以引用数字1～9及其倒数作为标度。下表列出了1～9标度

的含义：

标　度	含　义
1	表示两个因素相比，具有相同重要性
3	表示两个因素相比，前者比后者稍微重要
5	表示两个因素相比，前者比后者明显重要
7	表示两个因素相比，前者比后者强烈重要
9	表示两个因素相比，前者比后者极端重要
2,4,6,8	表示上述相邻判断的中间值
倒数	若因素 i 与因素 j 的重要性之比为 a_{ij}，那么因素 j 与因素 i 重要性之比为 $a_{ji}=\frac{1}{a_{ij}}$

从心理学观点来看，分级太多会超越人们的判断能力，既增加了判断的难度，又容易因此而提供虚假数据。实验结果表明，采用1～9标度是较为合适的。

最后，应该指出，一般情形作$\frac{n(n-1)}{2}$次两两判断是必要的。有人认为把所有元素都和某个元素比较，即只作 $n-1$ 个比较就可以了。这种做法的弊端在于，任何一个判断的失误均可导致不合理的排序，而个别判断的失误对于难以定量的系统往往是不可避免的。进行$\frac{n(n-1)}{2}$次比较可以提供更多的信息，通过各种不同角度的反复比较，从而得出一个合理的排序。

3. 层次单排序及一致性检验

判断矩阵 $\boldsymbol{A}$ 对应于最大特征值 $\lambda_{\max}$ 的特征向量 $\boldsymbol{W}$，经归一化后即为同一层次相应因素对于上一层次某因素相对重要性的排序权值，这一过程称为层次单排序。

上述构造成对比较判断矩阵的办法虽能减少其他因素的干扰，较客观地反映出一对因子影响力的差别。但综合全部比较结果时，其中难免包含一定程度的非一致性。如果比较结果是前后完全一致的，则矩阵 $\boldsymbol{A}$ 的元素还应当满足

$$a_{ij}a_{jk}=a_{ik},\quad \forall i,j,k=1,2,\cdots,n \tag{11.4.1}$$

定义 11.4.2　满足关系式(11.4.1)的正互反矩阵称为一致矩阵。

需要检验构造出来的(正互反)判断矩阵 $\boldsymbol{A}$ 的非一致性是否严重，以便确定是否接受 $\boldsymbol{A}$。

定理 11.4.1　正互反矩阵 $\boldsymbol{A}$ 的最大特征值 $\lambda_{\max}$ 必为正实数，其对应特征向量的所有分量均为正实数。$\boldsymbol{A}$ 的其余特征值的模均严格小于 $\lambda_{\max}$。

定理 11.4.2　若 $\boldsymbol{A}$ 为一致矩阵，则

(1) $\boldsymbol{A}$ 必为正互反矩阵。

(2) $\boldsymbol{A}$ 的转置矩阵 $\boldsymbol{A}^{\mathrm{T}}$ 也是一致矩阵。

(3) $\boldsymbol{A}$ 的任意两行成比例，比例因子大于零，从而 $\mathrm{rank}(\boldsymbol{A})=1$。(同样，$\boldsymbol{A}$ 的任意两列也成比例。)

(4) $\boldsymbol{A}$ 的最大特征值 $\lambda_{\max}=n$，其中 n 为矩阵 $\boldsymbol{A}$ 的阶。$\boldsymbol{A}$ 的其余特征值均为零。

(5) 若 $\boldsymbol{A}$ 的最大特征值 $\lambda_{\max}$ 对应的特征向量为 $\boldsymbol{W}=(w_1,\cdots,w_n)^{\mathrm{T}}$，则 $a_{ij}=\frac{w_i}{w_j}$，$\forall i,j=1,2,\cdots,n$，即

$$A=\begin{pmatrix}\frac{w_1}{w_1} & \frac{w_1}{w_2} & \cdots & \frac{w_1}{w_n}\\ \frac{w_2}{w_1} & \frac{w_2}{w_2} & \cdots & \frac{w_2}{w_n}\\ \vdots & \vdots & & \vdots\\ \frac{w_n}{w_1} & \frac{w_n}{w_2} & \cdots & \frac{w_n}{w_n}\end{pmatrix}$$

定理 11.4.3 n 阶正互反矩阵 $\boldsymbol{A}$ 为一致矩阵当且仅当其最大特征值 $\lambda_{\max}=n$，且当正互反矩阵 $\boldsymbol{A}$ 非一致时，必有 $\lambda_{\max}>n$。

根据定理 11.4.3，可以由 $\lambda_{\max}$ 是否等于 n 来检验判断矩阵 $\boldsymbol{A}$ 是否为一致矩阵。由于特征值连续地依赖 a_{ij}，故 $\lambda_{\max}$ 比 n 大得越多，$\boldsymbol{A}$ 的非一致性程度也就越严重，$\lambda_{\max}$ 对应的标准化特征向量也就越不能真实地反映出 $\boldsymbol{X}=(x_1,x_2,\cdots,x_n)$ 在对因素 Z 的影响中所占的比重。因此，对决策者提供的判断矩阵有必要作一次一致性检验，以决定是否能接受它。

对判断矩阵的一致性检验的步骤如下：

(1) 计算一致性指标 CI，有

$$\mathrm{CI}=\frac{\lambda_{\max}-n}{n-1}$$

(2) 查找相应的平均随机一致性指标 RI。对 $n=1,2,\cdots,9$，RI 的值如下表所示：

n	1	2	3	4	5	6	7	8	9
RI	0	0	0.58	0.90	1.12	1.24	1.32	1.41	1.45

这里 RI 的值是这样得到的，用随机方法构造 500 个样本矩阵，随机地从 1～9 及其倒数中抽取数字构造正互反矩阵，求得最大特征值的平均值 $\lambda'_{\max}$，并定义

$$\mathrm{RI}=\frac{\lambda'_{\max}-n}{n-1}$$

(3) 计算一致性比例 CR，有 $\mathrm{CR}=\frac{\mathrm{CI}}{\mathrm{RI}}$。

当 $\mathrm{CR}<0.10$ 时，认为判断矩阵的一致性是可以接受的，否则应对判断矩阵作适当修正。

4. 层次总排序及一致性检验

上面得到的是一组因素对其上一层中某因素的权重向量。我们最终要得到各因素，特别是最低层中各方案对于目标的排序权重，从而进行方案选择。总排序权重要自上而下地将单准则下的权重进行合成。

设上一层次(A 层)包含 $A_1,\cdots,A_m$ 共 m 个因素，它们的层次总排序权重分别为 $a_1,\cdots,a_m$。又设其后的下一层次(B 层)包含 n 个因素 $B_1,\cdots,B_n$，它们关于 A_j 的层次单排序权重分别为 $b_{1j},\cdots,b_{nj}$(当 B_i 与 A_j 无关联时，$b_{ij}=0$)。现求 B 层中各因素关于总目标的权重，即求 B 层各因素的层次总排序权重 $b_1,\cdots,b_n$，计算按下表所示方式进行，即 $b_i=\sum\limits_{j=1}^{m}b_{ij}a_j$，$i=1,2,\cdots,n$。

A层 / B层	A_1 a_1	A_2 a_2	…	A_m a_m	B层总排序权值
B_1	b_{11}	b_{12}	…	b_{1m}	$\sum_{j=1}^{m} b_{1j}a_j$
B_2	b_{12}	b_{22}	…	b_{2m}	$\sum_{j=1}^{m} b_{2j}a_j$
⋮	⋮	⋮		⋮	⋮
B_n	b_{n1}	b_{n2}	…	b_{nm}	$\sum_{j=1}^{m} b_{nj}a_j$

对层次总排序也需作一致性检验，检验仍像层次总排序那样由高层到低层逐层进行。这是因为虽然各层次均已经过层次单排序的一致性检验，各成对比较判断矩阵都已具有较为满意的一致性，但当综合考察时，各层次的非一致性仍可能积累起来，导致最终分析结果产生较严重的非一致性。

设 B 层中与 A_j 相关的因素的成对比较判断矩阵在单排序中经过一致性检验，求得单排序一致性指标为 $\mathrm{CI}(j)$，$(j=1,2,\cdots,m)$，相应的平均随机一致性指标为 $\mathrm{RI}(j)$（$\mathrm{CI}(j)$，$\mathrm{RI}(j)$已在层次单排序时求得），则 B 层总排序随机一致性比例为

$$\mathrm{CR}=\frac{\sum_{j=1}^{m}\mathrm{CI}(j)a_j}{\sum_{j=1}^{m}\mathrm{RI}(j)a_j}$$

当 $\mathrm{CR}<0.10$ 时，认为层次总排序结果具有较满意的一致性并接受该分析结果。

11.4.2　层次分析法的应用

在应用层次分析法研究问题时，遇到的主要困难有两个：

(1) 如何根据实际情况抽象出较为贴切的层次结构；

(2) 何将某些定性的量作比较接近实际定量化处理。

层次分析法将人们的思维过程进行了加工整理，提出了一套系统分析问题的方法，为科学管理和决策提供了较有说服力的依据。

但是，层次分析法也有其局限性，主要表现在：

(1) 它在很大程度上依赖于人们的经验，主观因素的影响很大，至多只能排除思维过程中的严重非一致性，却无法排除决策者个人可能存在的严重片面性；

(2) 比较、判断过程较为粗糙，不能用于精度要求较高的决策问题。

因而，层次分析法至多只能算是一种半定量（或定性与定量结合）的方法。

经过几十年的发展，许多学者针对层次分析法进行了改进和完善，形成了一些新理论和新方法，像群组决策、模糊决策和反馈系统理论等。

在应用层次分析法时，建立层次结构模型是十分关键的一步。下面分析一个实例，以便说明如何从实际问题中抽象出相应的层次结构。

例 11.4.2　某高校毕业生与多家用人单位洽谈，挑选合适的工作。经双方恳谈，已有三个单位表示愿意录用该毕业生。于是，该毕业生根据已有信息建立了一个层次结构模型，

如图 11.3 所示，判断矩阵后附。试求该毕业生最满意的工作。

解 如图 11.3 所示。

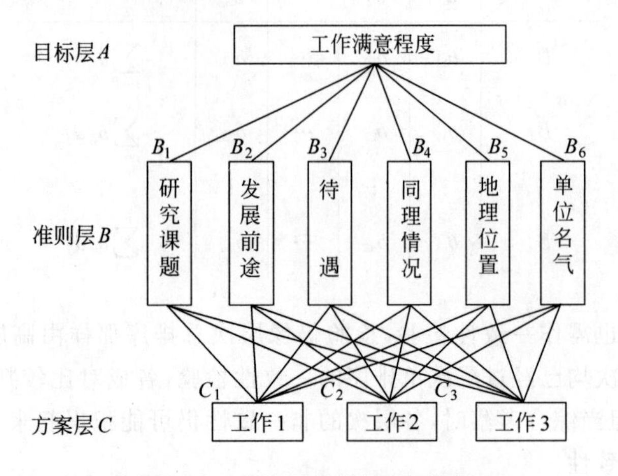

图 11.3 挑选工作的层次结构图

A	B_1	B_2	B_3	B_4	B_5	B_6
B_1	1	1	1	4	1	1/2
B_2	1	1	2	4	1	1/2
B_3	1	1/2	1	5	3	1/2
B_4	1/4	1/4	1/5	1	1/3	1/3
B_5	1	1	1/3	3	1	1
B_6	2	2	2	3	3	1

解 方案层：

B_1	C_1	C_2	C_3
C_1	1	1/4	1/2
C_2	4	1	3
C_3	2	1/3	1

B_2	C_1	C_2	C_3
C_1	1	1/4	1/5
C_2	4	1	1/2
C_3	5	2	1

B_3	C_1	C_2	C_3
C_1	1	3	1/3
C_2	1/3	1	7
C_3	3	1/7	1

B_4	C_1	C_2	C_3
C_1	1	1/3	5
C_2	3	1	7
C_3	1/5	1/7	1

B_5	C_1	C_2	C_3
C_1	1	1	7
C_2	4	1	7
C_3	1/7	1/7	1

B_6	C_1	C_2	C_3
C_1	1	7	9
C_2	1/7	1	1
C_3	1/9	1	1

层次总排序如下表所示。

准则		研究课题	发展前途	待遇	同事情况	地理位置	单位名气	总排序权值
准则层权值		0.1507	0.1792	0.1886	0.0472	0.1464	0.2879	
方案层单排序权值	工作 1	0.1365	0.0974	0.2426	0.2790	0.4667	0.7986	0.3952
	工作 2	0.6250	0.3331	0.0879	0.6491	0.4667	0.1049	0.2996
	工作 3	0.2385	0.5695	0.6694	0.0719	0.0667	0.0965	0.3052

根据层次总排序权值，该生最满意的工作为工作 1。

相应的 MATLAB 程序如下：

```
clc
a = [1,1,1,4,1,1/2
1,1,2,4,1,1/2
  1,1/2,1,5,3,1/2
  1/4,1/4,1/5,1,1/3,1/3
  1,1,1/3,3,1,1
  2,2,2,3,3,1];
[x,y] = eig(a);eigenvalue = diag(y);lamda = eigenvalue(1);
ci1 = (lamda - 6)/5;cr1 = ci1/1.24
w1 = x(:,1)/sum(x(:,1))
b1 = [1,1/4,1/2;4,1,3;2,1/3,1];
[x,y] = eig(b1);eigenvalue = diag(y);lamda = eigenvalue(1);
ci21 = (lamda - 3)/2;cr21 = ci21/0.58
w21 = x(:,1)/sum(x(:,1))
b2 = [1  1/4  1/5;4  1  1/2;5  2  1];
[x,y] = eig(b2);eigenvalue = diag(y);lamda = eigenvalue(1);
ci22 = (lamda - 3)/2;cr22 = ci22/0.58
w22 = x(:,1)/sum(x(:,1))
b3 = [1   3  1/3;1/3  1    1/7;3   7   1];
[x,y] = eig(b3);eigenvalue = diag(y);lamda = eigenvalue(1);
ci23 = (lamda - 3)/2;cr23 = ci23/0.58
w23 = x(:,1)/sum(x(:,1))
b4 = [1  1/3  5;3  1  7;1/5  1/7  1];
[x,y] = eig(b4);eigenvalue = diag(y);lamda = eigenvalue(1);
ci24 = (lamda - 3)/2;cr24 = ci24/0.58
w24 = x(:,1)/sum(x(:,1))
b5 = [1   1    7;1   1    7;1/7  1/7   1];
[x,y] = eig(b5);eigenvalue = diag(y);lamda = eigenvalue(2);
ci25 = (lamda - 3)/2;cr25 = ci25/0.58
w25 = x(:,2)/sum(x(:,2))
b6 = [1   7   9;1/7  1   1 ;1/9   1   1];
[x,y] = eig(b6);eigenvalue = diag(y);lamda = eigenvalue(1);
ci26 = (lamda - 3)/2;cr26 = ci26/0.58
w26 = x(:,1)/sum(x(:,1))
w_sum = [w21,w22,w23,w24,w25,w26] * w1
ci = [ci21,ci22,ci23,ci24,ci25,ci26];
    cr = ci * w1/sum(0.58 * w1)
```

习题 11

11.1　某药厂要确定下一计划期内某药品的生产批量，根据经验并通过市场调查，已知药品销路好、销路一般和销路较差的概率分别为 0.3、0.5 和 0.2，采用大批量生产可能获得的利润分别为 20 万元、12 万元和 8 万元，中批量生产可能获得的利润分别为 16 万元、16 万元和 10 万元，小批量生产可能获得的利润分别为 12 万元、12 万元和 12 万元。试用最大可能准则和期望值准则进行决策。

11.2　某农场种植了价值 10 000 元的中药材，但目前因害虫的侵袭而受到严重的威胁，场长必须决定是否喷洒农药。喷洒农药将耗费 1000 元。如果他决定喷洒农药，只要一周内不下雨，就可以挽救全部药材；而如果一周内有雨，就只能挽救 50％的药材。反之，如果他决定不喷洒农药，只要一周内不下雨，就将损失全部药材；若一周内有雨，就能自动救活 60％的药材。假设一周内下雨的概率为 0.7。试用最大可能准则和期望值准则进行决策。

11.3　某药厂决定某药品的生产批量时，调查了这一药品的销路好、销路差两种自然状态及其发生的概率，有大、中、小三种批量生产方案的投资金额，以及它们在不同销路状态下的效益值，如表 11.7 所示。试用决策树法进行决策。

表 11.7　不同方案在不同自然状态下的益损值　　单位：万元

方　　案	投资金额	药品销路	
		s_2（销路好）$p(s_2)=0.7$	s_3（销路差）$p(s_3)=0.3$
a_1（大批量生产）	10	20	−15
a_2（中批量生产）	8	18	−10
a_3（小批量生产）	5	16	−8

11.4　某厂在产品开发中经过调查研究，取得如下有关资料：一开始就有引进新产品和不引进新产品两种方案. 在决定引进新产品时，估计需投入科研试制费 7 万元，其他企业以相同产品投入市场参与竞争的概率为 0.6，无竞争的概率为 0.4。在无竞争的情况下，该厂有大规模生产、一般规模生产和小规模生产三种方案，其收益分别为 20 万元、16 万元和 12 万元。在有竞争的情况下，该厂和竞争企业都有上述三种规模的生产方案，有关数据如表 11.8 所示。试用决策树法进行决策。

表 11.8　不同方案在不同自然状态下的益损值　　单位：万元

本厂生产规模		竞争企业生产规模		
		大	一般	小
大	概率	0.5	0.4	0.1
	收益/万元	4	6	12
一般	概率	0.2	0.6	0.2
	收益/万元	3	5	11
小	概率	0.1	0.2	0.7
	收益/万元	2	4	10

11.5 某地有10万人口，当地卫生机构拟对人群的某种疾病作一次检查，现在需要就采用哪种检查方式的问题作出决策。有三种方式可供选择：其一，全体人口普查；其二，只检查高危人群；其三，所有的人都不检查。假设人群的疾病分布状况和预期的检查结果以及检查和治疗费用的有关资料如表11.9和表11.10所示，为了使总费用最少，应选择哪种方案？试用决策树法来分析。

表11.9 不同人群的检查结果

检查结果	实际情况					
	高危险组			低危险组		
	阳性	阴性	合计	阳性	阴性	合计
阳性	1900	3600	5500	3040	15 360	18 400
阴性	100	14 400	14 500	160	61 440	61 660
合计	2000	18 000	20 000	3200	76 800	80 000

表11.10 检查和治疗费用

项　目	费用/(元/人)
全人口普查	3
重点检查	4
真阳性病人早期治疗	10
假阳性病人早期治疗	5
晚期治疗	100

11.6 某医院制剂室生产某种药品，有三种方案：大批量生产、中批量生产、小批量生产；该药品治疗的疾病情况也有三种：大流行、局部流行、不流行。出现哪种概率全然不知，医院获利情况如表11.11所示。试分别用乐观准则、悲观准则、折衷准则($\lambda=0.7$)、后悔值准则进行决策。

表11.11 不同方案在不同自然状态下的益损值 单位：元

方　案	自然状态		
	s_1(疾病大流行)	s_2(局部流行)	s_3(不流行)
a_1(大批量生产)	600	400	−200
a_2(中批量生产)	400	250	−100
a_3(小批量生产)	100	150	50

11.7 实施某卫生服务计划，有4个可供选择的方案a_1,a_2,a_3,a_4，每个方案都面临三种可能的自然状态s_1,s_2,s_3，各相应的益损值如表11.12所示，假定不知道各自然状态发生的概率。试用各种准则进行决策。(折衷系数$\lambda=0.6$)

表 11.12 不同方案在不同自然状态下的益损值　　单位：万元

方案	自然状态		
	s_1	s_2	s_3
a_1	50	45	60
a_2	25	75	50
a_3	105	10	25
a_4	20	100	40

11.8　某决策问题的最大和最小益损值分别为 120 元和 −40 元，所对应的效用值分别为 1 和 0，其他益损值所对应的效用值如表 11.13 所示。试画出效用曲线，并利用效用值准则说明下列两种方案中哪一种较优：s_1（成功概率为 0.6，获利 70 元；失败概率为 0.3，损失 20 元），s_2（成功概率为 1，获利 30 元）。

表 11.13　效益值和效用值

R/元	10	20	50	80	90	100
U	0.57	0.62	0.75	0.84	0.87	0.95

11.9　假设买家已经去过几家主要的摩托车商店，基本确定将从三种车型中选购一种。选择的标准主要有：价格、耗油量大小、舒适程度和外表美观情况。经反复思考比较，构造了它们之间的成对比较矩阵

$$\mathbf{A}=\begin{pmatrix}1 & 3 & 7 & 8\\ \frac{1}{3} & 1 & 5 & 5\\ \frac{1}{7} & \frac{1}{5} & 1 & 3\\ \frac{1}{8} & \frac{1}{5} & \frac{1}{3} & 1\end{pmatrix}$$

三种车型（记为 a,b,c）关于价格、耗油量、舒适程度及买家对它们表观喜欢程度的成对比较矩阵为

（价格）
$$\begin{array}{c} \\ a\\ b\\ c\end{array}\begin{array}{c}\begin{array}{ccc}a & b & c\end{array}\\ \begin{pmatrix}1 & 2 & 3\\ \frac{1}{2} & 1 & 2\\ \frac{1}{3} & \frac{1}{2} & 1\end{pmatrix}\end{array}$$

（耗油量）
$$\begin{array}{c} \\ a\\ b\\ c\end{array}\begin{array}{c}\begin{array}{ccc}a & b & c\end{array}\\ \begin{pmatrix}1 & \frac{1}{5} & \frac{1}{2}\\ 5 & 1 & 7\\ 2 & \frac{1}{7} & 1\end{pmatrix}\end{array}$$

（舒适程度）
$$\begin{array}{c} \\ a\\ b\\ c\end{array}\begin{array}{c}\begin{array}{ccc}a & b & c\end{array}\\ \begin{pmatrix}1 & 3 & 5\\ \frac{1}{3} & 1 & 4\\ \frac{1}{5} & \frac{1}{4} & 1\end{pmatrix}\end{array}$$

（外表）
$$\begin{array}{c} \\ a\\ b\\ c\end{array}\begin{array}{c}\begin{array}{ccc}a & b & c\end{array}\\ \begin{pmatrix}1 & \frac{1}{5} & 3\\ 5 & 1 & 7\\ \frac{1}{3} & \frac{1}{7} & 1\end{pmatrix}\end{array}$$

（1）根据上述矩阵可以看出四项标准在买家心目中的比重是不同的，请按由重到轻的顺序将它们排出。

（2）哪辆车最便宜？哪辆车最省油？哪辆车最舒适，哪辆车最漂亮？

（3）用层次分析法确定买家对这三种车型的喜欢程度(用百分比表示)。

11.10　用层次分析法解决下列问题：

（1）学校评选优秀学生或优秀班级，试给出若干准则，构造层次结构模型，可分为相对评价和绝对评价两种情况讨论。

（2）购置一台个人电脑，考虑功能、价格等的因素，如何作出决策。

（3）为大学毕业的青年建立一个选择志愿的层次结构模型。

第12章

现代优化算法

12.1 引言

20世纪70年代初期，随着计算复杂性理论的逐步形成，科学工作者发现并证明了大量来源于实际的组合最优化问题是非常难解的问题，即所谓的NP完全问题和NP难问题。20世纪80年代初期产生了一系列现代优化算法，如遗传算法、模拟退火算法、人工神经网络算法等。本章将介绍这些算法，用它们可以较容易地解决一些很复杂的、常规算法很难解决的问题。由于这些算法都有着深厚的理论背景，因此，本章不详细讨论这些算法的理论，而是介绍算法的具体应用，读者只需大概了解这些算法的原理，知道能用这些算法解决一类什么样的问题，并能应用这些算法解决数学建模中的一些问题即可。

12.2 遗传算法

12.2.1 遗传算法概述

遗传算法是一种基于自然群体遗传演化机制的高效探索算法，它摒弃了传统的搜索方式，模拟自然界生物进化过程，采用人工进化的方式对目标空间进行随机化搜索。它将问题域中的可能解看作是群体中的个体或染色体，并将每个个体编码成符号串形式，模拟达尔文的遗传选择和自然淘汰的生物进化过程，对群体反复进行基于遗传学的操作（遗传、交叉和变异），根据预定的目标适应度函数对每个个体进行评价，依据适者生存、优胜劣汰的进化规则，不断得到更优的群体，同时以全局并行搜索方式来搜索优化群体中的最优个体，求得满足要求的最优解。

下面先通过一个例子来了解遗传算法的基本原理。

求函数 $f(x)=x^2$ 的极大值，其中 x 为自然数，$0\leqslant x\leqslant 31$。现在，将每一个数看成一个生命体，通过进化，看谁能最后生存下来，谁就是我们所寻找的数。

1. 编码

将每一个数作为一个生命体，那么必须给其赋予一定的基因，这个过程叫做编码。我们可以把变量 x 编码成5位长的二进制无符号整数表示形式，比如 $x=13$ 可表示为01101的形式，也就是说，13的基因为01101。

2. 初始群体的生成

由于遗传的需要，我们必须设定一些初始的生物群体，让其作为生物繁殖的第一代。需要说明的是，初始群体的每个个体都是通过随机方法产生的，这样便可以保证生物的多样性和竞争的公平性。

3. 适应度评估检测

生物的进化服从适者生存，优胜劣汰的进化规则，因此，必须规定什么样的基因是"优"的，什么样的基因是"劣"的，在这里，我们称之为适应度。显然，由于要求函数 $f(x)=x^2$ 的最大值，因此，能使 $f(x)=x^2$ 较大的基因是"优"的，使 $f(x)=x^2$ 较小的基因是"劣"的。由此，可以将 $f(x)=x^2$ 定义为适应度函数，用来衡量某一生物体的适应程度。

4. 选择

接下来便可以进行优胜劣汰的过程，这个过程在遗传算法里叫做选择。注意，选择应该是一个随机的过程，基因差的生物体不一定会被淘汰，只是其被淘汰概率比较大罢了，这与自然界中的规律是相同的。

5. 交叉操作

下面要进行交叉繁殖，随机选出两个生物体，让其交换一部分基因，这样便形成了两个新的生物体，成为第二代。

6. 变异

生物界中不但存在着遗传，同时还存在着变异，在这里我们也引入变异，使生物体的基因中的某一位以一定的概率发生变化，这样引入适当的扰动，能避免局部极值的问题。

以上的算法便是最简单的遗传算法，通过以上步骤不断地进化，生物体的基因便逐渐地趋向最优，最后便能得到我们想要的结果。

12.2.2 标准遗传算法

遗传算法是具有"生成＋检测"的迭代过程的搜索算法，它的基本处理过程如图12.1所示。

从图12.1中可以看出，遗传算法是一种群体型操作，该操作以群体中的所有个体为对象。选择、交叉和变异是遗传算法的3个主要操作算子，它们构成了所谓的遗传操作，使遗传算法具有了其他传统方法所没有的特性。遗传算法包含了如下5个基本要素：(1)参数编码；(2)初始群体的设定；(3)适应度函数的设计；(4)遗传操作设计；(5)控制参数设定(主要是指群体大小和使用遗传操作的概率等)。这5个要素构成了遗传算法的核心内容。

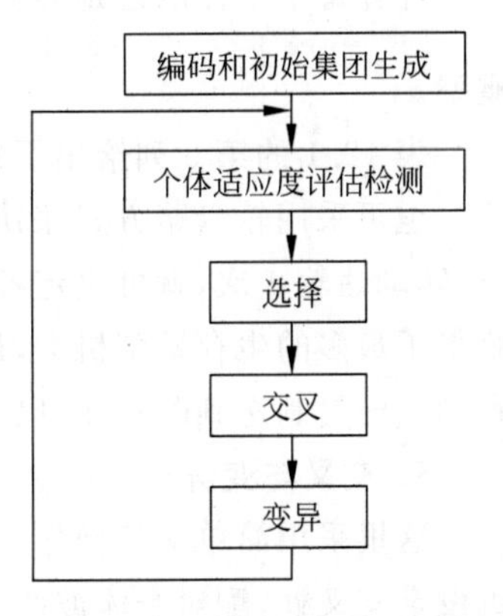

图12.1　遗传算法的基本流程

12.2.3 遗传算法的应用

实际应用中遗传算法主要是用来寻优，它具有很多优点，如能有效地避免局部最优现象，有很强的鲁棒性，并且在寻优过程中，基本不需要任何搜索空间的知识和其他辅助信息等。

下面就来具体介绍遗传算法如何求解函数 $f(x)=x^2$ 的最大值，其中 x 为自然数，$0\leqslant x\leqslant 31$。

1. 编码

由于在该例中，$x\in[0,31]$，所以将 x 编码为5位长的二进制数字。如 $x=12$ 可以表示为01100。

2. 初始群体的生成

随机产生初始群体的每个个体，群体的大小为4，如表12.1所示。

表12.1 遗传算法求解函数最值表

个体号	初始群体	x的值	适应度	选择概率	适应度期望值	实际次数	配对	交叉位置	新一代群体	x的值	适应度
1	01101	13	169	0.14	0.58	1	2	4	01100	12	144
2	11000	24	576	0.49	1.97	2	1	4	11001	25	625
3	01000	8	64	0.06	0.22	0	4	2	11011	27	729
4	10011	19	361	0.31	1.23	1	3	2	10000	16	256
适应度总和			1170	1.00	4.00	4					1754
平均适应度			293	0.25	1.00	1					439
最大适应度			576	0.49	1.97	2					729

3. 适应度计算

将每个个体 x 的函数值 $f(x)$ 作为该个体的适应度。如个体01100的适应度为 $f(12)=12^2=144$。

4. 选择

计算每个个体的适应度所占的比例 $f_i\Big/\sum_{j=1}^{4}f_j,i=1,2,3,4$，并以此作为相应的选择概率。

表12.1的第5列给出了每个个体的选择概率。由此概率可计算出每个个体选择的次数。也可采用轮盘赌方式来决定每个个体的选择份数。赌轮按每个个体适应度的比例分配，转动赌轮4次，就可决定各自的选择份数，如表12.1中第7列。结果反映出优秀个体2获得了最多的生存繁殖机会，最差个体3被淘汰。每次选择都对个体进行一次复制，由此得到的4份复制送到配对库，以备配对繁殖。

5. 交叉与变异

这里采用简单交叉操作。首先对配对库中的个体进行随机配对；其次，在配对个体中随机设定交叉处，配对个体彼此交换部分信息（如表12.1所示）。于是得到4个新个体，这4个新个体就形成了新一代群体。比较新旧群体，不难发现新群体中个体适应度的平均值和最大值都有明显的提高。由此可见,新群体中的个体的确是朝着期望的方向进化了。

一般而言,变异概率都取得很小。在这里取 $p_m=0.001$,由于群体中共有 $20\times0.001=0.02$ 位基因可以变异,这就意味着群体中通常没有一位基因可变异。

例 12.2.1　利用 MATLAB 的优化工具箱 ga 求解器计算函数

$$f(x)=\left[0.01+\sum_{i=1}^{5}\frac{1}{i+(x_i-1)^2}\right]^{-1},\quad -10\leqslant x_i\leqslant 10, i=1,2,\cdots,5$$

的最小值。

解　首先建立适应度函数 fitfunction. m 文件:

```
function y = fitfunction(x)
        y = 0.01;
        for i = 1:5
        y = y + 1/(i + (x(i) - 1)^2);
    end
y = 1/y;
```

然后启动优化工具箱,在适应度函数中输入

```
@fitfunction;
```

变量个数输入 5,其余参数默认,单击 start 按钮运行。运行可得到极小值和对应的 x 值,如图 12.2 所示。

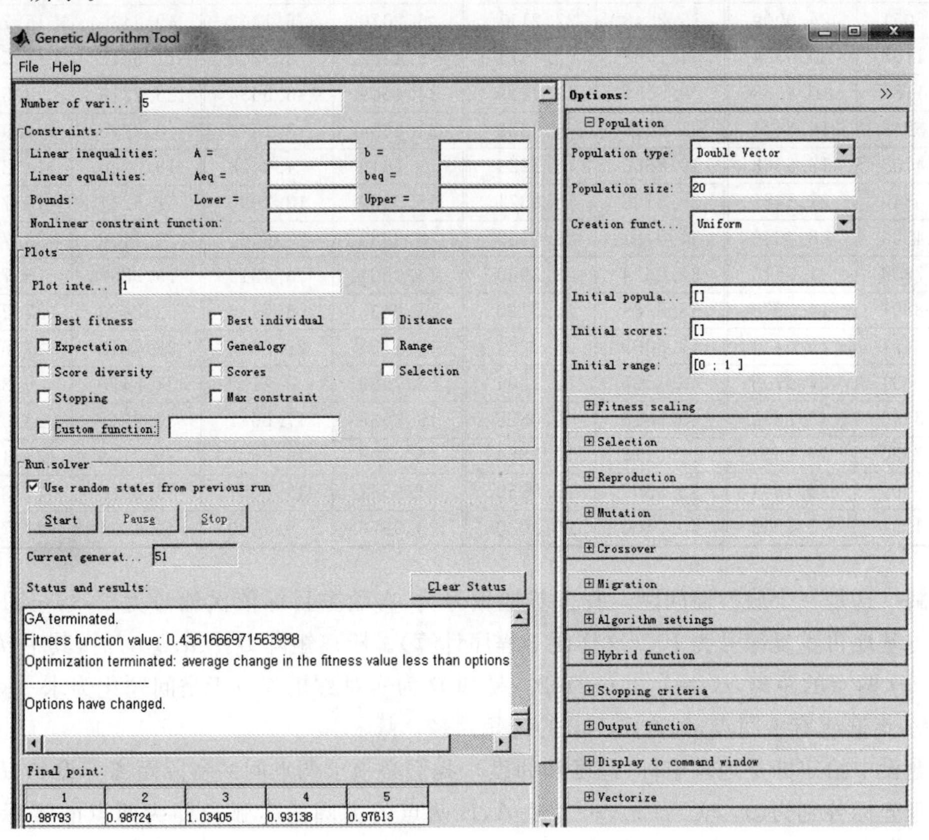

图 12.2　遗传算法工具箱求解无约束问题

从求出的结果可以看出,最小值为 0.436,且在

$$(x_1,x_2,x_3,x_4,x_5)=(0.9879,0.9872,1.0340,0.9713,0.9761)$$

时取到,从 Current generation 框中可以看出迭代的次数为 51 次。

例 12.2.2 已知敌方 100 个目标的经度、纬度如表 12.2 所示。我方有一个基地,经度和纬度为(70,40)。假设我方飞机的速度为 1000km/h。我方派一架飞机从基地出发,侦察完敌方所有目标,再返回原来的基地。在敌方每一目标点的侦察时间不计,求该架飞机所花费的时间(假设我方飞机巡航时间可以充分长)。

表 12.2 经度和纬度数据表

经度	纬度	经度	纬度	经度	纬度	经度	纬度
53.7121	15.3046	51.1758	0.0322	46.3253	28.2753	30.3313	6.9348
56.5432	21.4188	10.8198	16.2529	22.7891	23.1045	10.1584	12.4819
20.1050	15.4562	1.9451	0.2057	26.4951	22.1221	31.4847	8.9640
26.2418	18.1760	44.0356	13.5401	28.9836	25.9879	38.4722	20.1731
28.2694	29.0011	32.1910	5.8699	36.4863	29.7284	0.9718	28.1477
8.9586	24.6635	16.5618	23.6143	10.5597	15.1178	50.2111	10.2944
8.1519	9.5325	22.1075	18.5569	0.1215	18.8726	48.2077	16.8889
31.9499	17.6309	0.7732	0.4656	47.4134	23.7783	41.8671	3.5667
43.5474	3.9061	53.3524	26.7256	30.8165	13.4595	27.7133	5.0706
23.9222	7.6306	51.9612	22.8511	12.7938	15.7307	4.9568	8.3669
21.5051	24.0909	15.2548	27.2111	6.2070	5.1442	49.2430	16.7044
17.1168	20.0354	34.1688	22.7571	9.4402	3.9200	11.5812	14.5677
52.1181	0.4088	9.5559	11.4219	24.4509	6.5634	26.7213	28.5667
37.5848	16.8474	35.6619	9.9333	24.4654	3.1644	0.7775	6.9576
14.4703	13.6368	19.8660	15.1224	3.1616	4.2428	18.5245	14.3598
58.6849	27.1485	39.5168	16.9371	56.5089	13.7090	52.5211	15.7957
38.4300	8.4648	51.8181	23.0159	8.9983	23.6440	50.1156	23.7816
13.7909	1.9510	34.0574	23.3960	23.0624	8.4319	19.9857	5.7902
0.8801	14.2978	58.8289	14.5229	18.6635	6.7436	52.8423	27.2880
9.9494	29.5114	47.5099	24.0664	10.1121	27.2662	28.7812	27.6659
8.0831	27.6705	9.1556	14.1304	53.7989	0.2199	33.6490	0.3980
1.3496	16.8359	49.9816	6.0828	19.3635	17.6622	36.9545	23.0265
15.7320	19.5697	11.5118	17.3884	44.0398	16.2635	39.7139	28.4203
6.9909	23.1804	38.3392	19.9950	24.6543	19.6057	36.9980	24.3992
4.1591	3.1853	40.1400	20.3030	23.9876	9.4030	41.1084	27.7149

解 这是一个旅行商问题。我方基地编号为 1,敌方目标依次编号为 2,3,…,101,最后我方基地再重复编号为 102(这样便于程序计算)。距离矩阵 $\boldsymbol{D}=(d_{ij})_{102\times 102}$,其中 d_{ij} 表示表示 i,j 两点的距离,$i,j=1,2,\cdots,102$。易知 $\boldsymbol{D}$ 为实对称矩阵。于是问题化为求一条从点 1 出发,走遍所有中间点,到达点 102 的最短路径。

题设中给定的是地理坐标(经度和纬度),我们必须求两点间的实际距离。设 A,B 两点的地理坐标分别为(x_1,y_1),(x_2,y_2),过 A,B 两点的大圆的劣弧长即为两点的实际距离。以地心为坐标原点 O,以赤道平面为 xOy 平面,以零度经线圈所在的平面为 xOz 平面,建立

三维直角坐标系，则 A,B 两点的直角坐标分别为

$$A(R\cos x_1\cos y_1,\ R\sin x_1\cos y_1,\ R\sin y_1)$$
$$B(R\cos x_2\cos y_2,\ R\sin x_2\cos y_2,\ R\sin y_2)$$

其中 $R=6370\text{km}$ 为地球半径。

A,B 两点间的距离为

$$d = R\arccos\left(\frac{\overrightarrow{OA}\cdot\overrightarrow{OB}}{|\overrightarrow{OA}||\overrightarrow{OB}|}\right)$$

化简得

$$d = R\arccos[\cos(x_1-x_2)\cos y_1\cos y_2+\sin y_1\sin y_2]$$

1）模型及算法

求解的遗传算法的参数设定如下：

种群大小 $M=50$；

最大代数 $G=1000$；

交叉率 $p_c=1$，交叉概率为1能保证种群的充分进化；

变异率 $p_m=0.1$，一般而言，变异发生的可能性较小。

(1) 编码策略

采用十进制编码，用随机数列 $\omega_1,\omega_2,\cdots,\omega_{102}$ 作为染色体，其中 $0<\omega_i<1(i=2,3,\cdots,101)$，$\omega_1=0$，$\omega_{102}=1$；每一个随机序列都和种群中的一个个体相对应，例如一个10个城市问题的一个染色体为

0.23，0.82，0.45，0.74，0.87，0.11，0.56，0.69，0.78，0.90

其中编码位置 i 代表城市 i，位置 i 的随机数表示城市 i 在巡回中的顺序，我们将这些随机数按升序排列得到如下巡回：

6—1—3—7—8—4—9—2—5—10

(2) 初始种群

先利用经典的近似算法——改良圈算法求得一个较好的初始种群，即对于初始圈

$$C=\pi_1\cdots\pi_{u-1}\pi_u\pi_{u+1}\cdots\pi_{v-1}\pi_v\pi_{v+1}\cdots\pi_{102},\quad 2\leqslant u<v\leqslant 101,2\leqslant\pi_u<\pi_v\leqslant 101$$

交换 u 与 v 之间的顺序，得到的路径如下：

$$\pi_1\cdots\pi_{u-1}\pi_v\pi_{v-1}\cdots\pi_{u+1}\pi_u\pi_{v+1}\cdots\pi_{102}$$

记 $\Delta f=(d_{\pi_{u-1}\pi_v}+d_{\pi_u\pi_{v+1}})-(d_{\pi_{u-1}\pi_u}+d_{\pi_v\pi_{v+1}})$，若 $\Delta f<0$，则用新的路径修改旧的路径，直到不能修改为止。

(3) 目标函数

$\min z=\sum_{i=1}^{101}d_{\pi_i\pi_{i+1}}$ 表示所有路径的长度之和。

(4) 交叉操作

交叉操作采用单点交叉。

(5) 变异操作

按照设定的变异率，对选定变异的个体，随机地取三个整数 u,v,w，满足 $1<u<v<w<102$，把 u,v 之间(包括 u 和 v)的基因段插到 w 后面。

(6) 选择

采用确定性的选择策略,选择目标函数值最小的 M 个个体进化到下一代,这样可以保证父代的优良特性保存下来。

2) 模型求解

模型求解 MATLAB 程序如下,其中 data.txt 为题目给出的 100 个点的经纬度。

```
tic
clc,clear
load data.txt                          %加载敌方 100 个目标的数据
x = data(:,1:2:8);x = x(:);
y =  data (:,2:2:8);y = y(:);
data  = [x y];
d1 = [70,40];
data0 = [d1;data;d1];
 %距离矩阵 d
data = data0 * pi/180;
d = zeros(102);
for i = 1:101
  for j = i + 1:102
temp = cos(data(i,1) - data(j,1)) * cos(data(i,2)) * cos(data(j,2)) + sin(data(i,2)) * sin
(data(j,2));
     d(i,j) = 6370 * acos(temp);
  end
end
d = d + d';L = 102;w = 50;dai = 100;
 %通过改良圈算法选取优良父代 A
for k = 1:w
  c = randperm(100);
  c1 = [1,c + 1,102];
  flag = 1;
   while flag > 0
      flag = 0;
      for m = 1:L - 3
        for n = m + 2:L - 1
          if d(c1(m),c1(n)) + d(c1(m + 1),c1(n + 1))< d(c1(m),c1(m + 1)) + d(c1(n),c1(n + 1))
             flag = 1;
             c1(m + 1:n) = c1(n: - 1:m + 1);
          end
        end
      end
   end
  J(k,c1) = 1:102;
end
J = J/102;
J(:,1) = 0;J(:,102) = 1;
rand('state',sum(clock));
```

```
%遗传算法实现过程
A = J;
for k = 1:dai                                    %产生 0～1 间随机数列进行编码
    B = A;
    c = randperm(w);
 %交配产生子代 B
    for i = 1:2:w
      F = 2 + floor(100 * rand(1));
      temp = B(c(i),F:102);
      B(c(i),F:102) = B(c(i + 1),F:102);
      B(c(i + 1),F:102) = temp;
    end
 %变异产生子代 C
by = find(rand(1,w)< 0.1);
if length(by) == 0
    by = floor(w * rand(1)) + 1;
end
    C = A(by,:);
    L3 = length(by);
for j = 1:L3
    bw = 2 + floor(100 * rand(1,3));
    bw = sort(bw);
    C(j,:) = C(j,[1:bw(1) - 1,bw(2) + 1:bw(3),bw(1):bw(2),bw(3) + 1:102]);
end
G = [A;B;C];
TL = size(G,1);
 %在父代和子代中选择优良品种作为新的父代
[dd,IX] = sort(G,2);temp(1:TL) = 0;
for j = 1:TL
    for i = 1:101
      temp(j) = temp(j) + d(IX(j,i),IX(j,i + 1));
    end
end
   [DZ,IZ] = sort(temp);
   A = G(IZ(1:w),:);
end
path = IX(IZ(1),:)
long = DZ(1)
toc
xx = data0(path,1);yy = data0(path,2);
plot(xx,yy,'- o')
```

运行程序得到

```
long =
   4.0054e + 004
Elapsed time is 0.990170 seconds.
```

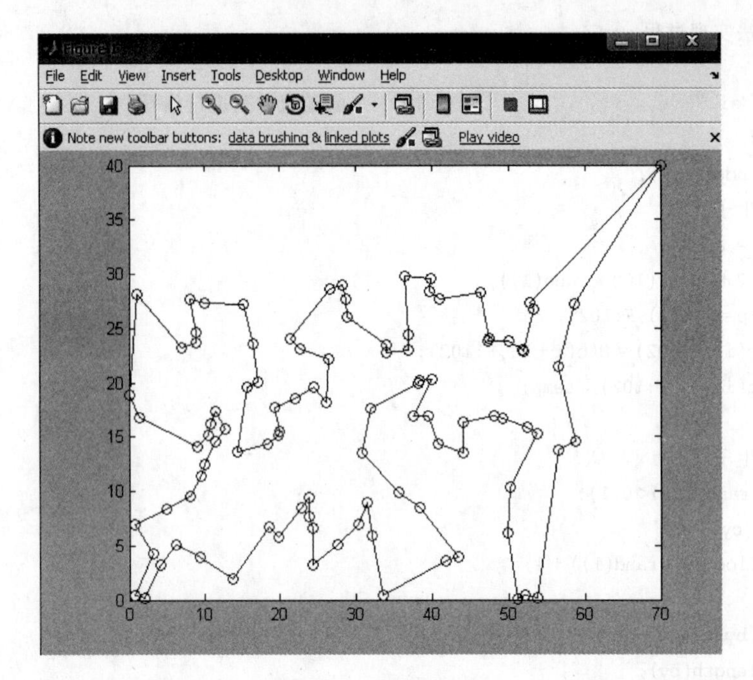

图 12.3　巡航路径图

因此巡航距离为 4.0054e+004km，需要时间 40.054h，具体路线如图 12.3 所示。

12.3　模拟退火算法

12.3.1　算法概述

模拟退火是根据液态或固态材料中粒子的统计力学与复杂组合最优化问题求解过程的相似之处而提出来的。统计力学表明，材料中粒子结构的不同对应与不同的能量水平。在高温条件下，粒子的能量较高，可以自由运动和重新排列。在低温条件下，粒子能量较低。如果从高温开始，非常缓慢地降温(这个过程称为退火)，粒子就可以在每个温度下达到热平衡。当系统完全冷却时，最终形成处于低能状态的晶体。

如果用粒子的结构或其相应能量来定义材料的状态，下面的 Metropolis 算法可以给出一个简单的数学模型，用于描述退火过程。假设材料在温度 T 下从具有能量 $E(i)$ 的状态 i 进入具有能量 $E(j)$ 的状态 j，遵循如下规律：

(1) 若 $E(j)\leqslant E(i)$，接受该状态被转换；

(2) 若 $E(j)>E(i)$，则状态转换接受概率为

$$e^{\frac{E(i)-E(j)}{KT}}$$

其中 K 是物理学中的波尔兹曼常数，T 是材料温度。

在某一个特定温度下，如果进行了足够多次的转换之后，材料将能达到热平衡。这时材料处于状态 i 的概率满足波尔兹曼分布

$$\pi_i(T)=P_T\{S=i\}=\frac{e^{-\frac{E(i)}{KT}}}{Z_T}$$

其中 S 是表示材料当前状态的随机变量，$Z_T = \sum_{j\in S} \mathrm{e}^{-\frac{E(j)}{KT}}$ 称为划分函数，它对在状态空间 S 上的所有可能的状态求和。显然

$$\lim_{T\to\infty} \frac{\mathrm{e}^{-\frac{E(i)}{KT}}}{\sum_{j\in S} \mathrm{e}^{-\frac{E(j)}{KT}}} = \frac{1}{|S|}$$

其中 $|S|$ 表示状态空间 S 中状态的总数。这表明所有状态在高温下具有相同的概率。而当温度下降时，有

$$\lim_{T\to 0} \frac{\mathrm{e}^{-\frac{E(i)-E_{\min}}{KT}}}{\sum_{j\in S} \mathrm{e}^{-\frac{E(j)-E_{\min}}{KT}}} = \lim_{T\to 0} \frac{\mathrm{e}^{-\frac{E(i)-E_{\min}}{KT}}}{\sum_{j\in S_{\min}} \mathrm{e}^{-\frac{E(j)-E_{\min}}{KT}} + \sum_{j\notin S_{\min}} \mathrm{e}^{-\frac{E(j)-E_{\min}}{KT}}}$$

$$= \lim_{T\to 0} \frac{\mathrm{e}^{-\frac{E(i)-E_{\min}}{KT}}}{\sum_{j\in S_{\min}} \mathrm{e}^{-\frac{E(j)-E_{\min}}{KT}}} = \begin{cases} \dfrac{1}{|S_{\min}|}, & 若\ i \in S_{\min} \\ 0, & 其他 \end{cases}$$

其中 $E_{\min} = \min_{j\in S} E(j)$ 且 $S_{\min} = \{E(i) = E_{\min}\}$。

从上式可见，当温度降至很低时，材料会以很大概率进入最小能量状态。

在统计力学中，估计的晶格结构通常处于低能状态。退火作为一个获取热槽中固体低能状态的热处理过程，经常用于晶体生长。这一过程首先将热槽中的固体加热，使其溶化为液体，然后逐步降温。在每个温度下，所有粒子随机排列直至达到热平衡。如果冷却过程足够缓慢，从而确保在每个温度下都达到热平衡，则当系统冻结时(温度趋于0)低能晶体固态形成。

将物理学中退火的思想应用于优化问题就可以得到模拟退火寻优方法。

如果温度下降十分缓慢，而在每个温度都有足够多次的状态转移，使之在每个温度下达到热平衡，则找到全局最优解的概率为1。因此可以说模拟退火算法能够找到全局最优解。

模拟退火算法步骤如下：

1) Metropolis 采样算法

输入当前解 S 和温度 T。

(1) 令 $k=0$ 时的当前解为 $S(0)=S$，而在温度 T 下进行以下步骤；

(2) 按某一规定方式根据当前解 $S(k)$ 所处的状态 S，产生一个邻近子集 $N(S(k))$，由 $N(S(k))$ 随机产生一个新的状态 S' 作为一个当前解的候选解，取评价函数 $C(S)$，计算

$$\Delta C' = C(S') - C(S(k))$$

(3) 若 $\Delta C'<0$，则接受 S' 作为下一个当前解；

若 $\Delta C'>0$，则按概率 $\mathrm{e}^{\frac{\Delta C'}{bT}}$ 接受 S' 作为下一个当前解；

(4) 若接受 S'，则令 $S(k+1)=S'$，否则令 $S(k+1)=S(k)$；

(5) 令 $k=k+1$，判断是否满足收敛准则，不满足则转到(2)；

(6) 返回当前解 $S(k)$。

2) 退火过程实现算法

(1) 任选一初始状态 S_0 作为初始解 $S(0)=S_0$，并设初始温度为 T_0，令 $i=0$；

(2) 令 $T=T_i$，以 T 和 S_i 调用 Metropolis 采样算法，然后返回到当前解 $S_i=S$；

(3) 按一定的方式将 T 降温，即令 $T=T_{i+1}, T_{i+1}<T_i, i=i+1$；

(4) 检查退火过程是否结束，若未结束则转到(2)；

(5) 以当前解 S_i 作为最优解输出。

12.3.2 用模拟退火算法求解 TSP 问题

例 12.3.1(求解 200 个城市的 TSP 问题) 有 200 个城市，一个旅行推销员从某城市出发，要经过其余的 199 个城市，最后回到出发城市，200 个城市的坐标如表 12.3(单位：km)所示。该推销员怎样选择路线才能使得经过的距离最短？

表 12.3 200 个城市的坐标

x	y	x	y	x	y	x	y
58.9919	9.2154	67.6421	31.4805	48.4418	39.5	19.9849	80.1076
99.2974	50.1026	17.7065	44.312	0.7289	52.8697	53.5018	80.7512
97.0503	18.4206	83.7663	1.0029	46.5229	44.9611	54.5253	73.7756
56.5168	3.4465	6.0645	89.0059	6.1713	68.8145	9.0451	65.2354
45.7131	1.2902	44.501	25.8687	72.6135	9.3752	92.493	42.7859
60.2133	44.9749	32.2298	10.8888	7.6795	98.7857	39.0345	64.0691
47.651	96.774	69.7949	19.8299	90.8243	37.1971	37.3684	50.8776
74.6805	52.3979	50.312	2.7028	84.8577	95.7536	3.7225	56.4386
23.2542	10.0941	28.1418	61.643	8.4249	32.501	96.3893	59.9756
17.9312	83.7887	45.5802	59.4143	9.68	44.1404	2.9674	20.6908
90.4877	89.2258	2.1928	66.7198	19.2202	32.0833	74.9179	97.9988
17.2323	36.7648	94.989	46.1264	33.4533	74.4062	74.0415	11.7452
54.0066	14.5593	26.4163	43.1214	99.1743	9.892	47.1839	35.298
25.0062	2.2786	40.4598	48.8659	84.0318	15.7982	79.9228	90.8421
62.9302	49.5059	94.8001	84.5843	37.0721	8.7494	30.2834	42.1973
96.695	13.5085	25.0727	35.9097	44.5608	96.2117	73.3383	4.7648
39.4152	59.455	49.4874	41.3229	98.4602	60.8945	39.7254	10.2608
2.6395	58.7323	14.7611	71.2645	47.7263	21.8941	11.9657	20.8451
87.699	78.9175	64.916	6.2994	73.6478	8.8859	53.9233	57.131
80.7098	99.517	55.412	71.5975	34.7445	0.1477	83.7677	17.9732
79.3851	30.7587	83.1012	31.7741	85.8019	72.5666	29.0069	42.8158
37.1063	89.1776	33.4619	22.9446	7.3916	60.5875	84.4579	99.2474
93.2271	44.0273	39.5535	44.4041	83.7617	73.664	65.8943	65.6636
93.8445	20.7208	45.9424	84.7635	66.4884	61.401	59.9748	37.0517
83.1876	51.5368	78.9639	36.1732	48.0559	43.5163	99.1796	47.7185
43.1	10.3223	19.0836	49.8782	84.229	93.0773	78.3876	42.4347
69.6071	6.7736	89.1934	73.0973	97.5651	19.3854	80.7883	66.5978
89.6587	3.851	30.3014	70.3257	50.4973	45.4472	71.1562	26.1345
31.1698	10.5041	10.1427	5.5931	58.4212	57.592	49.2729	42.1619
42.6515	30.1139	87.677	69.2856	75.4686	60.6197	36.4389	35.1543
95.6947	90.016	68.0799	12.0904	83.5438	27.7683	65.8904	39.1365
47.7307	95.939	40.836	27.5214	43.6391	87.7069	4.5219	54.5111

续表

x	y	x	y	x	y	x	y
11.3086	11.3248	16.7883	43.4303	95.8319	70.8241	59.1156	75.9262
18.2433	15.6764	65.7325	3.6201	70.8851	34.4846	19.424	1.8196
16.3378	74.5008	30.8787	38.2637	37.2	54.5206	74.4835	82.9268
99.6872	18.4131	68.5623	22.6659	61.6858	41.3639	63.4347	54.341
89.853	99.21	33.0368	86.6775	16.1383	22.4549	79.1647	18.6657
64.036	33.9521	16.7164	48.6143	46.2768	16.8343	61.8133	48.2616
76.5208	66.5472	87.9728	10.8969	11.5261	90.5067	51.7598	75.3635
10.2754	61.1053	94.0419	30.6888	13.5001	49.9442	34.874	1.2105
23.1361	9.1899	94.3515	99.9551	43.0987	39.8691	70.6065	87.7565
76.5779	10.2024	82.5376	34.8057	89.7266	71.7625	83.0073	76.0723
24.4694	46.5215	49.8578	58.6508	42.4104	62.3371	79.4715	17.3717
64.6314	15.525	21.4283	98.5924	34.535	47.0387	67.0619	58.48
5.8422	61.2209	3.0845	49.4959	39.602	72.7678	94.4025	63.6889
77.5737	50.498	18.9873	68.593	51.6432	45.0868	43.8391	12.5803
99.5708	88.1256	56.3701	71.9204	21.3879	86.8243	13.8083	32.2115
95.5905	66.9189	49.1995	57.6157	83.912	62.6649	94.1076	36.1186
30.4256	13.0466	67.3069	63.598	22.7355	37.0966	83.1155	80.3816
23.8022	8.5028	76.7624	57.8567	37.3833	79.5482	22.9651	84.8426

解 依次给城市编号为1,2,…,200,假设推销员从城市1出发,经过199个城市后再回到城市1,将回到城市1再重复编号为201。距离矩阵$\boldsymbol{D}=(d_{ij})_{201\times 201}$,其中$d_{ij}$表示$i,j$两个城市的距离,$i,j=1,2,\cdots,201$,显然$\boldsymbol{D}$是实对称矩阵。要求出从城市1出发,走遍199城市后回到201城市的一个最短路径。

(1) 解空间

解空间S可表为{1,2,…,201}的所有固定起点和终点的循环排列集合,即

$$S=\{\{\pi_1,\cdots,\pi_{201}\}\mid \pi_1=1,(\pi_2,\cdots,\pi_{200})\text{ 为}\{2,3,\cdots,200\}\text{ 的循环排列},\pi_{201}=201\}$$

其中每一个循环排列表示通过200个城市的一个回路,使用蒙特卡罗方法选择一个较好的初始解。

(2) 目标函数(代价函数)

此时的目标函数为通过200个城市的路径长度

$$\min Z=\sum_{i=1}^{200} d_{\pi_i\pi_{i+1}}$$

(3) 新解的产生

2变换法:任选序号u,v ($u<v$)交换u与v之间的顺序,此时的新路径为

$$\pi_1\cdots\pi_{u-1}\pi_v\pi_{v-1}\cdots\pi_{u+1}\pi_u\pi_{v+1}\pi_{201}$$

3变换法:任选序号u,v和w,将u和v之间的路径插入到w之后,对应的新路径为(假设$u<v<w$)

$$\pi_1\cdots\pi_{u-1}\pi_{v+1}\cdots\pi_w\pi_u\cdots\pi_v\pi_{w+1}\cdots\pi_{201}$$

(4) 目标函数差

对于2变换法,路径差可表示为

$$\Delta f=(d_{\pi_{u-1}\pi_v}+d_{\pi_u\pi_{v+1}})-(d_{\pi_{u-1}\pi_u}+d_{\pi_v\pi_{v+1}})$$

(5) 接受准则

$$p=\begin{cases}1, & \Delta f<0\\ e^{-\frac{\Delta f}{T}}, & \Delta f\geqslant 0\end{cases}$$

如果 $\Delta f<0$,则接受新的路径;如果 $\Delta f\geqslant 0$,则以概率 $e^{-\frac{\Delta f}{T}}$ 接受新的路径。

(6) 降温

利用选定的降温系数 α 进行降温,即 $T=\alpha T$,得到新的温度,一般取 α 为接近 1 的数,这样才能是温度缓慢降低,如取 $\alpha=0.99$。

(7) 结束条件

用选定的终止温度 $T_{\text{end}}=10^{-20}$,判断退火过程是否结束。若 $T<T_{\text{end}}$,算法结束,输出当前状态。

MATLAB 程序如下:

```
clc
clear
load city.txt                          % 加载 200 个城市目标的数据
x = city(:,1:2:8);x = x(:);
y = city(:,2:2:8);y = y(:);
city = [x y];
d1 = [ 58.9919, 9.2154];
city = [city;d1];
d = zeros(201);
for i = 1:200
for j = i + 1:201
    d(i,j) = sqrt((city(i,1) - city(j,1))^2 + (city(i,2) - city(j,2))^2);
end
end
d = d + d';
S0 = [];Sum = inf;
rand('state',sum(clock));
for j = 1:1000
S = [1 1 + randperm(199),201];
temp = 0;
for i = 1:200
temp = temp + d(S(i),S(i + 1));
end
if temp < Sum
S0 = S;Sum = temp;
end
end
Tend = 0.1 ^20;L = 20000;at = 0.99;T = 1;
 %退火过程
for k = 1:L
    %产生新解
    c = 2 + floor(199 * rand(1,2));
    c = sort(c);
    c1 = c(1);c2 = c(2);
```

```
%计算代价函数值
    df = d(S0(c1 - 1),S0(c2)) + d(S0(c1),S0(c2 + 1)) - d(S0(c1 - 1),S0(c1)) - d(S0(c2),S0(c2 + 1));
%接受准则
    if df < 0
        S0 = [S0(1:c1 - 1),S0(c2: - 1:c1),S0(c2 + 1:201)];
        Sum = Sum + df;
    elseif exp( - df/T)> rand(1)
        S0 = [S0(1:c1 - 1),S0(c2: - 1:c1),S0(c2 + 1:201)];
        Sum = Sum + df;
            end
     T = T * at;
    if T < Tend
    break;
     end
end
% 输出巡航路径及路径长度
S0,Sum
for i = 1:201
    pathx(i) = city(S0(i),1);
    pathy(i) = city(S0(i),2);
end
   plot(pathx,pathy,'-o')
```

运行程序得到

```
Sum =
  2.5677e + 003
```

因此路径长度为 2567.7km，解如图 12.4 所示。

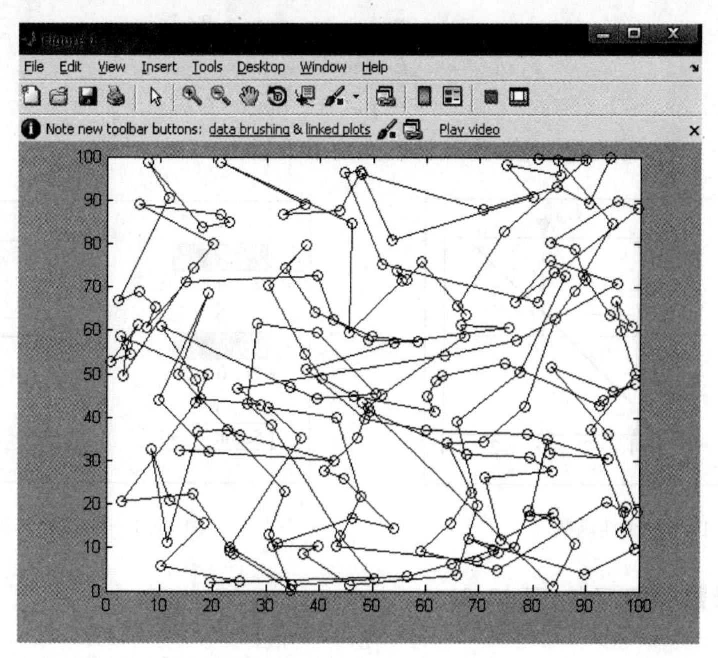

图 12.4　200 个城市路径图

12.4 人工神经网络

12.4.1 神经网络概述

人脑是宇宙中已知最复杂、最完善和最有效的信息处理系统，是生物进化的最高产物，是人类智能、思维和情绪等高级精神活动的物质基础，也是人类认识较少的领域之一。长期以来，人们不断地对大脑神经网络进行分析和研究，企图揭示人脑的工作机理，了解神经系统处理信息的本质。

人工神经网络是在人类对大脑神经网络认识理解的基础上人工构造的能够实现某种功能的神经网络，已经在模式识别、鉴定、分类、语音、翻译和控制系统等领域得到广泛的应用。如今，人工神经网络能够用来解决常规计算机和人难以解决的问题。

人工神经元是人工神经网络的基本构成元素，如图 12.5 所示。图中 $\boldsymbol{X}=(x_1,x_2,\cdots,x_n)$ 为输入，$\boldsymbol{W}=(w_1,w_2,\cdots,w_n)^{\mathrm{T}}$ 为连接权，于是网络输入 $\mathrm{net}=\sum_{i=1}^{n}x_iw_i$，写成向量形式即为 $\mathrm{net}=\boldsymbol{XW}$。

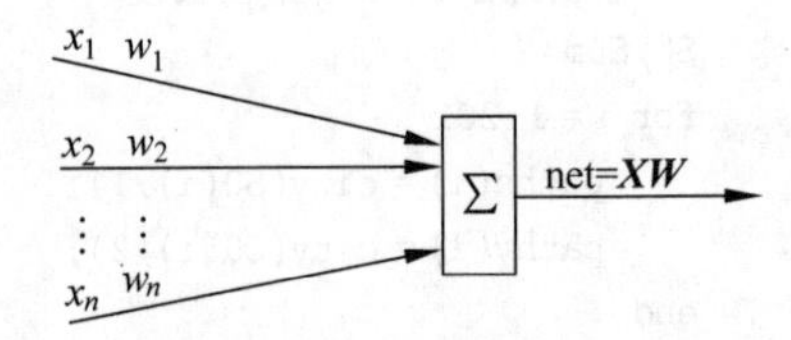

图 12.5 人工神经元构成图

激活函数也称为激励函数、活化函数，用来执行对神经元所获得的网络输入的变换。一般有以下几种。

1. 线性函数(图 12.6)

$$f(\mathrm{net})=k\cdot\mathrm{net}+c$$

2. 非线性斜面函数(图 12.7)

$$f(\mathrm{net})=\begin{cases}\gamma, & \mathrm{net}\geqslant\theta\\ k\cdot\mathrm{net}, & |\mathrm{net}|<\theta\\ -\gamma, & \mathrm{net}\leqslant-\theta\end{cases}$$

其中 $\gamma>0$ 为一常数，称为饱和值，为该神经元的最大输出。

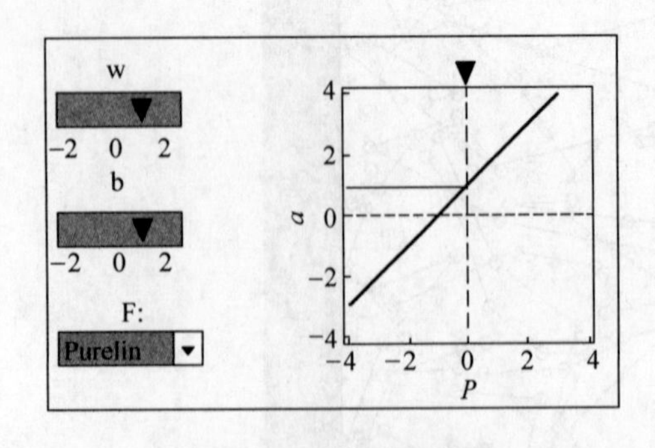

图 12.6 线性函数

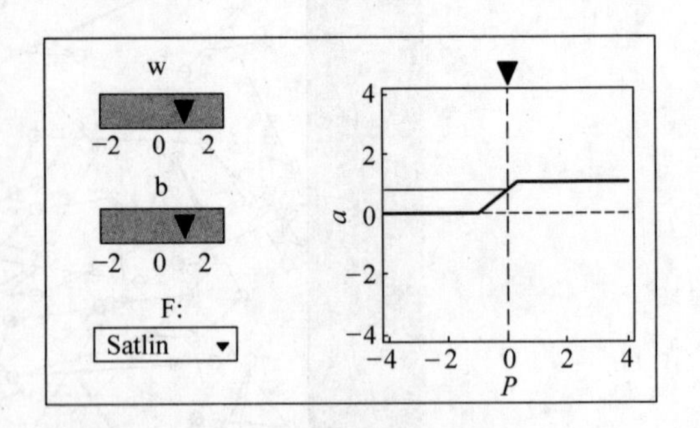

图 12.7 非线性斜面函数

3. 阈值函数/阶跃函数(图 12.8)

$$f(\mathrm{net})=\begin{cases}\beta, & \mathrm{net}>\theta\\ -\gamma, & \mathrm{net}\leqslant\theta\end{cases}$$

其中 β,γ,θ 均为非负实数，θ 为阈值。阈值函数具有以下两种特殊形式。

二值形式：

$$f(\text{net})=\begin{cases}1, & \text{net}>\theta\\ 0, & \text{net}\leqslant\theta\end{cases}$$

双极形式：

$$f(\text{net})=\begin{cases}1, & \text{net}>\theta\\ -1, & \text{net}\leqslant\theta\end{cases}$$

4. S 形函数(图 12.9)

$$f(\text{net})=a+\frac{b}{1+\exp(-d\cdot\text{net})}$$

其中 a,b,d 为常数。

$f(\text{nct})$的饱和值为 a 和 $a+b$，其最简单形式为

$$f(\text{net})=\frac{1}{1+\exp(-d\cdot\text{net})}$$

此时函数的饱和值为 0 和 1。

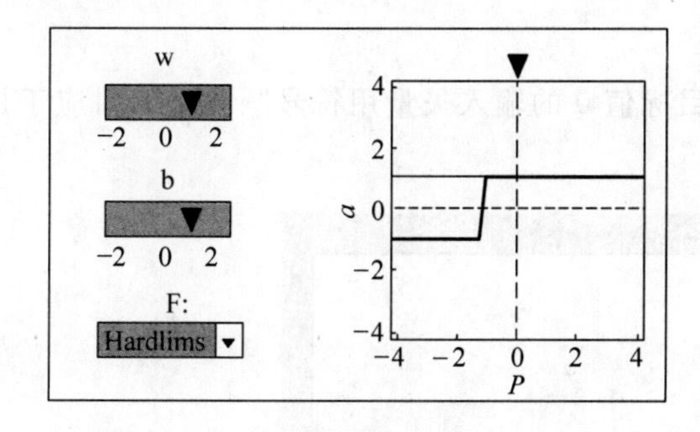

图 12.8　阈值函数/阶跃函数

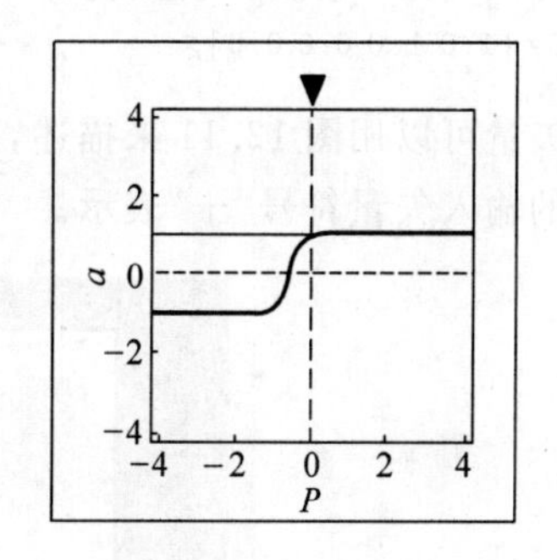

图 12.9　S形函数

12.4.2　神经网络的基本模型

1. 感知器

感知器是由美国计算机科学家罗森布拉特于 1957 年提出的。感知器可谓是最早的人工神经网络。单层感知器是一个具有一层神经元、采用阈值激活函数的前向网络，通过对网络权值的训练，可以使感知器对一组输入矢量的响应达到 0 或 1 的目标输出，从而实现对输入矢量的分类。图 12.10 是感知器神经元模型，其中 R 为输入神经元的个数。

$$\bar{y}=\sum_{i=1}^{n}w_i p_i+b_i$$

$$y=\begin{cases}1, & \bar{y}\geqslant 0\\ 0, & \bar{y}<0\end{cases}$$

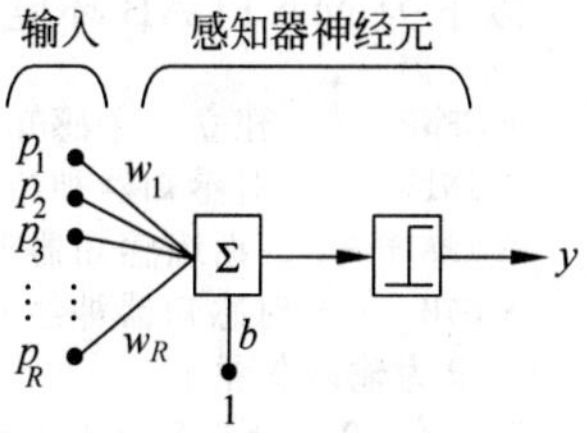

图 12.10　感知器神经元模型

感知器可以利用其学习规则来调整网络的权值，以便使

网络对输入矢量的响应达到0或1的目标输出。

感知器的设计是通过监督式的权值训练来完成的，所以网络的学习过程需要输入和输出样本对。实际上，感知器的样本对是一组能够代表所要分类的所有数据划分模式的判定边界。这些用来训练网络权值的样本是要靠设计者来选择的，所以要特别地进行选取以便获得正确的样本对。

感知器的学习规则属于梯度下降法，可以证明，如果解存在，则算法在有限次的循环迭代后可以收敛到正确的目标矢量。

例 12.4.1 采用单一感知器神经元解决简单的分类问题：将四个输入矢量分为两类，其中两个矢量对应的目标值为1，另外两个矢量对应的目标值为0，即输入矢量

```
P=[-0.5 -0.5  0.3  0.0;
   -0.5   0.5  -0.5 1.0]
```

目标分类矢量　　　　　　　　T=[1.0 1.0 0.0 0.0]

解 首先定义输入矢量及相应的目标矢量

```
P=[-0.5 -0.5  0.3  0.0;
    -0.5   0.5  -0.5 1.0];
T=[1.0 1.0 0.0 0.0];
```

输入矢量可以用图12.11来描述，对应于目标值0的输入矢量用符号"∘"表示，对应于目标值1的输入矢量符号"+"表示。

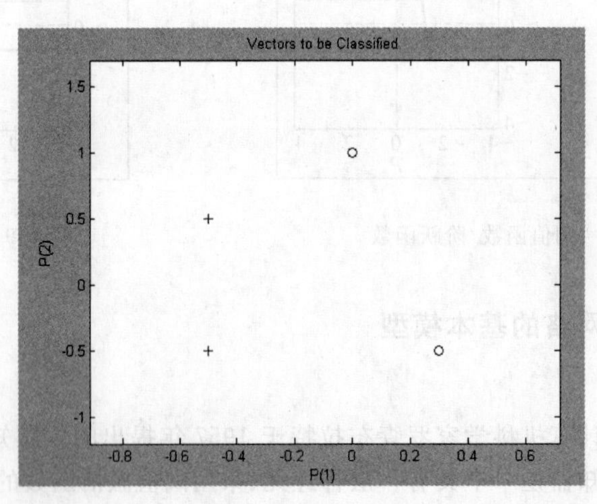

图 12.11 输入矢量图

以下为MATLAB环境下感知器分类程序。

```
% NEWP —— 建立一个感知器神经元
% INIT —— 对感知器神经元初始化
% TRAIN —— 训练感知器神经元
% SIM —— 对感知器神经元仿真
% P为输入矢量
P = [-0.5 -0.5 +0.3 +0.0;
     -0.5 +0.5 -0.5 1.0];
% T为目标矢量
```

```
T = [1 1 0 0];
% 绘制输入矢量图
plotpv(P,T);
% 定义感知器神经元并对其初始化
net = newp([ - 0.5 0.5; - 0.5 1],1);
A = sim(net,P)                       % 训练前的网络输出
net = train(net,P,T);
pause
% 绘制结果分类曲线
plotpv(P,T)
plotpc(net.iw{1,1},net.b{1});
% 利用训练完的感知器神经元分类
p = [ - 0.5; 0.2];
a = sim(net,p);
```

训练结束后得到如图 12.12 所示的分类结果，分类线将两类输入矢量分开，其相应的训练过程如图 12.13 所示。这说明经过 3 步训练后，就达到了误差指标的要求。

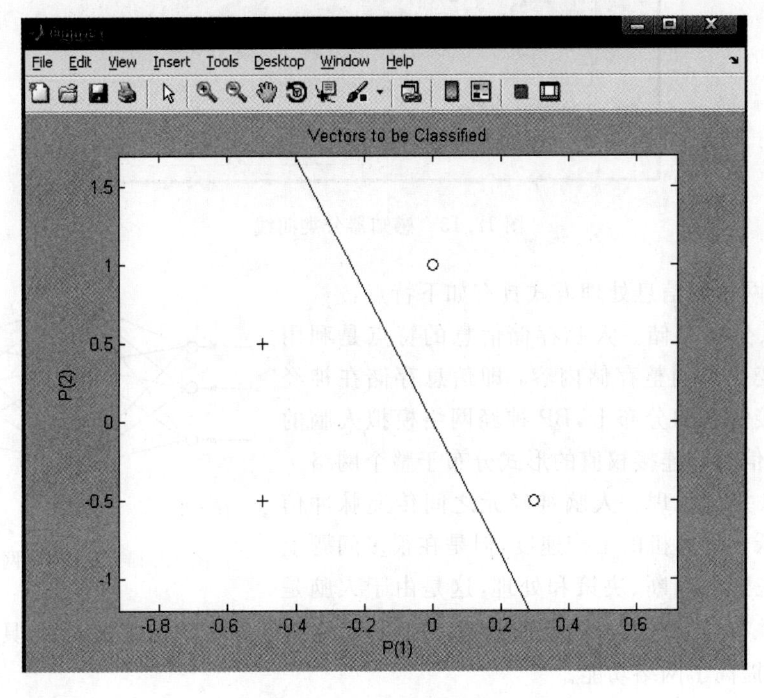

图 12.12　感知器训练图

2. BP 神经网络

BP 神经网络是一种神经网络学习算法。由输入层、中间层和输出层组成，中间层可扩展为多层。相邻层之间各神经元进行全连接，而每层各神经元之间无连接，网络按有教师向量的方式进行学习，当一对学习模式提供给网络后，各神经元获得网络的输入响应产生连接权值。然后按减小希望输出与实际输出误差的方向，从输出层经各中间层逐层修正各连接权，回到输入层。此过程反复交替进行，直至网络的全局误差趋向给定的极小值，即完成学习的过程。BP 神经网络结构如图 12.14 所示。

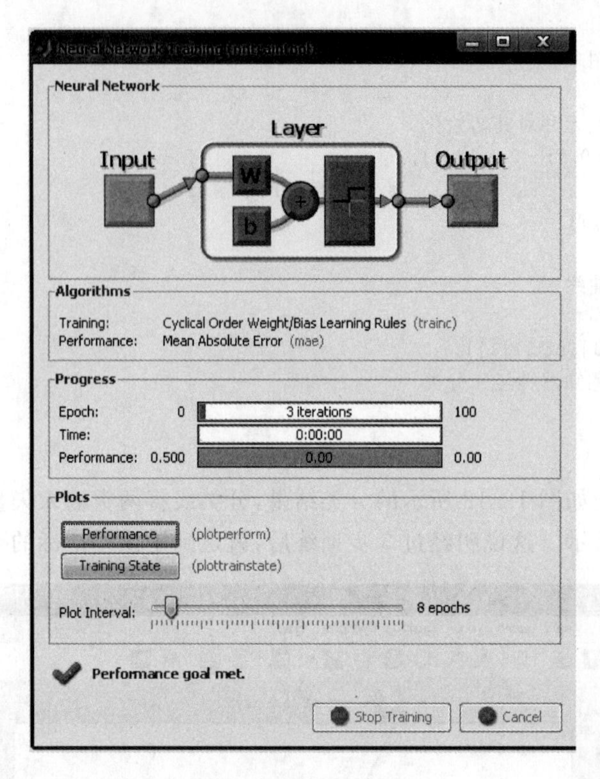

图 12.13 感知器分类曲线

BP 神经网络的信息处理方式具有如下特点：

(1) 信息分布存储。人脑存储信息的特点是利用突触效能的变化来调整存储内容，即信息存储在神经元之间的连接强度的分布上，BP 神经网络模拟人脑的这一特点，使信息以连接权值的形式分布于整个网络。

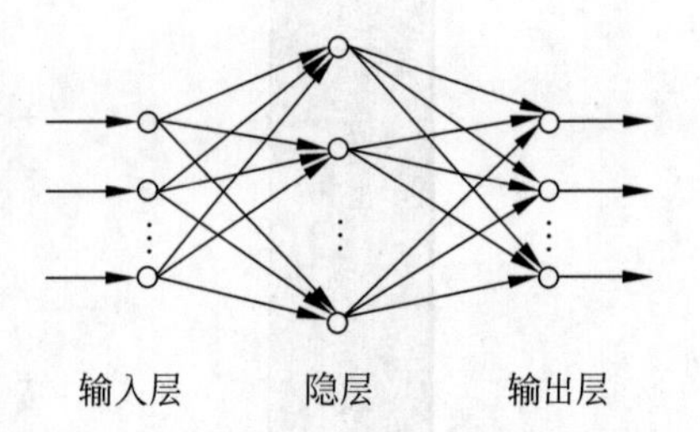

图 12.14 BP 神经网络模型

(2) 信息并行处理。人脑神经元之间传递脉冲信号的速度远低于计算机的工作速度，但是在很多问题上却可以做出快速的判断、决策和处理，这是由于人脑是一个大规模并行与串行组合的处理系统。BP 神经网络的基本结构模仿人脑，具有并行处理的特征，大大提高了网络功能。

(3) 具有容错性。生物神经系统中的部分不严重损伤并不影响整体功能，BP 神经网络也具有这种特性，网络的高度连接意味着少量的误差可能不会产生严重的后果，部分神经元的损伤不破坏整体，它可以自动修正误差。

(4) 具有自学习、自组织、自适应的能力。BP 神经网络具有初步的自适应与自组织能力，在学习或训练中改变突触权值以适应环境，可以在使用过程中不断学习完善自己的功能，并且同一网络因学习方式的不同可以具有不同的功能，它甚至具有创新能力，可以发展知识，以至超过设计者原有的知识水平。

在人工神经网络的实际应用中。绝大部分的神经网络模型都采用 BP 神经网络及其变化形式。BP 神经网络也是前向网络的核心部分，体现了人工神经网络的精华。

BP 网络主要用于以下四方面：

(1) 函数逼近　用输入向量和相应的输出向量训练一个网络以逼近某个函数。

(2) 模式识别　用待定的输出向量将它与输入向量联系起来。

(3) 分类　把输入向量所定义的合适方式进行分类。

(4) 数据压缩　减少输出向量维数以便传输或存储。

BP 神经网络最大的优点是具有极强的非线性映射能力。理论上，对于一个 3 层和 3 层以上的 BP 网络，只要隐层神经元数目足够多，该网络就能以任意精度逼近一个非线性函数。BP 神经网络同时具有对外界刺激和输入信息进行联想记忆的能力。这种能力使其在图像复原、语言处理、模式识别等方面具有重要应用。BP 神经网络对外界输入样本有很强的识别与分类能力，解决了神经网络发展史上的非线性分类难题。BP 神经网络还具有优化计算能力，其本质上是一个非线性优化问题，它可以在已知的约束条件下，寻找参数组合，使该组合确定的目标函数达到最小。

MATLAB 中 BP 神经网络的常用函数如表 12.4 所示。

表 12.4　BP 神经网络常用函数表

函数类型	函数名称	函数用途
前向网络创建函数	Newff	创建前向 BP 神经网络
传递函数	logsig	S 型的对数函数
	tansig	S 型的正切函数
	purelin	纯线性函数
学习函数	learngd	基于梯度下降法的学习函数
	learngdm	梯度下降动量学习函数
性能函数	mse	均方误差函数
	msereg	均方误差规范化函数
显示函数	plotperf	绘制网络的性能
	plotes	绘制一个单独神经元的误差曲面
	plotep	绘制权值和阈值在误差曲面上的位置
	errsurf	计算单个神经元的误差曲面

例 12.4.2　应用两层 BP 网络来完成函数逼近的任务，其中取隐含神经元的个数为 5，输入样本和目标矢量分别定义如下：

```
P= -1:.1:1;
T=[-.9602 -.5770  -.0729 .3771 .6405 .6600 .4609  .1336  -.2013  -.4344  -.5000
 -.3930  -.1647  .0988 .3072  .3960  .3449  .1816  -.0312  -.2189  -.3201];
```

解　输入样本和目标矢量的图形如图 12.15 所示。

MATLAB 程序如下：

```
P = -1:.1:1;
T = [-.9602 -.5770 -.0729 .3771 .6405 .6600 .4609 ...
      .1336 -.2013 -.4344 -.5000 -.3930 -.1647 .0988 ...
      .3072 .3960 .3449 .1816 -.0312 -.2189 -.3201];
  plot(P,T,'+');
title('Training Vectors');
```

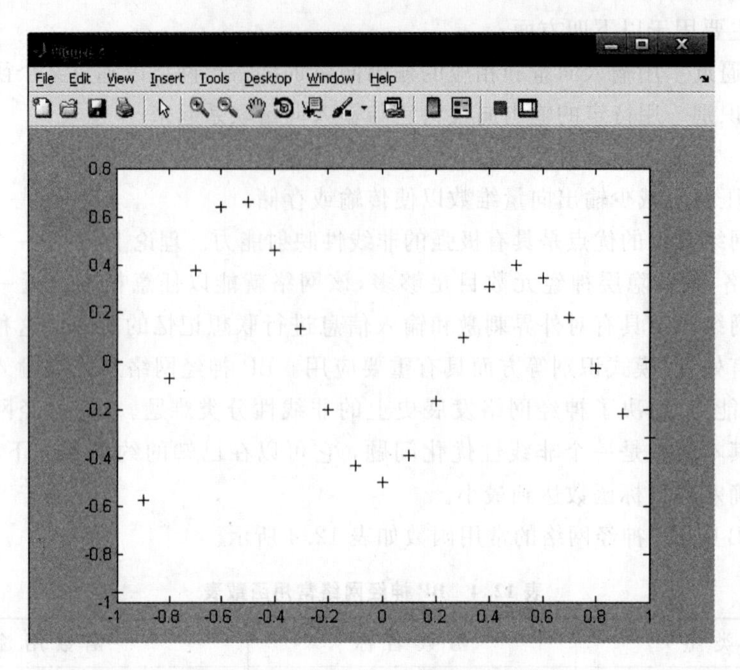

图 12.15 输入样本和目标矢量图

```
xlabel('Input Vector P');
ylabel('Target Vector T');
net = newff(minmax(P),[5 1],{'tansig' 'purelin'},'traingd','learngd','sse');
me = 8000;
net.trainParam.show = 10;
net.trainParam.goal = 0.02;
net.trainParam.lr = 0.01;
A = sim(net,P);
sse = sumsqr(T - A);
for i = 1:me/100 if sse < net.trainparam.goal, i = i - 1;break,end
  net.trainParam.epochs = 100;
  [net,tr] = train(net,P,T);
trp((1 + 100 * (i - 1)):(max(tr.epoch) + 100 * (i - 1))) = tr.perf(1:max(tr.epoch));
  A = sim(net,P);
  sse = sumsqr(T - A);
  plot(P,T,'+');
  hold on
  plot(P,A)
  hold off
  pause
  end
message = sprintf('Traingd, Epoch % %g/ %g, SSE % %g\n',me);
fprintf(message,(max(tr.epoch) + 100 * (i - 1)),sse)
plot(trp)
[i,j] = size(trp);
hold on
plot(1:j,net.trainParam.goal,'r -- ')
hold off
title('Error Signal')
xlabel('epoch')
```

```
ylabel('Error')
p = 0.5;
a = sim(net,p)
echo off
```

训练结果如图 12.16～图 12.19 所示。

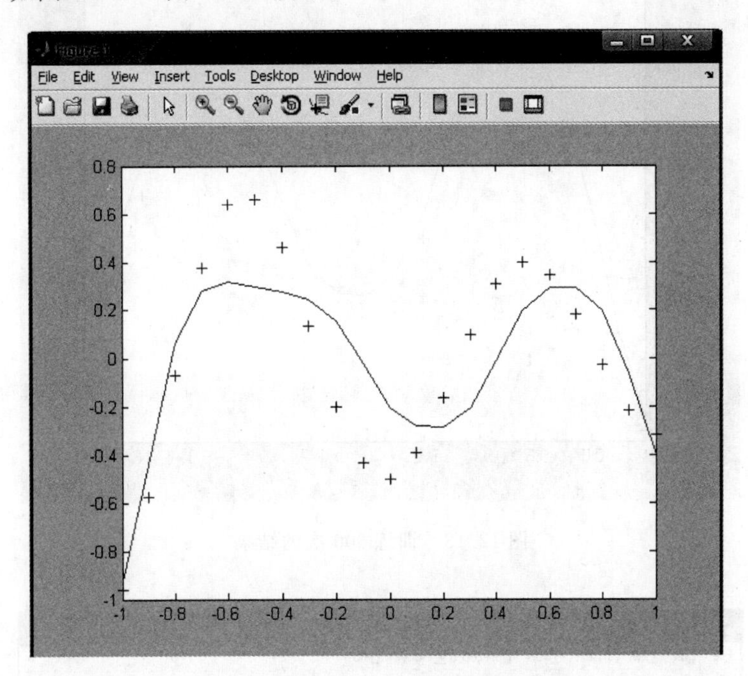

图 12.16 训练 100 次的结果

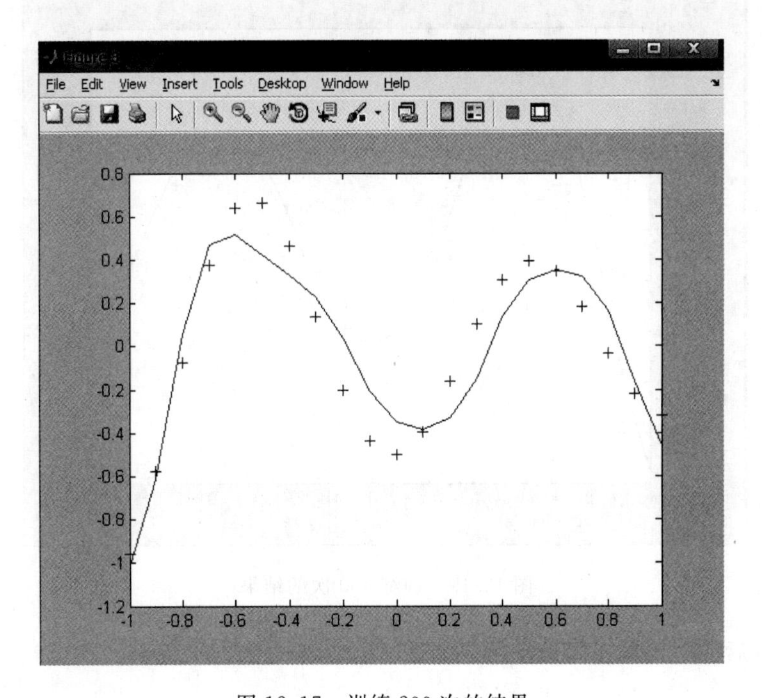

图 12.17 训练 200 次的结果

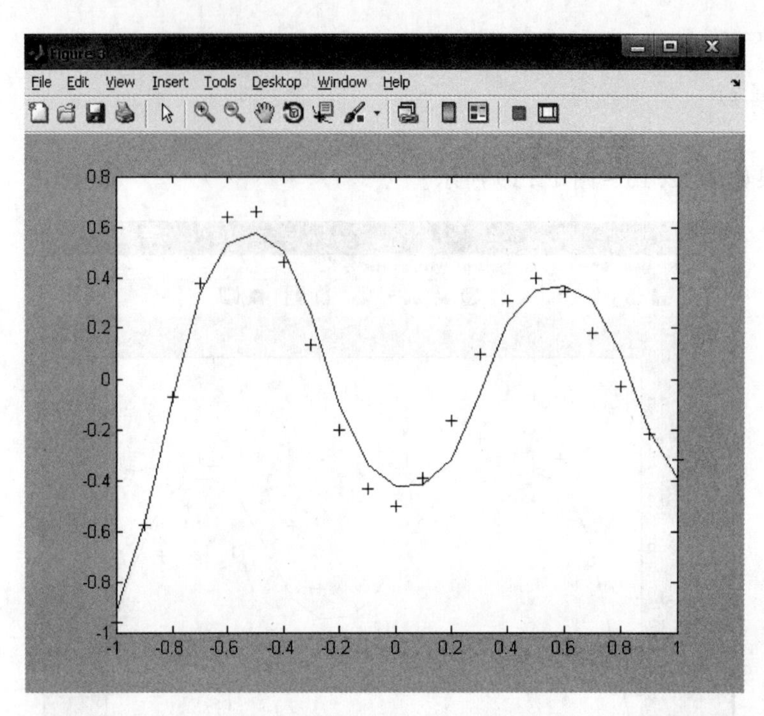

图 12.18 训练 300 次的结果

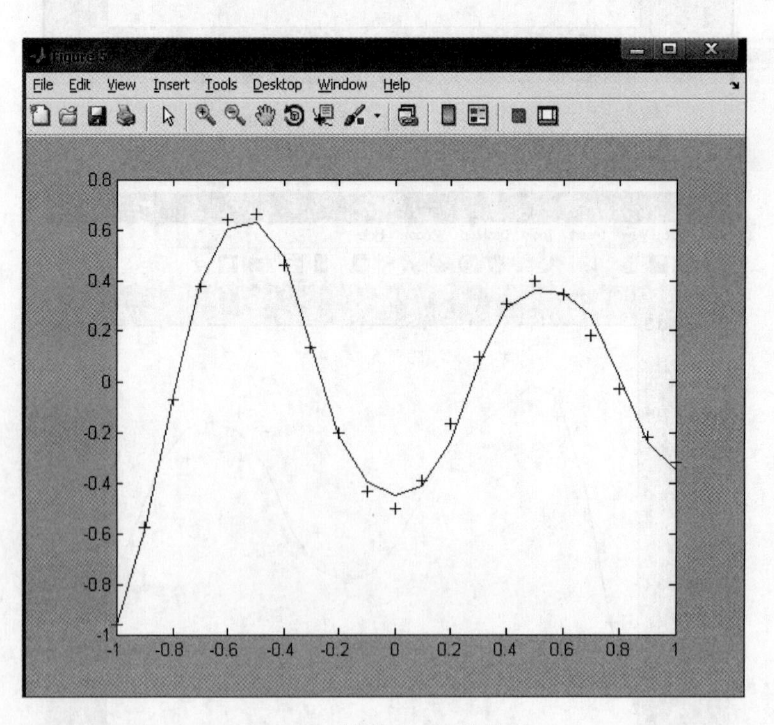

图 12.19 训练 400 次的结果

训练结束后的网络输出与误差结果如图 12.20 和图 12.21 所示。

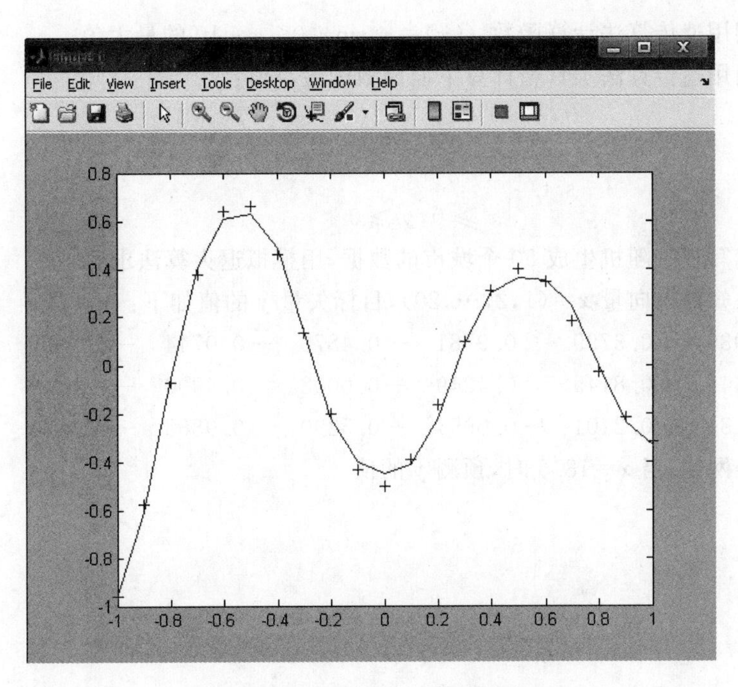

图 12.20　训练结束后的网络输出图

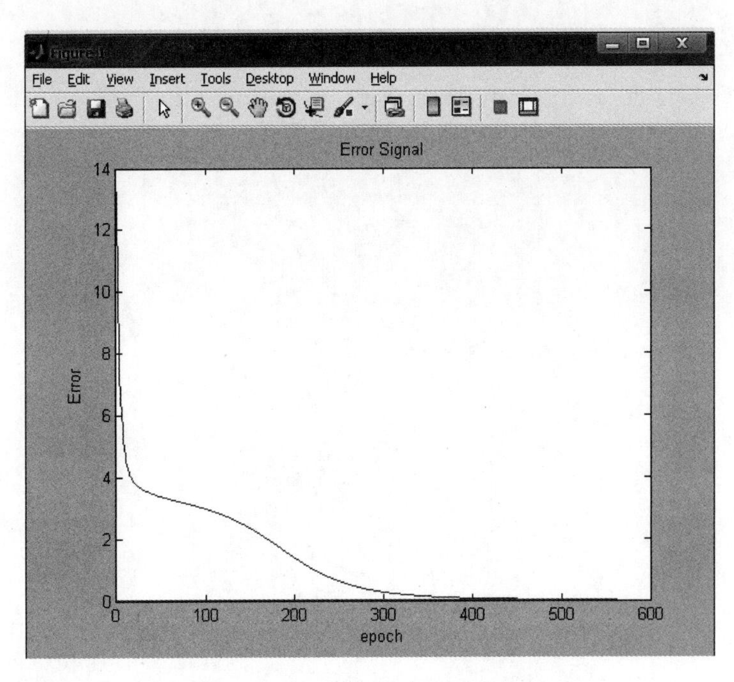

图 12.21　训练结束后的误差结果

习题 12

12.1　利用遗传算法计算下面函数的最大值：

$$f(x)=x^5-34x^4+10x^3+13x^2-17x+15,\quad 0\leqslant x\leqslant 30$$

12.2　利用遗传算法计算函数 $f(x)=x^3\sin x, 0\leqslant x\leqslant 10$ 的最大值。

12.3　利用遗传算法工具箱计算下面函数的最小值：

$$f(x,y) = x^4 + 3y^4 - 3x - 7y + 19$$

$$\text{s.t.}\begin{cases}10 - x^2 - y^2 \geqslant 0 \\ x \geqslant 0, y \geqslant 0\end{cases}$$

12.4　编写程序随机生成 50 个城市的数据，用模拟退火算法求解。

12.5　已知输入向量 $\boldsymbol{x}=(1,2,\cdots,20)$，目标矢量 $\boldsymbol{y}$ 的值如下：

−0.2939	−0.3799	0.9781	−0.4870	−0.0744	−0.2927	0.5834
0.1446	−0.8145	0.4249	−0.0002	0.4900	−0.8440	0.1340
0.5431	−0.2101	−0.0954	−0.5290	0.9865	−0.3564	

建立神经网络，当 $\boldsymbol{x}=18.5$ 时，预测 $\boldsymbol{y}$ 的值。

参考文献

[1] 姜启源. 数学模型[M]. 3版. 北京：高等教育出版社,2003.

[2] 赵静,但琦. 数学建模与数学实验[M]. 4版. 北京：高等教育出版社,2015.

[3] 董文永,等. 最优化技术与数学建模[M]. 北京：清华大学出版社,2010.

[4] 陈理荣,等. 数学建模导论[M]. 北京：北京邮电大学出版社,1999.

[5] 马莉. MATLAB数学实验与建模[M]. 北京：清华大学出版社,2010.

[6] 杨伦标,等. 模糊数学原理及应用[M]. 4版. 广州：华南理工大学出版社,2008.

[7] 任善强,等. 数学模型[M]. 3版. 重庆：重庆大学出版社,2006.

[8] 黄雍检,陶冶,钱祖平. 最优化方法——MATLAB应用[M]. 北京：人民邮电出版社,2010.

[9] 傅鹂,等. 数学实验[M]. 北京：科学出版社,2000.

[10] 秦寿康. 综合评价原理与应用[M]. 北京：电子工业出版社,2003.

[11] 刘承平,等. 数学建模方法[M]. 北京：高等教育出版社,2005.

[12] 刘来福,曾文艺. 数学模型与数学建模[M]. 北京：北京师范大学出版社,1998.

[13] 寿纪麟,等. 数学建模的方法与范例[M]. 西安：西安交通大学出版社,1993.

[14] 周义仓,赫孝良. 数学建模实验[M]. 西安：西安交通大学出版社,1999.

[15] 司守奎,孙玺菁. 数学建模算法与应用[M]. 北京：国防工业出版社,2011.